Enotradulengua

STUDIEN ZUR ROMANISCHEN SPRACHWISSENSCHAFT UND INTERKULTURELLEN KOMMUNIKATION

Herausgegeben von
Gerd Wotjak, José Juan Batista Rodríguez und Dolores García-Padrón

BAND 146

PETER LANG

Miguel Ibáñez Rodríguez (ed.)

ENOTRADULENGUA

Vino, lengua y traducción

PETER LANG

Bibliografische Information der Deutschen Nationalbibliothek
Die Deutsche Nationalbibliothek verzeichnet diese Publikation
in der Deutschen Nationalbibliografie; detaillierte bibliografische
Daten sind im Internet über http://dnb.d-nb.de abrufbar.

Gedruckt auf alterungsbeständigem, säurefreiem Papier.
Druck und Bindung: CPI books GmbH, Leck.

ISSN 1436-1914
ISBN 978-3-631-80657-9 (Print)
E-ISBN 978-3-631-82206-7 (E-PDF)
E-ISBN 978-3-631-82207-4 (EPUB)
E-ISBN 978-3-631-82208-1 (MOBI)
DOI 10.3726/b16973

© Peter Lang GmbH
Internationaler Verlag der Wissenschaften
Berlin 2020
Alle Rechte vorbehalten.

Peter Lang – Berlin · Bern · Bruxelles ·
New York · Oxford · Warszawa · Wien

Diese Publikation wurde begutachtet.

www.peterlang.com

Índice

Presentación

En 2005 se constituyó oficialmente el GIRTraduvino[1] (Grupo de Investigación Reconocido de la Universidad de Valladolid), con sede en su Facultad de Traducción e Interpretación, situada en la ciudad de Soria. Para entonces ya llevábamos tiempo interesándonos por el estudio de la lengua de la vid y el vino desde el ámbito de las lenguas y traducción especializadas y habíamos organizado el año anterior nuestro primer congreso.

En el GIRTraduvino se han desarrollado varios proyectos de I+D, se han organizado cuatro congresos internacionales (marzo de 2004, abril de 2008, abril de 2011 y abril de 2019)[2] y se han leído cuatro tesis doctorales[3]. En estos momentos están en marcha cuatro tesis más. Los frutos de las investigaciones se ha publicado en un buen número de artículos de revistas, en capítulos de libros y en varios libros[4], a los que hay que añadir el que aquí ahora presentamos.

Con el título de *Enotradulengua. Vino, lengua y traducción* se recogen en este libro 18 trabajos elaborados por integrantes del GIRTraduvino y por otros investigadores de España y del extranjero, entre los que se encuentran los ya veteranos en nuestras publicaciones como son Cristinane Nord, Pierre Lerat y Fernando Martínez de Toda. Nos llena de satisfacción que entre los autores se encuentren tres doctoras formadas en el grupo (María Pascual Cabrerizo, Gloria Martínez Lanzán y Laura Barahona Mijancos) y la doctoranda Andrea Martínez Martínez.

La temática del presente volumen versa sobre la traducción, las ontologías, la historia del conocimiento enológico, la lengua de la vid y el vino, el enoturismo y sobre varios de los géneros más característicos del ámbito: las etiquetas, las notas de cata y el anuncio impreso. También incluye un novedoso trabajo sobre la traducción de las metáforas de las notas de cata a la lengua de signos española.

Christiane Nord anota en su contribución que no hay reglas para la traducción y que las decisiones se tienen que tomar sobre la marcha. Para resolver las

---

1   http://girtraduvino.com/es/
2   http://girtraduvino.com/es/congresos/
3   Están disponibles al final de https://dialnet.unirioja.es/servlet/autor?codigo=113437
4   Las referencias bibliográficas de buena parte de estas publicaciones se encuentran en la bibliografía recogida en nuestro libro *La traducción vitivinícola: un caso particular de traducción especializada*, publicado por Comares en 2017.

dudas que el traductor va encontrándose en el proceso traductor nos propone seguir el enfoque funcionalista «de arriba hacia abajo» (top-down). Y lo demuestra utilizando la novela *The Winemaker* de Noah Gordon y comparándola con las traducciones al español y al alemán.

Fernando Martínez de Toda nos hace un recorrido histórico por los hitos del conocimiento enológico. Nos interesa saber qué autores y qué textos han ido generando a lo largo de los tiempos lo que hoy se conoce como las ciencias de la vid y el vino, pues así podremos conocer los tratados en los que se ha ido gestando la lengua del vino. Eso es lo que hacemos precisamente en nuestra aportación. Nos ocupamos del libro segundo de la *Obra de agricultura* de Gabriel Alonso de Herrera, escrito en 1513. Se trata del primer texto escrito en español sobre las técnicas del cultivo de la vid y de la elaboración del vino. Analizamos el grado de desarrollo del conocimiento vitivinícola y valoramos la incidencia que ello tiene en la lengua. Pretendemos demostrar que nos encontramos ante el primer tratado sobre la materia y ante el primer vocabulario especializado sobre el vino. Aportamos información sobre la génesis del español del vino y contribuimos a su mejor conocimiento desde una perspectiva diacrónica.

El trabajo de Alejandro Junquera y Esther Álvarez nos permite ampliar conocimientos sobre el español del vino, en particular en lo relativo a contenedores y recipientes de esta bebida en el siglo XVII. En este caso, el corpus no son los tratados sino diversos documentos notariales del *Corpus Léxico de Inventarios*. Los resultados se contrastan con los datos registrados en corpus académicos y en obras de carácter lexicográfico y dialectal.

Sin cambiar de tema, aunque cruzando el charco, vamos de la mano de Aída Elisa González de Ortiz hasta Nuevo Cuyo en Argentina. Esta aportación se centra en el campo semántico de la vid y el vino de su *Atlas Lingüístico Etnográfico del Nuevo Cuyo* y nos descubre la rica terminología del vino de esta región argentina. Nos presenta un buen número de voces propias del español del vino de Argentina.

Gloria Martínez Lanzán se ocupa de los nombres propios de otras lenguas documentados en textos del vino en español. Estos extranjerismos, mayoritariamente del francés, italiano, inglés y alemán, son muy abundantes, en particular los topónimos y los antropónimos, los cuales clasifica y analiza a lo largo de su trabajo; incluyendo al tiempo interesantes reflexiones teóricas de diversos especialistas sobre los nombres propios. También se ocupa de su traducción.

Con Bozena Wislocka Breit se cambia de perspectiva, pues se ocupa de los nombres de los vinos españoles que aparecen en la literatura inglesa, desde Chaucer (s. XIV) y Shakespeare (s. XVI) hasta los victorianos Dickens y Thackeray

(s. XIX). Los de mayor éxito son los vinos de Jerez, en aquella época denominado *sack*, o *sherris-sack*, cuyo valor medicinal era apreciado por todos y reconocido por los médicos de la época. También los canarios (*canary*) son ampliamente citados. Otros vinos españoles citados, que no cuentan con el prestigio de los de Jerez, son: *bastard*, *muscadine*, *alligant* y *malmsey*. Todos estos nombres españoles llegan por vía oral de mano de los comerciantes que los importaban de España. Progresivamente y como consecuencia de las guerras entre España e Inglaterra, el *sherry* fue reemplazado por el *porto* portugués y por los vinos y licores producidos en las colonias propias del imperio.

A continuación, se abre otro bloque conformado por dos trabajos centrados en el enoturismo. Esther Fraile analiza metáforas lingüísticas frecuentes en el enoturismo y estudia el grado de correspondencia entre ellas y las metáforas conceptuales de la enología y entre las estrategias de traducción que suelen usarse con todas esas metáforas. Sistematiza y completa las metáforas conceptuales asociadas a la enología, identifica metáforas lingüísticas frecuentes que se utilizan en la sección de enoturismo de las páginas web de las bodegas de Ribera del Duero, propone dos clasificaciones de metáforas conceptuales, una para enología y otra para enoturismo y sugiere formas de mejorar la traducción de todas estas metáforas.

María Pascual Cabrerizo se ocupa en su trabajo del macrogénero sitio Web corporativo, tomado como ejemplo de la comunicación enoturística en Internet. Partiendo de un corpus de sitios relacionados con el enoturismo en cuatro regiones de España y Estados Unidos analiza los aspectos pragmáticos, socioculturales, comunicativos, macrotextuales y microtextuales de dicho género. Los resultados del estudio evidencian que el sitio Web enoturístico presenta características similares a otros sitios Web turísticos y está todavía adaptándose a las estrategias del marketing.

Muy interesante y novedoso es el trabajo de Rayco H. González-Montesino y Silvia Saavedra-Rodríguez en el que pretenden comprobar si es posible la traducción de las metáforas del vino a la lengua de signos española (LSE) y determinar qué técnicas se utilizan. Para ello, y a partir de un corpus de notas de cata, proceden a la traducción de las mismas por parte de un profesional. Queda demostrado que se cumple el principio básico de preservar la metáfora conceptual en la lengua meta, aunque las técnicas traductológicas y recursos lingüísticos varían al ser una lengua viso-gestual.

Varios de los géneros textuales más propios del vino son objeto de los capítulos siguientes. Hay tres sobre las etiquetas, uno sobre la cata y otro sobre el anuncio impreso. Con la agudeza que le caracteriza, Pierre Lerat se ocupa en esta ocasión de la variabilidad en los textos de las etiquetas de las botellas de vino tinto.

Los mensajes de este género sirven para identificar el producto con referencias a la salud, los viñedos, la vinificación, etc., pero son parte de su comercialización y en realidad son su tarjeta de visita. De la mano de Linus Jung nos metemos en la jungla del etiquetado de vinos en Alemania. Se ocupa de la información que recogen las etiquetas, con recorrido histórico incluido, siguiendo con las funciones comunicativas del etiquetado, para acabar describiendo la tipología prototípica del vino alemán. Desde la imagen, y en particular desde el paisaje, aborda Julio Fernández Portela las etiquetas del vino para analizar cómo se crea el imaginario de un lugar. Pretende, entre otras cosas, identificar y analizar una muestra de etiquetas que representan el paisaje de la vid y el vino en diferentes comarcas vitivinícolas del mundo.

Andrea Martínez Martínez estudia los recursos literarios y su importancia en las notas de cata y su comportamiento en inglés y español, evidenciando que en un caso y en otro no se emplean las mismas figuras, ni se hacen con la misma frecuencia. La nota de cata de vinos tiene sus propias peculiaridades en cada lengua.

Del anuncio genérico-marquista de vino impreso en revistas semiespecializadas se ocupa Laura Barahona Mijancos. Desvela cómo se gesta este género textual y analiza sus características intrínsecas tanto en el plano lingüístico como en el extralingüístico y explica que es la seducción la herramienta utilizada para llegar al potencial comprador.

Teresa París Pombo se ocupa del mercado de la traducción en el ámbito de las indicaciones geográficas del vino que requiere la traducción de géneros textuales específicos como solicitudes de registro, contratos, etiquetas, fichas de producto, formularios de importación o exportación, publicidad, así como trámites oficiales, entre otras. Y destaca la importancia que la traducción desempeña en este ámbito y señala que el traductor de este tipo de documentos, además de tener conocimientos sobre patentes y jurídicos debe tener un buen conocimiento especializado sobre el vino.

Hay trabajos como el de Amparo Alcina Caudet que nos abren vías de investigación nuevas. En el seno del GIRTraduvino hemos trabajado sobre la terminología del vino, tenemos una base de datos que vamos alimentando, pero desde hace tiempo queremos dar un paso más hacia a la ontoterminología. En ese sentido agradecemos el trabajo de la profesora Amparo Alcina que no allana el terreno hacia ese campo y esperamos que con su colaboración podamos conseguirlo.

Últimamente hemos generado publicaciones en torno a los tratados del vino a lo largo del tiempo para estudiar la lengua del vino en su diacronía y también la incidencia de la traducción en la difusión del conocimiento enológico. Pero sin duda, aún queda vías por explorar.

Esta publicación ha sido posible gracias al Proyecto de Investigación VA102G19 de la Consejería de Educación de la Junta de Castilla y León.

Miguel Ibáñez Rodríguez
Uva.GIRTraduvino

Lista de contribuyentes

Amparo Alcina
Universitat Jaume I
alcina@uji.es

Bozena Wislocka Breit
Queen Mary University of
London, UK
b.wislockabreit@qmul.ac.uk,
bwislocka@etsisi.upm.es

María Pascual Cabrerizo
GIRTraduvino. Universidad de
Valladolid
mariapc@fing.uva.e.

Esther Álvarez García
Universidad de León
esther.alvarez@unileon.es

Rayco H. González-Montesino
Universidad Rey Juan Carlos
raycoh.gonzalez@urjc.es

Linus Jung
Universidad de Granada
ljung@ugr.es

Gloria Martínez Lanzán
GIRTraduvino. Universidad de
Valladolid
lanzanmglo@gmail.com

Pierre Lerat
Université Paris 13
pierre.lerat@wanadoo.fr

Alejandro Junquera Martínez
Universidad de León
a.junquera@unileon.es

Andrea Martínez Martínez
GIRTraduvino. Universidad de
Valladolid
andreamartinez206@gmail.com

Laura Barahona Mijancos
GIRTraduvino. Universidad de
Valladolid
laurabarahonamijancos@hotmail.com

Christiane Nord
Universidad del Estado Libre,
Bloemfontein, Sudáfrica
cn@christiane-nord.de

Aída Elisa González de Ortiz
Instituto de Investigaciones
Lingüísticas y Filológicas
Manuel Alvar
Universidad Nacional de San Juan
(Argentina)
agonzalez@ffha.unsj.edu.ar

Teresa París Pombo
Traductora externa de la OMPI y
profesora en Aulasic.

Julio Fernández Portela
Departamento de Geografía.
Universidad Nacional de Educación a
Distancia (UNED)
jfportela@geo.uned.es

Miguel Ibáñez Rodríguez
GIRTraduvino. Universidad de
Valladolid
miguel.ibanez@uva.es

Silvia Saavedra-Rodríguez
Universidad Rey Juan Carlos
silvia.saavedra@urjc.es

Fernando Martínez de Toda
Instituto de Ciencias de la Vid y
del Vino.
Universidad de La Rioja
fernando.martinezdetoda@unirioja.es

Mª Esther Fraile Vicente
GIRTraduvino. Universidad de
Valladolid
frailes@lia.uva.es

Christiane Nord

Las dudas y el escopo en la traducción. El caso de la novela de *The Winemaker*, de Noah Gordon

Resumen No hay reglas para la traducción. Traducir es un proceso en el cual hay que tomar decisiones a cada paso, y tomar una decisión siempre implica alguna medida de duda o incertidumbre. En esta contribución, quisiera proponer, partiendo de un enfoque funcionalista, un procedimiento "top-down" para resolver, al menos hasta cierto grado, estas dudas. El primer nivel es el del encargo de traducción, que demanda una decisión entre los dos tipos básicos de traducción, la traducción-documento y la traducción-instrumento, y las respectivas formas traslativas que corresponden a cada tipo. Esta primera decisión es binaria: hay que optar por uno de los dos caminos. En el segundo nivel es el de las normas y convenciones culturales que rigen cada comportamiento verbal o no verbal. Esta decisión es más compleja que la primera porque hay ciertos comportamientos que hay que adaptar a las normas de la cultura meta y otros que pueden reproducirse tal cual, tanto en una traducción instrumento como en una traducción documento. El tercer nivel es el del lenguaje. Podemos suponer, por regla general, que en la mayoría de los casos, el lenguaje deberá usarse conforme a las normas de la lengua meta, pero hay casos, p. ej. en una traducción interlinear para finalidades lingüísticas, en la que hay que reproducir las normas de la lengua base. En los dos últimos niveles, las dudas todavía persistentes tienen que resolverse (a) conforme a las restricciones contextuales y (b) según las preferencias individuales del traductor.

Palabras clave: Teoría del escopo. Funcionalismo. Encargo traslativo. Procedimiento top-down. Tipología de las traducciones. Convenciones y normas culturales.

Abstract There are no rules for translation. Translation is a decision-making process, and each decision point implies uncertainty or doubt. In the following article, I would like to show how, from a skopos-theoretical perspective, a top-down procedure can at least reduce such uncertainty to some degree. The top level is that of the translation brief, which determines the choice of translation type and form. This is a binary decision. A documentary translation usually "documents" the pragmatics of the source text, whereas an instrumental translation gets a pragmatics of its own, for example with regard to deixis. At the next level, the translator has to deal with cultural norms and conventions. Here, the decision becomes more complex because the brief may require the reproduction of some source-culture behaviours and the adaptation of others to target-culture conventions, both in documentary and instrumental translations. The next level is that of language. We may safely assume that most translations are expected to conform to the norms of the target-language system, but there may be cases where source-language norms have to be reproduced, for example in an interlinear translation for linguistic purposes. At the last two levels, the remaining doubts have to be resolved first in line with contextual restrictions and, ultimately, the translator's personal preferences, if necessary.

Keywords: Skopos theory. Functionalism. Translation brief. Top-down procedure. Translation typology. Culture-specific norms and conventions.

1. Introducción

Como sabemos todos los que traducimos, no hay reglas para la traducción. Traducir es un proceso en el cual hay que ir tomando decisiones, y cada decisión implica incertidumbre y dudas. Las dudas pueden surgir en cualquier fase del proceso traslativo cuando hay que tomar una decisión:

a) en la interpretación del encargo de traducción, p.ej. cuando no estamos seguros sobre lo que significa el encargo para nuestra labor traductora, o cuando el cliente no quiere o no puede darnos las informaciones que necesitamos para decidir cuál sería la mejor estrategia global para traducir el texto base;

b) durante el análisis, la comprensión y la interpretación del texto base, p. ej. cuando nos preguntamos qué quiere decir el autor con esta o aquella formulación;

c) en el momento en el que hay que elegir una estrategia global de transferencia,

d) durante la producción del texto meta, cuando buscamos la palabra o las estructuras sintácticas adecuadas;

e) en la fase de control de calidad, al decidir si el texto producido corresponde de verdad a lo que demanda el encargo traslativo,

f) y en todos los niveles del lenguaje y de la cultura.

Este proceso no es un círculo cerrado sino, como ya nos decía Levý, un proceso que

> ...tiene la forma de UN JUEGO CON INFORMACIÓN COMPLETA – un juego en el cual cada paso sucesivo está determinado por el conocimiento de las decisiones anteriores y por la situación que resulta de ellas (p. ej. ajedrez, pero no juegos de cartas) (Levý 1967:1172, trad. C.N., mayúsculas en el original).

Además, es un proceso recursivo, es decir, en cada momento, el traductor echa una mirada atrás para ver si todo ha ido bien o si tiene que volver a un paso anterior y, en su caso, tomar otra decisión más adecuada para llegar a la meta requerida.

2. ¿Cuáles son las causas de las dudas?

Durante la formación, las dudas se deben a competencias insuficientes del alumnado con respecto a

a) las lenguas y culturas base y meta,
b) los conocimientos temáticos y terminológicos,
c) los conocimientos teórico-metodológicos sobre la traducción,

lo que significa que la tarea es demasiado difícil para esta fase de la formación. Tales dudas pueden reducirse ajustando el grado de dificultad de la tarea al nivel de competencia de los alumnos.

Pero también los llamados "profesionales", es decir, las personas que hacen traducciones para ganarse la vida porque saben dos idiomas (pero quienes muchas veces no tienen una formación traductológica adecuada), se enfrentan con dudas en el proceso traslativo. Para ellos, la mayoría de las dudas se deben

a) o bien a ambigüedades o defectos del texto base,
b) o bien a déficits en la competencia traductora.

Tales dudas pueden reducirse mediante un enfoque funcionalista "de arriba hacia abajo" (top-down). Para demostrar este enfoque, utilizaremos la novela *The Winemaker*, del escritor norteamericano Noah Gordon, comparándola con las dos traducciones publicadas al español y al alemán. Existe otra traducción al catalán, pero no hemos encontrado traducciones a otros idiomas, ni siquiera al francés, lo que hubiera podido pensarse porque parte del relato se desarrolla en Francia.

3. El caso de la novela popular *The Winemaker*

3.1. El corpus y la muestra

La versión inglesa (en adelante: el texto base, TB) apareció en Barcelona en 2012, mientras que las traducciones, probablemente hechas a base de un manuscrito, se publicaron en 2007 (título español: *La Bodega*, trad. por Enrique de Hériz) y 2008 (título alemán: *Der Katalane*, trad. por Klaus Berr) en Barcelona y Múnich, respectivamente. Ambas traducciones indican *The Bodega* como título del original inglés. Obviamente, este título provisional se cambió por *The Winemaker* después de publicarse las dos traducciones. Existe también una traducción al catalán (*El celler*, 2007) y una al italiano (*Il signore delle vigne*, 2007).

El propio autor caracteriza su novela como su "carta de amor para España". En el prólogo a la traducción alemana dice:

Para escribir la presente novela, he estudiado intensamente la cultura y la historia de
España. Sin embargo, Josep, el protagonista del relato, podría ser igualmente un paisano
que vive en Suecia, Alemania, Brasil o Norteamérica – un joven bonachón y honrado
que de pronto se ve entre las volanderas de una conspiración política mortífera y una
guerra terrible, sobre la que no sabe absolutamente nada.
Desde hace mucho estoy convencido de que las similitudes entre los hombres de nuestro
planeta son mucho más grandes que las diferencias. En cualquier país donde vivimos,
compartimos las mismas esperanzas y sueños. Todos deseamos para nuestros hijos una
vida en paz y seguridad, nos importa su salud y queremos que encuentren un trabajo
seguro y gratificante. Pero él, además, tiene un gran sueño: en vez del vinagre usual
quiere hacer en su bodega un vino bueno. […]
Para documentarme, visité varias bodegas y hablé con los viticultores sobre su pasión
fascinadora, una combinación de una artesanía milenaria y una ciencia progresiva.
Espero que el resultado les agrade a mis lectores. Levanto la copa y les deseo salud y
buena suerte – y una lectura entretenida. (Noah Gordon, en el prólogo a la edición
alemana; trad. C.N.)

En la página web de Noah Gordon (https://noahgordon.com), la novela se
define como "ficción histórica". Considerando esta novela y las otras de Noah
Gordon, su obra se puede caracterizar como "literatura popular". En su ensayo
sobre «Novelas populares norteamericanas ambientadas en bodegas y algunas
reflexiones de traducción», que me inspiró a utilizar esta novela como corpus,
Miguel Zarandona define la literatura popular o "subliteratura" como una literatura de masas, caracterizada por un receptor pasivo, la predecibilidad de su
contenido, la legibilidad del estilo, un mundo (textual) conocido, la comodidad y la repetición (Zarandona 2010, 209s.). Este no es un fenómeno norteamericano sino (probablemente) universal, por lo cual podemos suponer que
estas funciones de la literatura popular valdrán igual para el original inglés
como para las traducciones al alemán y al español que vamos a estudiar con
respecto a algunos problemas de traducción que suelen producir dudas en el
proceso traslativo.

3.2. El encargo de traducción

Como suele ser el caso de las traducciones publicadas, no sabemos nada a
ciencia cierta sobre el encargo que recibieron los respectivos traductores; es
de suponer, incluso, que no hubo ningún encargo explícito. Esto quiere decir,
que el lector – o, como en nuestro caso, el crítico – de una traducción tiene
que inferir este encargo implícito de lo que sabemos sobre la situación o las
situaciones comunicativas en las que "funcionan" o "tienen que funcionar" los
textos base y meta. Por lo que hemos dicho sobre el autor y sus intenciones, y

sabiendo que las traducciones se hicieron casi simultáneamente con el original (e incluso se publicaron antes del mismo), suponemos que los traductores aspiraron a una traducción equifuncional (o, según Nida 1964, de equivalencia funcional).

Dadas las consideraciones anteriores, sería adecuada una traducción que cumpla los requisitos de una literatura popular, de estilo legible y contenido predecible. Esto apunta a una traducción-instrumento equifuncional, es decir, una traducción adecuada para lograr, para el público de la cultura meta, las mismas funciones que para el público de la cultura base.

Sin embargo: El relato se desarrolla en el Sur de Francia y Cataluña, y gran parte de su interés reside en esta ubicación (indicada claramente en el título de la versión alemana. Por lo tanto, una traducción-documento exotizante mantendría el colorido local, procurando, a la vez, hacer el relato legible y no muy difícil de entender para un público que no conoce el lugar (España y Cataluña), como lo es, efectivamente, el público destinatario norteamericano del original.

Para un público hispanohablante, procedente de la Península Ibérica, el relato tendrá un efecto adicional (no logrado por el original) porque conoce el ambiente y podrá identificarse mejor con los personajes. Por consiguiente, en este caso se podría optar por una traducción-instrumento heterofuncional.

Veamos ahora las dudas con las que se enfrentaron los dos traductores y las decisiones que tomaron para solucionarlas.

3.3. Las dudas a nivel pragmático

Depende de la forma de traducción elegida cuál sería la mejor manera de solucionar las dudas a nivel pragmático: Cualquier traducción-documento reproduce la pragmática del texto base. En tal caso, los lectores de la cultura meta deben ponerse en la situación de los lectores del original, sacando sus propias conclusiones acerca de lo que el texto puede significar para ellos. Para facilitárselo, los traductores suelen utilizar paratextos (prólogo, glosario, notas a pie etcétera) reduciendo así la distancia pragmática entre las dos situaciones, sobre todo cuando hay grandes distancias temporales, locales o culturales (p.ej. en una traducción filológica). Para los lectores alemanes, esta distancia será efectivamente mucho mayor que para los lectores de la versión española.

Una traducción-documento exotizante crea una distancia cultural, pero puede reducirla mediante un lenguaje y estilo accesibles para el público meta. Una traducción-instrumento equifuncional salta a través de la valla cultural adaptando la pragmática a la situación meta. Veamos lo que han hecho los traductores alemán y español para resolver estas dudas.

Ejemplo 1: Referencias geográficas

	Inglés	Alemán	Español
a)	Spain`s Rioja district	die spanische Rioja-Region	la región de la Rioja
b)	I don't think that I'll go to Rioja or come back to Languedoc...	Ich glaube nicht, dass ich nach Rioja gehen oder in das Languedoc zurückkehren werde...	no creo que vaya a La Rioja ni que vuelva a trabajar en Languedoc...
c)	the Pedregós River	der Fluss Pedregós	el río Pedregós

Para los lectores norteamericanos, la explicitación de la Rioja como *district* de España será adecuada (al menos parece pensarlo el autor), aunque la clasificación de *distrito* parece bastante rara 1a). Para los lectores alemanes, las explicitaciones son redundantes (1a, b); cada alemán conoce los vinos de la Rioja (que se venden en cualquier supermercado) y saben que es una *región* de España, por lo cual se usa con el artículo definido (*die Rioja*, igual como *das Languedoc*), porque sin artículo se referiría a una ciudad. La explicitación del río Pedregós en alemán como *Fluss Pedregós* es muy rara porque los nombres de ríos simplemente se usan con el artículo definido (*die Donau, der Rhein*). La imitación de las estructuras (en parte erróneas) del TB solo sería adecuada en una traducción-documento interlineal. Lo mismo vale para el TM-es; la versión española es inconsistente porque omite la explicitación de *La Rioja* y no la del *Pedregós* (1c). Estas decisiones apuntan a las siguientes estrategias traductoras: Como el TB produce una distancia cultural entre el mundo real de los lectores y el "mundo textual", el traductor alemán trata de producir la misma distancia cultural, es decir, su estrategia apunta a una traducción equifuncional. En cambio, la traducción española presenta algunos indicios de una adaptación del mundo textual al mundo real de los lectores, lo que les permite identificarse con los personajes y sus vivencias, y otros de "exotización", lo que nos da la impresión de que el traductor no podía decidirse entre una traducción exotizante (es decir, una traducción-documento que "documenta" el ambiente exótico para los lectores del TB) y una traducción-instrumento, que en este caso sería heterofuncional porque permite a los lectores identificarse con los personajes y su cultura aunque el TB no lo hace.

Ejemplo 2: Terminología vinícola

	Inglés	Alemán	Español
a)	fearful of … phylloxera, a plague … caused by a tiny louse …	Angst … vor Phylloxera, einer Seuche, die … verursacht wurde von einer winzigen Laus, der Reblaus…	por miedo a … la filoxera, una plaga … causada por un piojo minúsculo
b)	Garnacha, Samso and Ull-de-Llebre	Garnatxa-, Samsó- und Ull-de-Llebre-Trauben	Garnacha, Samso y Tempranillo
c)	Do you sense […] the floral smell, the taste of plums?	Spürst du […] den Blumengeruch, den Pflaumengeschmack?	¿Sientes […] el aroma floral, el sabor a ciruelas?
d)	picker	Pflücker	recolectores

En lo que se refiere a la terminología del vino, observamos estrategias similares. El traductor alemán opta por una traducción-documento exotizante con elemento de adaptación. El término técnico *Phylloxera* no será comprensible para un público no experto en viticultura, mientras que la explicitación con el nombre común del piojo, *Reblaus*, es una adaptación a la cultura meta. En 2b, llama la atención que TM-al usa los nombres catalanes de las variedades de uva en su ortografía correcta, que en esta forma no se usan en Alemania, mientras que TM-es los adapta (igual que el TB) a las formas comunes en español sustituyendo, incluso, Ull-de-Llebre por Tempranillo. En el ejemplo 2c, hay resonancias intertextuales a las notas de cata; otra vez, la versión alemana no establece esta intertextualidad por atenerse estrechamente a las palabras del TB, mientras que la versión española suena mucho más natural. En 2d, el término *Pflücker* no es adecuado; el término correcto sería *Herbster*, una derivación de *Herbst*, "vendimia", porque las uvas no se cogen (*pflücken*) sino que se vendimian (*herbsten*, o también se cortan (*schneiden*). También este ejemplo demuestra que el traductor alemán ha optado por una estrategia bastante literal, y por ende exotizante, mientras que el traductor español se decidió por una estrategia adaptiva que reduce la distancia cultural. La suya es una traducción-instrumento, pero puesto que ya no hay distancia cultural (que sería difícil de crear en este caso) no tiene forma equifuncional sino heterofuncional.

3.4. Las dudas a nivel de la cultura

En cuanto a las normas y convenciones de comportamiento verbal o no verbal, depende del de la forma de traducción elegida se reproducen "tal cual" o se adaptan a los estándares de la cultura meta. Puesto que traducir también es un comportamiento regido por normas y convenciones culturales, puede darse el caso de que hay que aplicar estrategias diferentes para los distintos comportamientos presentados en un mismo texto. Esto depende de las convenciones traslativas.

Ejemplo 3: Tratamientos

	Inglés	Alemán	Español
a)	Monsieur	Monsieur	Monsieur
b)	Senyor	Senyor	Señor
c)	you	du (bodeguero a Josep)	tuteo (bodeguero a Josep)
d)	you	Sie (Josep al bodeguero)	usted (Josep al bodeguero)
e)	Jesús, boy	Mon Dieu, Junge	Jesús, muchacho
f)	Tigre (hipocorístico)	Tigre	Tigre
g)	my young friend	mein junger Freund	amigo
h)	Senyoreta	Senyoreta	Señorita
i)	No, senyor	Nein, Senyor	No, señor
j)	you lazy cunt (dicho a un perro)	du fauler Hund	vago de mierda

El autor usa tratamientos franceses (cuando el relato se desarrolla en Languedoc) y catalanes (cuando los personajes están en Cataluña), además de formas en inglés y el hipocorístico *Tigre*, que puede ser catalán o español. La interjección Jesús parece ser un calco del inglés, en español se esperaría más bien algo como *por Dios* o *Dios mío*. Mirando las dos traducciones, se ve TM-al, igual que el TB, utiliza tratamientos extraños para el lector alemán, mientras que TM-es adapta los tratamientos a las formas comunes en español. Ambas traducciones adaptan el pronombre *you* a las dos formas existentes en las culturas meta, produciendo así una relación asimétrica entre Josep y el bodeguero. Los tratamientos nominales de la versión alemana (*mein Junge, mein junger Freund*) carecen de naturalidad, lo que pasa muchas veces en las traducciones literarias del inglés o español al alemán (cf. Nord 2007, 2014). En vez de Junge, diríamos *mein Junge*, o aun mejor: *mein Kleiner* y *du fauler Hund* se diría a un *hombre* perezoso y no a un perro,

Ejemplo 4: Saludos

Otro culturema, estrechamente legado a los tratamientos, es la forma de saludarse con o sin besitos en la mejilla. El autor describe este comportamiento como *they both exchanged kisses with him.* La traducción literal de TM-al nos presenta una escena romántica entre enamorados: *sie tauschten Küsse mit ihm aus*, en vez de explicitar que se trata de un saludo bastante común, p.ej. *sie begrüßten sich mit Küsschen*, una manera de saludarse bastante común hoy en día en Alemania, sobre todo en el suroeste, que linda con Francia. La versión del TM-es se entiende como saludo, aunque, a mi modo de ver, el estilo es más formal de lo necesario.

La transcripción de palabras o nombres propios de idiomas que usan otro alfabeto también se rige por normas culturales. Noah Gordon cita un cuarteto de los Rubaiyat del famoso poeta persa Omar Jayam, transcribiendo los nombres según la norma anglófona.

Ejemplo 5: Transcripciones y préstamos

	Inglés	Alemán	Español
a)	Omar Khayyam	Omar Khayyam	Omar Khayyam
b)	*The Rubaiyat* (título de un libro de versos)	die Rubaiyat (plur.)	Rubaiyat

En contra de su estrategia usual, pone el artículo correcto (plural, femenino) con Rubaiyat, lo que demuestra que se ha documentado al respecto. Aun así, usa la transcripción inglesa para el nombre del poeta persa, lo que es posible, aunque la forma correcta en alemán sería *Omar Chayyam* o *Chajjam*. El traductor español reproduce también la transcripción inglesa del poeta, aunque la transcripción correcta sería *Omar Jayam*. Para en el título del libro de versos omite el artículo: *rubaiyat* es el plural de *rubai*, "cuarteto", de manera que debería ser "Los Rubaiyat". En este caso, las dos traducciones no son completamente coherentes.

3.5. Las dudas a nivel de texto

Según la teoría del escopo, un texto es una oferta de informaciones, de las que el receptor elige, según sus propios criterios, las que le parecen interesantes o relevantes o las que puede procesar (dejando al lado lo que no entiende o lo que no le interesa). El traductor es un receptor de la oferta informativa producida en la cultura base (de la que muchas veces ni siquiera forma parte si traduce de la lengua extranjera a la propia). Por lo tanto, no puede estar seguro de que lo entiende todo correctamente. La única manera de decidir cuáles serán las informaciones interesantes y procesables para el público meta es meterse en la situación de este y ofrecerles aquellas informaciones del TB que serían adecuadas para lograr las funciones pretendidas. Pero nunca podemos estar seguros de que el público meta de verdad utilizará la información ofrecida para las funciones pretendidas.

Ejemplo 6: Colorido local

	Inglés	Alemán	Español
a)	our little casas	unsere kleinen *cases*	nuestras casitas
b)	grand bodegas with wine cellars	große Höfe mit Weinkellern	grandes bodegas con sótanos
c)	Salud.	*Salut.*	¡Salud!
d)	no great chateaus	keine großen châteaux	grandes castillos
e)	the two *cántirs*, the water jugs that would keep it cool	die zwei *càntirs*, Wasserkrüge, die es kühl halten würden	los dos cántaros que la mantendrían fresca [el agua]
f)	Oh, aye, what good does it do a sensible man…	Ah, ja, was bringt es einem vernünftigen Mann…	Ah, sí, ¿de qué le sirve a un hombre común y sensato…

Para dar a su relato un colorido local, el autor usa también préstamos del francés, del español o del catalán, los dos primeros a veces con una ortografía incorrecta. A pesar de su estrategia usual de documentación exacta, el traductor alemán los "cataliniza" los préstamos españoles (*cases, salut*) y aun corrige las faltas en las palabras francesas y catalanas (*châteaux, càntirs*). Como corresponde a su estrategia adaptiva, el traductor español "hispaniza" todos estos extranjerismos, aunque no siempre encuentra los términos correctos del lenguaje vitivinícola. Pero una novela popular no se dirige a expertos del vino, por lo cual sus decisiones son aceptables.

3.6. Las dudas a nivel de frase

Normalmente, un traductor profesional no traduce frases aisladas sino frases-en-contexto, y el contexto reduce las dudas con respecto a la interpretación o transferencia de una frase. En contextos metalingüísticos, sin embargo, los autores a veces se refieren a una frase determinada o un fraseologismo que en este caso puede exigir una reproducción literal.

Si la lengua meta no ofrece una frase o un fraseologismo similar o equivalente, el traductor tiene que recurrir a un "shift" (semántico, sintáctico u otro). La necesidad de un shift siempre produce dudas. Esto es lo que hace el traductor del TM-es, mientras el TM-al presenta un estilo amanerado o poco usual precisamente en la fraseología, que en el TM es perfectamente idiomática.

Ejemplo 7: Fraseologismos

	Inglés	Alemán	Español
a)	a body that made Josep's heart thump when he first saw her	ein Körper, der Joseps Herz gerührt hatte, als er sie zum ersten Mal gesehen hatte	un cuerpo que había provocado un acelerón en el corazón de Josep al verla por primera vez
b)	Where we live, the custom is...	Wo ich herkomme, ist es der Brauch...	En nuestra zona es costumbre que...
c)	courting danger	mit der Gefahr spielen	correr riesgos

En una traducción-documento exotizante, lo "exótico" suele estar en las referencias al mundo textual culturalmente distante y a las realidades culturales extrañas, mientras que el estilo y el lenguaje se suelen adaptar a los usos de la linguacultura meta. En contraste con la versión española, la traducción alemana no es legible porque presenta un estilo amanerado o poco usual precisamente en la fraseología, que en el TB, y también en el TM-es, al menos casi siempre, es perfectamente idiomática. Para el Ejemplo 7a, existe un fraseologismo muy similar a la expresión inglesa (...*der Joseps Herz höher schlagen ließ*), en 7b, una formulación como, por ejemplo, *Bei uns zu Hause ist es so*...sería más adecuada a la manera de hablar de un trabajador, y un equivalente estilístico de *courting danger* es *ein Risiko eingehen*, o, más original, *mit der Gefahr liebäugeln*.

3.7. Las dudas a nivel de palabra

Sabemos que un traductor no traduce palabras sino (con)textos. Pero también puede haber dudas a nivel de palabra, que se deben a polisemias, falsos amigos, lagunas léxicas en la lengua meta, etc. Normalmente, esta clase de dudas se reduce o incluso se resuelve a base de la información del contexto lingüístico, a no ser que el traductor aspire a una concordancia a nivel de palabra. Puesto que el TB se dirige a un público que no conoce España, el autor usa con frecuencia paráfrasis para referirse a ciertas realidades culturales.

Ejemplo 8: Realidades culturales

	Inglés	Alemán	Español
a)	a small skin of wine on a rope strap	ein kleiner lederner Weinschlauch an einem Seilriemen	una pequeña bota de vino sujeta con una correa
b)	a small ball of cheese made from cow's milk	eine kleine Kugel Käse aus Kuhmilch	un pequeño queso de bola hecho con leche de sus vacas
c)	a potato tortilla still warm from the fire, so freshly made he could smell the onions and the eggs	eine noch warme Karto-ffel-*truita*, so frisch vom Feuer, dass er die Zwie-beln und die Eier noch riechen konnte	tortilla de patatas, caliente todavía, tan recién hecha que aún olía a cebolla y a huevo

Una bota de vino, un queso de bola y una tortilla (que por definición es de pata-tas) son realidades o "realia" originales de la Península Ibérica, de manera que no es necesario explicarlas para un público español. La tortilla ya se ha exportado a Alemania junto con su nombre (*Tortilla*), mientras que una *truita* (catalana) no se conoce en ese país. A pesar del afán de crear un ambiente catalán homo-géneo, el traductor alemán hubiera podido usar la palabra española para que sus lectores tuvieran una idea más exacta de lo que es. Sin embargo, la bota de vino y el queso de bola no son tan conocidos, aunque quizás muchos turistas se han llevado una bota a Alemania como recuerdo. Sabrían que no se trata de un *Schlauch* ("manguera") sino más bien de un *Beutel* ("bolsa") de cuero, que la gente se echa al hombro mediante una correa o una cuerda (un *Seilriemen* no puede existir porque sería una "cuerda-correa" o "correa-cuerda").

Además, el TM-es corrige una incoherencia del TB (que, por consiguiente, se halla también en el TM-al): tanto en Norteamérica como en Alemania, los que-sos "normales" serían de leche de vaca, así que sería redundante mencionarlo. Pero si es queso de *sus* vacas, se trata de una información digna de ser mencio-nada. Si no fuera poco, *eine kleine Kugel Käse* ("una pequeña bola de queso") no es lo mismo que *ein kleiner Käse in Kugelform* ("un pequeño queso en forma de bola"), siendo la primera mucho más pequeña que la segunda. Estas traduccio-nes equivocadas ya no se deben a una determinada estrategia de traducción sino quizás a una falta de conocimientos culturales. Obviamente, no se puede esperar de un traductor que traduce del inglés al alemán que también sepa español, pero si la cultura española constituye parte del tema del texto base, el traductor debe adquirir los conocimientos temáticos correspondientes.

Conclusiones

Según la clasificación del texto base como novela popular y considerando lo que dice el mismo autor sobre sus intenciones, la estrategia traslativa adecuada sería producir una traducción-instrumento equifuncional. Esto significa que el texto traducido puede cumplir las mismas funciones comunicativas para el público meta de las que ha cumplido o cumple el texto base para el público de la misma cultura. Esto parece haber sido el escopo del traductor alemán, quien quería preservar la distancia cultural, presentando a los lectores alemanes un mundo textual desconocido y "exótico". Sin embargo, para los alemanes de hoy, España en general y Cataluña en especial ya no son lugares exóticos. Para muchos alemanes, y quizás precisamente para aquellos que tienen interés por leer una novela llamada "El catalán", los vinos de La Rioja y la cocina española con su tortilla y su queso de bola son realidades bien conocidas, así como las tapas y los besos en los saludos y despedidas. El aspecto "exótico" se resalta quizás mediante las palabras y expresiones catalanas y francesas, y el traductor tuvo razón en corregir las faltas cometidas por el autor e incluso en traducir al catalán las palabras españolas usadas por el autor para producir un cierto "colorido local".

La traducción al español aspira a crear un ambiente familiar para los lectores españoles, convirtiendo las referencias catalanas en españolas (p.ej. *cántaros* en vez de *càntirs*) y adaptando las referencias culturales (p.ej. *Tempranillo* en vez de *Ull-de-Llebre*).

Ambas traducciones, sin embargo, no son completamente consistentes en cuanto a su estrategia, lo que se podía haber evitado mediante un enfoque top-down.

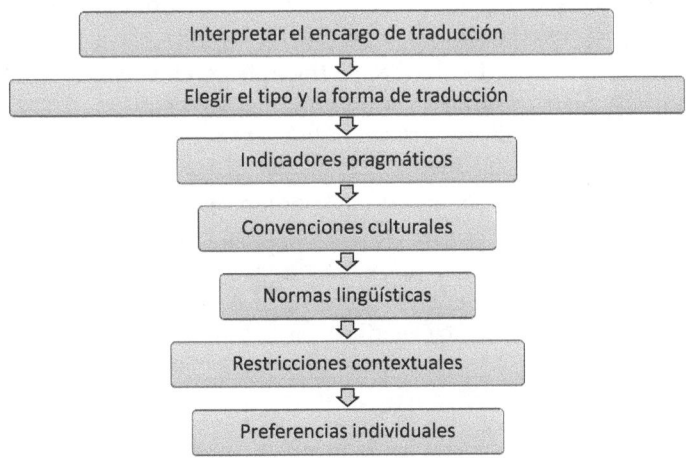

El primer nivel será el del encargo de traducción, en el cual el traductor tiene que decidir su estrategia global: ¿Cuál sería el tipo de traducción adecuado para este encargo? Y ¿qué forma de traducción debería elegir? De esta primera decisión se deriva las siguientes, que se refiere a la pragmática de la situación comunicativa. Esta segunda decisión es binaria: cada tipo lleva a una decisión distinta. Las traducciones-documento reproducen la pragmática del texto base (explicitándola, en su caso, al público lector), mientras que las traducciones-instrumento adquieren su propia pragmática, lo que tiene consecuencias, por ejemplo, para la traducción de elementos deícticos (p.ej. *aquí, hoy, el año pasado*). En el nivel siguiente, se trata de decidir si las convenciones y normas de comportamiento deben adaptarse o reproducirse para estar conforme con el tipo y la forma traslativa elegida. Aquí las decisiones ya no son binarias porque cada comportamiento puede exigir o bien una reproducción o bien una adaptación, según las convenciones traslativas de la cultura en cuestión. Los tres últimos niveles se refieren a las normas del lenguaje, las restricciones contextuales y, en su caso, las preferencias individuales del traductor.

REFERENCIAS BIBLIOGRÁFICAS

Levý, Jiř̌y (1967): «Translation as a Decision Process». In: *To Honor Roman Jakobson: Essays on the Occasion of his Seventieth Birthday, 11 October 1966.* Vol. I–III. Janua Linguarum Series Maior, 31, 32, 33. The Hague/Paris: Mouton.

Nida, E. A. (1964). *Toward a science of translating. With special reference to principles and procedures involved in Bible translating.* Leiden, Netherlands: Brill.

Nord, Christiane (2007): "If you please, sir…" Forms of address in Literary Translation, *Forum* (Seoul), 5/1 (April 2007), 163–191.

Nord, Christiane (2014): Las formas de tratamiento en la traducción literaria. En: Adriana Massa, Gustavo Giovannini, Elena Martins et al. (eds.) *Cruce de fronteras / Grenzgänge / Cruzando fronteiras*, Tomo 2, Córdoba (Argentina): Comunic-arte, 655–664.

Página web de Noah Gordon, https://noahgordon.com (13/06/2019).

Zarandona, Juan Miguel (2010): «Novelas populares norteamericanas ambientadas en bodegas y algunas reflexiones de traducción», in Miguel Ibáñez et al., *Vino, lengua y traducción*, Universidad de Valladolid, Secretariado de Publicaciones e Intercambio Científico, pp. 205–226.

Fernando Martínez de Toda

Hitos del conocimiento en las ciencias de la vid y el vino

Resumen Se hace un recorrido histórico del conocimiento en las ciencias de la vid y del vino, desde el origen de la elaboración del vino y del cultivo de la vid hasta la situación actual. A partir del conocimiento establecido en la Edad Antigua, pasan 1.800 años sin que haya ninguna evolución significativa, durante la Edad Media y la Edad Moderna, y hay que esperar al comienzo de la Edad Contemporánea para que se produzca el primer hito importante, como consecuencia de la Ilustración. Posteriormente, destacan los siglos XIX y XXI.

Palabras clave: Columela. Abu Zacaria. Alonso de Herrera. Dussieux. Chaptal.

Summary A historical summary of knowledge in the sciences of the vine and wine is presented, from the origin of winemaking and grape growing to the current situation. From the knowledge established in the Ancient Age, 1,800 years pass without there being any significant evolution, during the Middle Ages and the Modern Age, and we must wait at the beginning of the Contemporary Age for the first important milestone to take place, as a consequence of the Illustration. Later, the XIX and XXI centuries stand out.

Keywords: Columela. Abu Zacaria. Alonso de Herrera. Dussieux. Chaptal.

1. Origen y evolución de la vid y de la viticultura

Los restos arqueológicos sugieren que el género *Vitis* pudo aparecer hace 65 millones de años, pero el cultivo de la vid no comenzó hasta el año 3.200 a. C., a partir de vides silvestres. Antes de esa fecha se hizo vino (desde el año 5.000 a. C., en el norte de Irán) pero no sabemos si procedía de viñedos cultivados o, simplemente, de frutos recogidos en vides silvestres.

Dos formas distintas de *Vitis vinifera* morfológicamente bien diferenciadas coexisten actualmente en Europa y Asia: la forma cultivada (*Vitis vinifera subsp. vinifera*) y la forma salvaje (*Vitis vinifera subsp. sylvestris*), que es considerada la antecesora de la primera. Esta diferenciación es únicamente debida al proceso de domesticación realizado por el hombre durante miles de años, más que a una evolución de la especie asociada a diferentes áreas geográficas. Aún pueden verse numerosos ejemplares de vides silvestres (*Vitis vinifera subsp. sylvestris*) en las riberas de los ríos o en los montes de la península ibérica (Martínez de Toda, 1991) y también en el resto de Europa.

El origen del cultivo de la vid parece estar estrechamente relacionado con el descubrimiento del vino. Ello implicó cambios muy importantes durante el proceso de domesticación: se buscaba garantizar un nivel de azúcar suficiente en los mostos para las fermentaciones de los vinos, además de una producción mayor y más regular. El tamaño de la baya y del racimo sufrió cambios significativos, además de un importante salto de formas dioicas a vides hermafroditas. Es en este momento cuando cambia también el tamaño de la semilla y, por consiguiente, la relación entre su anchura y su longitud; siendo las semillas más alargadas en las formas cultivadas. Pero se desconoce con exactitud el período que abarcó la domesticación de la vid, si fue en uno o en varios períodos, así como el área donde se llevó a cabo (semillas alargadas, típicas de las vides cultivadas aparecen, por primera vez, en Jericó, en el año 3.200 a. C.).

La mayoría de autores proponen que la primera domesticación fue en la región transcaucásica, pero también existen estudios que muestran indicios de la existencia de segundas domesticaciones además de la que se produjo en el núcleo fundamental de Extremo Oriente. Durante la última época interglaciar, la vid silvestre se encontraba extendida de forma continua por toda Europa, Asia y el norte de África. Pero, al igual que el resto de especies vegetales, tuvo que sobrevivir a las últimas glaciaciones que acontecieron hasta la Edad de Hielo (hace unos 30.000 años), y que provocaron la extinción de la vid en el centro de Europa. Únicamente quedaron poblaciones aisladas en refugios ecológicos repartidos en torno a la cuenca mediterránea.

Se consideran tres postulados fundamentales que explican el origen de las variedades cultivadas actualmente en Europa:

a) La adopción de material vegetal procedente de las primeras vides domesticadas en las regiones del Cáucaso, la península de Anatolia y Mesopotamia, que es donde se inició la viticultura.
b) La domesticación y selección de vides silvestres locales que habrían quedado en los refugios de la cuenca mediterránea tras las épocas glaciares.
c) La hibridación de los materiales vegetales procedentes de Oriente Próximo con las vides salvajes locales.

Las herramientas genéticas están contribuyendo a dilucidar las tres hipótesis planteadas y que, hasta ahora, no habían podido ser resueltas. En los últimos estudios genéticos realizados en Europa, la mayoría de autores proponen un origen mixto de las actuales variedades europeas: cultivadas a partir del material vegetal importado inicialmente de Oriente Próximo e hibridadas con las poblaciones locales de vides silvestres.

Las variedades de vid actualmente presentes en la viticultura ibérica, aunque muchas de ellas estén a nivel de reliquia y en vía de desaparición, son el resultado de una intensa circulación varietal iniciada muy precozmente, en torno a los siglos VII-VI a. C., en coincidencia con la colonización fenicia y con la domesticación de las vides silvestres. Desde entonces, se ha producido no solo la llegada de muchas variedades de lejanos lugares sino también una importante circulación de ideas y de innovaciones vitícolas y enológicas.

2. Roma

Como consecuencia de la larga dominación griega, la viticultura ya estaba instalada en Italia en el siglo V a. C. A partir de las grandes victorias conseguidas por los romanos entre los siglos V y III a. C., que dieron a Roma el dominio de todo el Mediterráneo, su economía rural sufre una gran transformación ya que, al proporcionar sus dominios gran cantidad de trigo, el precio baja y los grandes propietarios romanos optan por cultivos más industriales, entre los que la vid ocupa el primer lugar por su rentabilidad. Así llega el apogeo de la viticultura romana. Sus vinos se exportan y Roma consigue un verdadero monopolio del vino. Las técnicas vitícolas y enológicas aparecen descritas en diferentes textos. Al antiguo *Libro de Agricultura* de Catón (200 años a.C.), en el que la cuarta parte se dedica a la vid y al vino, sigue el tratado de Varrón (37 a.C.). Pero es sobre todo en el amplio *Tratado de Agricultura* de Columela, autor español nacido en Cádiz en el año 4, en el primer siglo de nuestra Era, en el que se encuentra perfectamente documentada la viticultura y enología romanas (Columela, 1824). Poco después aparece la vastísima *Historia natural* de Plinio el Viejo, con gran dedicación a la vid.

El año 92 d. C. aparece el edicto de Domiciano prohibiendo las nuevas plantaciones de vid en Roma y reduciendo a la mitad las de las provincias romanas. El origen de este edicto fue la carestía que alcanzó el trigo. En el siglo II d. C. comienza un período de decadencia en la agricultura romana que afecta también al viñedo.

3. Edad Media

La Edad Media supone un período oscuro para la viticultura. Llegan suevos, vándalos, alanos y musulmanes, ninguno de ellos interesados en la vid y el vino. El cultivo de la vid siguió manteniéndose y extendiéndose, debido a la nueva religión que desde Roma se expandía con gran rapidez por todo el mundo. El vino era indispensable para la celebración de la Santa Misa, por lo que las órdenes religiosas cuidaron especialmente el cultivo de la vid. En gran parte de esta época el viñedo y la elaboración del vino quedaron celosamente salvaguardados en conventos y monasterios, siendo los Benedictinos y los Cistercienses los que más destacaron en su cultivo.

En el siglo XII aparece *El libro de agricultura*, escrito en árabe por el sevillano Abu Zacaria (Abu Zacaria, 1802). Si se compara este texto con los textos romanos, antes citados, se observa que no hay ningún tipo de evolución del conocimiento de la vid y del vino en esos mil años de diferencia.

4. Edad Moderna

El descubrimiento de América supone una gran ocasión para la extensión del cultivo de la vid. Igualmente, motivos religiosos constituyeron el origen de la viticultura en el Nuevo Mundo; Carlos V, en 1550, instaura un importante premio para el primero que consiga en América del Sur vino utilizable para la celebración de la misa. Es así como nuestras vides hacen su aparición en la región de la Plata, Mendoza y otras de Argentina y Chile. En 1513 aparece el tratado de Agricultura General de Alonso de Herrera, natural de Talavera de la Reina, Toledo (Alonso de Herrera, 1818). Si analizamos los conocimientos que describe Alonso de Herrera sobre la vid y el vino, podemos observar que no difieren, significativamente, de los descritos por los autores romanos 1.500 años antes ni de los autores árabes 400 años antes. Es decir, la ciencia de la vid y del vino no sufre, prácticamente, ningún tipo de evolución en, casi, 2.000 años de historia.

5. Edad Contemporánea. El siglo de las Luces

Es en los comienzos de la Edad Contemporánea (1796) cuando se escriben, en Francia, dos obras fundamentales: el *Tratado de la vid* de Louis Dussieux (Dussieux, 1803) y el *Tratado del vino* de Jean Antoine Chaptal (Chaptal, 1803).

Entre las tres primeras obras citadas y escritas en las Edades Antigua, Media y Moderna, no existen diferencias substanciales en el nivel de conocimiento; parece como si en más de dos mil años no hubiese habido ningún tipo de evolución, ni científica ni técnica.

Sin embargo, las dos obras escritas en 1796 suponen un cambio cualitativo muy importante. A nivel enológico, ya se incorporan los nuevos conocimientos sobre la fermentación alcohólica, recientemente aclarada y cuantificada por Lavoisier en 1789 (aunque aún faltaba más de medio siglo para que Pasteur sentara las bases de la nueva microbiología y enología), y se propone la adición de azúcar para aumentar el grado alcohólico del vino (técnica que se conocerá con el nombre de "chaptalización" porque fue, precisamente, Chaptal el que difundió la técnica). A nivel botánico y fisiológico, se describe perfectamente la morfología de la vid y se intenta explicar (aunque aún es complicado) la anatomía y el funcionamiento o la fisiología completa de la planta. A nivel ampelográfico, supone un gran cambio cualitativo la ilustración de las variedades descritas mediante láminas, que incluyen hojas y racimos, dibujadas a plumilla (la Ampelografía es una nueva ciencia que se ha iniciado un siglo antes). En fin, a nivel de las técnicas vitícolas, ya se habla de la importancia del vigor del viñedo, que depende de la fertilidad del suelo, y de las diferencias entre producción de uva de calidad y producción de uva en cantidad.

Este mayor nivel de conocimiento es el resultado del desarrollo, en Francia, del siglo de las Luces, de la Ilustración y del Enciclopedismo, con la idea de que el conocimiento humano podía combatir la ignorancia, la superstición y la tiranía para construir un mundo mejor.

6. La revolución del siglo XIX

Durante la segunda mitad del siglo XIX la viticultura europea (es decir, prácticamente la viticultura mundial) va a verse afectada por una serie de problemas de tipo parasitario que van a producir importantes cambios en las técnicas de cultivo. El oídio se detectó en Londres en 1845; la filoxera, en el sur de Francia en 1868, y el mildiu en 1878, enfermedades todas ellas importadas de América. Por esto, la viticultura entró en una profunda crisis y para salir de ella se recurrió a una transformación sustancial de las técnicas de cultivo. Para la lucha contra oídio y mildiu se recurrió a tratamientos a base de azufre y cobre, respectivamente, haciendo que se desarrollaran las técnicas fitosanitarias; ello implicó una mayor atención y conocimiento por parte de viticultor. Van apareciendo continuamente nuevos sistemas de tratamiento (espolvoreo, pulverización) y en la disposición de las plantaciones es obligado el marco regular para permitir una mejor utilización de los diferentes aparatos que van surgiendo, muchos de los cuales ya son arrastrados por caballerías.

La lucha contra la filoxera exigió un cambio mucho más trascendental; la plantación ya no podía hacerse directamente a partir del material vegetal cultivado. Hubo que recurrir a la técnica del injerto y constituir las plantas con una raíz de especies americanas resistentes a la filoxera (patrón, pie o portainjerto) y una parte aérea de la variedad que se quería cultivar. La unión entre ambas partes, radicular y aérea, se lograba mediante el injerto. Esta solución hizo que, paralelamente, se desarrollara toda la técnica de plantación del viñedo con una buena preparación del terreno, no solo superficial, sino también en profundidad (utilización del malacate). Se utilizaba material vegetal más homogéneo, apareció la exigencia de personal cualificado (injertador) y, además, supuso un rejuvenecimiento total del viñedo europeo, ya que, salvo alguna excepción, las viñas viejas habían sido totalmente destruidas. Al mismo tiempo se impulsó la investigación vitícola, ya que la mejora genética adquirió un gran desarrollo tratando de buscar combinaciones que dieran buen fruto y que resistieran las afecciones parasitarias.

7. Situación en el siglo XX

Si comparamos la viticultura practicada en los últimos años del siglo XX con la viticultura antes comentada del siglo XIX, vemos que no ha habido cambios drásticos en las técnicas de cultivo específicas del viñedo. Las principales operaciones, las que más mano de obra exigen, son prácticamente las mismas que cien, quinientos o incluso dos mil años antes. Nos referimos a las operaciones de poda y vendimia, principalmente. Solo las técnicas comunes a otros cultivos, como laboreo, mantenimiento del suelo o tratamientos fitosanitarios, se han desarrollado sensiblemente.

Es importante destacar que esta lenta evolución de la técnica vitícola no fue tan lenta para otras técnicas de cultivos donde el desarrollo ha sido espectacular. Pensemos en los cereales, patata, remolacha e incluso frutales. Las técnicas empleadas en estos cultivos eran totalmente distintas a las de cien años antes.

8. El siglo XXI

Hablar del siglo XXI significa hablar de nuestro próximo futuro. Cabe pensar que a lo largo de dicho siglo se desarrollen una serie de técnicas innovadoras en viticultura. Algunas de ellas ya están desarrolladas, como puede ser la vendimia mecánica; otras están todavía en fase experimental, como, por ejemplo, la poda mecánica, y para otras, el futuro aparece más lejano e incierto e incluyen diferentes técnicas de control total de la planta a base de sustancias reguladoras del crecimiento.

Entre las primeras, es decir, entre las técnicas ya desarrolladas, podemos destacar:

– Vendimia mecánica.
– Mecanización de operaciones en verde.
– Plantación totalmente mecanizada.
– Material vegetal seleccionado tanto clonal como sanitariamente.

En dichas técnicas se está avanzando continuamente. Por ejemplo, la vendimia es una operación totalmente mecanizada para determinados sistemas de conducción, es decir, para determinadas formas de distribución de las cepas en el espacio. En otros sistemas de conducción, el problema no está totalmente resuelto, pero la puesta a punto de máquinas adaptadas no es demasiado compleja ni está tan lejana. La adopción o no de dichas nuevas técnicas va a depender sobre todo de factores económicos o estructurales de la explotación vitícola, ya que técnicamente el problema se puede decir que está resuelto.

El segundo grupo de técnicas lo constituye, fundamentalmente, la poda mecánica de invierno, que, decíamos, se encuentra en su fase experimental. La poda tradicional, tal y como se concibe y realiza hoy, es la operación que exige, junto con la vendimia, mas mano de obra. Esta operación resulta delicada y lenta porque cada cepa recibe un tratamiento diferente en función de su vigor, posición de pulgares, etc. El podador tiene que decidir ante cada cepa el tratamiento a efectuar. En los últimos años se vienen ensayando, en diferentes países vitícolas, unos sistemas de poda totalmente mecanizados. Hemos dicho que están en fase experimental, pero ya existen viñedos en los que se aplica definitivamente este tipo de poda. Los sistemas en estudio son diversos, pero en general se observan dos tendencias: una consiste en realizar una poda mecánica masal, tratando a todas las cepas por igual, y aprovechando la capacidad de autorregulación de la planta; es la tendencia más extendida. La otra consiste en tratar a cada planta diferentemente según los criterios del podador, pero haciéndolo mecánicamente; esto exige una memoria y un ordenador, es decir, un robot y consistiría en una poda robotizada.

En este siglo XXI, y por primera vez en la historia, podemos desarrollar una viticultura íntegramente mecanizada, sin ninguna intervención manual.

Así, podemos resumir los seis hitos fundamentales de la historia del conocimiento en las ciencias de la vid y del vino de la siguiente manera:

Hito 1: Primera referencia de elaboración de vino. Año 6.000 a. C.
Hito 2: Primera referencia de cultivo de la vid. Año 3.200 a. C.
Hito 3: Viticultura y elaboración de vino en la Edad Antigua. Autores romanos.
Hito 4: Siglo de las Luces. Primera evolución importante del conocimiento.
Hito 5: Siglo XIX. Desaparición y nuevo establecimiento de toda la viticultura mundial.
Hito 6: Siglo XXI. Viticultura íntegramente mecanizada, por primera vez en la historia.

Referencias bibliográficas

Abu Zacaria Ihaia Aben Mohamed Been Ahmed Ebn Ahmed Ebn El Awam (1802): *Libro de agricultura*. Traducido al castellano y anotado por D. Josef Antonio Banqueri, prior claustral de la catedral de Tortosa, individuo de la Real Biblioteca de S. M. y académico de número de la Real Academia de la Historia. Madrid, Imprenta Real. Dos tomos.

Alonso de Herrera, Gabriel (1818): *Agricultura general* (corregida y ampliada de la primera edición publicada en 1513). Madrid, Imprenta Real.

Chaptal, Jean Antoine (1803): *Vino*, en Curso completo o diccionario universal de agricultura teórica, práctica, económica y de medicina rural y veterinaria. Escrito en francés por una sociedad de agrónomos y ordenada por el Abate Rozier. Traducido al castellano por Don Juan Álvarez Guerra, individuo de mérito en la clase de agricultura de la Real Sociedad Económica de Madrid. Madrid, Imprenta Real. Tomo XVI; pp. 292–386.

Columela, Lucio Junio Moderato (1824): *Los doce libros de agricultura*, que escribió en latín Lucio Junio Moderato Columela, traducidos al castellano por D. Juan María Álvarez de Sotomayor y Rubio. Madrid, Miguel de Burgos.

Dussieux, Louis (1803): *Vid, viña*, en Curso completo o diccionario universal de agricultura teórica, práctica, económica y de medicina rural y veterinaria. Escrito en francés por una sociedad de agrónomos y ordenada por el Abate Rozier. Traducido al castellano por Don Juan Álvarez Guerra, individuo de mérito en la clase de agricultura de la Real Sociedad Económica de Madrid. Madrid, Imprenta Real. Tomo XVI; pp. 133–262.

Martínez de Toda, Fernando (1991): *Biología de la vid*. Madrid, Ed. Mundi-Prensa.

Amparo Alcina

La representación de relaciones conceptuales en una ontología

Resumen Las bases de datos terminológicas no cuentan con una estructura eficaz para representar los conceptos y sus relaciones. Presentamos cómo hemos adaptado las ontologías para desarrollar análisis detallado de los conceptos y sus relaciones, que está en la base de la elaboración de definiciones terminológicas. Mostramos el análisis conceptual, formalización y su implementación. Además de las ventajas de la gestión, estos sistemas facilitan también la consistencia y el razonamiento con los datos. El uso de ontologías en terminología abre el camino hacia los datos enlazados e intercambio de datos terminológicos en el nuevo paradigma de la Web Semántica.

Palabras clave: Terminología. Tecnología. Concepto. Ontología. Definición. Web semántica.

Abstract The terminology databases do not have an effective structure to represent the concepts and their relations. We present how we have adapted ontologies to develop detailed analysis of the concepts and their relationships, which is at the basis of the elaboration of terminological definitions. We show the conceptual analysis, formalization and its implementation. In addition to the advantages of management, these systems also facilitate consistency and reasoning with data. The use of ontologies in terminology opens the way to linked data and exchange of terminological data in the new paradigm of the Semantic Web.

Keywords: Terminology. Technology. Concept. Ontology. Definition. Semantic Web.

0. Introducción[1]

La terminología es sin duda uno de los grandes quebraderos de cabeza en la actividad traductora. Conocer el significado de los términos que aparecen en los textos de especialidad, encontrar su equivalencia en la lengua meta entre los expertos en un dominio, aprender cómo se combinan en el texto y cuáles son las colocaciones que suenan más naturales son algunas de las inquietudes que se manifiestan en el proceso de traducción.

---

1   Esta investigación forma parte del proyecto: "PRO-ONTODIC: Protocolos para la creación de diccionarios terminológicos basados en ontologías (Modelo ONTODIC)" (Ref. UJI-B2018-65), financiado por el Plan de investigación 2018 de la Universitat Jaume I.

La actividad terminológica aplicada a la traducción comprende la recopilación de los términos, la descripción de sus aspectos lingüísticos (fonológicos, morfológicos, morfosintácticos y de uso), la redacción de su definición y la ubicación del concepto al que representa en una estructura conceptual del dominio de especialidad. Los aspectos relacionados con el significado, la elaboración de la definición y la ubicación del término en una estructura conceptual, requieren a su vez explicitar con detalle las características que definen el concepto y las relaciones que lo vinculan con otros conceptos.

En terminología, se emplea un gran esfuerzo para extraer las características y relaciones conceptuales, recopilarlas y asignarlas a los conceptos, elaborar árboles de campo, organizar grupos de conceptos y trabajar sistemáticamente la información para redactar definiciones de términos correctas desde el punto de vista de su contenido y de las normas lexicográficas. Pocas veces quedan esos datos de trabajo (relaciones conceptuales, árbol de campo, especificación de características) plasmados en los diccionarios, los recursos lexicográficos o terminológicos impresos o electrónicos. Las definiciones, redactadas en lenguaje natural y destinadas a su lectura solo por humanos, no muestran los elementos del proceso de trabajo. Como afirmaba Sager:

> Dentro de la teoría terminológica se acepta que los conceptos deberían ordenarse según ciertos esquemas de clasificación conceptuales y presentarse dentro de una estructura sistemática. Para lograr esto, se caracteriza a los conceptos mediante las relaciones que forman con sus conceptos colindantes. […] Sin embargo, pese a que percibimos enseguida un gran número de relaciones entre los términos, muy pocas se reflejan en la estructura de los glosarios. (Sager, 1990:54)

El cambio del formato impreso al uso de las bases terminológicas mejoró la flexibilidad en el acceso a los datos que incluyen los diccionarios, pero la información sobre el significado sigue sin aparecer desglosada. Los sistemas de bases de datos terminológicos, basados en estructuras de campos y registros, resultan insuficientes. Se requieren formas más flexibles de estructurar la información.

Se comenzaron a aprovechar los sistemas de bases de conocimiento desarrollados en Ingeniería del conocimiento, luego llamadas *ontologías*, para realizar el análisis conceptual detallado de los términos.

En nuestra línea de investigación ONTODIC, sobre Metodología y técnicas para la elaboración de diccionarios terminológicos, buscamos desarrollar sistemas más flexibles y potentes, que hagan compatible tanto las necesidades del terminólogo y el traductor, como las necesidades actuales del procesamiento automático del lenguaje natural. El trabajo consistió en la estructuración del árbol de campo (Alcina, 2009), la búsqueda de relaciones conceptuales y características en el dominio (Maroto, 2007) y la elaboración de plantillas de definición para algunos grupos de términos (Alcina y Valero, 2008; Valero y Alcina, 2009; 2010; 2015). En las primeras fases del proyecto, las relaciones conceptuales se implementaron en el programa Protégé-Frames (Maroto, 2007); más adelante, con la evolución de la herramienta, se usó Protégé-OWL para la implementación de características (Estellés Palanca, 2014) y para la implementación de definiciones (Alcina y Valero Doménech, 2017).

En este trabajo presentamos, en primer lugar, por qué las bases de datos terminológicas no pueden ayudar en la gestión del análisis de conceptos y la necesidad de usar bases de conocimiento y ontologías. En segundo lugar, explicamos en cómo desarrollamos el análisis de conceptos y su formalización orientada a su gestión en una ontología. Por último, presentamos cómo hemos implementado ese análisis y formalización de conceptos en el editor de ontologías Protégé. Concluiremos con una reflexión sobre las ventajas que nos aporta el uso de este programa en la gestión conceptual.

1. De las bases de datos terminológicas a las ontologías

Desde los inicios de la informática de usuario, los traductores encontraron en las bases de datos terminológicas un aliado para realizar las tareas de almacenamiento, consulta e intercambio de datos terminológicos, frente a los sistemas en papel que se habían estado usando (Alcina, 1997).

1.1. Las limitaciones de las bases de datos terminológicas

Los programas de gestión de bases de datos terminológicas permiten, a menudo, configurar la estructura de campos de manera flexible, de modo que el usuario diseña la configuración que le resulta más adecuada a sus fines. Algunos de estos datos son la denominación del término, su categoría gramatical, su definición, uno o varios contextos de uso, el dominio de especialidad al que pertenece, equivalencias en una o varias lenguas, sinónimos, imagen. También se pueden añadir campos que indiquen el dominio de especialidad al que pertenece el término, e incluso la rama y/o subrama del árbol de campo al que se ha asignado. Cada uno de esos datos se recoge en campos independientes. Las bases de datos terminológicas orientadas al concepto presentan, en cada ficha terminológica, la información relacionada con los términos que designan un mismo concepto de una o varias lenguas. En la Fig. 1 se muestra de forma esquemática la información de una ficha en la base de datos.

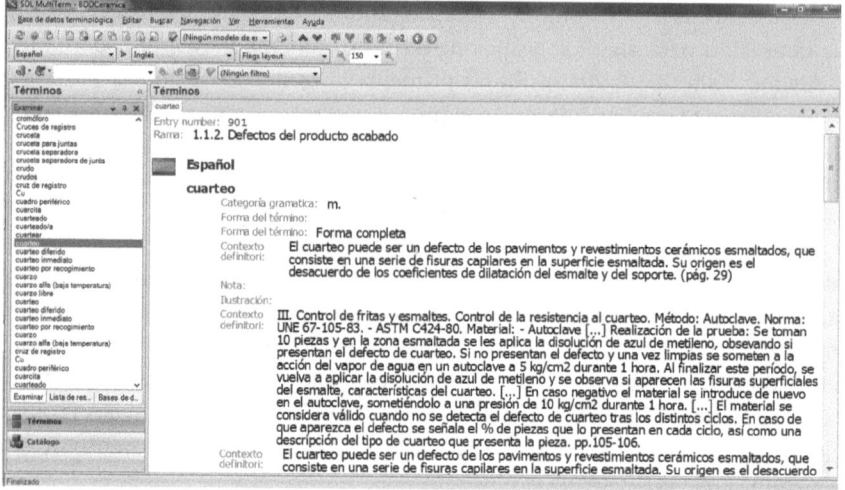

Fig. 1: Ejemplo de ficha en una base de datos terminológica

El sistema de navegación en las bases de datos suele consistir en: un panel mostrando los términos ordenados alfabéticamente disponible en uno o más idiomas, sistemas de búsqueda mediante la forma plena, formas truncadas, uso de comodines, uso de filtros (que permiten seleccionar un término o un conjunto de términos a partir de la delimitación de criterios en alguno de los campos) y referencias cruzadas (que permiten saltar de una ficha a otra pinchando en alguno de los enlaces —términos, fuente u otros elementos—que aparecen en la ficha). Para una clasificación completa de las formas de búsqueda en diccionarios electrónicos puede consultarse (Pastor y Alcina, 2010).

Por otra parte, las bases de datos terminológicas apenas ofrecen funciones relacionadas con los conceptos, ni la suficiente flexibilidad para gestionar de forma detallada y cómodamente esa clase de información. En relación con la información conceptual, una ficha terminológica incluirá campos como rama y subrama del dominio, definición del término o términos relacionados. Sin embargo, el sistema no ofrece una gestión especial de estos campos como sería deseable.

En primer lugar, por ejemplo, no existe una función que permita listar los términos organizados por ramas y subramas. La información sobre la rama y subrama del dominio aparecen en cada ficha de forma independiente, sin posibilidad de acceder al mapa conceptual completo del dominio o de mostrar de forma conjunta los términos clasificados en cada rama, o de navegar por el sistema de conceptos así organizados. En segundo lugar, las características y relaciones conceptuales del término están contenidas implícitamente en la definición, pero no existe la posibilidad de que sean consultadas o manejadas de forma individual o independiente de cada ficha. No hay opciones de visualización que permitan comparar las características conceptuales y las definiciones de los distintos términos, o de listar los términos vinculados por un tipo de relación conceptual en particular.

Ante las limitaciones de las bases de datos terminológicas para procesar la información conceptual de los términos, por una parte, y la toma de conciencia en el ámbito de la Traducción de la necesidad de los traductores de acceder a las estructuras de conocimiento de los dominios, por otra parte, se comenzó a considerar la necesidad de usar otro tipo de recursos que facilitaran el acceso y la gestión de la información conceptual.

En la década de los 90, Meyer introduce las bases de conocimiento apoyándose en la incipiente disciplina de la Ingeniería del conocimiento. Su investigación da lugar a herramientas como CODE, IKARUS o Dockman, que permitían navegar a través de sistemas de conceptos y sus relaciones (Meyer y otros, 1997). Desde entonces, diversos grupos de investigación que desarrollan aspectos conceptuales del término han desarrollado herramientas para crear bases de conocimiento terminológico, como Caos (Madsen y Thomsen, 2009a; b) y Ontoterm (Faber, 1999; 2002; Moreno Ortiz, 2002).

Recientemente, estas bases de conocimiento empiezan a difundirse en la Web, como el innovador proyecto EcoLexicon. EcoLexicon es una base de conocimiento terminológica sobre medioambiente, fundamentada en la Terminología basada en marcos y desarrollada por el grupo Lexicon de la Universidad de Granada (León-Araúz y otros, 2019).

Más allá de los desarrollos para la terminología, la Ingeniería del conocimiento ha evolucionado en sus fundamentos, las herramientas y los estándares de datos. Aunque se retroalimentan, la comunicación entre una y otra disciplina no termina de ser fluida y, en general, van por caminos muy distintos. Pero resulta necesario, para poder beneficiarse de los nuevos avances, conocer cuál es la evolución de esta disciplina y por qué se desarrolla de esta forma.

1.2. Las bases de conocimiento y ontologías en Ingeniería del conocimiento

Una aplicación informática ejecuta instrucciones utilizando unos datos. Actualmente, las instrucciones y procesos se guardan de forma separada de los datos mismos. Esto lleva a que esos datos se crean, se modifican y se gestionan de forma independiente en bases de datos. De forma paralela, se desarrollan lenguajes y formatos estándar para facilitar el intercambio y combinación de los datos. Estas bases de datos evolucionaron a las bases de conocimiento que, con el desarrollo de la Web semántica, han pasado a llamarse *ontologías*. Estas bases de conocimiento no se basan en estructuras de campos y registros, sino en estructuras más complejas y eficientes. De la gestión de los datos se había pasado a la gestión del conocimiento, origen de la Ingeniería del conocimiento.

Las ontologías almacenan información que describe los objetos de un dominio –ya sea de la salud, social o comercial– y organizan estos objetos en clases. Los elementos básicos de una ontología son objetos, propiedades y clases.

Las descripciones de objetos mediante propiedades y su clasificación deben atender a reglas lógicas y ser consistentes entre sí. De este modo, a partir de los datos aportados y de la aplicación de reglas de lógica descriptiva de las que está dotada la ontología, puedan inferirse datos nuevos. El uso de reglas permite también controlar la consistencia de los datos entre sí, es decir, que no incurran en contradicciones, y avisar cuando se introducen datos que no cumplen con las condiciones o requisitos previstos para un objeto.

Para gestionar el conocimiento en la Web Semántica, se han desarrollado lenguajes estándar como RDF y OWL, que se han extendido a otras aplicaciones. La necesidad de disponer de ontologías de dominios en distintos ámbitos, ha llevado a crear programas específicos con la función de crear y modificar ontologías, los *editores de ontologías* (Allemang y Hendler, 2011; Baader y otros, 2017).

Los editores muestran las ontologías mediante interfaces gráficas que facilitan al usuario, incluso no experto, la gestión de los componentes de las ontologías. Incorporan funciones de insertar y gestionar clases en taxonomías, describir objetos describiendo sus propiedades y clasificarlos basándose en ellas. Los sistemas incorporan razonadores y reglas que controlan la consistencia de los datos y realizan inferencias.

Entre los editores de ontologías, ha cobrado especial relevancia el editor Protégé, de la Universidad de Stanford (Horridge, 2011), con una comunidad muy amplia de usuarios. Es de código abierto, por lo que toda una comunidad de usuarios desarrolla ampliaciones del programa, funciona en varias plataformas (Windows, MacOs, Web), se actualiza constantemente. Permite el uso de razonadores que se aplican a la ontología elaborada para comprobar su coherencia y para hacer inferencias, como HermiT y Pellet. Las últimas versiones de Protégé ya no se basan en frames, sino en el lenguaje RDF y OWL2, y permite guardar las ontologías en diversos formatos.

Desde la página web del proyecto Protégé es posible descargar el programa y documentación (Musen, 2015). Es recomendable descargar también el manual de uso del programa, que cuenta con ejemplos para desarrollar paso a paso una ontología sencilla (Horridge, 2011). Al editor se pueden añadir plugins con diversas funciones, que pueden descargarse y activarse, o no, según las necesidades de cada proyecto.

En el marco de la Ingeniería del conocimiento, también se han desarrollado instrumentos que permiten vincular léxico a los conceptos de una ontología. El sistema SKOS permite vincular sinónimos (Miles y Bechhofer, 2009). El modelo Lemon vincula la ontología con información lingüística de distintos niveles (fonología, sintaxis, variantes léxicas, entre otras) (McCrae y otros, 2010).

2. El análisis de conceptos en ONTODIC

Algunos proyectos terminológicos orientados a dar cuenta del significado y las relaciones conceptuales y crear bases de conocimiento, han diseñado las herramientas y sus funciones de acuerdo con las necesidades de gestión terminológica y conceptual.

En el proyecto ONTODIC, en cambio, optamos por usar las herramientas y lenguajes estándar propias de la Ingeniería del conocimiento. Esta no era tarea fácil. Al reto de familiarizarse con los fundamentos, métodos y técnicas de una disciplina diferente, se unía el reto de adaptar las peculiaridades de la representación del léxico y la terminología en forma de ontologías. De ahí que nuestro primer objetivo fue desarrollar la metodología y las técnicas para *encajar* las necesidades de análisis conceptual en terminología con lo que nos ofrecían las ontologías (Alcina, 2009).

Para conseguir nuestro objetivo, estudiamos los fundamentos de las ontologías, incluyendo la lógica descriptiva que las guía, y la metodologías y técnicas establecidas para su generación (por ejemplo, Methontology), los lenguajes de representación en que se basan (RDF, OWL) (Gómez Pérez y otros, 2004). A partir de aquí, se realizó un análisis y contraste de los elementos de que consta una ontología (clases, propiedades de objetos, individuos, propiedades de datos, metadatos), por una parte y de los elementos que resultan del análisis conceptual de los términos de un dominio y cómo se relacionan entre ellos (conceptos, relaciones conceptuales, rasgos definitorios, definición, plantillas de definición), por otra.

A través de este análisis y contraste, decidíamos qué informaciones necesitábamos explicitar en el análisis conceptual y cómo debíamos prepararlas. Con estos análisis de conceptos preparados, iniciamos las tareas de implementación en la ontología.

En los apartados siguientes, mostramos cómo preparamos el análisis conceptual para ajustarlo al objetivo de su implementación en el editor de ontologías.

En primer lugar, revisamos brevemente los principales aspectos de las relaciones conceptuales y sus tipos. Seguidamente, presentamos la aplicación del análisis de conceptos a un grupo de conceptos de la cerámica industrial.

2.1. Las relaciones conceptuales

Los conceptos de un dominio, representados por los términos, mantienen vínculos unos con otros. No nos cabe duda de la existencia de vínculos entre los conceptos representados por *tela* y *tejer*, entre *baldosa* y *mosaico*, entre *uva* y *vino*, entre *quimioterapia* y *cáncer*[2]. Podemos afirmar que la tela es el resultado de la actividad de tejer, que el mosaico es un tipo de baldosa más pequeña y decorativa, que la uva es la materia prima de la que se elabora el vino y que la quimioterapia es el tratamiento que se usa para la curación del cáncer. Estos vínculos entre conceptos muestran lo que llamamos *relaciones conceptuales* (Meyer y otros, 1997; Sager, 1990).

En la formalización, representamos esquemáticamente estas descripciones verbales que hemos utilizado para expresar las relaciones entre dos conceptos. Así, etiquetamos esas relaciones como 'es resultado de', 'es un tipo de', 'es materia prima de' o 'es tratamiento de'. De modo que obtenemos tres partes: 1) el concepto origen, 2) la relación conceptual y 3) el concepto meta. En la Tab. 1 se muestran esquemáticamente los conceptos (en las columnas laterales, en versalitas) y las relaciones conceptuales que los vinculan (en la columna central, en cursiva).

Tab. 1: Ejemplos de conceptos y sus relaciones conceptuales

Concepto	Relación	Concepto
TELA	...es resultado de...	TEJER
MOSAICO	...es un tipo de...	BALDOSA
UVA	...es materia prima de...	VINO
QUIMIOTERAPIA	...es tratamiento de...	CÁNCER

Las relaciones no son exclusivas de una determinada pareja de términos, sino que se reutilizan en el marco de cada dominio para unir numerosas parejas de términos.

---

2   Usamos letras versalitas o inicial en mayúsculas cuando hacemos alusión a conceptos, diferenciándolos así de los términos, para los que usaremos cursivas.

Así, en el marco de un determinado dominio, la aparición reiterada de una relación conceptual para vincular parejas de conceptos permite agrupar los términos con relaciones idénticas. La agrupación de esos conjuntos de conceptos contribuye también a estructurar el conocimiento del dominio. Por ejemplo, permitirá agrupar los términos *mosaico, losa, losanga, mosaiquete, zanquín, zócalo* por el hecho de que todos ellos mantienen una relación 'es un tipo de' con el término *baldosa*.

Por ejemplo, en el ámbito de la Medicina, la relación 'es tratamiento de' que hemos utilizado para vincular la pareja Quimioterapia – Cáncer, también vinculará otras parejas, como Antibiótico – Infección bacteriana, o Analgésico – Dolor. Y el hecho de que los conceptos Quimioterapia, Antibiótico y Analgésico figuren como concepto origen de la relación 'es tratamiento de' nos lleva a entender que entre ellos puede existir también algún tipo de vínculo. Lo mismo ocurre con los conceptos meta de esta relación: Cáncer, Infección bacteriana y Dolor.

Algunas relaciones conceptuales se repiten y mantienen la base de su significado estable en el marco de diversos dominios. Así, una determinada relación conceptual vincula parejas de conceptos cuyo contenido informativo tiene poco o nada que ver con el contenido de otras parejas de conceptos. Por ejemplo, el significado de los términos *mosaico* y *baldosa* nada tiene que ver con el significado de los términos *mariposa* e *insecto*; sin embargo, la relación conceptual 'es un tipo de', que vincula cada pareja, se mantiene estable e idéntica. Al igual que ocurre en el dominio de la cerámica, en el dominio de la biología la relación conceptual permite estructurar el conocimiento y en este caso agrupar el conjunto de términos *mariposa, hormiga, libélula, grillo*, que mantienen la relación 'es un tipo de' con el término *insecto*.

Por otra parte, también vemos que no todas las relaciones se manifiestan en todos los dominios o con la misma frecuencia. Existen relaciones que se manifiestan en determinados dominios y escasamente en otros. Así, por ejemplo, la relación 'es tratamiento de', que vincula un término con significado de 'tratamiento médico', como *quimioterapia*, con un concepto con significado de 'enfermedad', como *cáncer*, es propia del ámbito de la salud, medicina, farmacología. Lo mismo ocurre con otras relaciones que serán más o menos específicas de algún dominio. En cambio, las relaciones 'es resultado de' o 'es materia prima de' aparecerán en dominios relacionados la industria la textil y la cerámica.

El análisis del comportamiento de las relaciones conceptuales permite distinguir las propiedades que las caracterizan y hacen posible su aplicación en distintos casos y, en su caso, en distintos dominios. Se trata de encontrar las propiedades lógicas de las que, a su vez, se podrá deducir determinadas conclusiones o inducir determinadas generalizaciones. De entre los distintos tipos de relaciones que conoceremos en un dominio, en este caso, nos centraremos en explicar las relaciones genérico-específico para distinguirlas del resto de relaciones, con el objetivo de señalar más adelante la diferente implementación que de una y otras se hará en la ontología y sus consecuencias.

Las relaciones genérico-específico, también llamadas *lógicas*, se basan en que el concepto específico comparte un conjunto de características con el concepto genérico, y añade otras características que el genérico no posee. Por ejemplo, el concepto Mosaico (concepto específico de Baldosa) comparte todas las características del concepto Baldosa (por ejemplo, 'es un revestimiento cerámico', 'fabricado por moldeado y cocción de la pasta cerámica', etc.) y añade otras que Baldosa no tiene (como 'tamaño inferior a 7x7cm', 'se combina con otras piezas para formar superficies lisas o composiciones artísticas'.

La propiedad de semejanza de características en que se basa la relación genérico-específico se formaliza a modo de reglas lógicas en una ontología, y lleva consigo la posibilidad de ser computadas con el mecanismo de herencia de características. En el apartado de implementación, veremos cómo las ontologías razonan con los conceptos que mantienen esta relación.

2.2. Formalización de conceptos y relaciones

En la primera fase de ONTODIC, nos centramos en la incorporación del análisis de conceptos y flexibilización de las consultas, de modo que permitieran la consulta onomasiológica. Llevamos a cabo el análisis de algunos términos de la cerámica industrial, con el propósito de comprobar cuáles eran los aspectos referentes a características y relaciones conceptuales de los términos susceptibles de ser formalizados y, posteriormente, implementados en forma de ontología.

Tomaremos como ejemplo el análisis conceptual del término *corazón negro*. Este término se refiere a un defecto que en ocasiones presentan las baldosas cerámicas como resultado de la presencia de ciertas partículas y que se manifiesta durante la cocción de una pieza cerámica, dando lugar a una mancha oscura en la superficie de la baldosa. Una vez aparece el defecto, la baldosa será desechada porque no hay solución para este tipo de defecto. Esta información la encontramos en diversos contextos extraídos de textos de especialidad del ámbito de la cerámica (Ejemplo 1). También encontramos esta información en el diccionario como definición (Ejemplo 2).

Ejemplo 1

El cuarteo puede ser uno de los defectos de los pavimentos y revestimientos cerámicos esmaltados, que consiste en una serie de fisuras capilares en la superficie esmaltada. Su origen es el desacuerdo de los coeficientes de dilatación del esmalte y del soporte. En la actualidad es un problema poco común debido a los modernos procesos de fabricación y a los controles de calidad que se establecen en la fabricación de estos productos cerámicos.

Ejemplo 2
Corazón negro: Defecto que se presenta como una mancha oscura en la superficie de la pieza cerámica, cuya causa es la presencia de carbono y los óxidos de hierro reducidos en la fase de cocción, y que tiene como consecuencias la disminución de la calidad y las propiedades del producto final e hinchamientos y deformaciones piroplásticas.

Tanto en los contextos como las definiciones detectamos fragmentos de información más pequeños que muestran características que se refieren a una clase de información. Por ejemplo, una clase de característica se refiere a la descripción del 'aspecto físico' que presenta el defecto, mancha oscura, otra clase se refiere al 'lugar o parte de la baldosa donde se presenta el defecto', superficie de la baldosa; otra información se refiere al 'origen o causa del defecto' como la presencia de partículas; y así, podemos etiquetar cada una de las características consideradas relevantes en la descripción del término *corazón negro*. Hemos marcado cada tipo de información con una etiqueta que identifica el tipo de significado al que se asocia. En los ejemplos siguientes (Ejemplos 3 y 4), podemos ver que se han usado etiquetas como GENUS, TIPO DE PRODUCTO, NATURALEZA FÍSICA, ZONA, CAUSA, FRECUENCIA, CONSECUENCIA.

Ejemplo 3
El cuarteo puede ser un [defecto] $_{GENUS}$ [de los pavimentos y revestimientos cerámicos esmaltados] $_{TIPO\ DE\ PRODUCTO}$, que consiste en [una serie de fisuras capilares] $_{NATURALEZA\ FÍSICA}$ [en la superficie esmaltada] $_{ZONA}$. Su origen es el [desacuerdo de los coeficientes de dilatación del esmalte y del soporte] $_{CAUSA}$. En la actualidad es un [problema poco común] $_{FRECUENCIA}$ debido a los modernos procesos de fabricación y a los controles de calidad que se establecen en la fabricación de estos productos cerámicos.

Ejemplo 4
Corazón negro: [defecto] $_{GENUS}$ [que se presenta como una mancha oscura] $_{NATURALEZA\ FÍSICA}$ [en la superficie de la pieza cerámica] $_{ZONA}$, [cuya causa es la presencia de carbono y los óxidos de hierro reducidos] **CAUSA** [en la fase de cocción] $_{FASE}$, y [que tiene como consecuencias la disminución de la calidad y las propiedades del producto final e hinchamientos y deformaciones piroplásticas] **CONSECUENCIA**.

Las etiquetas (y la clase de información que les acompaña) que hemos usado para el término *corazón negro* no es exclusiva de este defecto, sino que aparece de forma reiterada y consistente en los distintos tipos de defecto que los expertos en cerámica industrial señalan para este tipo de producto. Por ello, una vez analizado un conjunto de estos defectos, se obtuvo el factor común a todos ellos representado estas clasificaciones en forma de tablas. En cada tabla, dedicada a un grupo de conceptos, cada columna representa un concepto y cada fila representa la etiqueta referida a una característica (Alcina y Valero, 2008; Valero y Alcina, 2010; 2015). En el cruce de la columna (un concepto) con una fila (etiqueta de característica) se rellena el valor que para cada concepto. En la Tab. 2 podemos ver los valores asociados para los términos *corazón negro* y *cuarteo*.

Tab. 2: Tabla de formalización de conceptos y características

CONCEPTO	CORAZÓN NEGRO	CUARTEO
GENUS	Defecto	Defecto
NATURALEZA FÍSICA	Mancha oscura	Fisuras capilares
ZONA AFECTADA	Superficie de la baldosa	Superficie esmaltada
CAUSA	Presencia de carbono y los óxidos de hierro reducidos	Desacuerdo de los coeficientes de dilatación del esmalte y del soporte
FASE EN QUE SE PRODUCE	Cocción	
MÉTODO DE FABRICACIÓN	Cualquiera	
TIPO DE PRODUCTO	Cualquier producto cerámico	Pavimentos y revestimientos cerámicos esmaltados
CONSECUENCIA	Disminución de la calidad del producto final Hinchamientos y deformaciones piroplásticas	Disminución de la calidad del producto final
FRECUENCIA	Frecuente	Poco común
GRAVEDAD	Grave	
SOLUCIÓN	Ninguna	

Como resultado de esta formalización, tenemos que: en la primera fila (concepto) aparecen los nombres de los conceptos analizados, y en la primera columna aparecen los nombres de las características analizadas para ese grupo de conceptos. En cada celda interior, se leen los valores que corresponden al cruce de un concepto (vertical) con un tipo de característica (horizontal). Pues bien, podemos establecer que entre un concepto que se describe y el valor que recibe respecto a una característica, existe una relación conceptual.

Por tanto, si tomamos el concepto a describir, la relación que los une y el concepto valor tenemos ya un triplete. Para nombrar la relación, y distinguirla de la característica, seguimos la convención en Protégé para formación de estos elementos de vínculo: tomamos el nombre de la característica y añadimos una partícula introductoria. Así, de la característica 'Naturaleza física', formamos la relación 'tieneNaturalezaFísica'. En la Tab. 3 se muestra el ejemplo de este triplete con tres elementos: 'concepto1relaciónconcepto2'.

Tab. 3: Ejemplo de triplete

Concepto1	Relación	Concepto2
tieneNaturalezaFísica	Mancha oscura	Corazón negro

3. La implementación en el editor de ontologías Protégé

En esta propuesta de implementación ontológica, usamos la versión 5.2. del editor Protégé, que se basa en los lenguajes OWL y RDF, que organizan los datos en tripletes. De ahí que el objetivo de las fases de análisis conceptual y formalización se dirigía a obtener enunciados de tres elementos, o dos elementos vinculados por una relación.

3.1. La creación de la taxonomía de conceptos ('Class')

La implementación que presentamos utiliza los elementos 'Classes' y 'Object Properties' del editor de ontologías, como veremos a continuación. Explicamos en primer lugar en qué consisten estos componentes.

En una ontología, cada concepto del dominio se implementa como clase 'Class' en la jerarquía de clases ('Class hierarchy'), también llamada *taxonomía*. La jerarquía comienza siempre con la clase genérica 'Thing' a la que se subordina cualquier nueva clase. Seleccionada una clase es posible introducir clases subordinadas ('Add subclass') y coordinadas ('Add sibling class'). Una vez creada una clase, también es posible moverla para subordinarla a cualquier otra clase en la jerarquía. Una forma alternativa de incorporar clases es escribiendo la taxonomía (o copiándola desde un editor de texto) como lo haríamos en un editor de texto usando la herramienta específica ('Create class hirarchy'). Por convención, las clases (conceptos) se escriben con la primera letra en mayúsculas.

En la taxonomía de clases, el editor aplica la lógica de la relación jerárquica IS-A ('es un', 'es un tipo de'), equivalente a la relación conceptual genérico-específico en Terminología. Por ejemplo, la relación conceptual entre los términos *mosaico* y *baldosa* o entre *corazón negro* y *defecto* corresponden a este tipo de relación genérico-específico (Mosaico *es-un-tipo-de* Baldosa; Corazón_negro *es-un-tipo-de* Defecto).

El tipo de elemento 'Class' lo hemos usado para representar tanto los conceptos a describir como los conceptos que sirven para describir otros conceptos.

Fig. 2: Jerarquía de clases en Protégé

En la Fig. 2, se muestra la taxonomía de clases con el concepto genérico Defectos en la parte superior y sus conceptos específicos, como Corazón negro y Cuarteo, subordinados a Defectos.

También los conceptos que hemos asociado con un determinado nombre de característica se han subordinado a un mismo concepto genérico, con el nombre de la característica. Por ejemplo, los conceptos Mancha oscura y Fisuras capilares aparecen subordinados al concepto Naturaleza Física en la taxonomía (ver Fig. 3).

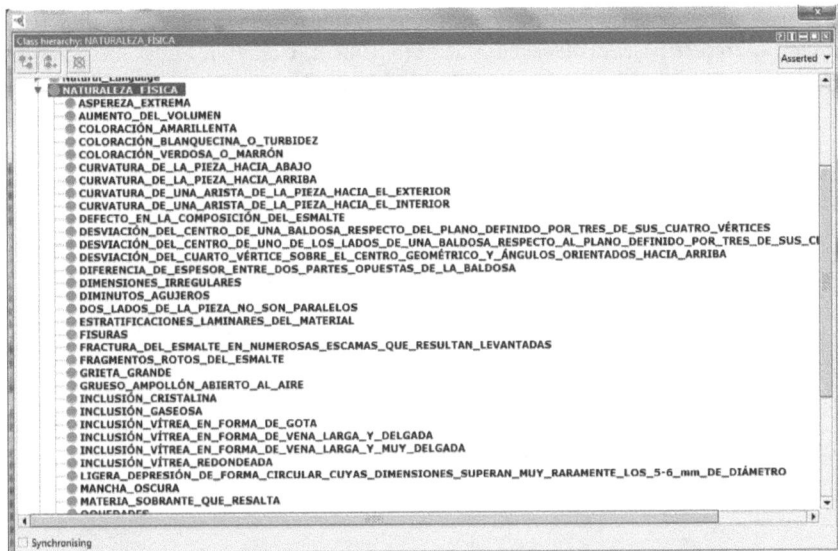

Fig. 3: Jerarquía de clases mostrando la clase 'Naturaleza física' y sus subclases

3.2. La descripción de conceptos ('Object Property')

Los elementos del tipo propiedad de objeto ('Object Property') sirven para describir los objetos de una ontología. Por convención, se escriben con su letra inicial en minúscula.

En el elemento propiedad de objeto hemos implementado cada una de las relaciones que nos permiten vincular dos conceptos. Por ejemplo, para vincular el concepto CORAZÓN NEGRO con el concepto Mancha oscura, hemos creado la relación tieneNaturalezaFísica, que a su vez se reutilizará para vincular los conceptos CUARTEO y Fisuras capilares, formando tripletes, como mostramos en la Tab. 4.

Tab. 4: Tripletes formados por clase – propiedad de objeto - clase

Clase	Propiedad de objeto	Clase
Corazón negro	hasNaturalezaFísica	Mancha oscura
Cuarteo	hasNaturalezaFísica	Fisuras capilares

Otras relaciones que hemos creado son: *afectaaProducto, afectaaZonadelProducto, apareceenFasedeFabricación, debidoaCausa, isPartOf, tieneConsecuencia, tieneGravedad, tieneSolución*, como puede verse en la Fig. 4.

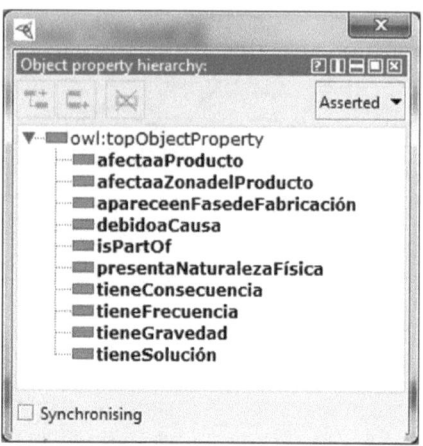

Fig. 4: Jerarquía de propiedades de objeto

La descripción de un concepto (ver Fig. 5) muestra el conjunto de parejas Relación-Valor que haya sido introducido para describir ese concepto. En la Fig. 5, observamos la descripción del concepto CORAZÓN NEGRO. Podemos ver que en la sección superclases ('Superclasses') han quedado descritas las distintas características, formadas por el nombre de una propiedad de objeto, un cuantificador y el valor para esa propiedad.

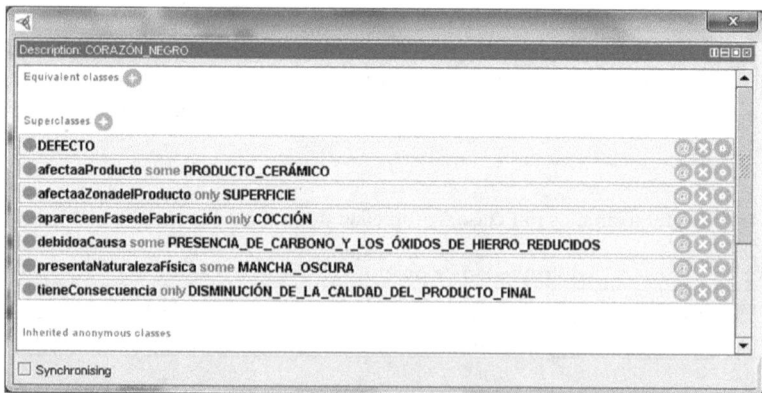

Fig. 5: Descripción del concepto Corazón negro

El plugin Ontograph, que se instala como un plugin del editor, crea grafos a partir del concepto o conceptos seleccionados, y permite escoger las relaciones que queremos ver en la imagen. En la Fig. 6 vemos una captura de pantalla de Ontograph que muestra el concepto Calibre diferente conectado mediante flechas (arcos) de distinto color que representan las distintas relaciones. En el panel derecho se enumeran las relaciones indicando el color usado para representarlas.

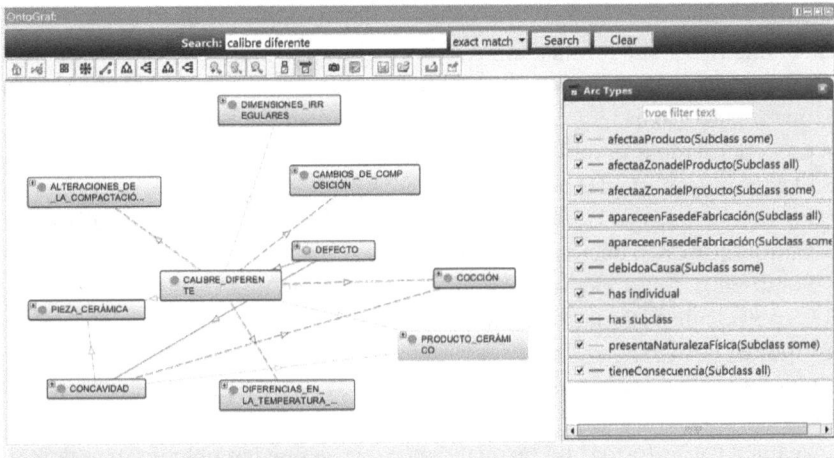

Fig. 6: Grafo obtenido con Ontograph

En resumen, el editor de ontologías ofrece un entorno que nos permite gestionar formalmente el análisis de los conceptos, su descripción y sus relaciones, de forma más ágil y eficaz que la que nos proporcionaba el simple uso de tablas en un documento de texto o base de datos genérica o relacional. Además, nos permite ver la organización jerárquica de la taxonomía de conceptos (Fig. 2), nos muestra la relación de expresiones usadas para describir las características de un mismo tipo (Fig. 3) y así poder homogeneizar su redacción o comparar la descripción de distintos conceptos (Fig. 5) para obtener los patrones de definición y mostrar visualmente las relaciones entre conceptos (Fig. 6).

4. Razonamiento e inferencias en la ontología

La ventaja definitiva que nos ofrecen las ontologías es que incorporan herramientas que razonan a partir de los datos que se aportan. Estas herramientas pueden razonar gracias a que en ellas se ha implementado reglas de la lógica descriptiva que manejan de forma consistente los elementos con los que puede contar una ontología, es decir, las clases, los objetos y sus propiedades. Obviamente, para que las reglas funcionen y los razonamientos den resultados correctos, es necesario que los datos que se proporcionan estén organizados, formalizados e implementados conforme a dicha lógica.

En la comunicación especializada, y en la cotidiana, hacemos deducciones a menudo. Si nos dicen que 'tempranillo es una variedad de uva que se cultiva en La Rioja', asumimos que las características que conocemos de la uva (es decir, que es una fruta, que forma racimos o que con ella se puede elaborar vino, entre otras) se aplican también a tempranillo. Hemos aprendido a hacer este tipo de razonamiento y lo hacemos a diario, sin apenas darnos cuenta de las operaciones de procesamiento que conlleva, de forma automática.

El editor de ontologías puede realizar ese tipo de razonamiento, pues contiene *reglas* que, basadas en la lógica, *operan* con los significados. Es necesario, como decíamos, que estén debidamente formalizados.

Pondremos como ejemplo la implementación de una regla con la relación ISA, equivalente a la relación genérico-específica. Cuando usamos la relación 'es un tipo de', entre dos conceptos A y B, como en 'A es un tipo de B', lo que esto *significa* es que A posee todas las características que posee B, más otras características que B no posee.

Veamos varias formas de razonamiento que se pueden obtener de esta regla planteando unos casos. Partimos de que hay datos que se afirman acerca de unos hechos, a los que llamamos *explícitos*; y hay otros datos que no se afirman pero que se pueden *inferir* aplicando una regla que conocemos y a partir de unos datos que sí se afirman, a los que denominamos *implícitos*.

Caso A. *Datos explícitos*: 1) Se afirma que el concepto Defecto se describe con la característica 'disminución de la calidad'. 2) Se afirma que Corazón negro es un concepto específico de Defecto. *Datos implícitos*: 3) En aplicación de la regla de la relación genérico-específico, se infiere que Corazón negro también cumple la característica 'disminución de la calidad'.

En la descripción del concepto Corazón negro (ver Fig. 7), vemos que la característica 'disminución de la calidad' no aparece en el apartado 'SubClass Of' (donde se afirman los datos) sino en el apartado 'Subclass of (Anonymous ancestor)' pues se trata de una característica que ha heredado del concepto genérico, de la descripción del concepto específico.

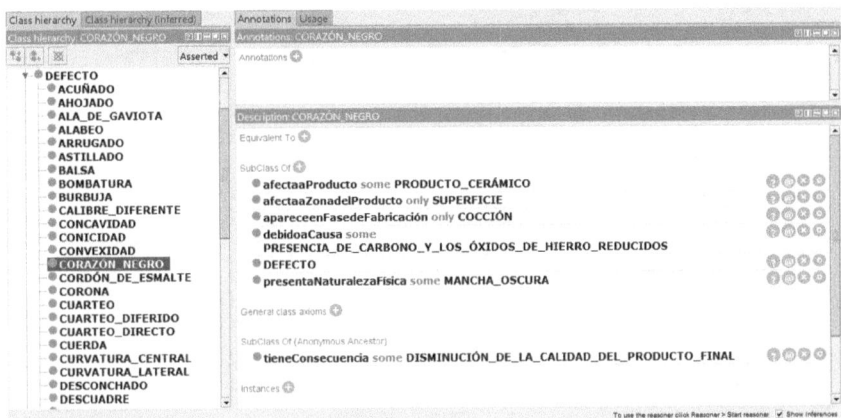

Fig. 7: Descripción del concepto Corazón negro

CASO B. *Datos explícitos*: 1) Se afirma que la descripción de Defecto cumple la característica 'disminución de la calidad' y además se afirma que tener esta cualidad es condición necesaria y suficiente para que un concepto se clasifique como tipo de Defecto. 2) Se afirma que el concepto Cráter, (situado como un concepto dependiente de 'Thing') contiene la característica 'disminución de la calidad' (ver Fig. 9). *Datos implícitos*: 3) En aplicación de la regla 1), se infiere que Cráter es un concepto específico de Defecto.

En Protégé, podemos expresar la premisa 1), el hecho de que una característica es necesaria y suficiente, mediante la función 'Defined Class'. Para ello, se selecciona la característica y se elige la opción 'Convert to Defined Class' en el menú Edit. La clase Defecto aparece ahora con el símbolo 'inline image' en la taxonomía; y la característica que hemos convertido en 'Defined Class' aparece ahora en el apartado 'Equivalent To' (en lugar del apartado 'SubClass Of') como podemos ver en la Fig. 8.

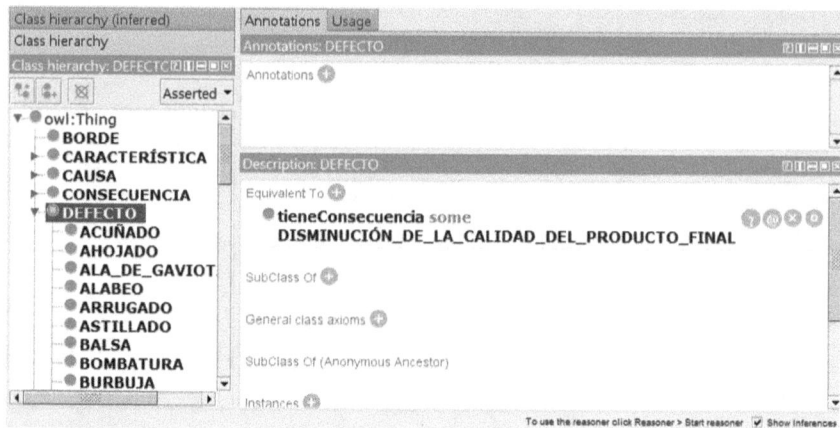

Fig. 8: Descripción del concepto Defecto

En la Fig. 9, se afirma que el concepto Cráter está descrito con la característica 'tiene Consecuencia Disminución de la calidad' (ver panel derecho 'Description'), y no se ha afirmado su dependencia de ningún concepto genérico (ver panel de jerarquía de clases).

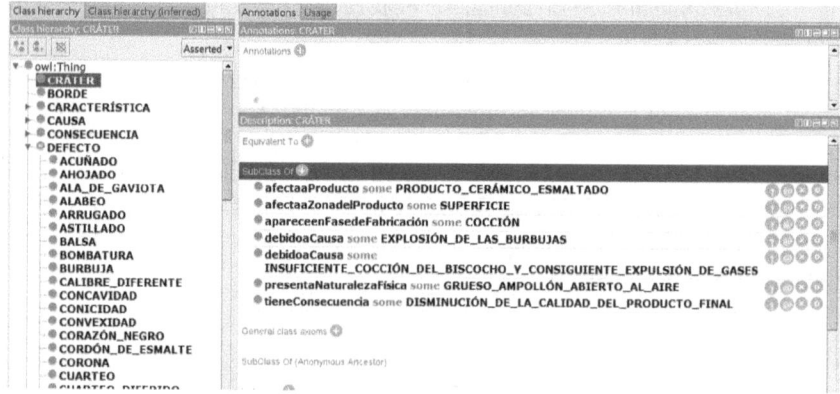

Fig. 9: Descripción del concepto Cráter

Para obtener la ejecución de la inferencia que hacemos en 3), aplicamos el razonador Pellet (menú 'Reasoner', marcamos el razonador Pellet y a continuación 'Start Reasoner'). Una vez el razonador se ha ejecutado, vemos que Cráter se muestra como concepto específico de Defecto tanto en el panel de jerarquía de clases inferida ('Class hierarchy (inferred)'), como en la descripción del concepto Cráter. Los datos inferidos se muestran destacados sobre fondo coloreado, como vemos en la Fig. 10.

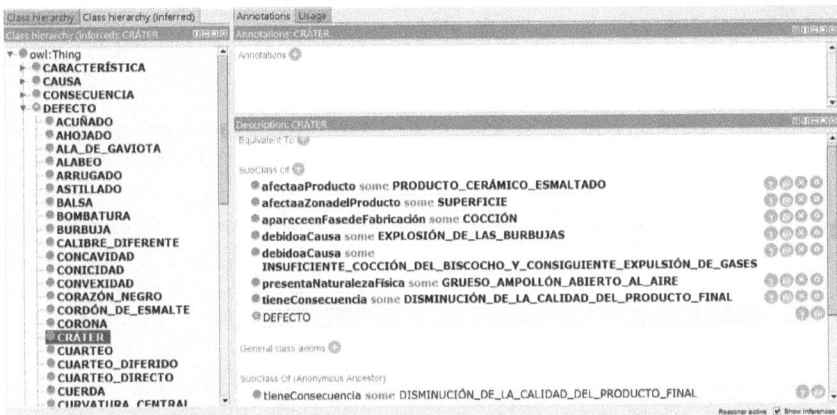

Fig. 10: El concepto Cráter desde el panel jerarquía de clases inferida

5. Conclusiones

La terminología puede contar con las ontologías como un instrumento eficaz para desarrollar el análisis, formalización e implementación de conceptos, como hemos mostrado. Además, puede beneficiarse de ventajas como el razonamiento, que contribuye a potenciar la consistencia y la agilidad en la ampliación de datos. En nuestros proyectos, seguimos trabajando para complementar este sistema de análisis conceptual y añadir conocimiento lingüístico de otros niveles (como morfológico, gramatical, sintáctico).

Entendemos que la evolución natural e inminente de los recursos terminológicos es su adaptación al paradigma tecnológico de la Web Semántica y Linked Data, que cuenta con nuevas tecnologías, las ontologías, que se basan en nuevos lenguajes y formatos (RDF, OWL). Estas tecnologías proporcionan mayor flexibilidad en la representación y estructuración de datos y mejoran la consistencia en su gestión. Del uso y adaptación eficaz de estas tecnologías a la terminología dependerá en buena medida el rendimiento que pueda obtenerse de esos datos en la Web semántica.

Referencias bibliográficas

Alcina, Amparo (1997): «Soportes de almacenamiento y formas de difusión de datos terminológicos. Las fuentes de información en terminología», *Revista Española de Lingüística Aplicada*, 12, 221–233.

Alcina, Amparo (2009): «Metodología y técnicas para la elaboración de diccionarios onomasiológicos» en Alcina, Amparo; Esperanza Valero y Elena Rambla (eds.): *Terminología y Sociedad del conocimiento*. Berne: Peter Lang, 33–58.

Alcina, Amparo y Esperanza Valero Doménech (2017): Description of the terminological concept in an ontology. Terminology & Ontology: Theories and applications 2017. Chambéry (Francia).

Alcina, Amparo y Esperanza Valero (2008): Análisis de las definiciones del diccionario cerámico científico-práctico. Sugerencias para la elaboración de patrones de definición. Vol. 4. Debate terminológico. Disponible en <http://seer.ufrgs.br/index.php/riterm/article/view/23841>. Consultado el 30/03/2019.

Allemang, Dean y Jim Hendler (2011): *Semantic Web for the Working Ontologist. Effective Modeling in RDFS and OWL*, Waltham: Elsevier.

Baader, Franz; DresdenIan Horrocks; Carsten Lutzy Uli Sattler (2017): *An Introduction to Description Logic*: Cambridge University Press.

Estellés Palanca, Anna (2014): *Ontología de características de la baldosa cerámica desde la Terminología*, Traducción y comunicación, Universitat Jaume I.

Faber, Pamela (1999): «Conceptual analysis and knowledge acquisition in scientific translation», *Terminología y Traducción*, 2, 97–123.

Faber, Pamela (2002): «Oncoterm: Sistema bilingüe de información y recursos oncológicos» en Alcina, Amparo y Silvia Gamero Pérez (eds.): *La traducción científico-técnica y la terminología en la sociedad de la información*. Castelló: Publicacions de la Universitat Jaume I, 177–188.

Gómez Pérez, Asunción; Mariano Fernández López y Oscar Corcho (2004): *Ontological Engineering*, New York: Springer.

Horridge, Matthew (2011): *A Practical Guide To Building OWL Ontologies Using Protégé 4 and CO-ODE Tools*, Manchester: University of Manchester. Disponible en <http://goo.gl/m2ChLn>. Consultado el 30/03/2019.

León-Araúz, Pilar; Arianne Reimerink y Pamela Faber (2019): «EcoLexicon and by-products: integrating and reusing terminological resources», *Terminology, Sp. Issue Terminology and e-dictionaries*, 25: 2, in press.

Lexicon Research Group EcoLexicon terminological knowledge database. Disponible en <http://ecolexicon.ugr.es/>. Consultado el 30/03/2019.

MADSEN, Bodil Nistrup y Hanne Erdman THOMSEN (2009a): CAOS – A tool for the Construction of Terminological Ontologies vol. NODALIDA 2009 Conference Proceedings, ed. por JOKINEN, KRISTIINA y ECKHARD BICK. 279–282.

MADSEN, Bodil Nistrup y Hanne Erdman THOMSEN (2009b): «Terminological concept modelling and conceptual data modelling», *Int. J. Metadata, Semantics and Ontologies*, 4: 4, 239–249.

MAROTO, Nava (2007): *Las relaciones conceptuales en la terminología de los productos cerámicos y su formalización mediante un editor de ontologías*, Traducción y Comunicación, Universitat Jaume I.

McCRAE, John; Guadalupe AGUADO DE CEA; Paul BUITELAAR; Philipp CIMIANO; Thierry DECLERCK; Asunción GÓMEZ PÉREZ; Jorge GRACIA; Laura HOLLINK; Elena MONTIEL-PONSODA; Dennis SPOHR y Tobias WUNNER (2010): The lemon cookbook. Disponible en <https://www.lemon-model.net/lemon-cookbook/>. Consultado el 30/03/2019.

MEYER, Ingrid; Karen ECK y Douglas SKUCE (1997): «Systematic Concept Analysis within a Knowledge-Based Approach to Terminology» en WRIGHT, SUE ELLEN y GERHARD BUDIN (eds.): *Handbook of Terminology Management*. Philadelphia: John Benjamins, 98–118.

MILES, Alistair y Sean BECHHOFER (eds.) (2009): *SKOS Reference*: W3C Recommendation 18 August 2009. Disponible en <http://www.w3.org/TR/skos-reference>. Consultado el 30/03/2019.

MORENO ORTIZ, Antonio (2002): «Representación de la información terminológica en OntoTerm: un sistema gestor de bases de datos terminológicas basado en el conocimiento» en FABER, PAMELA y CATALINA JIMÉNEZ (eds.): *Investigar en Terminología*. Granada: Comares, 25–70.

MUSEN, M.A. (2015): «The Protégé project: A look back and a look forward», *AI Matters. Association of Computing Machinery Specific Interest Group in Artificial Intelligence*, 1: 4, [June 2015]. También disponible en <http://protege.stanford.edu/index.html>. Consultado el 28/03/2019.

PASTOR, Verónica y Amparo ALCINA (2010): «Search Techniques in Electronic Dictionaries: A Classification for Translators», *International Journal of Lexicography*, 23: 3, 307–307. También disponible en <http://ejournals.ebsco.com/direct.asp?ArticleID=4AF28EA21BCC85219A44>. Consultado el 12/02/2019.

SAGER, Juan Carlos (1990): *A practical course in terminology processing*, Amsterdam/Philadelphia: John Benjamins.

VALERO, Esperanza y Amparo ALCINA (2009): Linguistic realization of conceptual features in terminographic dictionary definitions. International

Workshop on Definition Extraction Proceedings, ed. por SIERRA, GERARDO; MARA POZZI y JUAN-MANUEL TORRES. 54–60. Borovets, Bulgaria.

VALERO, Esperanza y Amparo ALCINA (2010): «Exploración de características conceptuales en contextos ricos en conocimiento mediante un programa de análisis cualitativo», *Revista de Lingüística y Lenguas Aplicadas*, 5, 241–254.

VALERO, Esperanza y Amparo ALCINA (2015): «Aspectos críticos de la formalización de características conceptuales en la definición terminográfica», *Terminalia*, 11, 30–44. Disponible en <http://revistes.iec.cat/index.php/Terminalia/article/view/119727/pdf_627>. Consultado el 30/03/2019.

Miguel Ibáñez Rodríguez

El libro segundo de la *Obra de agricultura* de 1513 de Gabriel Alonso de Herrera. En los orígenes del español del vino[1]

Resumen Este trabajo se ocupa del libro segundo de la *Obra de agricultura* de Gabriel Alonso de Herrera, escrito en 1513. Es el primer texto escrito en español sobre las técnicas del cultivo de la vid y de la elaboración del vino. Se trata de evaluar el grado de desarrollo que en dicho libro alcanza el conocimiento vitivinícola y valorar la incidencia que ello tiene en la lengua. Pretendemos demostrar que nos encontramos ante el primer tratado sobre la materia y ante el primer vocabulario especializado sobre el vino. Aportamos información sobre la génesis del español del vino y contribuimos a su mejor conocimiento desde una perspectiva diacrónica.

Palabras claves: Gabriel Alonso de Herrera. Vino. Tratado. Lengua. Español. Orígenes.

Abstract This paper deals with the second book of *Obra de agricultura*, written by Gabriel Alonso de Herrera in 1513. It is the first book written in Spanish about viticulture and wine making. We assess the degree of development of wine-related knowledge in said book and its impact on language. Our aim is to prove that it is the first treatise on such a topic and uses the first specialised terms related to wine. This paper provides information about the origins of Spanish wine language and adds to its knowledge base from a diachronic perspective.

Key words: Gabriel Alonso de Herrera. Wine. Treatise. Language. Spanish. Origins.

0. Introducción

Nos vamos a ocupar del libro segundo de la *Obra de agricultura*[2] de Gabriel Alonso de Herrera, con el fin de conocer el grado de desarrollo que en él alcanza el conocimiento relativo al cultivo de la vid y a la elaboración del vino y la incidencia que ello tiene en la lengua. Se trata del primer texto en español que versa

---

1 Este trabajo es fruto de un Proyecto de Investigación del IER de la convocatoria 2018-2019 (Instituto de Estudios Riojanos).

2 En su primera edición de 1513 aparece con el título de *Obra de agricultura* a partir de la tercera también se le llama *Libro de agricultura*.

sobre la materia, escrito en 1513. Nos encontramos en los orígenes del español del vino.

Sobre la citada *Obra de agricultura* se han publicado algunos trabajos, no muchos, que quedan recogidos en las referencias bibliográficas, pero ninguno desde el enfoque que aquí planteamos.

Con nuestro trabajo vamos a aportar información sobre la génesis del español del vino, y así contribuir al mejor conocimiento de la lengua de la vid y el vino desde una perspectiva diacrónica. Además, nuestra investigación resulta de interés para la historia de las ciencias. Contribuimos a conocer mejor la historia del conocimiento enológico en España, lo que hoy se llama las ciencias de la vid y el vino. Por otro lado, recuperamos patrimonio cultural inmaterial dando más visibilidad a voces patrimoniales, técnicas, operaciones y tradiciones que pueden enriquecer el sector del vino generando nuevos recursos, por ejemplo para el enoturismo.

Nuestra hipótesis de partida es que en el libro segundo de la *Obra de agricultura* de Alonso de Herrera nos encontramos ante un primer vocabulario especializado del vino en español (Anexo II). Esto exigirá demostrar previamente que dicho libro es realmente un tratado técnico.

Para demostrar esta hipótesis es necesario alcanzar varios objetivos. En primer lugar, estudiar al autor y la obra en su contexto. Lo cual implica identificar la finalidad con la que Gabriel Alonso de Herrera escribe su obra, cómo se produce su génesis, qué fuentes utiliza y qué es de cosecha propia. Además, y sobre todo para nuestro caso, es muy importante saber si sigue un método riguroso y si este queda plasmado en la misma estructura de su obra, pues esto será determinante para fijar o no si nos encontramos ante un tratado. Y, por último, tendremos que recopilar el vocabulario específico de la vid y el vino y analizarlo con el fin de ver si realmente nos encontramos ante tecnicismos.

Nuestro planteamiento no es filológico[3], es más bien cognitivo. Pretende evaluar el grado de conocimiento que en el libro segundo de la *Obra de agricultura* de Gabriel Alonso de Herrera que hay sobre el cultivo de la vid y la elaboración del vino y qué voces especializadas lo recogen. Desde la perspectiva actual, con el grado de desarrollo que hoy han alcanzado las ciencias de la vid y el vino, lo aportado por Gabriel Alonso de Herrera en su libro segundo nos puede parecer muy pobre. Sin embargo, si nos ponemos en perspectiva, para el momento era todo un logro, porque se partía de cero. En la España del siglo XVI no había ninguna

---

3   Estamos deseosos de que pronto vea la luz la edición filológica de la obra en la que está trabajando Mariano Quirós.

publicación que recogiera las técnicas del cultivo de la vid y de la elaboración del vino, hasta que Gabriel Alonso de Herrera escribe su obra. El conocimiento sobre la vid y el vino aparecía disperso en diferentes publicaciones escritas en otras lenguas (latín, árabe, italiano) y de las que Gabriel Alonso de Herrera se sirve como fuentes y también del saber popular trasmitido por la tradición oral.

Nos vamos a servir de la edición de 1539, publicada el 8 de junio de ese año en Alcalá de Henares por Joan de Brocar. Se trata de la sexta edición y si nos hemos decantado por ella es porque es la última revisada por el autor en vida. Hemos consultado el ejemplar conservado en el Centro de Documentación Vivanco Cultura del Vino (Briones -La Rioja-). La primera edición es del 8 de junio de 1513 y la editó Arnao Guillén de Brocar en Alcalá de Henares. De ella se conserva un ejemplar en la Biblioteca Nacional que hemos podido también consultar.

La obra fue muy reeditada y cuenta con veinticinco ediciones y diez traducciones (Quirós, 2017: 134). Rojas Clemente (1818: XV-XVI) en el prólogo de la edición de 1818 dice: «Difícilmente podrá citarse otra, a no ser tal vez el Quijote, que cuente tantas y tan numerosas impresiones…». Las traducciones son al italiano, al portugués y al inglés y según Mariano Lagasca (1819: 315) también al latín.

1. Los primeros tratados de agronomía

Entre los primeros tratados de agronomía hay tres que tienen el denominador común de ser obra de autores nacidos en la Península: Junio Moderato Columela en Cádiz, Ebn el Awam (Abú Zacarias) en Sevilla y Gabriel Alonso de Herrera en Talavera de la Reina. El primero escrito en latín, el segundo en árabe y el tercero en castellano.

La obra latina *Los doce libros de agricultura* de Junio Moderato Columela, nacido en Cádiz en el año 4 y que vivió en Roma en los primeros tiempos de los césares, fue uno de los tratados principales que los romanos publicaron sobre el cultivo de la tierra, comparable con el de M. Terencio Varrón. Están dedicados al cultivo de la vid los libros tercero y cuarto y gran parte del quinto y a las uvas y elaboración del vino buena parte del libro undécimo. Menos conocido, pero no por ello menos importante, fue el tratado escrito en árabe en el siglo XII por Abú Zacarias, conocido como el sevillano, antes de que los Reyes Católicos conquistaran Granada. Se conserva una traducción bilingüe, con nota del traductor, obra de Josef Antonio Banqueri, prior claustral de la catedral de Tortosa y académico de número de la Real Academia de la Historia. Se publicó en dos tomos en 1802 en Madrid, en la Imprenta Real. En el tomo primero se ocupa de las viñas[4]. El otro gran tratado es la *Obra de agricultura* de Gabriel Alonso de Herrera escrita en tiempos de los Reyes Católicos y que contó con numerosas reediciones y de cuyo libro segundo nos vamos a ocupar aquí.

Confluyen así pues en la Península varias corrientes: la clásica y la árabe de las que se hace eco en su obra Gabriel Alonso de Herrera. El influjo italiano también está presente en su obra. Lo francés va a llegar más tarde intensificándose sobre todo en la segunda mitad del siglo XVIII y primera del XIX. Entonces también, y a través de Francia, llegan los estudios agronómicos ingleses.

2. La *Obra de agricultura* de Gabriel Alonso de Herrera

Gabriel Alonso de Herrera nació en Talavera de la Reina (Toledo) y lo hizo según apunta Mariano Lagasca (1819: 319) «entre los años 1470 y 1480». En otro trabajo posterior Consolación Baranda (1990: 175) dice que «nació entre 1460 y 1470». Nace pues en la segunda mitad ya avanzada del siglo XV.

A los 15 años está de estudiante en Granada, ciudad en la que «parece seguiría la carrera eclesiástica» (Lagasca, 1819: 319), protegido por Hernando de Talavera (Baranda, 1990: 175). A sus estudios eclesiásticos hay que añadir su formación en agronomía. De padre agricultor y muy instruido, en «su juventud, atesoraba ya observaciones curiosas y útiles, que añadidas a los conocimientos que adquiría con la lectura continuada de los mejores autores y con el trato de los moros, debieron servirle algún día para formar una gran obra» (Lagasca, 1819: 320).

Simón de Rojas Clemente (1818: XV) en el prólogo de la edición de la Real Sociedad Económica Matritense anota sus lecturas de los geóponos clásicos, sin olvidar los árabes, señala la observación y su espíritu crítico:

> Herrera, empapado de la doctrina de Teofrasto, del agrónomo hispano-romano, de Plinio y demás griegos y latinos, familiarizando con los arábigos que habían ilustrado a oriente y occidente; observador ocular de sus operaciones campestres y de las de Alemania, Delfinado e Italia, hijo de labrador y labrador él mismo; dotado en conclusión de una larga experiencia, de una lectura inmensa y de una razón firme, habituado a compararlo todo....

En palabras de Consolación Baranda (1990: 176) fue «un profundo conocedor de la tradición geopónica clásica y, simultáneamente, experto en la práctica

---

4 Habla de las viñas en el Tomo I, Capítulo VII, Artículo XLV; pp. 351-389. Trata de la plantación de las viñas el Capítulo VIII, Art. XI, «Del injerto de barreno de la vid...» pp. 478-481. El Capítulo IX, Art. I-III, se ocupa «De la poda de la viña», pp. 500-509 y el Capítulo XVI de las «Uvas pasas», pp. 665-667.

agrícola directa». Conoce los «métodos árabes de cultivo» y «se conservan varios documentos en los que se le considera, ya en 1502, mejor experto en el cultivo de las huertas que los propios moriscos» (Baranda, 1990: 175).

No se conforma con conocer la agricultura granadina y entre 1500 y 1512 viaja por diferentes provincias españolas y por el extranjero, por Francia, Alemania e Italia señala Mariano Lagasca (1819: 321) quien indica que entre sus lecturas se encuentran las de filósofos, poetas, naturalistas, geóponos y médicos de la antigüedad; en concreto de Aristóteles, Teofrasto, Homero, Virgilio, Hipócrates, Galeno, Plinio, Paladio, Columela, Séneca, Abencenif, Avicena, Rasis, Mesue, Crescencio, entre otros. Según Consolación Baranda (1990: 175) viaja por Francia e Italia y no incluye Alemania.

Simón de Rojas Clemente (1818: XV/XVII) le llama el «segundo Columela» y le otorga el título merecido de «padre de la agricultura europea», por ser pionero en escribir sobre agronomía, adelantándose al resto de países europeos:

> … padre de la agricultura europea, cuyos adelantamientos posteriores seguramente han derivado del primer impulso del Herrera, seguido por Olivier en Francia, por Galo en Italia, por Heresbach en Alemania, por Hartliben en Inglaterra, y en toda la Europa por otros varones insignes, que pisando con firmeza sobre las mismas huellas…

Gabriel Alonso de Herrera escribe por encargo del Cardenal Cisneros. Se trata de Francisco Jiménez de Cisneros o Giménez de Cisneros, cuyo nombre de pila era Gonzalo, más conocido como el Cardenal Cisneros nacido en Torrelaguna en 1436 y muerto en Roa el 8 de noviembre de 1517. Fue cardenal, arzobispo de Toledo, primado de España y tercer inquisidor general de Castilla y perteneció a la orden franciscana. También gobernó la Corona de Castilla en dos ocasiones por incapacidad de la reina Juana.

Con el encargo, lo que pretendía el cardenal Cisneros era mejorar las técnicas de labranza, en particular en su diócesis de Toledo, con el fin de mejorar la situación económica del país.

Aquí cabe plantearse la siguiente pregunta: ¿cómo llegan los contenidos de la obra de Gabriel Alonso de Herrera a sus destinatarios si se trata de un público iletrado? En el prólogo de la obra Gabriel Alonso de Herrera (1539: ii v/iiii r)[5] dice que el «rústico labrador», destinatario de la misma «apenas sabe qué cosas son letras». Consolación Baranda (1990: 177) señala que en «el siglo XVI, la agricultura era el medio de vida de la inmensa mayoría de la población, en gran parte iletrada o con escasa formación cultural».

---

5   Citamos con la paginación original y añadimos v: verso y r: recto.

Esta situación nos recuerda las razones por las que a finales del siglo XVIII surge el *Semanario de agricultura para párrocos*, a la vista de que los que «leen no labran y los que labran no leen» (*Semanario* T. I 1797: x-xi). Se buscó como mediador al párroco que recibía dicho *Semanario* y trasladaba su contenido a los parroquianos. Pensamos, aunque no podemos demostrarlo, que alguna solución similar se pudo articular con el tratado de Gabriel Alonso de Herrera. Mario Lagasca (1819: 320) sobre este particular señala:

> ... que los sacerdotes, y muy particularmente los párrocos, deben poseer aquellas luces que puedan contribuir a promover la felicidad temporal del rebaño que les está confiado, evitando, así la ociosidad y la ignorancia, origen fecundo de todos los vicios, que...

Aunque en el título de la obra, Gabriel Alonso de Herrera se presenta como «compilador», va más allá y cuando tiene que escucharse su voz lo hace abiertamente, para, por ejemplo, rebatir en primera persona a alguno de los autores citados. Así, con relación al uso de las *cascas* (hoy orujo) para el abono teniendo en cuenta su color, difiere de la opinión de Crecentino: «... y dice el Crecentino si el sarmiento fuere blanco, las cascas sean negras, y por el contrario, mas no creo que va nada que sean blancas que prietas las cascas, y aún si llevan a vueltas algunos granos de cebada le hará...» (Alonso de Herrera, 1534: xxvii v).

En el libro segundo, objeto de este trabajo, se cita a Virgilio (Alonso de Herrera, 1539: xxv v), Teofrasto (Alonso de Herrera, 1539: xxvi v/xxviii r/ xxxvii r), Columella (Alonso de Herrera, 1539: xxvi r/xxvii v/xxix r/ xxxi r/ xxxiiii r/ xli v/ xlv v/ xlvi r.), Crecentino (Alonso de Herrera, 1534: xxvii v/ xliii r.), Séneca (Alonso de Herrera, 1534: xxviii r/xxix r/ xxxiii r), Plinio (Alonso de Herrera, 1539: xxxi r/xliiii r/ xlvii r.), Paladio (Alonso de Herrera, 1539: xxxvi v/xxxviii v), Hesíodo y Macrobio (Alonso de Herrera, 1539: xlv v.). Recurre a Aristóteles para explica cómo hacer el vino dulce: «Vino dulce se hace según Aristóteles, si al cocer le echan orégano, y si han soleado muchas uvas al sol...» (Alonso de Herrera, 1539: xlv r.).También cita al árabe Albumaharan Abencenif (Alonso de Herrera, 1539: xxxv r/ xxxvi r).

Además de estas autoridades, Alonso de Herrera recoge información de los mismos agricultores, en particular de los «moros» de Granada: «... como hacían los moros en Granada en una açuteas pequeñas sobre los tejados con sus verjas alrededor y una red por los pájaros...» (Alonso de Herrera, 1539: xli v.). Tal vez de ahí proceda algunos de los arabismos del texto, como *jaraíz* (lagar).

2.1. Tratado técnico

La obra surge en lo que se ha venido en llamar el «primer humanismo renacentista español», cuando la «distinción entre humanistas y científicos carece de sentido...», como muy bien anota Consolación Baranda (1990: 176). Gabriel Alonso de Herrera no se interesa por la ciencia sino por el «arte»: «En este arte del agricultura y aún en todas las cosas...» (Alonso de Herrera, 1539: xlii v.). En este contexto arte significa conjunto de preceptos y reglas necesarias para hacer algo. Lo que hoy llamaríamos la técnica.

Parte de lo conocido para llegar y desvelar lo ignorado (Mariano Lagasca, 1819: 325). Cada uno de los cinco libros queda dividido en capítulos. Para Consolación Baranda (1990: 177) «el carácter científico del texto» queda evidenciado por una «disposición sistemática» del mismo, con una división de la obra en seis libros y estos a su vez organizados en capítulos que van de lo general a lo particular.

Del libro segundo recogemos en el Anexo I el título del mismo, así como el de sus 34 capítulos. El título reza así: «Libro segundo en que trata qué tierras, aires y sitios son buenos para las viñas, y apropia cada manera de tierras a su suerte de viñas». Se centra exclusivamente en el cultivo, lo que hoy llamamos viticultura, sin hacer ninguna mención a la elaboración del vino; luego vemos que en el libro sí hay capítulos dedicados al vino. Al cultivo de la vid se dedican 21 capítulo, de los 13 restantes 9 se ocupan del vino y de los cuatro que quedan hay uno (cap. xxxi) dedicado a las propiedades de la vid, otro (cap. xxxii) a las de las uvas y los dos últimos se consagran a la elaboración del vinagre y sus propiedades.

Del título y sobre todo de la distribución del contenido de los capítulos se desprende que hay mayor presencia de las técnicas de cultivo de la vid, lo que nos da a entender que el conocimiento de esta parcela estaba más desarrollada que la del vino en el siglo XVI.

Se procede de lo general a lo particular y se explica de manera lineal todo el proceso que va de la plantación de la vid a la elaboración del vino. Así se comienza hablando de la vid y sus tipos en función del sistema de conducción elegido (cap. i) y sus variedades (cap. ii), para pasar después a la plantación de la vid con la selección de la tierra (cap. iv y vi) y de los sarmientos (cap. v y vii), así de cómo injertar (cap. xiii y xiv) y seguidamente se explican las tareas relativos al cultivo, empezando por cómo cavarlas y ararlas (cap. xi y xvi), así como el abonado (cap. xvii). Se explica también la poda (cap. xii) y la poda en verde (cap. xviii) y tras dos capítulos (xix y xx) sobre cómo guardar las uvas para su consumo (uvas pasas) se cierra el primer bloque dedicado a la vid con el capítulo xxi que se ocupa de la vendimia y de manera tangencial de la vinificación y que sirve de puente para abrir un segundo bloque dedicado al vino. Dentro de él Gabriel Alonso de Herrera se ocupa de la bodega (cap. xxii), de las vasijas para el vino (cap. xxiii), de la conservación del vino (cap. xxvi), de los avisos de cómo será (cap. xxvi), de los remedios para sus defectos (cap. xxviii) y del zumo de agraz (cap. xxix). Acaba este bloque con un capítulo dedicado a las propiedades del vino (cap. xxx). Y quedan así cuatro capítulos, dos dedicados a las propiedades de la vid y del vino respectivamente y los dos últimos dedicados al vinagre. Va a ser una constante en los tratados del vino acabar explicando la elaboración del vinagre. Vemos una disposición sistemática y justificada que le da rigor al texto y afianza la idea de que nos encontramos ante un tratado técnico.

Dentro de cada capítulo hay un orden. «Cada uno de los capítulos sigue un orden predeterminado, procede de la definición a lo definido, a continuación describe las distintas clases o aspectos y explica las posibles técnicas de cultivo, mejora, conservación, etc.» (Baranda, 1990: 178). Por ejemplo, en el capítulo ix del libro titulado «Del enrodrigonar las vides e atarlas» se procede con lógica. Se señala primero el concepto y la razón por la que se debe *enrodrigonar* las vides, se explica después de qué madera y cómo se han de hacer los *rodrigones*, se sigue diciendo a continuación cómo se han de colocar (Alonso de Herrera, 1539: xxix r): «El rodrigón dicen los agricultores que si la tierra es fría le pongan hacia el septentrión, que es hacia el cierzo, y si caliente hacia el ábrego...». Más adelante se indica su ubicación y modo de proceder, para acabar detallando cómo se han de atar las ramas de la vid al *rodrigón* y en qué tiempo corresponde hacer dicha operación. Con mucho detalle se exponen las técnicas de arar y cavar la viña en el capítulo xvi, así explica en qué momento y cómo se ha de ejecutar:

> Digo así que la primera cava o reja sea en acabando de podar; y si entonces no fuere, sea en todas maneras antes que abotone porque no reciba daño. Esta labor ha de ser muy honda, porque mate la hierba y mulla desde lo hondo; y si hay grama quítensela, a lo menos no la deje al pie de las cepas que las esquilma y desustancia y daño mucho». (Alonso de Herrera, 1539: xxxviii v.)

De la segunda cava a la que llama binar dice que «se ha de dar antes que cierna la viña o luego después de haber cernido y sea...» (Alonso de Herrera, 1539: xxxviii r.). Y de la tercera dice: «La tercer es terciar, y esta en las tierras que son sueltas no es necesaria; digo si no son viciosas, y que crían hierba» (Alonso de Herrera, 1539: xxxviii v.).

Gabriel Alonso de Herrera recurre a argumentos probatorios o demostrativos y argumenta sus técnicas, incluso oponiéndose a alguna de las autoridades que cita. Valora la experimentación y anima a que se practique:

> ... es que cada día prueba las gentes, y la naturaleza muchas veces ayuda a los que algo experimentan... [...] y aunque algunas veces yerre los que comienzan, no por eso debes dejar de probar, que pocos salen maestros a los principios sin que yerre, y esto es generalmente en todos los oficios y ciencias... (Alonso de Herrera, 1539: xxxiii r.)

También la comprobación llega por su propia observación: «No es menos lo que yo vi en un lugar que llaman de Santa María del Campo que tienen en casa sus lagares en que caben cuarenta o cincuenta carretadas y hasta que se hinche...» (Alonso de Herrera, 1539: xliii r.). Y va más allá de la simple observación, hasta llegar a la experimentación. Si recomienda que no haya vinagre en las bodegas es por su propia experiencia: «... y hablo con experiencia y por eso...» (Alonso de Herrera, 1539: xliii v.). Si no lo ve no lo cree: «... mas poner una receta que he leído para tornar del vinagre vino, lo cual yo no creo si no lo viese, y si es verdad es cosa de mucha maravilla, de provecho y gentileza y poca costa» (Alonso de Herrera, 1539: xlv v.).

Llegado el caso, no tiene reparo en rebatir o replantear lo que dicen las autoridades que cita. Así de Columela dice que no le agrada sus propuestas para guardar las uvas: «Otras maneras pone el mismo Columela que no me agradan mucho...» (Alonso de Herrera, 1539: xli v.). Su opinión está a la altura de sus fuentes: «Catón dice que hagan un vaso de yedra y lo mismo escribe Plinio creo que ha de ser yedra seca...» (Alonso de Herrera, 1539: xlv v.).

Con el fin de luchar contra el rechazo de los preceptos de los libros, muy común entre los agricultores, que prefieren guiarse por lo que siempre se ha hecho, por la costumbre, y por hacer lo que han hecho quienes los han precedido (padres y abuelos), Alonso de Herrera hace una llamada a la lectura: «... que aunque mucho ellos sepan por uso, no perderá cosa del mundo por lo que aquí leyere...» (Alonso de Herrera, 1539: xxx r). Y resalta la función de su tratado, por el valor que tiene lo escrito: «... o haga otro tratado por que lo sepan las gentes: que muchas veces lo que no queda escrito juntamente perece con su autor» (Alonso de Herrera, 1539: xxxv r y xxxvi v).

3. En los orígenes del español del vino

La *Obra de agricultura* de Gabriel Alonso de Herrera es el primer tratado de agronomía no solo de España sino posiblemente de toda la Europa de la era de las lenguas vernáculas. Además, y lo que es más relevante para nuestro estudio, es el primero escrito en español. Hasta entonces las lenguas del conocimiento habían sido el griego, el latín (que lo va seguir siendo) y el árabe; con esta obra comienza el castellano a ser portadora del conocimiento científico agronómico por primera vez. El mismo Gabriel Alonso de Herrera es consciente de ello y así lo manifiesta en el prólogo de su obra:

> Con todo esto no quiero que entienda ninguno que digo ser yo el primero inventor de esta arte de agricultura [...]. Y de ella en griego y latín y otros lenguajes hay y hubo muy

singulares libros escritos, mas puedo decir con verdad ser yo el primero que haya procurado poner en nuestro castellano las reglas y arte de ello.

(Alonso de Herrera, 1539: prólogo ii v).

Alonso de Herrera se ve obligado a «inventar una lengua» de especialidad en el
ámbito de la agronomía y para el libro segundo de su tratado, objeto de nuestro
estudio, de una lengua que explique técnicamente el cultivo de la vid y la elaboración del vino. Poner por primera vez «en lenguaje que nunca estuvo», retomando
las palabras de su prólogo, tiene sus dificultades, la mayor y más importante: la
inexistencia de tecnicismos. ¿Cómo lo resuelve? Recurriendo a la tradición oral
y haciendo un uso técnico de muchas voces del español común. El origen popular de la voz *carochar* queda claro en esta cita en la que se explica la técnica en
cuestión:

> … y es muy necesario coger de las cepas con unas talegas que tengan la boca ancha y
> lo bajo angosto poniéndolas so las cepas y sacudirlas que caigan dentro; y esto se haga
> antes que ello simiente que aquí en Talavera llaman carochar que es como…
>
> (Alonso de Herrera, 1539: xxxvii v).

La fuente oral de *flor* es evidente aquí también al hablar del vino: «… si no
huele a moho, si no tiene napa, que otros llaman flor, y si la tiene es bien que…»
(Alonso de Herrera, 1539: xlvi r.). Por otro lado, son muchos los casos en los que
Alonso de Herrera recurre a palabras del español común para conferirles un uso
técnico, así al referirse a las partes de la cepa dice: *tronco, brazos, yemas, pulgares,
ojos, nietos,* etc. o al explicar lo que hoy llamamos fermentar con las voces *cocer*
y *hervir*.

Se recurre a las expresiones o locuciones buscando el símil y la comparа-
ción, ante la carencia de terminología propia en español, así ocurre al explicarse en el primer capítulo (Alonso de Herrera, 1539: xxiii r) los tipos de
viñas en función de la forma de conducción elegida. Para las vides conduci-
das en árboles dice: «armadas en árboles», a los emparrados de hoy les llama
«armadas a modo de parrales» o en otros casos *parrales* sin más, el tercer tipo
es el de las «tendidas por el suelo» y el cuarto y último son las vides «como
pequeños árboles», lo que hoy se conoce como vid *en vaso*. En siglo XVIII
Louis Dussieux a las vides «armadas en árboles» les llama *vides arbustivas*
(Ibáñez 2018: 142).

En algunos casos se explican los tecnicismos, como ocurre con *parral*: «Todo
parral o vid que está armada sobre madera, o árbol (que de todas las de esta
manera es una regla) quiere tierras húmidas, como valle, riberas y tierras grue-
sas…» (Alonso de Herrera, 1539: xxix r).

Su estilo es sencillo, claro y sentencioso. Responde así a la finalidad de su obra que es hacer accesible el conocimiento agronómico de la época al agricultor. Hay un afán por parte de Alonso de Herrera de hacerse inteligible a su destinatario. De la sintaxis del texto dice Fradejas (1990: 178) que es «fluida y clásica». Nos encontramos ante un texto con una sintaxis «al servicio de la claridad expositiva» y en el que se evitan las estructuras latinizantes, apenas hay por ejemplo oraciones de infinitivo, como muy bien anota Baranda (1990: 178).

En cuanto a las formas verbales, predomina el imperativo, el subjuntivo, los infinitivos y las perífrasis que expresan obligación. Lo cual es bastante comprensible ya que el discurso está articulado en torno a un yo superior que trasmite certezas a sus destinatarios.

El léxico es muy rico y variado y, en gran parte, de procedencia campesina. La carencia de tecnicismos lleva a Alonso de Herrera a recurrir, como ya hemos anotado, a la tradición oral y además se sirve de las voces que usan sus destinatarios agricultores facilitando así su comprensión. Sorprende que a pesar de que se sirve de fuentes latinas, apenas hay latinismos; *terebra gallica* es uno de los pocos que hemos localizado, aunque para facilitar su comprensión se apresura a recordar su forma popular: «... y por esto dice Columella que es bueno un instrumento que él llama terebra gallica que algunos dice que es taladro...» (Alonso de Herrera, 1539: xxxiiii r).

Para buscar la precisión conceptual se sirve Alonso de Herrera de descripciones pormenorizadas, largas enumeraciones, busca la analogía y sobre todo la sinonimia. Ejemplo de sinonimia es *suerte* o *rodillo*. A la hora de plantar se recomienda que «la viña nunca la ponga de solo un veduño de uvas, porque si (como muchas veces acaece en algunos años) no acierta aquel veduño, no se quede la viña sin fruto y se vaya toda la costa, y trabajo en balde» (Alonso de Herrera, 1539: xxvi v). De ahí la existencia de varias *suertes* o *rodillos* en una misma viña: «... y en una viña hacer dos o tres o cuatro suertes o rodillos, de cada linaje el suyo, que no vaya revuelto no confuso lo uno con lo otro...» (Alonso de Herrera, 1539: xxvi v).

La sinonimia es, por otro lado, un rasgo propio de una terminología en gestación. En algunos casos se anotan hasta tres sinónimos, así ocurre con *almanta*, *seminario* y *plantario*, el terreno destinado a preparar los *cabezudos* y *barbados* destinados a la plantación de una viña: «Arriba dije que cosa era almanta o plantario, que es poner en algún cabo los cabeçudos para que barben, para que después los trasponga en la viña, que han de estar...» (Alonso de Herrera, 1539: xxvii). De boca de los agricultores recoge la voz *seminario*: «... haciendo almanta, que ellos llaman seminario» (Alonso de Herrera, 1539: xxvi v).

Aunque podrían pasar por sinónimos, *cabezudo* y *barbado* no lo son. La diferencia es que los segundos tienen raíces. Ambos son *plantones* que se hacen a partir de *sarmientos* de la vid, previamente seleccionados: «Ay otras dos maneras de plantones, destas, los unos llaman cabeçudos, que son los sarmientos que podan, otros ay barbados que tienen sus raicillas» (Alonso de Herrera, 1539: xxvi v). Son más eficaces los segundos, que son *cabezudos* pero con raíces. A los *cabezudos* los agricultores según anota Alonso de Herrera (1539: xxvi v) les llaman también *maleolos*. La inestabilidad del vocabulario técnico lo vemos en la existencia de varias denominaciones para un mismo concepto, lo que hoy conocemos como los zarcillos de la vid Alonso de Herrera los llama de tres formas distintas: *tijereta*, *tiseruela* y *tenazeta*: «... porque más presto pudre aquellas tenazetas, con que se abrazan al árbol, y no les quiten luego los sarmientos hasta que hayan podridas las tiseruelas, y así se quitaran fácilmente» (Alonso de Herrera, 1539: xxix r). Y en otros casos se utiliza *tijereta*: «Todo rodrigón sea seco derecho, porque la vid guiándose por él se arme derecha, tenga algunos gajos para que la vid se asga a ellos con sus tijeretas...» (Alonso de Herrera, 1539: xxix v). Otro ejemplo de sinonimia es *acogombrar* o *aporcar*, operación que consiste en cubrir de tierra el tronco de la vid. Si al tiempo se hace una labor que permite que el agua de lluvia se almacene en invierno se llama *atetillar*.

Al ser fuentes orales la variación diatópica está presente. Donde hay viña vieja perdida no es conveniente plantar si no se retiran las viejas raíces antes. Este tipo de tierras de viñas viejas abandonadas se llaman *herías*. Se trata de un localismo, pues Alonso de Herrera (xxv r) dice «que aquí en Talavera llaman *herías*».

En uno de los ámbitos donde se ve mayor grado de especialización y una terminología más estable, a pesar de las variantes diatópicas, es en los nombres de las variedades de vid, en los *linajes* o *veduños*. De las variedades de vid dice Alonso de Herrera que son muchas y que es difícil conocer todas: «Ellas son en fin de muchas maneras y diferencias y tantas que ninguno las puede alcanzar a saber, porque cada tierra tiene su manera de uvas, que no hay en España las que en Italia...» (Alonso de Herrera, 1539: xxiii v). Y además dice que en cada sitio tienen nombre diferente: «... y ponen de ay nombres diferentes que por ellos no se conocen en todas partes, ni saben cuáles son» (Alonso de Herrera, 1539, xxiii v).

Nos encontramos aquí con la primera colección ampelográfica en español de 15 variedades de vid, incluida la *albilla*, que aunque no la diferencia con epígrafe propio, sí la describe en la introducción del segundo capítulo del libro. Por sus colores se distingue entre *blancas* y *prietas* (tintas). Vemos aquí el uso de *prietas* para lo que hoy decimos tintas, aunque cuando se refiere al vino sí que usa la voz tinto: «... el vino de estas uvas es mejor que otro ninguno que sea tinto, y quiere…» (Alonso de Herrera, 1539: xxiii v). Y también usa la voz *retinto*: «… y hace un vino muy retinto, escuro y espeso…» (Alonso de Herrera, 1539: xxv v). La voz *prietas* con la acepción que aparece en el texto de Alonso de Herrera no lo hemos vistos en otros posteriores y hoy en día no se usa. Nos encontramos ante un uso arcaico desde la perspectiva actual.

Y entre las blancas están las *albillas* que Alonso de Herrera describe de manera detallada en su texto. También lo hace de 14 variedades más, aunque en este caso les dedica un epígrafe específico. Son la siguientes entre las blancas: *torrontés, moscatel, cigüente, Jaén, hebén, alarije, vinoso, castellano blanco, malvasía* y *lairenes*. Y entre las *prietas* (tintas): *castellanas, palomina, aragonés* y *tortoçon* y *berrial*. Esta última denominación compuesta se refiere a una sola variedad. En total son 11 variedades *blancas* y 4 *prietas* (tintas). En esta edición que manejamos con relación a la primera que hemos consultado en la Biblioteca Nacional en Madrid se añaden tres variedades blancas nuevas: *castellano blanco, malvasí* y *lairenes*. Respecto a las tintas, sobre la variedad *tortoçon* y *berrial* se añade más información con relación a la primera edición en la que solo se indica en una línea que es muy similar a la *aragonés*. La edición de Logroño de 1528 que hemos consultado en la Biblioteca Histórica de la Usal recoge las mismas variedades que la de 1539.

El que sean 11 las variedades blancas frente a las 4 tintas denota que eran seguramente las primeras más cultivadas que las segundas. Es bien sabido que en el pasado se apreciaba más los vinos blancos que los tintos y es probable que de las tintas se hicieran vinos claretes. La tendencia de los vinos tintos comienza a finales de siglo XVIII seguramente.

La precisión terminológica se observa en las voces utilizadas para expresar el grado de madurez que se expresa con estos términos: *verde, agraceño, maduro* y *pasado* (Alonso de Herrera, 1539: xxvi v). Ya tenemos un incipiente primer vocabulario de la cata: «… el vino será de más fuerza y tura y si está verdiona o mojada…» (Alonso de Herrera, 1539: xlii v.). Y se señala la incidencia del recipiente en el olor del vino, así se dice: «De dos maneras son las vasijas para cocer o tener el vino: las unas son de madera que llaman cubas, otras son de barro, de las cubas sale más oloroso el vino que de las tinajas…» (Alonso de Herrera, 1539: xliii v.).

Conclusiones

El libro segundo de la *Obra de agricultura* de Alonso de Herrera de 1513 es el primer tratado en español de carácter técnico sobre el vino y en él se recoge un primer vocabulario especializado sobre dicho ámbito. Su autor de formación eclesiástica era un profundo conocedor de la agronomía. El interés por este tema le venía de familia y lo acrecienta mediante la lectura y la observación de la agricultura, en particular la de los árabes de Granada. También sus viajes por España, Alemania e Italia le sirvieron mucho para conocer *in situ* las diferentes técnicas.

La obra se gesta dentro del primer humanismo renacentista cuando no se diferenciaba entre humanistas y científicos. Su autor se plantea hacer un compendio del arte de la agricultura recogiendo sus preceptos y reglas. Argumenta las técnicas recogidas en el tratado, valora la experimentación y anima a que se practique.

Alonso de Herrera tiene que explicar por primera vez en español las técnicas del cultivo de la vid y la elaboración del vino, viéndose en la dificultad de usar una lengua que carecía en ese momento de terminología específica. Este problema lo solventa recurriendo a la tradición oral, haciendo un uso técnico de voces del español común o generando expresiones y locuciones. Seguramente el texto le llega a su destinatario, el agricultor, por vía de un lector culto, que bien podría ser el párroco o clérigo de turno.

Al beber de la tradición oral, en el vocabulario especializado se manifiesta la variación diatópica. Esta circunstancia conlleva que para un mismo concepto podemos encontrar formas diferentes. La sinonimia es otro rasgo de este primer vocabulario del vino que junto al anterior delatan su carácter inestable. Esta inestabilidad no lo es tanto en algunas parcelas de este ámbito como, por ejemplo, en los nombres de las variedades de vid.

Nos encontramos con la base de lo que va ser el español del vino que se ha mantenido como tal hasta los años 70 del siglo pasado y que aún hoy en día está presente en boca de ciertos viticultores de edad avanzada. Pervive en el registro oral, pero también muchas de las voces incorporaras por Alonso de Herrera están en los modernos manuales de viticultura y enología: *ojo, yema, pulgar, brazo, vara, barbado, racimo, lloro, nieto, binar, canilla, canillero,* etc.

Esta circunstancia hace que el actual español del vino tenga un sabor local y patrimonial que sin duda le viene desde su génesis. Las etimologías populares son abundantes. Así podemos decir que Alonso de Herrera es el creador del símil entre el cuerpo humano y las partes de la vid, que es la base de la organografía de la vid recogida en los manuales de viticultura. Le llama a su ramificación principal *tronco*, a las ramas que de él salen *brazos*, estos tienen *ojos* por los que brotan los pámpanos, llamando *nietos* a los que brotan de estos, entendiendo que se trata de la tercera generación. Y cuando se podan las vides con temperatura elevadas *lloran* por los cortes de poda.

Aquí ha quedado demostrado que el libro segundo de la *Obra de agricultura* de Gabriel Alonso de Herrera es importante para conocer los orígenes del español del vino y también para conocer los primeros pasos del conocimiento de lo que hoy se llama las ciencias de la vid y el vino. Ahora bien, habría que abordar en el futuro otras líneas de investigación, como es el de su difusión a través de las diferentes traducciones de que fue objeto. De ese modo quedaría patente el liderazgo de España en el siglo XVI en esta materia.

REFERENCIAS BIBLIOGRÁFICAS

EDICIÓN ESTUDIADA

ALONSO DE HERRERA, Gabriel (1539): *Libro de agricultura que es de labrança y criança y de muchas otras particularidades y provecho de las cosas del campo compilado por Gabriel Alonso de Herrera, dirigido al muy ilustre... arçobispo... Con privilegio imperial nuevamente concedido...* Alcalá de Henares, Joán de Brocar, 1539 (16 de junio). Consultada en el Centro de Documentación Vivanco Cultura del Vino (Briones -La Rioja-).

OTRAS EDICIONES CONSULTADAS

ALONSO DE HERRERA, Gabriel (1513): *Obra de agricultura, copilada de diversos auctores por Gabriel Alonso de Herrera de mandado del muy ilustre y reverendíssimo señor el cardenal de España, arçobispo de Toledo.* Con privilegio real, Alcalá de Henares, Arnao de Guillén de Brocar. Consultada en la Biblioteca Nacional.

ALONSO DE HERRERA, Gabriel (1528): Libro de agricultura, que es de labrança y criança y de muchas otras particularidades y provechos de las cosas de campo, compilado por... Nuevamente corregido y añadido en muchas cosas muy necesarias y pertenecientes al presente libro por el mismo autor... Logroño: Miguel de Eguía. Consultada en la Biblioteca Histórica de la Universidad de Salamanca.

ALONSO DE HERRERA, Gabriel (1818–1819): *Agricultura general* (corregida y ampliada de la primera edición publicada en 1513). 4 tomos. Madrid, Imprenta Real.

ALONSO DE HERRERA, Gabriel (1970): *Obra de Agricultura*, edición y estudio preliminar por José Urbano Martínez Carreras. Madrid, Atlas.

ALONSO DE HERRERA, Gabriel (1979): *Obra de Agricultura*, introducción y antología de Thomas F. Glick. Valencia, Artes Gráficas Soler. Edición facsímil.

ALONSO DE HERRERA, Gabriel (1996): *Agricultura general. Labranza del campo y sus particularidades, crianza de animales y propiedades de las plantas.* Edición crítica de Eloy Terrón. Madrid, Servicio de Publicaciones. Ministerio de Agricultura.

Bibliografía consultada

Baranda Leturio, Consolación (1989): «Ciencia y Humanismo: la *Obra de agricultura* de Gabriel Alonso de Herrera (1513)». *Criticón*, 46, 1989, pp. 95–108.

Baranda Leturio, Consolación (1990): «Retórica y discurso científico: La "Obra de Agricultura" de Gabriel Alonso de Herrera (1513)», en *Actas del III Simposio Internacional de la Asociación Española de Semiótica: Madrid, 5, 6 y 7 de diciembre de 1988: Retórica y lenguajes*, Vol. 1. Madrid: Universidad Nacional de Educación a Distancia, pp. 175–184.

Baranda Leturio, Consolación (2011): «Formas del discurso científico en el Renacimiento: tratados y diálogos». *Studia Aurea*, 5, pp. 1–21.

Beutler, Corinne (1973) : «Un chapitre de la sensibilité collective: la littérature agricole en Europe continentale au XVIe siècle», en *Annales. Economies, sociétés, civilisations*. 28ᵉ année, N. 5, pp. 1280–1301.

Dubler, César E. (1941): «Posibles fuentes árabes de la *Agricultura general* de Gabriel Alonso de Herrera». Al-Andalus: revista de las Escuelas de Estudios Árabes de Madrid y Granada, v. 6 (1), pp. 135–156.

Fradejas Lebrero, José (1984): «Dolor de España en Gabriel Alonso de Herrera», en Manuel Alvar, Fernando de la Granja, Fernando Lázaro Carreter, Francisco López Estrada, Antonio Prieto y Nicasio Salvador Miguel, *Estudios sobre el Siglo de Oro. Homenaje al profesor Francisco Yndurain*. Madrid, Editorial Nacional, pp. 231–244.

Ibáñez Rodríguez, Miguel (2017): *La traducción vitivinícola: un caso particular de traducción especializada*. Granada, Comares.

Ibáñez Rodríguez, Miguel (2018): *El tratado de la vid de Louis Dussieux y el Tratado del vino de Jean Antoine Chaptal de 1796 conservados en la biblioteca de San Millán*. Cilengua. Centro Internacional e Investigación de la Lengua Española.

Lagasca, Mariano (1819): «Apuntamientos históricos sobre la vida del célebre Gabriel Alonso de Herrera, y sobre varias ediciones de su obra de agricultura», en Alonso de Herrera, Gabriel (1818): *Agricultura general* (corregida y ampliada de la primera edición publicada en 1513). Madrid, Imprenta Real, Tomo IV, pp. 317–361.

Quirós García, Mariano (2015): «*El Libro de Agricultura* de Gabriel Alonso de Herrera: un texto en busca de edición». *Criticón*, 123, pp. 105–131.

Quirós García, Mariano (2017): «*El Libro de Agricultura* de Gabriel Alonso de Herrera: en el *Diccionario de Autoridades* o de la en ocasiones complicada relación entre filología y lexicografía». *Revista de Investigación Lingüística*, 20, pp. 131–156.

ROJAS CLEMENTE, Simón de (1818): «Prólogo de esta edición», en Alonso de Herrera, Gabriel (1818): *Agricultura general* (corregida y ampliada de la primera edición publicada en 1513). Madrid, Imprenta Real, Tomo I, pp. XI–XXIV.

Semanario de agricultura y artes dirigido a los párrocos (1797). Tomo I y II. Madrid, Imprenta de Villalpando.

Anexo I:

Título e índice del libro segundo[6]

Libro segundo en que trata qué tierras, aires y sitios son buenos para las viñas, y apropia cada manera de tierras a su suerte de viñas

Capítulo primero en que en suma pone el autor cuatro formas de viñas.

Capítulo segundo en que pone algunos linajes de vides.

Capítulo III que tal ha de ser la tierra para las vides.

Capítulo IIII de los sitios.

Capítulo V que tal ha de ser el sarmiento o cualquier planta para poner, y como le han de escoger.

Capítulo VI de las maneras y tiempos de poner las viñas y escoger los sarmientos.

Capítulo VII que tal ha de ser el suelo para hacer el almanta o seminario y de las maneras que se han de tener en plantar.

Capítulo VIII de los parrales que están armados sobre árboles.

Capítulo IX del enrodrigonar las vides y atarlas.

Capítulo X qué forma o hechura ha de llevar cada manera de vid desde chiquita y del podar.

Capítulo XI del tiempo y manera del excavar.

Capítulo XII del tiempo y arte del podar.

Capítulo XIII de los tiempos y reglas y maravillosos secretos para enjerir las viñas.

Capítulo catorce como se hayan de enjerir algunas medicinas y olores en las vides y para hacer que nazcan uvas sin granillos.

Capítulo quince de algunas enfermedades de las vides y sus curas.

Capítulo XVI de los tiempos y maneras de arar y cavar las viñas.

Capítulo XVII de algunas cualidades y diferencias del estiércol y de los tiempos y maneras de estercolar las viñas.

Capítulo XVIII de la manera y tiempos de deslechugar y quitar las hojas y cubrir.

Capítulo XX de cómo se han de hacer las pasas.

---

6   En el título y capítulos hemos modernizado la ortografía del original.

Capítulo xxi de los tiempos del vendimiar.

Capítulo xxii de la bodega.

Capítulo xxiii de la hechura y tamaño de las vasijas y del tiempo y manera del pegarlas y de la pez.

Capítulo xxiv en que da avisos para conocer si el vino o mosto tiene agua y para apartarla del vino.

Capítulo xxv como se hará de vino blanco tinto y de tinto blanco y vino dulce.

Capítulo xxvi de conservar el vino que no se dañe.

Capítulo xxvii en que pone algunos avisos para saber qué tal ha de ser el vino.

Capítulo xxviii en que pone algunos remedios para los defectos del vino.

Capítulo xxix de conservar el zumo del agraz.

Capítulo xxx de algunas propiedades del vino.

Capítulo xxxi de las propiedades de la vid.

Capítulo xxxii de algunas propiedades de las uvas.

Capítulo xxxiii del vinagre y de muchas maneras para saberlo hacer.

Capítulo xxxiiii de las propiedades del vinagre.

Anexo II:

Vocabulario especializado

Abotonar: cuando la vid comienza a brotar.

Acedo: vino en mal estado. El zumo ácido del agraz.

Acogombrar: labor consistente en echar tierra al tronco de la cepa, hoy se dice acollar o aporcar, aunque son tareas que ya no se hacen.

Agraz: uva verde, sin madurar.

Aguas: vino de escasa calidad elaborado echando agua en la uva prensada.

Alarije: variedad de vid blanca.

Albilla: variedad de vid blanca.

Almanta: terreno para preparar los cabezudos y barbados utilizados en la plantación de una viña.

Aporcar: ver acogombrar.

Aragonés: variedad de vid tinta.

Asiento: ver *hez*.

Asolanado: vino estropeado.

Atetillar: acogombrar o aporcar haciendo una pequeña labor en torno al tronco de la vid de manera que se almacene el agua de lluvia en invierno.

Barbado: plantón que se hace a partir de un sarmiento de la vid y que tiene raicillas. Es un cabezudo con raicillas.

Barbujas: lo que brota en la parte baja de la cepa.

Binar: segunda labor que se da a la viña.

Brazo: cada una de las ramas de la vid.

Cabezudo: plantón que se hace a partir de un sarmiento de la vid.

Canilla: grifo por el que sale el vino de la cuba.

Canillero: lugar de las cubas donde se coloca la canilla.

Carochar: técnica utilizada para acabar con el pulgón con la ayuda de una talega (saco) colocada bajo las cepas.

Casca: orujo, lo que queda después de prensada la uva.

Castellana: variedad de vid tinta.

Castellano blanco: variedad de vid blanca.

Cava: labor que se da a la viña con la azada.

Cepa: cada una de las plantas de una viña.

Cerner: momento en el que la flor de la vid se convierte en fruto.

Cesto: recipiente para recoger las uvas en la vendimia.

Cesta: recipiente para recoger las uvas en la vendimia.

Cigüente: variedad de vid blanca.

Covanilla: ver *cesto.*

Cocer: fermentar el vino.

Cortadura: corte de poda.

Corvillo: parte de la podadera que permite cortar los resecos y barbajas.

Cuba: depósito para almacenar el vino.

Deslechugar: poda en verde consistente en eliminar los brotes de la madera vieja.

Enjerir: injertar.

Enrodrigonar: poner rodrigones o apoyos a la vid para facilitar su conducción.

Entreliño: espacio entre dos filas de cepas, hoy ancha o calle.

Entresacar: eliminar racimos por exceso de producción.

Escobajo: estructura del racimo de la que penden los granos o bayas.

Flor: velo que recubre los vinos en mal estado. También se le llama *napa.*

Gamellón: pila para el pisado de las uvas.

Hebén: variedad de vid blanca.

Herías: tierras con viñas viejas abandonadas.

Hervir: fermentar.

Hez: lo que se deposita en el fondo de la cuba durante el proceso de clarificado.

Hoya: agujero que se hace para plantar una vid.

Injerir: injertar.

Jaen: variedad de vid blanca.

Jaraíz: lagar.

Jarrear: coger el vino con una jarra.

Jarretear: quitar los brotes del tronco de la vid.

Labor: tarea que se hace en la viña, en particular la de cavar o pasar la reja con tracción animal.

Lagar: lugar para elaborar el vino, en particular pisar y prensar la uva.

Lairén: variedad de vid blanca.

Linaje: variedad de vid.

Liño: fila de cepas.

Lloro: emanación de savia por los cortes de poda cuando hay temperaturas elevadas.

Malvasía: variedad de vid blanca.

Maleolo: ver cabezudo.

Moscatel: variedad de vid blanca.

Mosto: el zumo de la uva.

Mugrón: sistema que permite reponer una falta enterrando un sarmiento de la cepa vecina. Hoy se llama acodo.

Napa: ver *flor.*

Nieto: rama o pámpano que nace de otro.

Palomina: variedad de vid tinta.

Pámpano: rama tierna de la vid que con el agostamiento se convierte en sarmiento.

Parral: vid armada con maderas o en un árbol.

Pasas: uvas secas, tras un proceso de pasificación.

Pez: producto de la destilación del alquitrán utilizado para reforzar los envases del vino.

Pezón: extremo o rabillo del que pende el racimo de uva de la planta.

Pimpollo: brote que permite rehacer la cepa. También llamado *tornillo.*

Plantario: ver almanta.

Podadera: herramienta para la poda de la vid.

Podar: eliminar o cortar ciertas partes de la vid.

Prieta: uva tinta frente a la uva blanca.

Púa: trozo de madera que se introduce en otra cepa para injertarla.

Pulgar: trozo de sarmiento dejado con la poda, por lo general con dos ojos o yemas.

Racimo: grupo de uvas agrupadas en un solo raspón.

Reja: labor que se da a la viña con un caballo o mula.

Retinto: el vino tinto.

Rodrigón: apoyo de madera para conducir la vid.

Sahumar: aplicar en la viña cera y piedrasufre para combatir el pulgón.

Sarmiento: rama de la vid agostada y lignificada.

Seminario: ver almanta.

Sera: cesto grande por lo general de esparto para trasportar las uvas en la vendimia.

Suerte o rodillo: en una viña, cada una de las fracciones de tierra plantada de una variedad de vid. Lo habitual era que en cada viña hubiera varias suertes o rodillos,

Tenazeta: zarcillo.

Terciar: tercera labor que se da a la viña.

Tijereta: ver tenazeta.

Tinaja: depósito de barro para guardar el vino.

Tiseruela: ver tenazeta.

Tinto: el vino de ese color. También se usa retinto.

Tonel: recipiente de forma cilíndrica para trasportar el vino.

Tornillo: ver pimpollo.

Torrontés: variedad de vid blanca

Tortoçon: también llamada *berrial*, variedad de vid tinta.

Trasegar: trasvasar el vino de un depósito a otro, con el fin de afinarlo.

Vara: trozo de sarmiento de mayor tamaño que el pulgar dejado en la poda.

Veduño: variedad de vid. Linaje también lo usa para referirse a otro tipo de plantas distintas a la vid y veduño solo para la vid.

Vendimia: recogida de las uvas.

Viñadero: guarda o vigilante de las viñas.

Vinoso: variedad de vid blanca.

Yema: por donde brota el sarmiento.

Alejandro Junquera Martínez y Esther Álvarez García

De botas, toneles y candiotas: léxico del vino del siglo XVII[1]

Resumen A partir del análisis de los diversos documentos notariales recogidos en el corpus *CorLexIn* (*Corpus Léxico de Inventarios*), el presente trabajo se propone ofrecer un estudio de aquellos términos seiscentistas empleados para hacer referencia a recipientes contenedores de vino: *cubas, toneles, candiotas, pipas, carrales, botas...* Los resultados obtenidos han sido contrastados con los datos registrados en los corpus académicos (diacrónicos y sincrónicos), así como con obras de carácter lexicográfico y dialectal, con el objetivo de determinar, por un lado, su referencia y, por otro, su uso y restricciones tanto desde el punto de vista diatópico como diacrónico.

Palabras clave: Léxico. Prosa notarial. Vino. Recipientes. Siglo XVII.

Abstract The present study aims to analyse the vocabulary used in the 17th century to refer to recipients containing wine, such as *cubas, toneles, candiotas, pipas, carrales, botas...*, based on the notarial documents collected in the corpus *CorLexIn* (*Corpus Léxico de Inventarios*). Results have been contrasted with data from academic corpora (both diachronic and synchronic), as well as with lexicographic and dialectal works and dictionaries, in order to establish, on the one hand, their reference and meaning, and on the other, their use and restrictions from a diatopic and diachronic perspective.

Key words: Vocabulary. Notarial prose. Wine. Recipients. 17th century.

0. Introducción

Dentro de la variedad de documentos de índole notarial existente (testamentos, tasaciones, inventarios de bienes, etc.), el ámbito vitivinícola se encuentra ampliamente representado, tanto en el conjunto de bienes raíces (viñedos, tierras de cultivo, medidas de extensión y producción, etc.) como en los diversos campos léxicos que pueden encontrarse entre los bienes muebles: recipientes de almacenaje, aperos, medidas de capacidad, etc.

---

1   Para la realización de este trabajo se ha contado con la financiación del Ministerio de Economía y Competitividad al proyecto con número de referencia FFI2015-63491-P (MINECO/FEDER) y del Ministerio de Educación, Cultura y Deporte a través de la beca FPU con número de referencia FPU16/00211 (MECD).

Este tipo de fuentes constituyen, además, un importante testimonio del léxico cotidiano que, a menudo, aparece infrarrepresentado en corpus de carácter más general como son los académicos. Este hecho se debe, entre otros factores, a que gran parte de las voces poseen un marcado carácter diatópico y son propias de una determinada zona y, además, pueden considerarse como componentes del *léxico de especialidad* vitivinícola.

Estas peculiaridades permiten dibujar y constatar un amplio abanico de denominaciones y preferencias lingüísticas a la hora de aludir a una misma realidad extralingüística dentro de un mismo campo como es el del léxico del vino: *majuelos, ba(r)cillares* y *viñas; arrobas* que coexisten o alternan con *cántaros, alqueces* o *nietros;* una viña podía medirse en *peonadas* —es decir, el número de peones que era necesario para trabajarla—, pero también en *obradas, yugadas* o *tahúllas;* etc. En definitiva, rasgos que resultan de gran interés desde el punto de vista no solo lexicográfico, sino también dialectal, histórico, etnográfico, etc.

El punto de partida de nuestro trabajo lo constituye *CorLexIn (Corpus Léxico de Inventarios)*[2], un corpus que actualmente cuenta con más de 1 400 000 transcripciones de textos notariales —publicados e inéditos— datados en los siglos XVI y XVII que proceden de archivos de toda España y de diversas zonas de América.

Los datos alusivos al léxico del vino presentes en dicho corpus se han visto plasmados en estudios como el de Morala (2016) sobre el léxico de las medidas de capacidad de líquidos y áridos o el de Pérez Toral (2015) dedicado a las medidas de superficie agraria.

No obstante, no se registran trabajos previos en los que se analice el léxico relacionado con aquellos recipientes que sirven o servían para contener el vino en dicho contexto cronológico. Este estudio podría resultar interesante con el objetivo de completar el análisis iniciado en dichos estudios previos sobre el léxico utilizado en el ámbito vitivinícola del siglo XVII.

A partir de los resultados arrojados por *CorLexIn*, hemos seleccionados aquellos términos que hacen referencia a recipientes contenedores, principalmente, de vino —si bien, en la mayor parte de los casos, pueden almacenar otro tipo de líquidos como agua o aceite—: *cubas, toneles, candiotas, pipas…* Estos resultados han sido contrastados con los datos registrados en los corpus académicos, tanto de corte diacrónico (CORDE, CDH) como sincrónico (CREA, CORPES

---

2   Los materiales publicados del corpus *CorLexIn* pueden consultarse a través del portal alojado en la página del *NDHE* <http://web.frl.es/CORLEXIN.html>. La información sobre el proyecto y los trabajos publicados por el equipo de investigación pueden encontrarse en la página web del proyecto <http://corlexin.unileon.es/index.html>.

XXI), así como en obras de carácter lexicográfico y dialectal, con el objetivo de determinar, por un lado, su referencia y, por otro, su uso desde el punto de vista diatópico y diacrónico.

El presente análisis, por tanto, tiene como objetivo principal ofrecer un estudio lexicográfico y documental de corte diacrónico del léxico perteneciente al campo semántico de los recipientes contenedores de vino presentes en el contexto del siglo XVII, prestando especial atención a sus rasgos diatópicos y diacrónicos y a su pervivencia y vitalidad léxica en la actualidad.

1. Bota

La palabra *bota* presenta dos acepciones relacionadas con el léxico vitivinícola: 'recipiente de cuero para contener vino, en forma de pera y con un tapón en la parte más estrecha por la que sale el líquido en chorro muy fino' y 'cuba para guardar vino y otros líquidos' (*DLE, s.v.*). *CorLexIn* documenta en torno a 25 ejemplos localizados en diversas regiones, tanto peninsulares como insulares[3]:

- Dos *botas* llenas de bino y una odrina de asta beynte y quatro cántaras (Alfaro, LR-1646)
- Vna *bota* grande y otra pequeña de brocal, de tener bino (Santurde, LR-1669)
- Una *bota* buena de asta media cántara (Noviercas, So-1653)
- Tres pellejos de tener bino y una *botilla* de brocal (Noviercas, So-1652)
- Quatro *votas* de vino (Huelva, H-1617)
- Vna *bota* para vino de cauida de tres açumbres (Navahermosa, To-1638)
- Çinco cueros de tener bino e tres *botas* (Tordelrábano, Gu-1613)
- Un cuero de vino y una *vota* de canella, viejo (Cañedo, Soba, S-1609)
- Dies *votas* vasías (Huelva, H-1654)

Dentro del contexto lexicográfico del siglo XVII Covarrubias define este término como «cuerezito pequeño con la mitad de costura, y un brocal en el cuello» (*s.v.*) y añade que «También llaman bota fuera de Castilla, lo que llamamos cuba». Esta doble acepción se recoge, asimismo, en el *Diccionario de Autoridades* (1726):

> **BOTA.** s. f. Cuero pequéño empegado por dentro con un brocal de palo, ò cuerno, como un embúdo pequéño. Es cortado en forma pyramidál, rematándose en el brocal mui angosto, y está cosido mui fuertemente, para que mantenga el liquór que se echa en él (*Autoridades*, 1726; *s.v.*).

---

3   A la hora de presentar los ejemplos, se ofrece una muestra representativa de tanto de los fondos publicados como inéditos que no tiene por qué coincidir con el número total de documentaciones que el término posee en el corpus.

BOTA. Se llama tambien el barríl, cubéta, ò pipa de madéra con arcos, en que se lleva en las embarcaciones el vino, agua, azéite (Autoridades, 1726; s.v.).

Bota, por tanto, puede referirse a un recipiente pequeño de cuero para contener vino o a una cuba o barril, de proporciones mayores, para guardar esta sustancia. En castellano Corominas registra la primera documentación de *bota* en 1331 con el significado de 'vasija de cuero'. Sin embargo, este mismo autor señala que existe una documentación anterior —1249— de dicho término en el catalán occitano con dos significados diferentes: 'odre' y 'tonel'. Vemos, por tanto, que la lexía *bota* no solo aparece antes en catalán, sino también con un significado más amplio que en castellano: mientras que en catalán *bota* puede referirse tanto a 'odre' como a 'tonel', en castellano su significado se restringe al primero de ellos. La aparición más tardía y restringida de esta palabra en castellano lleva, por ende, a pensar que se trata de un préstamo procedente del catalán.

En lo que respecta a su presencia en corpus académicos, CORDE ofrece 276 ejemplos de *bota* en documentos del siglo XVII, de los cuales 220 se corresponderían con su valor de 'recipiente de cuero para contener vino'. De manera similar, el *Corpus del Nuevo Diccionario Histórico* documenta 558 ejemplos de *bota* en el siglo XVII, la mitad de ellos correspondientes al significado mencionado previamente. Esta documentación, junto con la ofrecida por *CorLexIn*, muestra el uso, bastante generalizado, del término *bota* durante el siglo XVII.

En cuanto a su distribución diatópica, se registran ocurrencias de *bota* en zonas norteñas (León, La Rioja), así como meridionales (Huelva, Cádiz, Almería), por lo que parece que se trata de un término estándar y, por tanto, de uso general. No obstante, la acepción 'cuba para guardar vino' presentaría una restricción de carácter diatópica, dado que, en principio se localizaría en el dominio catalano-aragonés, rasgo que, por cierto, no figura en la definición académica. No obstante —teniendo en cuenta que el contexto en la mayor parte de las documentaciones es bastante simple—, cabría la posibilidad de que, en algún caso, *bota* se estuviese empleando con el valor de 'cuba'.

Por último, *CorLexIn* documenta dos casos de la voz *botarroncillo*, ambos localizados en Soria:

- Un *botarroncillo* de tener bino, mediado (Noviercas, So-1653)
- Un *botarroncillo* (Noviercas, So-1653)

Este término resulta interesante, pues es un derivado del lexema *bota* que se forma a partir de un proceso de adición, primero, de un sufijo aumentativo como *-ron* y, luego, de un diminutivo como *-illo*.

2. Candiota

La palabra *candiota* presenta dos acepciones relacionadas con el léxico vitiviní-cola: 'barril que sirve para llevar o tener vino u otro licor' y 'vasija de barro, como de un metro de alto y medio de ancho, empegada por dentro y con una espita por la parte inferior; sirve para tener vino y se pone, como las tinajas del agua, sobre un pie' (*DLE, s.v.*). *CorLexIn* documenta una decena de ejemplos —tanto en documentos publicados como en sus fondos documentales inéditos— locali-zados en las regiones meridionales de Málaga, Granada, Jaén y Córdoba.

- Una *candiota* vazía (Antequera, Ma-1628)
- En la mitad de una *candiota* y en diez arrobas de bino, çinquenta y tres reales (Cásta-ras, Gr-1646)
- Dos *candiotas* (Alcalá la Real, J-1648)
- Dos *candiotas*, en quince ducados y medio (Alcalá la Real, J-1648)
- Más las casas de su morada con todas las basijas de barro y *candiotas* de bino (Álora, Ma-1661)
- Sesenta arrobas de bino aniejo en las *candiotas* de la bodega que está a mano hiz-quierda como se entra a el dicho güerto, a quatro reales cada vna, que montan ducien-tos y quarenta reales (Cabra, Co-1687)
- Doze *candiotas* y tres pipotes, en mil y quatrozientos y zinquenta reales (Cabra, Co-1687)
- Una *candiota* con arcos de palo, cabe veinte y cinco arrobas (Narila, Gr-1697)
- Y ciento y veinte arrobas de *candiotas*, con aros de palo, aprecio cada arroba de dos reales y medio, que montan trecientos reales (Narila, Gr-1697)

Dentro del contexto lexicográfico del siglo XVII Covarrubias apunta que el tér-mino *candiota* podría provenir de la isla de Candia —en la actualidad Creta— y que haría referencia a una «cubeta pequeña, o bota en que se trae el vino de Can-dia, y la malvasia» (Tesoro, s.v. candia). La Academia incluye candiota por vez primera en el Diccionario de Autoridades bajo una doble acepción:

> CANDIOTA. s. f. El cubeto, o barríl que se hace para tener el vino, o para llevarle de una parte a otra (*Autoridades*, 1729; *s.v.*).
> CANDIOTA. En tierra de Castilla, y especialmente en Salamanca, se llama assí una vasija grande de barro, hecha al modo de un cubo, de una vara de alto poco mas, y media de ancho, la qual está empegada por adentro, y tiene una espita por abaxo, y se pone como tinaja sobre [ii.114] un pié, para ir sacando el vino que tiene dentro, el qual se conserva mui bien en ella (*Autoridades*, 1729; *s.v.*).

La candiota, por tanto, puede ser un barril o una vasija para transportar y guar-dar vino. Según CDH, la primera documentación de este término aparece en 1495 en el Vocabulario español-latino de Nebrija con la acepción de 'vasija' y su uso durante el siglo XVII es más bien escaso, pues tanto CDH como CORDE apenas documentan 6 ejemplos de candiota, a los que habría que sumar los hallados en *CorLexIn*. Hoy en día, es una voz en claro desuso, ya que no aparece registrada en obras dialectales sobre el habla andaluza y tampoco se documenta en los corpus académicos actuales —CREA y CORPES XXI— con la acepción de 'barril' o 'vasija'.

En cuanto a su distribución geográfica, todos los ejemplos registrados en *CorLexIn* proceden de regiones meridionales —Málaga, Granada, Jaén y Córdoba—. Es por ello por lo que llama la atención la nota que incluye el *Diccionario de Autoridades* indicando que la acepción de *candiota* como 'vasija' es propia de Castilla y, concretamente, de la región salmantina.

La consulta de diversas obras dialectales sobre el habla de Salamanca permite comprobar que la palabra *candiota* no figura en ninguna de ellas como un término propio de la zona. Asimismo, la Academia decidió eliminar la marca dialectal de esta acepción en la cuarta edición de su diccionario (1803), refiriéndose a *candiota* simplemente como «vasija grande de barro para tener vino» (Diccionario de la lengua castellana, s.v.). Teniendo en cuenta estos datos, sería posible argumentar que candiota, en ninguna de sus acepciones, se trata de una voz de la región salmantina, sino que, tal y como se documenta en los textos de *CorLexIn*, es una palabra propia de zonas meridionales. Ello parece lógico si consideramos la etimología de esta palabra (*DECH*, *s.v.*), pues si las candiotas son los barriles o vasijas en las que se transportaba el vino de Candia, tiene sentido que este entrase a la península por la costa mediterránea.

La consideración de *candiota* como voz propia de Salamanca podría haberse visto motivada por su presencia en el *Vocabulario* de Nebrija, dado que, en ocasiones, el *Diccionario de Autoridades* toma voces de Nebrija sin citarlo —el lebrijense figura, no obstante, como autoridad en 38 ocasiones (Freixas, 2003: 443)—. Nuestra hipótesis ganaría, asimismo, en veracidad si se tiene en cuenta el origen andaluz del propio Nebrija y la consideración de *candiota* como meridionalismo.

A la vista de los datos recabados, *candiota* puede considerarse como una voz en desuso actualmente y que, además, está restringida diatópicamente al área meridional de la península.

3. Carral

De *carral*, 'barril o tonel a propósito para acarrear vino' (*DLE*, *s.v.*), *CorLexIn* documenta casi una cincuentena de ejemplos —tanto en documentos publicados como en sus fondos documentales inéditos— localizados, principalmente, en León, Palencia y Cantabria:

- Vna *carral* viexa (Sahagún, Le-1608)
- Yten otra *carral* de uino, llena, que hará siete miedros, poco más o menos (Pendes, S-1661)
- Yten tres *carrales* grandes y dos *carralejas* pequeñas (Valderrábano de Valdavia, Pa-1642)
- Una *carral* de dos miedros (Toranzo, Liébana, S-1623)
- Una *carral* de cinco miedros (Potes, S-1661)
- Otra *carral* de quince cántaras (Potes, S-1661)
- Otra *carral*... con un *carralejo* de quatro cántaras (Potes, S-1661)
- [...] con su cueba y ocho cubas y dos *carralones* (Valderas, Le-1647)
- Más les cupo vna *carral* que hace diez y ocho cántaras (Saldaña, Pa-1644)
- Yten, dos *carrales* y un cubeto (Villacelama, Le-1638)

Dentro del contexto lexicográfico del siglo XVII —y el contexto lexicográfico general, ya que es el *Origen y etymología de todos los vocablos originales de la lengua castellana* el primero que lo incluye en su nomenclatura—, Rosal lo define como «cubilla acomodada para llevar vino» (*s. v.*), testigo que recoge el *Diccionario de Autoridades* en su segundo tomo de 1729:

> **CARRAL.** s. f. Barríl o tonel hecho a propósito para transportar el vino en carros, de donde tomó el nombre. En Castilla se usan mucho para llevar el vino a las Montañas (*Autoridades*, 1729; *s.v.*).

La *carral*, por ende, sería un tipo de recipiente de madera similar al barril o el tonel especializado en el transporte de vino en carros, voz de la que, precisamente, deriva. El *DECH*, *s.v.* carro, así lo corrobora, indicando, además, que la primera documentación de *carral* con el valor de 'barril para acarrear vino' se localizaría a finales del siglo XIII en la *Crónica General*.

La consulta de la documentación medieval leonesa permite adelantar la fecha de primera documentación del término a mediados del XIII con el valor de 'recipiente'. En efecto, tal y como indican Morala y Le Men (1996), entre la documentación perteneciente al monasterio de Carrizo puede localizarse un documento fechado en 1268 que atestiguaría la presencia de *carral* 'tonel para acarrear vino': «[...] e VIII uelas, et i mantielo, *duas carrales* redondas, vna tinaya, [...]» (CR-422, 1268).

No obstante, la vasta colección documental de la catedral de León incluye un testimonio anterior al del monasterio de Carrizo fechado a principios del siglo XI en el que figura la forma plural *carrales*, lo que permitiría adelantar, nuevamente, la fecha de primera documentación en casi dos siglos: «[...] et IIII *karales* de [uino, pro r]emedium animas nostras» (CL-905, 1032) (Morala, 2007: 428–429).

Pueden localizarse, asimismo, algunos ejemplos más en el resto de colecciones documentales como las de los monasterios de Otero de las Dueñas, Gradefes o Vega o la de la propia catedral de León:

> «con cinquo cubas et con *una carral* et con una cubeta et una tina et un poal que auemos enno mercado; [...]» (MV-135, 1276)
>
> «[...] et la tercia de Sancto Iohanne et *una carral* de uino et duos tocinos» (SER-41, 1196).
>
> «Mean capan maiorem refectorio Sante Marie, et alias uero tres subminores et *duas carrales* relinquo Garssie et matri eius et Aldearde» (CL-1624, 1181)
>
> «[...] vno pecto, ses cupe, *dos carrales*, vna in Populatura et aliam in Villa Mata, dos poçales, dos ferradas, [...]» (CL-1946, 1227).
>
> «Hec sunt presee domus mee quinque cupas bonas, *duas carrales*, [...]» (CL-1960, 1226–1229).
>
> «[...] et cum medietas duabus cupis et cum medietate de *una carral* et de uno pozal [...] et cum sua apoteca et cum pozal, *carral* et cum sua tina [...]» (CL-1996, 1233).
>
> «[...] et mando eis dari *III carrales* minores ad opus uini, excepta *carrale* VIIII cantararum» (CL-2194, 1258).

En lo que respecta a su presencia en corpus académicos, CORDE ofrece casi 60 ejemplos de *carral* —si bien 50 aproximadamente se corresponderían con su valor de 'recipiente para acarrear vino'— localizados casi en su totalidad entre mediados del siglo XII y finales del XVI, condición que confiere a las documentaciones de *CorLexIn* un importante valor, ya que atestiguan la pervivencia del término en el siglo XVII. La gran mayoría de ejemplos figuran en documentos de índole notarial o comercial (testamentos, cartas de venta, cartas de arrendamiento, etc.), amén de varias muestras de la ya citada colección de la catedral de León.

Mapa 1: Localización y distribución geográfica de los ejemplos de *carral* (Fuente: *CorLexIn*)

El *Corpus del Nuevo Diccionario Histórico*, por otro lado, aumenta el número de documentaciones a 87 al incluir ejemplos pertenecientes a su capa sincrónica. Sin embargo, muchas de las documentaciones «novedosas» se corresponden con el antropónimo *Carral*, con la excepción de 1 caso localizado en un fragmento de una obra de Jesús Torbado (de origen leonés) que podría considerarse como el testimonio más actual del término al no registrar CORPES XXI ningún caso de *carral* 'tonel'.

A pesar de que la edición actual del diccionario de la Academia lo presenta como un término estándar y, por tanto, de uso general —dado que no aparece acompañado de ningún tipo de marca diatópica—, tal y como indica el *LLA, s.v. carral*, el área en la que se documenta la voz «un área muy concreta, que abarca el este y sureste de León (desde Oseja de Sajambre hasta Tierra de Campos), y las prov. de Pal., Vall. y Zam., delimitando así un área castellano-leonesa o leonesa oriental y castellano occidental», distribución que concordaría con las localizaciones obtenidas en *CorLexIn* en la provincia de León: Solanilla y Valdesogo de Arriba están ubicadas en la zona este, junto a Villacelama, Sahagún o Valderas en la zona sureste —esta última casi lindando con la frontera zamorana—; amén de ejemplos en Palencia (Saldaña, Valderrábano de la Valdivia, Carrión de los Condes), aunque no en Zamora o Valladolid.

Las localizaciones de *CorLexIn*, además, permiten atestiguar la presencia de *carral* también en Cantabria con bastante recurrencia, lo que no sería de extrañar teniendo en cuenta la relación de la zona con la franja oriental del leonés, especialmente en la zona de la comarca de Liébana en el occidente montañés.

Desde el punto de vista gramatical —como indica Le Men—, se observa una clara preferencia por el empleo de *carral* en femenino, rasgo derivado de su origen adjetivo (*DECH, s.v. carro*), si bien dicha preferencia solo se refleja en las concordancias que el sustantivo mantiene con determinantes y adjetivos: «carral *viexa*»; «*otra* carral»; «*una* carral»; «*otra* carral *llena*»; etc. La documentación medieval leonesa también se hace eco de esta preferencia por el femenino tal y como puede comprobarse en los ejemplos citados: «*una* carral», «*duas* carrales», etc.

CorLexIn no documenta la forma propiamente femenina *carrala* de la que el *LLA* ofrece varios ejemplos; sin embargo, la alternancia masculino/femenino sí quedaría atestiguada con la forma diminutiva *carraleja* documentada en Valderrábano de Valdivia que, en el caso del ejemplo de Potes, figura como *carralejo*.

A tenor de los datos recabados, por consiguiente, sería recomendable precisar que *carral* no es una voz que pueda considerarse como general, sino que su uso se adscribe o restringe a una zona bastante concreta que abarcaría la zona leonesa oriental y la castellana occidental.

4. Carretel

Entre los fondos documentales de *CorLexIn* pueden localizarse varios ejemplos de un recipiente que parece estar estrechamente relacionado con *carral*, al menos desde el punto de vista lexicogenético: *carretel*.

- tres *carreteles* y dos pipas (Santander, 1658)
- vna pipa hordinaria sin bino, vna tina, dos baldes y una *carretela*[4] que haze seis cántaras (Santander, 1659)
- dos pipas y un *carretel* (Santander, 1659)
- vna pipa y un *carretel* y çinco baldes (Santander, 1673)
- dos cubas de vino llenas y vn *carretel*, todo lleno (Santander, 1676)
- seys carrales y un *carretel* llenos de sidra, menos el carretel, que tien muy poco (Santander, 1676)

A pesar de que *carretel* aparece recogido desde el segundo tomo de *Autoridades* de 1729, la definición académica no se corresponde con el valor esperado para *carretel* en este contexto, dado que figura como un término perteneciente al campo náutico que aludiría a un tipo de torno con el que se colcha[5] o tuerce el meollar[6].

Ninguna de las ediciones posteriores del diccionario académico recoge el valor de 'recipiente' ni tampoco los diccionarios posacadémicos que figuran en el *Nuevo Tesoro Lexicográfico de la Lengua Española*.

En el caso de los corpus académicos, tanto diacrónicos como sincrónicos, a pesar de que documentan varios ejemplos de *carretel*, ninguno de ellos responde al valor analizado como recipiente, con la excepción de un ejemplo localizado en el *Corpus del Nuevo Diccionario Histórico* perteneciente al *Discurso de mi vida* de Alonso de Contreras: «Y cierto que había menester más los barriles con el agua que la gente, porque no me había quedado vasijas en que meterla, sino dos *carreteles*, [...]» [Contreras, A. de (1630–1631). *Discurso de mi vida*. Extraído de: CDH][7].

---

4 La forma femenina puede indicar género motivado por el tamaño, teniendo la *carretela* una mayor capacidad que el *carretel*.

5 «*Mar*. Unir las filásticas de un cordón o los cordones de un cabo, torciéndolos uno sobre otro» (*DLE, s.v. corchar*[1]).

6 «*Mar*. Especie de cordel que se forma torciendo tres o más filásticas, y sirve para hacer cajeta o badernas, aforrar cabos, etc.» (*DLE, s.v. meollar*).

7 El editor indica en nota a pie de página que *carretel* significa 'torno con el que se tuercen cabos y cordeles', acepción que, claramente, no concuerda con el contexto en el que figura el sustantivo.

La ausencia tanto en el ámbito lexicográfico como documental invita a pensar que *carretel* pueda tratarse de una voz con marca diatópica, hipótesis que se vería reforzada si se tiene en cuenta que todas las documentaciones de *CorLexIn* se localizan en Cantabria, ergo podría tratarse de un cantabrismo. Sin embargo, la consulta de diccionarios dialectales cántabros como los de García Lomas (1949, 1966), Penny (1978) o Sánchez Llamosas (1982) tampoco arrojan resultados[8], dado que ninguno de ellos lo incluye en su nomenclatura.

Será el *DECH*, *s.v.* *carro*, el que aporte la clave fundamental para desentrañar el misterio que supone *carretel*, dado que documenta *carretell* en catalán, voz que el *DIEC2* define como «bota petita d'uns 30 litres». En este contexto, *bota* se emplearía con el valor de 'tonel, barril' y no con el de 'cuero' —posibilidad que ya indicábamos en el epígrafe dedicado a *bota* y que corroboraba Covarrubias—, supuesto que quedaría confirmado al consultar la definición de *carretell* en el *DCVB*: «Barril petit, que oscil·la entre un càntir i una càrrega de cabuda i serveix principalment per tenir vi» (*s.v.* *carretell*).

Desde el punto de vista etimológico, estaría emparentado con *carral*; aunque *carretel* habría optado por *carreta* como base de derivación en lugar de *carro* (si bien *carreta* deriva, lógicamente, de *carro*).

Dada la existencia en catalán de *carretell* y la presencia del sufijo *-el* (el castellano habría optado por la solución *-illo* a partir de -ELLUS), nuestro *carretel* podría tratarse de un galicismo medieval —Coromines documenta la forma catalana a mediados del siglo XIV (*DECLC*, *s.v.* *carro*)— cuya presencia en el contexto cántabro podría haberse visto motivada por la importante actividad comercial del puerto de Santander —uno de los puertos castellanos más cercanos al reino de Francia—, ciudad en la que, precisamente, se localizan los testimonios de *CorLexIn*.

Se trataría, por tanto, de un galicismo con una distribución bastante restringida en castellano que aludiría a un tipo de barril de pequeño tamaño empleado, principalmente, para el almacenaje y transporte de vino.

5. Cuba

A la hora de hacer referencia al recipiente por antonomasia donde se almacena el vino, *cuba* puede considerarse como el término más general, esto es, no marcado.

---

8   En el *AlECant*, los mapas 241 «tonel» y 760 «vasija para guardar vino» tampoco registran *carretel* o *carretela*.

Definida como 'recipiente de madera o chapa metálica cerrado por los extremos destinado al almacenaje de líquidos y compuesta de duelas unidas y aseguradas con aros' (*DLE, s.v.*), *CorLexIn* documenta una treintena de ejemplos con una amplia distribución:

- vna *cuba* de hasta duçientas cántaras llena de vino tinto (Alfaro, LR-1646)
- una *cuba* de doçientas y ochenta con ocho çellos[9] de yerro en la dicha cuba (Hijuela, LR-1648)
- una *cuba* de veinte y quatro con quatro çellos de yerro (Hijuela, LR-1648)
- otra *cuba* de veinte con quatro çellos de yerro que está debajo la escalera (Hijuela, LR-1648)
- una bodega con cinco *cubas*, de cabida de asta nobenta cántaras, cellas de palo excepto dos que tienen quatro cellos de yerro a las cabeças (Haro, LR-1644)
- çinco *cubas*, todas están recién recorridas (Santo Domingo de la Calzada, LR-1627)
- El vino añejo que hay en la *cuba* (Mora, To-1637)
- Vna *cuba* de bino en bodega de la casa (Nava del Rey, Va-1648)
- En la cueba, nuebe *cubas*, la vna dellas llena de bino, que puede tener hasta çiento e setenta cántaras de vino (Navarrete, LR-1545)
- una *cuva*, el casco de ella la primera de la bodega vieja (Morales de Toro, Za-1674)

La definición que proponía Covarrubias en el periodo seiscentista no difiere demasiado de la actual, al igual que la del *Diccionario de Autoridades*, lo que implica un cambio poco significativo en el concepto y, por ende, en el propio objeto, su estructura y usos:

CVBA, el baso hecho de costillas de madera delgada, que se ciñe con aros y cercos, y comunmente se hazen las cubas, para echar en ellas el vino. [...] Cubeta, la cuba pequeña, y cubeto, mas pequeño aun que la cubeta. Cubetilla, &c. [...] (*Tesoro, s.v.*).
CUBA. s. f. Vaso grande de madera, formado de dos círculos de tabla, que se unen con costillas un poco curvas, de suerte, que por el medio quede más ancha, que por los lados, y a uno y otro se le ponen varios aros gruessos, que la mantienen y aprietan. Sirve para echar en ella el mosto y hacer el vino (*Autoridades*, 1729; *s.v.*).

Se estaría haciendo referencia, por tanto, a un recipiente cilíndrico tapado por ambos lados que presenta un ensanchamiento en la zona media y que se caracterizaría por estar formado por un conjunto de tablas curvas —denominadas *duelas*— que se unen gracias a una serie de aros —*cellos*— distribuidos por el cuerpo de la cuba.

Las documentaciones del *Corpus Léxico de Inventarios* permiten suponer, además, que se trata de un recipiente contenedor de un tamaño considerable, puesto que pueden encontrarse cubas de 160 cántaras (2580 litros aprox.), 170

---

9 *Vid.* Morala, 2014: 17-20.

(≈ 2740 litros) o, incluso, hasta 200 cántaras (unos 3200 litros). En el terreno aragonés, ya que las medidas varían en función del reino y de la zona, el *nietro* — según *Autoridades*, 1734; *s.v.*— equivaldría a unas 16 cántaras castellanas, por lo que la cuba localizada en Tudela «de catorze nietros» tendría una capacidad aproximada de 3600 litros, lo que corrobora, nuevamente, la idea de que la cuba es un recipiente de almacenaje de gran capacidad.

No obstante, basándose en los ejemplos de *CorLexIn*, podría sugerirse que no se trata de un término general, ya que presenta una distribución ligeramente irregular que prácticamente no excedería la zona del castellano septentrional, con especial presencia en algunas zonas orientales como La Rioja y Navarra y algunas documentaciones en Toledo y Huelva.

Este fenómeno, sin embargo, también podría tener que ver con el hecho de que algunas zonas —Zamora, La Mancha o La Rioja, por ejemplo— se encuentran muy ligadas al ámbito vitivinícola, por lo que la abundante presencia de léxico alusivo a dicha actividad no sería de extrañar. La consulta de corpus más generales como CORDE y CDH, de hecho, revelan una distribución más general en el propio siglo XVII, pudiendo encontrar la voz en obras de autores de muy diversas procedencias. El testimonio más antiguo estaría fechado, tal y como certifica CORDE, a finales del siglo XI, ligeramente anterior al que proponía el *DECH*.

6. Cuero

La palabra *cuero* es considerada un sinónimo de *odre*, es decir, recipiente de cuero para contener líquidos (*DLE, s.v.*), de la que *CorLexIn* documenta cerca de una decena de ejemplos —tanto en documentos publicados como en sus fondos documentales inéditos— localizados, principalmente, en regiones norteñas, como León o Cantabria, o centrales, como Guadalajara o Toledo.

- Vn *cuero* de vino (Cañedo, S-1608)
- Un *cuero* de vino y una vota de canella, viejo (Cañedo, Soba, S-1609)
- Çinco *cueros* de tener bino e tres botas (Tordelrábano, Gu-1613)
- Otro *cuero* para traer vino, uiejo (Villamuñío, Le-1633)
- Vn *cuero* de tener bino de dos cántaras y media (Villamuñío, Le-1633)
- Un *cuero* que ará quatro cántaras (Villacalbiel, Le-1647)
- Yten, dos *cueros* grandes de a tres cántaras, nuevos (Villacelama, Le-1638)
- Yten, vn *cuero* para vyno, grande, apreçiado en CXXXVI (San Martín de Pusa, To-1532)

Dentro del contexto lexicográfico del siglo XVII Covarrubias define *cuero* como
«odre del pellejo del cabron» (*Tesoro, s.v.*), testigo que recoge el *Diccionario de
Autoridades*:

> **CUERO**. Se llama por Antonomásia la piel del macho de cabrío, que sacandosela por la
> cabeza, sin hacerla más de un corte, y adobándola, sirve para transportar el vino, azéite
> y otros liquores de una parte a otra (*Autoridades*, 1729; *s.v.*).

Teniendo en cuenta estas definiciones, sería posible considerar que una de las
diferencias entre *cuero* y *odre* es el tipo de animal a partir del cual se elaboran: así, *cuero* parece fabricarse exclusivamente a partir de la piel del cabrón
mientras que *odre* se elabora a partir de la piel de la cabra, pero también de otros
animales, entre los que Covarrubias incluye el cabrón[10]. Por ende, tanto *cuero*
como *odre* serían recipientes para contener el vino, con la diferencia de que el
primero de ellos se elaboraría a partir la piel del macho cabrío mientras que el
segundo, tanto del macho como de la hembra.

El CDH documenta los primeros ejemplos de *cuero* en 1400 y su uso se
extiende hasta el siglo XVII. De los 819 casos que el CDH devuelve de esta palabra, 46 de ellos corresponden con la acepción de 'recipiente para contener
líquidos'. De manera similar, el CORDE registra 511 casos de *cuero*, de los cuales
17 se corresponden con dicha acepción. Estos resultados hacen pensar en una
palabra de uso bastante generalizado en el siglo XVII. No obstante, en la actualidad el uso de *cuero* para referirse a un recipiente que contiene vino —u otro
líquido— es más bien escaso; por ejemplo, el CORPES XXI tan solo documenta
dos ejemplos de *cuero* con esta acepción.

Desde el punto de vista diatópico, *CorLexIn* documenta ejemplos de *cuero*
tanto en regiones norteñas —León o Cantabria— como en regiones centrales de
la península —Guadalajara o Toledo—. Por su parte, los ejemplos registrados en
el CDH y el CORDE también presentan una distribución geográfica considerablemente amplia, incluyendo zonas norteñas —León, Burgos o Cantabria—, así
como centrales —Toledo, Segovia o Madrid—. A la vista de estos datos, sería
posible considerar que, en el siglo XVII, *cuero* era una voz bastante generalizada
en el castellano norteño, así como central.

Teniendo en cuenta estos resultados, puede deducirse que *cuero*, con el valor
'recipiente para contener vino', no es una voz que pueda considerarse como general, sino que, en la actualidad, se encuentra en claro desuso.

---

10 El animal del que procede la piel para elaborar estos recipientes también sería el criterio
diferenciador entre *odre* y *odrina*, pues la última se fabrica a partir de la piel del buey.

7. Odre/Odrina

El término *odre* hace referencia al 'cuero, generalmente de cabra, que, cosido y empegado por todas partes menos por la correspondiente al cuello del animal, sirve para contener líquidos, como vino o aceite' (*DLE, s.v.*), mientras que la *odrina* sería un 'odre hecho con el cuero de un buey'. *CorLexIn* documenta cuatro ejemplos de la lexía *odrina* y ninguno de *odre*, localizados todos ellos en La Rioja.

- Vna *odrina* llena de vino blanco y tendrá hasta quarenta cántaras (Alfaro, LR-1646)
- En otra bodega cinco ¿*odrinas*? las tres bazías y las dos asta treynta cántaras de vino blanco (Alfaro, LR-1646)
- Dos botas llenas de bino y una *odrina* de asta beynte y quatro cántaras (Alfaro, LR-1646)
- Un banco de *odrinas* y dos roscaderas (Alfaro, LR-1646)

Dentro del contexto lexicográfico del siglo XVII, Covarrubias define *odre* como «cuero en que se trasiega el mosto» (*Tesoro, s.v.*), y añade que «Odrina significa lo mismo, aunque suelen hazer una diferencia, que el odre es la piel del cabrón y la odrina la del buey». Una definición similar se recoge en el *Diccionario de Autoridades*:

> **ODRE**. s. m. Cuero de cabra o de otro animal, que cosido por todas partes, y dexándole arriba una boca, sirve para echar en él, vino, azéite y otros liquores (*Autoridades*, 1737; *s.v.*).
>
> **ODRINA**. s. f. El cuero del Buey hecho y cosido en forma de odre (*Autoridades*, 1737; *s.v.*).

Odre y *odrina* hacen, por tanto, referencia a recipientes de cuero para contener líquidos como el vino, y la diferencia entre ambas voces residiría en el animal del que procede el material del que están hechos: buey en el caso de la *odrina* y cabra u otro animal en el caso del *odre*.

El CDH documenta el primer ejemplo de *odre* ya en el siglo XIII y su uso se extiende hasta el siglo XVII, con 54 casos registrados en dicho corpus y 32 en el CORDE. Por su parte, la primera documentación de *odrina* no aparece hasta el siglo XV, dos siglos más tarde que *odre*, y su pervivencia en el siglo XVII es más bien escasa, con 4 ejemplos en el CDH y 2 en el CORDE, a los que se sumarían los 4 ejemplos registrados en *CorLexIn*.

De hecho, sería posible apuntar que la lexía *odrina* no sobrepasa el siglo XVII, pues no se documentan más ejemplos de esta voz hasta el siglo XX, con 2 ocurrencias en una obra de Azorín. Por el contrario, *odre* no solo parece presentar una mayor vitalidad durante el siglo XVII, sino también en los siglos venideros, ya que se registran numerosos ejemplos de esta voz en los siglos XVIII, XIX, XX e, incluso, XXI. Por ejemplo, el CORPES XXI registra 32 ejemplos de *odre* con el significado de 'recipiente para contener vino'.

En cuanto a su distribución geográfica, *odrina* parece ser un término restringido a la región riojana, pues todas las documentaciones de *CorLexIn* proceden del municipio de Alfaro. De manera similar, dos de los cuatro ejemplos registrados en el CDH durante el siglo XVII pertenecen a autores de esta región o de sus proximidades —uno de ellos es riojano y el otro, burgalés—; los otros dos ejemplos proceden del *Vocabulario de refranes y frases proverbiales* de Correas. Además, el *Tesoro léxico de las hablas riojanas* (Pastor Blanco, 2004) recoge *odrina* como una voz propia de esta región y la define como 'pellejo para envasar vino o aceite'.

Por su parte, *odre* no aparece documentado en *CorLexIn*; sin embargo, un análisis de los ejemplos registrados en el CDH permite comprobar que su distribución geográfica es mayor, pues se documentan casos de esta lexía tanto en regiones norteñas —León, Valladolid o Huesca— como centrales (Madrid, Toledo o Ciudad Real) o meridionales (Sevilla, Málaga o Jaén).

Desde el punto de vista gramatical, la Academia describe *odre* como un sustantivo masculino y *odrina*, como femenino. Es cierto que, para *odrina*, todos los ejemplos documentados muestran una concordancia en femenino (*una odrina, las tres odrinas*); sin embargo, para *odre* —aunque es más frecuente la concordancia en masculino (*un odre, estos odres*)— también se recoge algún ejemplo de concordancia en femenino (*la odre*). De hecho, Correas, en su *Vocabulario de refranes y frases proverbiales*, apunta que «"Odre" se usa en femenino: "una odre"».

A tenor de los datos recabados, es posible indicar que tanto *odre* como *odrina* hacen referencia a recipientes para guardar el vino y que se elaboran a partir del cuero de los animales, de la cabra en el primer caso y del buey en el segundo. No obstante, estos dos términos presentan una serie de rasgos diferenciadores. En primer lugar, y atendiendo al ámbito temporal, *odre* no solamente se documenta antes que *odrina* —hasta dos siglos antes—, sino que, además, su pervivencia es mayor, tanto en la época de estudio —siglo XVII— como en los siglos posteriores.

De manera similar, *odre* presenta una distribución geográfica más extensa que *odrina*, pues esta última solamente se documenta en textos procedentes de La Rioja. Por último, y en cuanto a su combinatoria gramatical, *odre* admite la concordancia tanto en masculino –más frecuente– como en femenino, mientras que *odrina* solamente se documenta como un sustantivo femenino.

Teniendo en cuenta estos datos, sería conveniente precisar: (1) que *odrina* no es una voz que pueda considerarse como general, sino que su uso se adscribe a una zona bastante concreta, la riojana; (2) que dicha voz está en desuso, pues apenas se registran dos ejemplos en una obra literaria del siglo XX y ninguno en el siglo XXI; y (3) que, pese a ser más frecuente su uso en masculino, *odre* también admite la concordancia en femenino.

8. Pellejo

De *pellejo*, 'odre (cuero para contener líquidos)' (*DLE, s.v.*), *CorLexIn* documenta cerca de 40 ejemplos con una distribución bastante amplia:

- Vn *pellexo* de tener bino, de asta seys arrobas (Albacete, Ab-1642)
- Vn *pellexo* para bino (Alcalá la Real, J-1648)
- Tres *pellejos* de tener bino y una botilla de brocal (Noviercas, So-1652)
- Seis *pellejos* de echar bino raçonables (Casarejos, So-1647)
- Yten, seis *pellejos* de bino buenos (Lumbreras, LR-1685)
- Quatro *pellexos* de vino que tendrán asta veinte arrobas de bino, poco más o menos (Madrid, 1653)
- Yten un *pellejo* para bino (Mahíde, Za-1664)
- Vn *pellejo* nueuo para vino (Navahermosa, To-1638)
- Yten un *pellejo* de tener bino (Santurde, LR-1666)
- Una tenaja grande y un *pellego* de tener vino (Riofrío de Aliste, Za-1688)

Dentro del contexto lexicográfico del siglo XVII Covarrubias indica que «Suelen llamar en algunas partes pellejos a los cueros de vino» (*Tesoro, s.v. pelleja*), definición que también recoge el *Diccionario de Autoridades*:

PELLEJO. Se llama tambien el cuero adobado y dispuesto para conducir cosas líquidas: como vino, vinágre, azéite (*Autoridades*, 1737; *s.v.*).

El CDH documenta el primer ejemplo de *pellejo* en el siglo XVI y su uso se extiende hasta el siglo XVII. De los 536 casos que el CDH devuelve de esta palabra, 27 se corresponden con la acepción de 'odre'. Asimismo, el CORDE documenta 9 ejemplos de *pellejo* con dicha acepción de los 438 registrados. *CorLexIn*, sin embargo, muestra un mayor número de ocurrencias de *pellejo* —38 ejemplos—. De hecho, si llevamos a cabo una comparación entre aquellos tres términos que podrían considerarse sinónimos —*pellejo*, *cuero* y *odre/odrina*—, vemos que *CorLexIn* documenta un mayor número de ejemplos de *pellejo* frente a *cuero* y *odre*, menos frecuentes en este corpus, mientras que el CDH y el CORDE registran el patrón contrario: un mayor número de ejemplo de *cuero* y *odre* frente a *pellejo*. Estos datos llevan, por tanto, a pensar en un uso más frecuente de *pellejo* como término referido al recipiente para contener vino —u otros líquidos— en documentos de índole notarial o comercial del siglo XVII, documentos que, por otro lado, emplean un registro más pegado al habla cotidiana o popular.

Tab. 1: Comparativa de documentaciones de *cuero, odre/odrina* y *pellejo* (Fuentes: *Cor-LexIn*, CORDE, CDH, CORPES XXI)

	CorLexIn	**CDH/CORDE**	**CORPES XXI**
cuero	8	46	2
odre/odrina	4	**54**	**32**
pellejo	**38**	27	13

En la actualidad, sin embargo, el CORPES XXI documenta 13 ejemplos de *pellejo* y 32 de *odre*, por lo que parece que esta segunda voz es más frecuente a la hora de referirse a recipientes para contener vino. Ambas lexías son, a su vez, más frecuentes que *cuero*, de la que CORPES XXI tan solo registra 2 ejemplos con dicha acepción.

Desde el punto de vista diatópico, *pellejo* presenta una distribución geográfica bastante amplia, que incluye archivos norteños, tanto occidentales —León, Zamora o Palencia— como orientales —Teruel—, regiones centrales —Madrid, Toledo o Guadalajara— y regiones meridionales —Granada, Jaén o Murcia—. Si, de nuevo, realizamos una comparación entre aquellos términos que podrían ser considerados sinónimos—*cuero, odre* y *pellejo*—, vemos que, atendiendo a las documentaciones registradas en *CorLexIn*, *pellejo* es una voz más generalizada desde el punto de vista diatópico, frente a *cuero*, que se restringe a ciertas regiones norteñas y centrales —León, Cantabria, Toledo y Guadalajara—, u *odre*, que solamente se registra en La Rioja —bajo la forma *odrina*—.

A la vista de estos datos, es posible concluir que, durante el siglo XVII, *pellejo* no solo era una voz más frecuente que aquellos términos considerados sinónimos —*cuero* u *odre*—, sino también más extendida diatópicamente. Hoy en día, sin embargo, tiene menos presencia en los corpus académicos, por lo que sería recomendable incluir una marca que precisase que se trata de una voz en desuso con la acepción de 'recipiente para contener líquidos'.

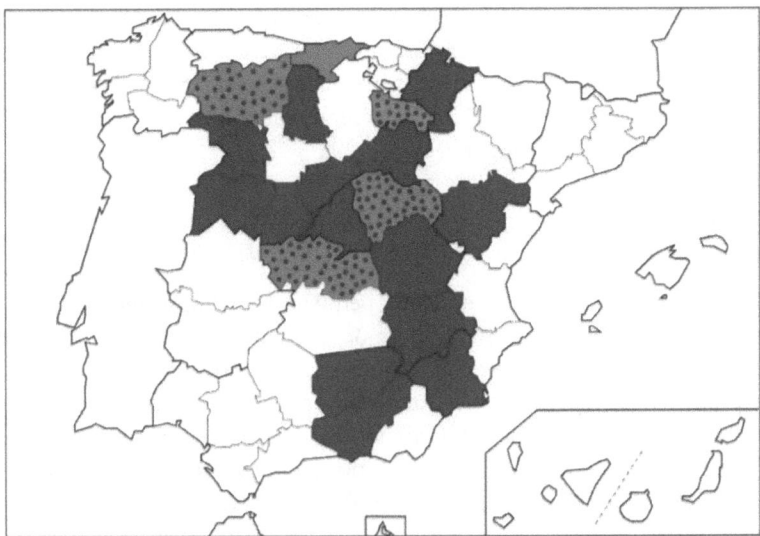

Mapa 2: Distribución de *odrina, pellejo* y *cuero*: en verde, zonas en las que se documenta *odrina*; en azul, zonas en las que se documenta *cuero*; en granate (sólido y punteado), zonas en las que se documenta *pellejo* (Fuente: *CorLexIn*)

9. Tonel

De *tonel* 'cuba grande' (*DLE, s.v.*) también pueden encontrarse algunos ejemplos en *CorLexIn*, si bien no parece un término tan general como cabría esperar:

- un *tonel* (Santander, 1657)
- tres *toneles* para cozer la cocha del bino (Santander, 1658)
- vn *tonel* de cozer vba, grande (Santander, 1672)
- Vn *tonel* de cauida de veinte y quatro cántaras, poco más o menos, enarcado en madera. [...] Vn *tonel* de cauida de veinte y quatro cántaras enarcado en madera (Herrera de Valdecañas, Pa-1700)
- un *tonel* de cauida de veynte cántaros (Cuarte, Hu-1653)
- veinte y dos *toneles* con sus aros de yerro que estaban en la bodega (Murcia, 1657)
- Un *tonel* de cabida de diez arrobas, con aros de hierro, con dos arrobas de bino de g[u]indas, bueno (Montefrío, Gr-1661)
- Más, quatro *toneles* de ferbir el vino, usados (Ribadeo, Lu-1629)
- quatro *toneles* baçíos; asta diez o doze cántaros, uno lleno de vino hasta diez cántaros y un *tonel* con binagre (Teruel, 1625)
- Yten, seys cascos de bodega, los siete *toneles* y las nuebe botas que se apresiaronen catorse mil y quatrosientos marauedís (San Cristóbal de la Laguna, Tf-1642)

Desde el punto de vista semántico, llama la atención el hecho de que, en el contexto del siglo XVII, la consideración que se tenía de *tonel* no era la de 'cuba grande', sino todo lo contrario. Tal y como reflejan las definiciones del *Tesoro* de Covarrubias y *Autoridades* en el siglo siguiente, *tonel* se emplearía para aludir a recipientes de un tamaño menor al de la cuba:

> TONEL, cubeta pequeña, o barril, [...] (*Tesoro, s.v.*).
> TONEL. s. m. Cubeta, ò candiota, en que se echa el vino, ù otro liquór, para llevarle de una parte à otra: especialmente el que se embarca (*Autoridades*, 1739; *s.v.*).

Covarrubias definía *cubeta* como 'cuba pequeña' y en *Autoridades* (1729, *s.v.*) aparece definida como 'vaso de madera de la misma forma que la cuba; pero mucho más pequéño, que sirve para encerrar vino y otras cosas'.

La propuesta de acepción del *Diccionario de Autoridades*, de hecho, no se modificará hasta la decimoquinta edición del diccionario usual publicada en 1925[11], edición en la que *tonel* figuraría como «cuba grande en que se echa el vino u otro líquido, especialmente el que se embarca». Es decir, que hasta el primer cuarto del siglo XX —casi tres siglos después del inicio de su andadura lexicográfica en el ámbito académico— *tonel* no adquiere el valor actual, por lo que en el contexto del siglo XVII quizá sea más razonable pensar en un recipiente de madera de pequeño o mediano tamaño, probablemente mayor que el barril, dado que Covarrubias, *s.v. barril*, indica que «también llaman barriles los toneles pequeños, [...]». Podría proponerse, por tanto, una gradación de tamaño como la que ilustraría el siguiente gráfico:

El valor de 'recipiente pequeño' se explicaría desde el punto de vista etimológico, dado el que el *DECH* indica que *tonel* proviene del francés antiguo *tonel*, diminutivo de *tonne* 'tonel grande' y este del latín tardío TŬNNA.

---

11 No obstante, Domínguez a mediados del XIX ya definía *tonel* como 'cuba' y *cuba* como 'tonel, barril grande', dando a entender que el tonel también tendría un tamaño considerable.

No obstante, la primera edición del diccionario de la Academia francesa ya definía *tonneau* como 'gran vaisseau' (*DAF*, 1694; *s.v.*)[12] y quizá el cambio semántico podría haberse visto motivado por la relación entre *tonel* y *tonelada*, dado que *tonel* —a partir de la 4.ª edición del *DRAE* de 1803— añade una nueva acepción como medida de capacidad «algo mayor que la tonelada» —amén del hecho de que la *tonelada* figura en el *Tesoro* de Covarrubias como la 'provisión de toneles del navío', valor lógico al derivar *tonelada* de *tonel* y el valor del sufijo *-ada* 'conjunto de'—, medida de capacidad que Castaño (2015: 149) estima en 1 064,7 litros[13].

Los ejemplos de *CorLexIn* reflejan capacidades variadas, ya que pueden encontrarse toneles en Palencia de 24 cántaras (aproximadamente unos 400 litros) frente a otros de 10 arrobas en Granada (unos 80 litros). En el contexto del siglo XVII, por tanto, cabe postular que el *tonel* sería un recipiente de pequeño-mediano tamaño con una capacidad superior a la del barril, pero, en principio, inferior a la de la cuba.

Desde el punto de vista documental, es un término relativamente poco frecuente en el contexto seiscentista, puesto que de los 820 casos que atestigua CORDE para *tonel* y sus variantes flexivas, solo 47 se localizan en el intervalo 1601-1700 frente a los 281 de, por ejemplo, *cuba*. Este hecho, en principio, inclinaría la balanza a favor de que *cuba* pudiese considerarse como el término general a la hora de hacer referencia a recipientes de almacenaje de vino, al menos en lo que respecta al siglo XVII —amén del hecho de que *cuba* es la forma patrimonial y más antigua en castellano—.

En el plano geográfico, *tonel* presenta una distribución bastante más restringida de lo que cabría esperar, especialmente si se lo compara con los resultados de *cuba* que documenta *CorLexIn* en sus fondos publicados e inéditos:

---

12 El catalán *tonell* y el gallego y portugués *tonel* también optan por el valor de 'recipiente grande'.

13 Sin embargo, en el ámbito del arqueo de la embarcación (*i.e.*, la capacidad de la misma), *DICTER* indica que el *tonel* —ya en el siglo XVI— equivalía a cinco sextos de la tonelada, siento esta última, por tanto, mayor.

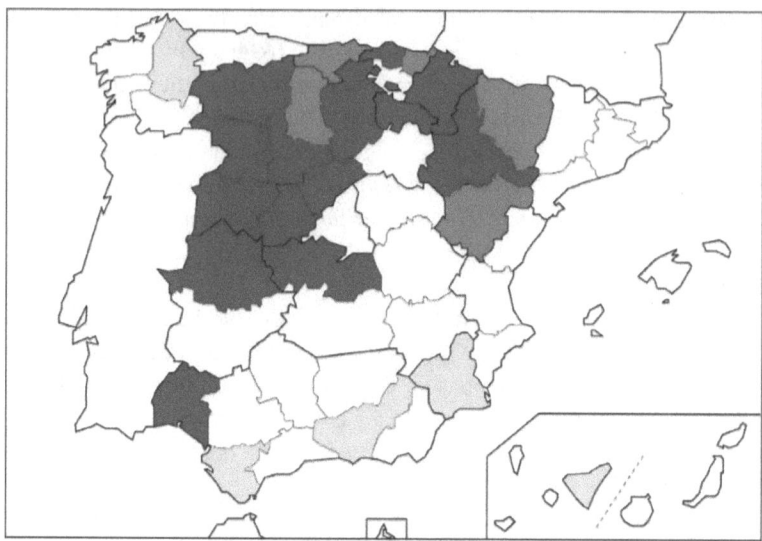

Mapa 3: Distribución de *tonel* y *cuba*: en azul, zonas en las que se documenta solo *cuba*; en amarillo, zonas en las que se documenta solo *tonel*; en verde, zonas en las que se documentan ambos términos (Fuente: *CorLexIn*)

Como puede apreciarse, la forma preferida en la zona nororiental es *cuba*, mientras que *tonel* aparece con más frecuencia en el sureste peninsular con algún caso aislado en Galicia[14] y Canarias. No obstante, *tonel* también se documenta en la zona septentrional —especialmente en la franja aragonesa[15], lo que también explicaría la presencia del vocablo en Murcia—, si bien en coexistencia con *cuba*. De hecho, la propia definición académica del término refleja la consideración de *cuba* como término genérico, ya que *tonel*, como se había reseñado anteriormente, siempre se define tomando como punto de referencia el tamaño de la cuba, sea menor al compararlo con la *cubeta*, sea mayor al indicar que se trata de una 'cuba grande'.

---

14 El *DECH*, *s.v. tonel*, indica que, muy probablemente, este galicismo entrase por el oeste entre los siglos XIII y XIV, aunque también habría contribuido el aragonés, lengua en la que *tonel* figura desde finales del XIV. En Castilla no habría aparecido hasta el último tercio del siglo XVI, lo que explicaría la escasez de documentaciones en el XVII y la prevalencia de *cuba*.

15 *Vid.* nota anterior.

10. Conclusiones

Tal y como ha podido comprobarse a partir de los ejemplos presentados, el léxico vitivinícola, concretamente el alusivo a los recipientes contenedores de vino, se encuentra ampliamente representado en los múltiples documentos que componen el corpus *CorLexIn*, hecho que no resulta difícil de explicar al tratarse de un ámbito estrechamente ligado al léxico de la vida cotidiana por su condición de actividad u oficio tradicional.

Esta condición no impide, por otro lado, que pueda considerarse como un léxico de marcado carácter técnico o de especialidad: el cultivo de la vid y la elaboración del caldo juegan con una lengua propia, en ocasiones tan fascinante como las múltiples notas de sabor que esconde una aparentemente simple copa de vino.

No obstante, la distribución geográfica de los distintos testimonios revela una marcada relación de dichos ítems con las áreas en las que tradicionalmente se ha desarrollado la actividad vitivinícola; prueba de ello es la abundante presencia de recipientes en áreas como La Rioja, Zamora, Navarra, La Mancha, etc.

El análisis de los testimonios aportados pone de relieve la utilidad —e, incluso, necesidad— de acudir a fuentes documentales alternativas a los corpus académicos, de carácter más general y basados en textos de índole literaria o periodística y que, en ocasiones, no recogen aquellos usos que se encuentran más ligados a los oficios y actividades tradicionales y la cotidianeidad.

Esta *invisibilidad* genera en no pocos casos que el tratamiento lexicográfico de las voces no resulte del todo preciso, dado que, a menudo, las voces aparecen bajo la consideración de voces pertenecientes al caudal léxico general del español o de plena vigencia de uso en la actualidad, cuando, en realidad, hacen referencia a términos restringidos diatópicamente a áreas más o menos concretas y que, en muchos casos, ya no poseen un índice de uso muy frecuente en los siglos XX y XXI, tratándose, por tanto, de términos en claro desuso.

Además, en el plano lexicográfico, a la hora de definir los distintos términos que conforman el campo semántico de los 'recipientes contenedores de vino' es frecuente el empleo de definiciones sinonímicas, opción que acaba generando un sinfín de remisiones y de definiciones por acumulación de sinónimos que desdibujan los rasgos semánticos propios de cada elemento, generando una dificultada añadida tanto al usuario que acude al diccionario a resolver sus dudas como a la tarea del investigador a la hora de intentar diferenciar los recipientes y establecer sus rasgos semánticos.

Sería deseable, por tanto, una revisión de los términos y modelos de definición, amén de una revisión de las marcas que acompañan —o no acompañan— a dichas voces.

REFERENCIAS BIBLIOGRÁFICAS

AlECant: ALVAR, Manuel (1995): *Atlas Lingüístico y Etnográfico de Cantabria* (2 vol.). Madrid, Arco Libros.

CASTAÑO ÁLVAREZ, José (2015): *El libro de los pesos y medidas*. Madrid, La Esfera de los Libros.

CDH: INSTITUTO DE INVESTIGACIÓN RAFAEL LAPESA DE LA REAL ACADEMIA ESPAÑOLA (2013): *Corpus del Nuevo diccionario histórico* (CDH) [consulta en línea: http://web.frl.es/CNDHE]. Consultado el 30/03/2019.

CORDE: REAL ACADEMIA ESPAÑOLA: *Corpus Diacrónico del Español* (CORDE) [consulta en línea: http://corpus.rae.es/cordenet.html]. Consultado el 27/03/2019.

CORLEXIN: MORALA RODRÍGUEZ, José Ramón (dir.): *Corpus Léxico de Inventarios (CorLexIn)* [consulta en línea: http://web.frl.es/CORLeXIN.html]. Consultado el 30/03/2019.

CORPES XXI: REAL ACADEMIA ESPAÑOLA: *Corpus del Español del Siglo XXI* (CORPES XXI) [consulta en línea: http://web.frl.es/CORPES/view/inicioExterno.view]. Consultado el 12/03/2019.

CR: CASADO LOBATO, María Concepción (1983): *Colección diplomática del monasterio de Carrizo* [vol. I (969–1260), vol. II (1260–1299 e índices)]. León, Centro de Estudios e Investigación "San Isidoro".

CREA: REAL ACADEMIA ESPAÑOLA: *de Referencia del Español Actual* (versión anotada) [consulta en línea: http://web.frl.es/CREA/view/inicioExterno. view]. Consultado el 15/03/2019.

DAF: ACADÉMIE FRANÇAISE (1694) : *Dictionnaire de l'Académie française* (1ère ed.) [consulta en línea: http://artfl.atilf.fr/dictionnaires/ACADEMIE/PREMIERE/premiere.fr.html]. Consultado el 30/03/2019.

DAM: ASOCIACIÓN DE ACADEMIAS DE LA LENGUA ESPAÑOLA (2010): *Diccionario de americanismos* [consulta en línea: http://lema.rae.es/damer/]. Consultado el 30/03/2019.

DCVB:INSTITUT D'ESTUDIS CATALANS (2002): *Diccionari català-valencià-balear* [consulta en línea: http://dcvb.iec.cat/inici.asp]. Consultado el 30/03/2019.

DECH: COROMINES, Joan y José Antonio PASCUAL (*1980-1991*): *Diccionario Crítico Etimológico Castellano e Hispánico (6 vols.)*. Madrid, Gredos.

DECLC: COROMINES, Joan (1980–1991): *Diccionari etimològic i complementari de la llengua catalana* (amb la col·laboració de Joseph Gulsoy i Max Cahner; i l'auxili tècnic de Carles Duarte i Àngel Satué) (9 vols.). Barcelona, Curial Edicions Catalanes.

DICTER: MANCHO DUQUE, María Jesús (dir.): *DICTER. Diccionario de la ciencia y de la técnica del Renacimiento* [consulta en línea: http://dicter.usal.es/]. Consultado el 30/03/2019.

DIEC2: INSTITUT D'ESTUDIS CATALANS (2007): *Diccionari de la llengua catalana* (2.ª ed.) [consulta en línea: https://mdlc.iec.cat/index.html]. Consultado el 30/03/2019.

DLE: REAL ACADEMIA ESPAÑOLA Y ASOCIACIÓN DE ACADEMIAS DE LA LENGUA ESPAÑOLA (2014): *Diccionario de la Lengua Española* (23.ª ed.) [consulta en línea: http://dle.rae.es/?id = DgIqVCc]. Consultado el 30/03/2019.

DOMÍNGUEZ, Ramón Joaquín (1853): *Diccionario Nacional o gran diccionario clásico de la Lengua Española*. Madrid, Establecimiento de Mellado [consulta en línea: http://buscon.rae.es/ntlle/SrvltGuILoginNtlle]. Consultado el 30/03/2019.

DRAE 1803: REAL ACADEMIA ESPAÑOLA (1803): *Diccionario de la Lengua Castellana* (4.ª ed.). Madrid, Imprenta de la Viuda de Joaquín Ibarra [consulta en línea: http://buscon.rae.es/ntlle/SrvltGuILoginNtlle]. Consultado el 26/02/2019.

DRAE 1925: REAL ACADEMIA ESPAÑOLA (1925): *Diccionario de la Lengua Española* (15.ª ed.). Madrid, Espasa-Calpe [consulta en línea: http://buscon.rae.es/ntlle/SrvltGuILoginNtlle]. Consultado el 30/01/2019.

FREIXAS ALÁS, Margarita (2003): *Las autoridades en el primer Diccionario de la Real Academia Española* (tesis doctoral). Barcelona, Universitat Autònoma de Barcelona.

GARCÍA-LOMAS, Gabriel Adriano (1949): *El lenguaje popular de las montañas de Santander: Fonética, recopilación de voces, refranes y modismos*. Santander, Centro de Estudios Montañeses.

GARCÍA-LOMAS, Gabriel Adriano (1966): *El lenguaje popular de la Cantabria montañesa: fonética, recopilación de voces, juegos, industrias populares, refranes y modismos* (2.ª ed.). Santander, Estvdio.

LLA: LE MEN LOYER, Jeannick-Yvonne (2002–2012): *Léxico del leonés actual* (6 vols.; I: A-B (2002), II: C (2004), III: D-F (2005), IV: G-M (2007), V: N-Q (2009) y VI: R-Z (2012)). León, Centro de Estudios e Investigaciones San Isidoro-Caja España de Inversiones-Archivo Histórico Diocesano.

MORALA RODRÍGUEZ, José Ramón (2007): «Léxico de la vida cotidiana. El trabajo en el campo», *Monarquía y sociedad en el Reino de León. De Alfonso III a*

Alfonso VII, I. León, Centro de Estudios e Investigación «San Isidoro», 377–444 [consulta en línea: http://jrmorala.unileon.es/biblioteca/Lexico_agricola. pdf; 21/02/2019].

Morala Rodríguez, José Ramón (2014): «El *CorLexIn*, un corpus para el estudio del léxico histórico y dialectal del Siglo de Oro». *Scriptum Digital*, 3, 5–28 [consulta en línea: http://jrmorala.unileon.es/biblioteca/Scriptum_Digital_4. pdf; 12/03/2019].

Morala Rodríguez, José Ramón y Jeannick-Yvonne Le Men Loyer (1996): «Un inventario medieval del Monasterio de Carrizo (León)», in M. Casado Velarde, A. Freire Llamas, J.E. López Pereira y J.I. Pérez Pascual (eds.), Scripta Philologica in memoriam Manuel Taboada Cid, II. A Coruña, Servicio de Publicaciones Universidade da Coruña, 553–568.

NTLLE: Real Academia Española (2001): *Nuevo Tesoro Lexicográfico de la Lengua Española* (NTLLE) [consulta en línea: http://buscon.rae.es/ntlle/ SrvltGuILoginNtlle]. Consultado el 30/03/2019.

Pérez Toral, Marta (2015): «Léxico tradicional para la superficie agraria en inventarios del siglo XVII». *Revista de Historia de la Lengua Española*, 10, 77–103 [consulta en línea: http://corlexin.unileon.es/trabajos/Marta_RHLE. pdf]. Consultado el 30/03/2019.

Pharies, David (2002): *Diccionario etimológico de los sufijos españoles*. Madrid, Gredos.

Penny, Ralph J. (1978): *Estudio estructural del habla de Tudanca*. Tübingen, Max Niemeyer.

Sánchez-Llamosas, José P. (1982): *El habla de Castro*. Madrid, Ediciones Irenea.

Terreros y Pando, Esteban (1786 [1767]-1788): *Diccionario castellano con las voces de ciencias y artes y sus correspondientes en las tres lenguas francesa, latina e italiana* (3 vols.). Madrid, Imprenta de la Viuda de Ibarra.

TESORO: Covarrubias y Orozco, Sebastián de (1611): *Tesoro de la lengua castellana o española*. Madrid, Imprenta de Luis Sánchez. [consulta en línea: http:// buscon.rae.es/ntlle/SrvltGuILoginNtlle]. Consultado el 30/03/2019.

Aída Elisa González de Ortiz

Las palabras de la Vid y del Vino en el Atlas Lingüístico Etnográfico del Nuevo Cuyo (Argentina)

Resumen El *Atlas Lingüístico Etnográfico del Nuevo Cuyo* contiene palabras, que aportan mayor precisión semántica y fonética sobre una región particular de Argentina. Este Atlas es el punto de partida para estudios sobre las palabras referidas a la Vitivinicultura, el Agua y el Carneo del Cerdo. Para este trabajo solo estudiamos el campo semántico de la Vid, en tanto que cultivo más arraigado y de mayor expansión e importancia económica de la región, para conocer el comportamiento de la lengua de nuestros hombres que, sobre la base de una estirpe hispano criolla, se muestra muy mestizada con los aportes de la inmigración del siglo XIX.

Palabras claves: Atlas. Geografía lingüística. Vitivinicultura. Cuyo. Argentina.

Abstract *The Linguistic and Ethnographic Atlas of Nuevo Cuyo* contains words that provide semantic and phonetic accuracy about a particular region of Argentina. This atlas is the starting point for the studies about wine cultivation, water and the butcher of swine. For this paper, we worked only on the sematic field of wine. This cultivation has a great expansion and an economic importance in the region. We aim to understand how our regional language changes and why it shows signs resulting from the immigration of the XIX century.

Key words: Atlas. Linguistic Geography. Wine cultivation. Cuyo. Argentina.

0. Introducción

De las cuatro provincias argentinas cuyanas, es Mendoza el área de mayor superficie cultivada, donde la producción vitícola aporta el 70 % de la producción del país, en San Juan solo el 10% es apta para el cultivo y la vid representa el 38 % de esa explotación. De esta manera observamos que la viticultura prepondera en las Provincias de Mendoza y San Juan e influye considerablemente en la economía de La Rioja. En lo que respecta a San Luis, es tradicional en el norte de la provincia en magnitud restringida o escasas plantaciones con soporte moderno. Desde la viticultura pasamos, de manera natural, a su industrialización, la vinicultura, captando mediante las encuestas, los conocimientos populares, subyacentes o de superficie, acerca de instrumentos, edificios y procesos de vinificación, para concluir con el conocimiento de recipientes para elaboración, conservación y traslados de vinos.

Para San Juan, el destino vitivinícola ya estaba marcado antes de nacer. Mientras Pedro del Castillo fundaba Mendoza en 1561, y su sucesor, Juan Jufré, hacía lo mismo un año después en San Juan, en Santiago del Estero ya había plantas que se encontraban en plena producción. Resultó ser que el fundador de aquella provincia, Francisco de Aguirre, era el suegro de Jufré. Entre ambos existía una muy buena relación, lo que se tradujo en una fluida comunicación entre ambas ciudades, por lo tanto esto permitió la llegada de la Vid a Cuyo.

A fines del siglo XVI en San Juan se elaboraba vino para consumo interno y ya se exportaba al Litoral, Río Grande y al Alto Perú. La cosecha comenzaba en los meses de abril-mayo, y la realizaban los indios huarpes, esclavos y mulatos. La elaboración consistía en arrojar la uva en enormes cueros estirados de buey, con el lomo colgando hacia abajo. Se cuidaba esencialmente, que el cuero conservara la cola del animal para ser utilizada como caño de desagüe. Un esclavo o un indio reventaba los granos con sus pies, mientras se colgaba de fajas de cuero amarradas a las ramas del árbol donde pendía el cuero del animal. Luego el mosto era trasladado a bodegas de adobe. Terminada la fermentación, se traspasaba el vino de una vasija a otra, filtrado por un cuero agujereado, en donde quedaban la semilla, el hollejo y otras impurezas. Después del añejamiento, el transporte se hacía en recuas de mulas, que no siempre llegaban a destino por el asalto de indios y caudillos.

A partir de mediados del siglo XIX, una serie de hechos auspiciosos dan un particular impulso a la economía cuyana. Luego de la pacificación y encauzamiento constitucional del país, tanto las comunicaciones como el comercio se hacen más seguros, los malones y montoneros ya no amenazan las caravanas de transportistas, y el riesgo del comercio disminuye.

Con la llegada del ferrocarril en 1885, la industria se permite un nuevo impulso. No solo salen mayor cantidad de litros a los principales centro de consumo, sino que desde Buenos Aires llegan nuevas maquinarias, permitiendo la renovación tecnológica.

La siguiente renovación se produce a fines de la década del 60. La implantación de parrales con vides criollas de alto rendimiento cuantitativo y baja calidad enológica, favorecida por desgravaciones impositivas y estímulos financieros, aumentó significativamente la oferta potencial de vinos de mesa[1].

---

1   Carmen Peñaloza, Hector Arias, *Historia de San Juan*, San Juan, Spadoni, S.A., 1966.

1. Las palabras de la vitivinicultura

La importancia de la vitivinicultura en la Argentina ameritó que uno de los temas del *Atlas lingüístico etnográfico del Nuevo Cuyo*, Argentina, de pequeño dominio, fuera el de la vitivinicultura. Por esta razón, desde la dialectología con la técnica de la geografía lingüística, transitamos el camino de nuestros días de encuestas, allá por los años 90. Y allí estuvieron muchos hombres y mujeres, grandes observadores que tomaron a su cargo el desafío de describir esta tierra y sus costumbres. Y nosotros desde la ciencia y la acción nos adentramos en los rincones de toda la región cuyana, y la esencia de esos contrastes, se fueron tallando en las costumbres, y el método «palabras y cosas» hizo lo suyo de la vitivinicultura.

Las palabras de la vitivinicultura de la Región de Cuyo de la Argentina adquieren importancia en tanto que cultivo más arraigado y de mayor expansión e importancia económica de la zona.

Fue de tal importancia el acierto en la elección del tema de la vid, que los propios informantes aportaron materiales que dieron pie a nuevas investigaciones. De este modo se desprendieron trabajos lexicográficos en relación con la vid y el vino, y a partir de las últimas preguntas dedicadas a los recipientes para conservación y transporte de los caldos, se abrió un espectro de estudio sobre un ámbito íntimamente ligado a la vid y la producción vinícola, a la vez que especialidad del arte con madera, como es la tonelería[2].

2. La geografía lingüística y las encuestas léxico etnográficas

Antes de aplicar el Cuestionario para realizar las primeras encuestas, fue necesario tomarse tiempo para unificar los modos posibles de hacer las preguntas. Las ventajas de este trabajo conjunto fueron evidentes, ya que se distribuían las actividades: interrogatorio, transcripción fonética de las repuestas, adición de notas etnográficas, atención a posibles olvidos, nueva formulación de una pregunta no entendida o no contestada por el informante, etc. Se procuró, en la medida de lo posible, buscar como informantes a personas que se acercasen al modelo que se conoce en geografía lingüística como el *informante ideal*, y aunque esto

---

2   El *Breve diccionario argentino de la vid y del vino. Estudio etnográfico lingüístico.* La primera edición consta de aproximadamente 600 entradas. No es un diccionario técnico, sino que tiene carácter etnográfico, es decir que a través de la palabra nos adentramos en un mundo cultural donde se van rescatando usos y costumbres de una industria tan cara a nuestros ancestros. En elaboración la segunda edición.

se convirtió en una ardua tarea, se logró contar con un buen manojo de informantes.

No se olvidó a Coseriu cuando dice «aplicar el sano principio de los nadadores que no pretenden aprender el arte de nadar antes de entrar en el agua, sino que se echan en seguida al agua y aprenden a nadar nadando» (Coseriu 1981, 6). De modo que se comenzó con los trabajos de campo y el cuestionario se sometió a dos pruebas, poniendo en práctica lo que Don Manuel Alvar había sembrado en los largos días de encuesta en San Juan y Mendoza para el *Atlas lingüístico de Hispanoamérica*.

El equipo de investigación con el cuestionario en mano, comenzamos los trabajos de campo por la geografía cuyana.

3. Las palabras de la vitivinicultura

Seleccionamos 48 palabras propias de nuestro quehacer vitivinícola. Amerita, en este trabajo, presentar algunas de las palabras con sus preguntas correspondientes, y algunos textos explicativos.

PALABRA/S	PREGUNTA	TEXTO EXPLICATIVO
Vid	¿Cuál es el nombre de la planta que produce uva?	La forma científica, oficial y del lenguaje pulido es **vid,** escasamente usada en el español general de la región. Véase **cepa.**
Cepa	¿Cómo se denomina a cada una de las plantas de un viñedo, sea un parrón, espaldera o un parral?	La forma común y extendida es **cepa,** y **vid** representa un tecnicismo generalizado. En la poesía folklórica se usa cepa, pero en los informes oficiales este término no.
Parra	¿Cuál es el nombre que se usa para las plantas productoras de uva?	Las voces corrientes son **parra** y **cepa** (cf.), a veces en los textos científicos y oficiales, habitual entre patrones y peones de viña.

PALABRA/S	PREGUNTA	TEXTO EXPLICATIVO
Viña	¿Qué término se usa aquí para designar el sistema de producción de la vid siguiendo a estructura palos de madera alineados y alambres extendidos horizontalmente, entre los que las plantas extienden ramas y frutos?	En las zonas específicamente no vitivinicultoras (v.gr. gran parte de San Luis y La Rioja), **viña** y **viñedo** son los genéricos que aluden a cualquier plantación de vides o de "uvas". En los cánones laborales se usa la expresión "**peón de viña**" y para el propietario del cultivo **viñatero** (nunca **parralero**, por cuanto es el oficio de armador del sistema). En cambio, en los valles específicamente vitivinicultores, en su mayoría productores en gran escala, la **viña** es el sistema de producción diferenciado del **parral**, con estructuras fijas, variedades de vides y modalidades de cultivo diferenciados. Cf. **espaldera**.
Espaldera	¿Cómo denomina usted al viñedo organizado en forma lineal y paralela, en que las plantas suben y se enraman en una escalera horizontal de alambres, tensados y sostenidos por palos de madera ubicados en forma equidistante?	El sistema de espaldera, abierto y sin cobertura del damero de alambres, se especializa, en general, en la producción de uvas tintas. Los productores diferencian los tipos de **espaldera baja** de la **espaldera alta,** variando el género del genérico entre el masculino (**espaldero**) y el femenino (**espaldera**), adoptado aquí por más extendido.
Parral	¿Cómo designa usted al sistema de producción de la vid dispuesto dentro de un damero, con un tejido de alambres de alta resistencia, estirado a dos metros de altura, armazón sostenida en forma ordenada y equidistante por esquineros, postes y trabas?	Los **parrales** constituyen estructuras de alta producción que permiten que cada planta o cepa ocupe en lugar equidistante de las otras, ascienda por el tronco o varilla y se enrame en la cruz de los alambres, aprovechando al máximo la luz el sol y el aire. Los parrales se han extendido en los grandes valles vitivinicultores de San Juan, Mendoza y La Rioja.

PALABRA/S	PREGUNTA	TEXTO EXPLICATIVO
Parrón	¿Cómo llaman los criollos al viñedo que utiliza palos de madera para que la vid se enrame y produzca racimos y abundante sombra?	El **parrón** representa el sistema antiguo de producción casera o rudimentaria de vides, con una estructura de palos ahora reemplazada por el parral, que utiliza el alambre fuertemente tensado. Los parrones subsisten en las proximidades de las casas pueblerinas, dando sombra y frescura a patios regados a balde, con producción de uva para la casa, "cuelgas" en invierno y pasas para la familia.
Esquinero	¿Cómo se denomina el palo grueso o tronco, de buena madera y resistente, que se entierra algo reclinado en los extremos de la estructura del parral, obligado a mantener tensa la estructura de alambres?	
Poste	¿Cómo se llaman los palos que se entierran en el perímetro de los parrales, enterrados en los extremos de cada hilera del damero, destinados a tensar cada uno de los alambres de las filas de parras?	
Traba	¿Cómo se denominan los postes de menor grosor que sirven de guía y tutores a cada una de las vides o cepas en el interior del viñedo?	
Estaca	¿Cómo se denomina aquel trozo de madera dura que sepultado frente a cada poste, soporta el tensor de alambre entre éste y aquél?	
Barbecho	¿Cómo se denomina el sarmiento o estaca desde donde nace la próxima planta de vid o cepa?	

PALABRA/S	PREGUNTA	TEXTO EXPLICATIVO
Chupón	¿Cómo se denomina el sarmiento o guía que no produce racimos de uva y se alimenta viciosamente, en detrimento de la producción?	
Zarcillo	¿Cúal es la palabra que aplican a ese cordoncillo vegetal con que la cepa se aferra a los palos o se enrosca en los alambres y ramas, ciñendo los sarmientos y sosteniendo la planta?	
Campanilla	¿Qué palabra usa para describir esos pequeños racimos de escasos granos que produce la parra aquí o allá?	
Pellejo	¿Cómo llama usted a la piel que recubre el grano de uva?	
Rebajar	¿Cómo se denomina la operación realizada en el terreno destinado al cultivo de la vid, con el fin de prepararla para el riego artificial por surcos?	En los terrenos colgados, con lomajes o desniveles considerables, el riego se escurre rápidamente por los surcos. Los rebajes, y si es muy científico, la nivelación, representa una práctica agronómica que tiende al máximo aprovechamiento del agua por las vides, para lo que se busca el nivel cero. En los cultivos recientes el sistema de goteo obvia estos trabajos, porque la implantación de vides sigue las curvas de nivel.
Cuadrar	¿Cómo se denomina la operación de medir el terreno para viñas o parrales y señalar los lugares donde debe enterrarse cada cepa o parra?	Los **parraleros** avezados (obreros especializados) aplican para lograr una cuadratura precisa, el sistema del 3-4-5, o sea, el viejo teorema de Pitágoras, llevado a la práctica con exactitud y solvencia.
Desmontar	¿Cuál es el nombre de la tarea con herramienta agrícola manual que se realiza para extirpar las malezas de junto al tronco de la parra?	El arado, tirado por caballares o mulares, o arrastrado por el tractor, no puede acceder hasta las malezas próximas o que rodean el tronco de las vides.

PALABRA/S	PREGUNTA	TEXTO EXPLICATIVO
Despampanar	¿Qué voz emplea usted para la operación de eliminar las ramas de la vid que no tienen racimos y producen sombra y absorción de fuerza a la planta?	Los viñateros distinguen la **poda seca** (que se realiza en invierno) de la **poda verde,** el despampanado (vulg. descampanado). Esta última consiste en eliminar las guías exentas de racimos que consumen inútilmente fuerza y vigor a la planta.
Cura	¿Cómo se denomina la operación de desinfectar los viñedos, con mochila o aparatos de tracción?	Indistintamente llaman cura a las operaciones de extirpación de pestes (peronóspora y oídium) como a las fumigaciones preventivas.
Mugrón	¿Cómo se denomina la nueva planta de vid producida desde una guía o pámpano vivo, que se sepulta en un tramo húmedo de suelo, y se sube por otro conductor, sin separarlo o cortarlo de su madre hasta que esté suficientemente enraizado?	
Abonar	¿Cómo llama usted a la tarea de ollar y enterrar guano de ganados o residuos de otro tipo para mejorar la tierra o producir aumento de la capacidad productiva de la planta?	
Riego a manto	¿Cómo se llama el sistema de riego que inunda el viñedo, cubriéndolo de agua para una mayor absorción de humedad?	El riego a manto o a agua tendida se practica cada vez menos porque la gran cantidad de agua perjudica los suelos con escaso drenaje, salinizando las tierras.
Poda larga	¿Cómo se llama esa poda de brazos largos y muchas yemas que exige un gran desgaste a las parras?	
Pitonear	¿Cómo llaman a esa poda que cercena los sarmientos muy cerca del tronco frutal, dejando varios de ellos con pocas yemas en cada uno?	

PALABRA/S	PREGUNTA	TEXTO EXPLICATIVO
Cosecha	¿Cómo se denomina la operación por la que se extrae de una sola vez todos los frutos de un viñedo a fin de transportarlos a la bodega u otro establecimiento de elaboración?	La voz **cosecha** resume los trabajos relacionados con la recolección de la uva, con cierta exclusividad respecto de las otras producciones para cuya determinación se requiere de un determinativo (cosecha del ajo, del durazno, de la cebolla, del membrillo, de la manzana, etc.). Muy pocas veces se emplea para estos trabajos la voz **vendimia** (*cf*).
Vendimia	¿Cómo se denomina la fiesta destinada a realzar la primera producción agrícola de la región de Cuyo?	Los trabajos de recolección del fruto de la vid se engloban en la palabra cosecha, reservándose el término vendimia, mayoritariamente, para la fiesta de Mendoza
Gamela	¿Qué nombre se le da al recipiente de madera, chapa o plástico, que se utiliza para la recolección de la uva para vinificar?	
Cosechador	¿Cómo se denomina al obrero contratado para la vendimia o cosecha?	El **cosechador,** o **cosechero,** trabaja con convenio individual momentáneo, o en grupo o cuadrilla, a cargo de un capataz que dirige a sus subordinados y trata personalmente con el viñatero.
Cayascho	¿Qué palabra se usa para designar aquellos racimos que quedan en la planta porque el cosechador no vio en su apuro, o desdeñó cortar por su poca importancia?	**Cayascho** es voz quechua empleada para denominar los restos de la cosecha de papas u de otros tubérculos, aplicada por extensión a la vid.
Pasera	¿Con qué nombre se denomina el espacio abierto, generalmente lomadas cubiertas de piedras llanas, utilizado como secadero natural de la uva que se convierte en pasa?	

PALABRA/S	PREGUNTA	TEXTO EXPLICATIVO
Patero	¿Cuál es el nombre del vino de fabricación casera o natural, sin aditamentos químicos ni procesos industriales?	
Espiche	¿Cómo se denomina el canuto de madera, con un cilindro interior, que se introduce en los recipientes del vino para extraer el líquido en forma medida, sin volcarlo?	
Bordalesa	¿Con qué palabra se designa el recipiente de madera resistente (roble, algarrobo), con dos tapas, de aproximadamente 200 litros de capacidad, destinado a conservar o curar vinos?	
Pilón	¿Cuál es el nombre que se da en las bodegas al recipiente o pileta menor donde se vacía el mosto o vino para ser trasegado?	
Tonel	¿Cómo se llama la vasija de capacidad mayor a una bordalesa, fabricada con madera dura, con una tapa si es para pisar uvas, con dos si está destinada a almacenar vinos?	
Duela	¿Cómo se denomina cada una de las costillas de madera que conforman una bordalesa, tonel, cuba o fudre para vinos?	
Suncho	¿Con qué nombre se conocen esos cinturones de chapar que ciñen las barrigas de bordalesas y demás vasijas del vino?	
Caneca / Tina	¿Cómo se denomina la vasija de madera de una tapa, destinada a cosecha de la uva o a tareas propias de la bodega?	

PALABRA/S	PREGUNTA	TEXTO EXPLICATIVO
Uva chinche	¿Cuál es el nombre de la variedad de vides silvestres, poco apetecida para fabricar vinos, generalmente enramadas en árboles y cercos, cuyos racimos producen granos pequeños con gusto a remedio?	En las zonas de cultivo de vides de gran calidad, las uvas criollas y chinches han quedado postergadas al olvido, despreciadas como uvas de mesa y sin entrada en las cantidades a vinificar.
Uvas tintas	¿Qué nombre da usted a las uvas cuyos granos maduran con un color oscuro?	La gente común en su totalidad distingue las uvas por el color en dos grandes grupos: las **blancas** y las **negras** o **tintas**. Si es mejor conocedor de uvas, incorpora una variedad intermedia, las **rosadas**, en una clasificación que los más expertos subdividen progresivamente.
Uvas tintas finas	¿Qué uvas tintas especiales se cultivan en la zona o conoce usted?	Los productores vitícolas y los obreros de viñas distinguen dos grandes grupos de variedades, las **comunes** y las **finas**. Dentro de ellas, reconocen subclases de uvas de mesa, de exportación (si van a la mesa en el extranjero), uvas para pasas y uvas de vinificar. Entre éstas, reconocen variedades tintas y blancas, para vinos varietales o cortes, de uno u otro tipo.
Vino clarete	¿Cuál es el nombre del vino que no es ni tinto ni blanco?	La designación tradicional es la de **vinos claretes**, después se les llamó **rosados**.
Molienda	¿Cómo se denomina el procedimiento de aplastar y moler la uva para su vinificación industrial?	
Fermentación	¿Qué nombre se le da al proceso en que los mostos hierven con ebullición hasta convertirse en vinos o vinagres?	

PALABRA/S	PREGUNTA	TEXTO EXPLICATIVO
Trasegar	¿Qué término se emplea para la acción de pasar el mosto o vino de un recipiente a otro?	El trasiego es una operación exigida en la elaboración científica del vino. No obstante, hasta los pequeños viñateros y productores del vino patero repiten la operación con modalidades rudimentarias con el objeto de eliminar borras y materias en suspensión.
Tapón	¿Cómo se denomina el tarugo o madera que cubre la boca de los recipientes como barril, pipón o bordalesa?	
Viuda / Vieja	¿Cómo llaman los criollos a la última gamela, cajón o recipiente que se retira del viñedo durante la cosecha?	La viuda o la vieja representan dos creencias populares que recoge el folklore hispanoamericano, a veces entrelazadas o confundidas. En la vendimia cuyana, los cosechadores pujan por no quedar últimos para no ser burlados con el mote de vieja o viuda por llevar la última porción de la cosecha. Los patrones (generalmente de otro nivel social que los peones) apremian al remiso con otras modalidades ajenas a estas creencias.
Mosto	¿Cómo se llama el jugo de la uva, desde el cual se obtiene el vino y otros preparados, como el arrope, grapas, aguardientes, etc.?	

4. Los informantes y sus testimonios

Ilustramos a través de las respuestas de los informantes, cómo el ALECuyo viene a contribuir con el conocimiento de nuestro léxico. Del total de las palabras de la Vid del ALECuyo[3], hemos seleccionado algunos ejemplos.

---

3   vid-parra – viña – espaldero – paño – cuartel – poste – cabecero – esquinero – traba – alambre – estaca – raíz – tronco – mugrón – estaca – barbecho – sarmiento – injerto – guía – chupón – pitón – yema –brote – zarcillo – campanilla – racimo – retortuño – grano – hollejo – hoja – pellejo – semilla – gajo –escobajo – rebajar – nivelar – cuadrar –

a- El pequeño cordón fibroso, con que la vid ciñe sus vástagos para sostenerse durante un periodo vegetal, da nacimiento a palabras nuevas como *retortuño* o *carrusco, tilingo, agarradera, rulo, zarcillo.*

b- El racimo de pocos granos de uva que cuelga de un sarmiento, es un *tilín, un pillingajo, una campanilla, un gajito, una campanita, un cencerro.*

c- A la planta grande de la cual se obtiene poca o escasa producción, según la provincia es un *parrón, una parra vieja, una viña vieja, una cepa vieja, un encatrado,* entre otras.

d- Al sistema de implantación de la vid en entramado de cortinas bajas, sin entretejido de alambre, por oposición al parral le llaman *viña, viña baja, viñedo, viña de cabeza, parral.*

e- Al tronco grueso de madera dura y resistente con que se soporta el peso del parral, los informantes cuyanos le dan varios nombres: *esquinero, poste cabecero, horcón, puntal, rodrigón con horqueta, sostén-esquinero, cabecero, esquinero-puntal,* entre otras.

f- Al entramado realizado con madera verticales y alambres horizontales de 2 m de altura, para conducir y sostener las cepas, *espaldero, viña espaldera, viñedo, espaldero-parral.*

g- Al trozo blando que ciñe las varillas al cruzar del alambre del parral, *guatana, engrampa, amarra, alambre de atar, alambre de la muesca, bozal de la traba, garrotera, agarradera.*

h- Al vástago de la vid que se entierra para que nazca una nueva planta, *el mugrón, el sarmiento, guía, mudrón, barbecho, rebrote, retoño.*

i- Al brazo largo de las cepas para conducir los sarmientos, *guía, cargador, soga, chicote, brazo, hijo de la planta, majuelos, bracero, soga-guía.*

j- Al armazón del racimo vacío de granos le llaman, *racimito, escobajo, raquín, vástago, racimo pelado.*

k- A la piel de la uva *pellejo, hollejo, pellejo-orujo, piel, cutis, orujo, pelecha, cuerito, cáscara-hollejo, tela-pelecha.*

---

alinear – arar – destroncar – desmontar – desbrotar – despampanar – curaciones – riego – cosechar – podar – renovar – hollejo – vendimia – caneca – tacho – gamela – cuadrilla – banco de cosecha – cayascho – melesca – uvas blancas – tintas – chinches – pasa criolla –cereza – moscatel – torrontés – barbera – patero – arrope – chicha – enólogo – molienda – escurrido –mosto – escurrido – orujo – basuque o trasiego – fermentar – lagar – bodega – pilón – bordalesa – barril – tonel – tonelero – pipón – cuba – fudre – espiche – duela – suncho – corcho – tapón – tina.

l- Al recipiente de madera usado por los vendimiadores durante la recolección de la uva recogimos palabras como *caneca, tacho, canasto, engarilla, gambacho, tina, bordalesa.*

m- A la persona encargada de controlar los secadores de pasa le llaman *pasero, sereno, encargado de la pasera, y obrero.*

n- Al zumo de la uva sin fermentar será el *zumo, el mosto, jugo de uva, y caldo de uva.*

o- Al racimo pequeño que permanece en la planta después de la vendimia, *cayascho, melesca, rebusque, campanilla, pillingajo, gajo, loro, lorito, cencerro, despojo, pisca, descarte, requecho, tilín.*

p- A la última gamela de una cosecha le llaman *la viuda, la vieja, la suegra,* etc.

Y si hilamos más fino, encontramos que la parra, nombre genérico para designar a la planta de la vid es *parra* en Ullum (San Juan); *viña* en Vinchina (La Rioja), y *cepa* en Tupungato (Mendoza). El sarmiento, vástago de la vid es *cargador* en La Rioja (La Rioja), y *rama* en Puerta Colorada (San Luis), *gajo* en Milagro (La Rioja). Y el vino tinto es *negro* en El Abra (La Rioja).

5. A modo de conclusión

El viaje lingüístico etnográfico hacia todos los rincones del Nuevo Cuyo, nos permitió tomar contacto con la realidad y por ende con las palabras. Es que ahí estaba la palabra, que se desprendía de las bocas de los informantes con sabiduría, porque ellos eran hechos y palabras en el ámbito de la vitivinicultura.

Hoy, con la obra en mano. Una obra que es fuente indispensable para la lexicografía española. Ayer, fue el proyecto, el viaje lingüístico etnográfico. Ayer fueron también mis maestros: Manuel Alvar López, Elena Ezquerra y César Quiroga Salcedo.

Ese ayer, ese espigueo en la geografía cuyano argentina en busca de la palabra, nos formó en la vida misma: el contacto con la naturaleza y con nuestros hombres y mujeres que supieron entender la esencia de la palabra contando e informando sus quehaceres diarios en el contexto de la vitivinicultura. Las palabras de ellos… la lengua misma!

Referencias Bibliográficas

Alvar, Manuel (2000): *Proyecto de un Atlas Lingüístico de Hispanoamérica, en América. La lengua.* Universidad de Valladolid, Artes gráficas S.A. reimp.: pp. 231–248. (Obra dedicada al Instituto de Investigaciones Lingüísticas y Filológicas Manuel Alvar de la UNSJ).

ALVAR, Manuel (2002): «El español de la Argentina», in *Hispanismo en la Argentina*, t. V. Editorial UNSJ, San Juan, pp. 15–28.

GONZÁLEZ DE ORTIZ, Aída Elisa (1996): «La Geografía lingüística y los hechos de habla». (Artículo inédito).

GONZÁLEZ DE ORTIR, Aída Elisa, et al. (2002): «El Atlas Lingüístico Etnográfico de Cuyo y el Diccionario de Regionalismos del Nuevo Cuyo: confrontación lingüístico-etnográfica», in *Actas, VI Congreso Nacional de Hispanistas*, Cap. XXX, t v. UNSJ, San Juan, Argentina, pp. 275–279.

GONZALEZ DE ORTIZ, Aida Elisa (2005): «Léxico de la Vid y del Vino», in *BAAL*, t LXX, mayo-agosto, N° 279–280, Serie Estudios Lingüísticos y Filológicos, Vol. X, Dunken, Academia Argentina de Letras, Buenos Aires, pp. 403–496.

GONZÁLEZ DE ORTIZ, Aída Elisa (2006): *Breve Diccionario argentino de la vid y del vino. Estudio etnográfico lingüístico*. Serie Estudios Lingüísticos y Filológicos, Vol. X. Dunken, Academia Argentina de Letras, Buenos Aires.

QUIROGA SALCEDO, César y Aída Elisa GONZÁLEZ DE ORTIZ (1993): *Cuestionario del Atlas Lingüístico de Cuyo*, Fundación de la UNSJ, San Juan, Argentina.

QUIROGA SALCEDO, César (2004): *Léxico del tonelero*, Colección: La Academia y la lengua del Pueblo, Academia Argentina de Letras. Dunken, Buenos Aires.

QUIROGA SALCEDO, César (2005): «La Tonelería. Un camino desde el Atlas Lingüístico y Etnográfico de Cuyo al Atlas Lingüístico de Hispanoamérica», in *Filología y Lingüística. Estudios ofrecidos a Antonio Quilis*, T.I UNED. CSIC. Universidad de Valladolid, Madrid, 1151–1164.

QUIROGA SALCEDO, César, Aída Elisa GONZÁLEZ DE ORTIZ y Gustavo MERLO (2018): *Atlas Lingüístico etnográfico del Nuevo Cuyo*. Instituto Geográfico Nacional. Buenos Aires, Argentina. En coedición con la Academia Argentina de Letras.

Gloria Martínez Lanzán

Nombres propios y vitivinicultura

Resumen Los nombres propios sirven para identificar o individualizar a objetos únicos. En el dominio de especialidad de la vitivinicultura encontramos numerosísimos ejemplos de nombres propios extranjeros (antropónimos y topónimos, principalmente, aunque también nombres de variedades de uva así como organismos e instituciones relacionadas con el mundo del vino). Generalmente se asume que el nombre común connota mientras que el propio denota, sin embargo, en el dominio vitivinícola veremos que el nombre propio no solo no carece de significado sino que es mucho más que un simple nombre a través de un corpus de textos especializado que nos permitirá analizar diferentes tipos de nombres propios que en ellos figuran.

Palabras clave: Nombres propios. Extranjerismos. Lenguas de especialidad. Terminología. Vitivinicultura.

Abstract Proper names are used to identify and individualize single, unique objects. In the field of specialised languages like viticulture we can find lots of examples of foreign proper names –mainly anthroponyms and toponyms, as well as names of grapes as well as organisms and institutions related to the world of wine. It is generally assumed that common nouns connote whereas proper names denote. However, in viticulture we will see that proper names do not lack meaning, but they are usually more than a single name through a corpus of specialised texts that will allow us to analyze the different types of proper names shown in them.

Keywords: Proper names. Foreign words. Specialised language. Terminology. Viticulture.

0. Introducción

La importancia del sector vitivinícola español es indudable. España se consolida como el tercer productor mundial de vino con unas 4.000 bodegas dedicadas a la producción, elaboración y comercialización de vino. Según los datos registrados correspondientes a 2017 España se consolida como la principal potencia exportadora a nivel mundial por delante de Francia e Italia[1] y en 2018 las exportaciones de vino cerraron el año con un incremento en valor (2%). El volumen

---

1 Según EAE Business School disponible en https://www.eae.es/actualidad/noticias/espana-consolida-como-tercer-productor-mundial-vino-pesar-disminuir-15%25-produccion-2017 [consulta: 2/02/2019].

de vino exportado ascendió a 1.986 millones de litros con una facturación de unos 2.912 millones de euros, por lo que alcanzó una cifra récord en el ejercicio de 2018[2]. Esto hace que el estudio de la terminología vitivinícola nos interese y, en este caso, nos centremos en la presencia de nombres propios en este ámbito de especialidad. Pero no vamos a ocuparnos de nombres propios españoles sino extranjeros que tienen una presencia considerable a través del corpus[3] de textos analizado, compuesto por documentos escritos en español[4] por autores españoles en los que figuran un buen número de antropónimos, topónimos, fitónimos y nombres de organismos e instituciones que regulan todos aquellos aspectos relativos al cultivo, la producción, la elaboración y la comercialización del vino entre otros. Aunque se trata de textos españoles encontramos términos que proceden de otras lenguas tales como el francés[5], el italiano, el inglés o el alemán, entre otras y, esos son los extranjerismos que vamos a tratar de analizar a continuación.

1. Nombre propio *versus* nombre común

No resulta fácil determinar cuál es la línea que separa al nombre propio del común y, como veremos, tampoco los estudiosos se ponen de acuerdo a este respecto. Según RAE (2009: 835): «El nombre propio carece de significación, pero posee, en cambio, valor denominativo: nombra a los individuos particulares a los que designa de manera unívoca, y los diferencia de otros de su misma especie», mientras que «el nombre común o apelativo conviene a todos los individuos de una clase. Clasifica o categoriza, por tanto, las personas, los animales o las cosas que poseen ciertos rasgos comunes que los distinguen». (RAE: 2009: 794). Muchos autores han tratado de definir los aspectos que distinguen un tipo de

---

2 Según el Observatorio Español del Mercado del Vino (OEMV): https://oemv.es/noticia/exportacion-record-de-espana-en-2018 [consulta: 6/03/2019].
3 Hemos seleccionado seis documentos que recogen diferentes grados de especialización destinados a un público diverso. Ver bibliografía.
4 Vamos a considerar solo textos escritos en español peninsular. Consideraremos como extranjerismos –además de los procedentes de lenguas extranjeras– los términos escritos en cualquiera de las lenguas co-oficiales del estado español (catalán, euskera y gallego).
5 El francés destaca sobre las demás lenguas dado que Francia es una de las mayores potencias vinícolas mundiales, por tanto los documentos del corpus recogen ampliamente informaciones sobre las diferentes regiones vitivinícolas de este país. Aunque Italia la supera en producción, el liderazgo y la influencia del país galo en este sector son incuestionables.

nombre de otro. Por ejemplo, Kleiber (1996: 567) apunta como rasgos diferenciales del nombre propio su ausencia de sentido, su designación rígida o su carácter único; por el contrario, en el nombre común observa presencia de sentido, señala su aspecto descriptivo así como el carácter no único del referente y, aún así, considera que estos rasgos no son suficientes para resolver la disputa entre ambos tipos de nombres. Además, otros aspectos contrapuestos que considera secundarios como la intraductibilidad o el uso de mayúsculas de los nombres propios frente a los comunes tampoco sirven para explicar las diferencias entre ambos. Por su parte, Ullman (1976: 87) cree que «la diferencia esencial entre los nombres comunes y los propios estriba en su función: los primeros son unidades significativas; los segundos son meras marcas de identificación». Son muchos los autores que consideran que el nombre propio solo denota, pero no connota, por lo tanto carece de significado y solo es capaz de designar (Alonso y Henríquez, 1967: 38; López García, 1985: 40; 2000, 184; Moya, 2000: 30–31). Marsá (1990: 46) señala que más que hablar de nombres comunes o propios debería hablarse de un uso común o propio del sustantivo. Además, como apunta Trapero (1996: 339) existe un trasvase entre nombres comunes y propios lo que es un indicio de que no hay tantas diferencias entre ambos y estas no se corresponden con marcas lingüísticas fijas y sistemáticas. Así pues, no puede obviarse la dificultad de definir ambos tipos de nombres ni de considerarlos como dos categorías totalmente separadas y, por tanto excluyentes. Molino (1982) no ve claro ningún criterio que pueda separar a un tipo de nombres -común y propio- del otro sin ambigüedad.

En general, se asume que existen ciertos rasgos que distinguirían a los nombres propios de los comunes tales como el uso de letra inicial en mayúscula- aunque no podemos generalizar pues en algunas lenguas como el alemán se escriben con mayúsculas tanto los nombres comunes como los propios o el inglés en el que se escriben con mayúsculas nombres que en español lo hacen en minúsculas. Además, podemos encontrar variedades de uvas escritas en mayúsculas mientras que el vino que producen se escribe en minúsculas o viceversa. También podría considerarse la ausencia de artículo en los nombres propios, pero tampoco nos sirve para explicar muchos de los nombres propios que vamos a encontrar en el dominio vitivinícola, por ejemplo, entre los topónimos -*Douro*, *La Loire*- ya que en algunos casos, esos mismos topónimos figuran con y sin artículo y también podemos hablar de la *Chardonnay* (uva) y de un *Chardonnay* (vino). Por otra parte, hemos de tener en cuenta que algunos nombres propios asumirán rasgos del nombre común, tales como la derivación a través de sufijos o prefijos o que algunos nombres propios, principalmente los nombres propios de científicos, pero también nombres propios que se han convertido en

comunes para designar objetos o descubrimientos -chaptalización- o, en virtud
de la metonimia, algunos topónimos se utilizan también como nombres comunes, así podemos hablar de un burdeos para referirnos a un vino elaborado en
la región francesa del mismo nombre. Como apunta Trapero (1996: 348) «un
término habilitado como topónimo puede admitir toda la variación flexiva, la
derivativa y la compositiva del nombre común, salvo excepciones». De hecho,
la sufijación es un procedimiento habitual. Tengamos en cuenta los gentilicios
que se generan a partir de topónimos: *armagnacais*, *champenoise* o bordelés. La
composición es también un recurso de la lengua que la toponimia vitivinícola ha
explotado –*Valdeorras* o *Queensland*.

Algunos autores plantean como otro rasgo distintivo la ausencia de nombres
propios en los diccionarios de la lengua general pues estos se ocupan de los nombres comunes, relegando a los nombres propios a los diccionarios enciclopédicos. Un diccionario de la lengua es un inventario de palabras, por tanto podría
caerse en la tentación de suponer que debería recoger todas las palabras que
existen en ella pero, de hacerlo, el diccionario resultaría impublicable y poco
práctico, por tanto, el número de palabras deberá ser inevitablemente restringido (Alpízar, 1990: 133). En general, se asume que los nombres propios no están
incluidos en un diccionario de lengua general mientras que su presencia en los
diccionarios enciclopédicos no se ve como algo extraño. En este sentido, Anaya
Revuelta (1999–2000: 12) señala que en un diccionario de la lengua no deberían aparecer ni nombres propios ni topónimos aunque reconoce que esto no se
corresponde con la realidad. En este sentido, Bosque (1982: 114–115) constata
que desechar los nombres propios del diccionario resulta inútil pues no se puede
negar la existencia de adjetivos derivados de nombres propios –antropónimos
y topónimos. La propia Anaya Revuelta (2000: 194) señala la presencia de los
nombres propios en los diccionarios de la lengua como consecuencia del proceso
metonímico que los convierte en nombres comunes, como se ha apuntado más
arriba. Rosselló i Verger (2010: 24) cree que los nombres comunes son «carne de
diccionario» mientras que los nombres propios son «materia de enciclopedia».
RAE (2009: 794) apunta en esta misma dirección ya que los nombres propios no
suelen aparecer en los diccionarios sino en las enciclopedias a no ser que formen
parte de una locución. De ahí que lo más adecuado sea recurrir a los diccionarios especializados[6] para encontrar información sobre los nombres propios del
dominio vitivinícola.

---

6   En el caso del dominio vitivinícola hemos consultado Wiesenthal, M. (2011); Peñín,
     J. (1999), como diccionarios de referencia. Ver bibliografía.

En cualquier caso, podemos concluir que los diferentes rasgos que los diversos autores apuntaban para tratar de distinguir claramente los nombres propios de los comunes no son lo suficientemente consistentes como para establecer características definitorias exclusivas y excluyentes en ambos tipos de nombres.

2. Tipos de nombres

No vamos a entrar a enumerar las diversas clasificaciones de tipos de nombres propios que presentan los diferentes autores, únicamente mencionaremos algunos de ellos. López García (2000: 185) apunta seis tipos de nombres propios: nombres de persona, nombres de marcas, nombres de artes y ciencias, topónimos, siglas de organizaciones y nombres de las personas del diálogo. Camus Bergareche (2016: 271) afirma que habitualmente se distingue entre un subgrupo de nombres propios «puros» o «genuinos», en los que se incluyen los nombres de personas (antropónimos) y lugares (topónimos) y el resto de nombres propios constituidos con nombres comunes con determinación (empresas, instituciones, periodos de tiempo, etc.). Por su parte, Marsá (1990: 55) divide los nombres propios en dos grandes grupos que denomina no onomásticos y onomásticos. En el primer grupo incluye nombres de títulos, cargos e instituciones y en el segundo distingue entre antropónimos y topónimos. Veremos que la presencia de nombres de lugares y de personas es muy significativa en el dominio vitivinícola.

3. Nombres propios del dominio vitivinícola

Dentro del dominio vitivinícola podemos distinguir varios subdominios todos ellos relacionados con un proceso que va desde la elección de un tipo de vinífera (ampelografía), suelo o zona en la que se va a cultivar así como las prácticas de cultivo según la región, las enfermedades de la vid o la normativa específica que debe observarse según el Consejo Regulador o la Denominación de Origen y que obliga a los viticultores bajo su dominio (viticultura), la vendimia y el proceso de elaboración del vino (vinicultura, vinificación y enología), su envasado y etiquetado y finalmente, una vez elaborado el vino y listo para su consumo, la cata y servicio del vino. Son muy numerosos los ejemplos de nombres propios que figuran en esos diversos subdominios entre los que encontramos antropónimos (*Chaptal, Baumé*), topónimos (*Champagne, Hunter Valley, Dão*), organismos vitivinícolas[7] (*American Viticultural Area, Denominazione di Origine Controllata*

---

7 Las Denominaciones de Origen van asociadas a una zona o región de producción vitivinícola, de ahí que las consideremos parte de la toponimia. En muchos casos se

e Garantita), viníferas (*Cabernet, Merlot, Cot noir*) así como nombres de vinos conocidos y reconocibles por su lugar de producción o elaboración (*Crémant de Bordeaux, Chablis*).

Sin duda alguna, son los mencionados topónimos y antropónimos los nombres propios más frecuentes en ese ámbito de especialidad, pues a través de ellos no solo se hace referencia a las regiones vinícolas sino también a las bodegas, a los bodegueros, a los químicos o viveristas que han dado su nombre a sus creaciones -procedimientos de vinificación o variedades de uva, entre otros- o a los nombres de vinos que, en muchos casos son creaciones mixtas de topónimos y antropónimos. Además, estos nombres propios son muy versátiles a la hora de combinarse con otros nombres propios, comunes y adjetivos o preposiciones. Por tanto, el mayor énfasis se pondrá en analizar este tipo de nombres.

3.1. Nombres de lugar o topónimos

Los topónimos o nombres de lugar son quizás los nombres propios más abundantes en el dominio vitivinícola[8]. La toponimia es la disciplina que estudia los nombres de lugar y estos serán su objeto de estudio. Para Trapero (1995a: 65): «Un topónimo es un nombre propio que no "significa" sino que "identifica" un lugar». Rosselló i Verger (2010: 24) habla de la toponimia o toponomástica como ciencia que se ocupa de los nombres de lugar, habitados o no y que puede subdividirse en varios apartados dependiendo del lugar del que se hable, así *oronimia* (montañas), *hidronimia* (ríos, mares, lagos, etc.), *odonimia* (calles, plazas, etc.) o *fitonimia* (plantas). Algunos autores como García Sánchez (2004: 26, 2010: 152) distinguen entre «toponimia mayor» y «toponimia menor». La primera recoge los nombres de los núcleos de población mientras que la denominada toponimia menor se ocupa de los lugares no poblados. Aunque generalmente los autores coinciden en clasificar la toponimia en mayor y menor (Rohlfs: 1951: 232; Morala: 1994: 60; Lázaro Carreter: 2008: 390; Castaño Fernández: 2007: 75; Álvarez-Balbuena: 2012: 182), quizás la denominación *topónimos poblacionales* y *no poblacionales* podría ser más adecuada (García Sánchez: 2010: 153). Por su parte, Lázaro Carreter (2008: 390) presenta una división de la toponimia similar, sin embargo, amplía el espectro. Así, en *toponimia mayor* incluye además de las poblaciones, los ríos, montes o valles, mientras que en la *toponimia menor*

---

utilizan siglas frente a las formas desarrollas. Sin embargo, vemos que tanto unas como otras suelen suprimirse.

8   Según el corpus de textos; sin embargo, se produce un trasvase considerable de términos que encontramos en los distintos subdominios.

figuran lugares más pequeños tales como arroyos, hondonadas, riscos o solanas.
Álvarez-Balbuena (2012: 182–183) básicamente coincide con la denominación
de toponimia mayor de Lázaro Carreter (2008: 390) aunque también incluye en
ella los nombres de comarcas, subcomarcas y términos municipales, poblaciones
de distinto tamaño, los cauces fluviales u otros accidentes del terreno, así cordi-
lleras, picos o sierras u otros elementos que el autor considera relevantes por su
extensión.

Sin embargo, autores como Ariza (1992: 475) consideran que la diferencia entre toponimia menor y mayor es arbitraria –por lo que a la cartografía
se refiere– dado que la toponimia mayor se encuentra registrada en la cartografía al uso mientras que la menor puede encontrarse en una cartografía más
minuciosa y más local. También Trapero (1999: 33) se cuestiona si los adjetivos
mayor y menor son apropiados para clasificar la toponimia. Este autor (1994: 50;
1995a: 34; 2002: 1087) distingue entre dos tipos de topónimos: los topónimos
específicos que él denomina «primarios», son los que constituyen el léxico usado
exclusivamente en la toponimia, es decir, términos que solo funcionan como
topónimos y que se refieren a accidentes geográficos que pueden hacer referencia a un lugar –*Bourgogne, Sancerre*– y los topónimos genéricos o «secundarios»,
es decir, topónimos que anteriormente eran nombres comunes y que han pasado
a la toponimia para nombrar accidentes geográficos concretos (montañas, valles,
ríos,…) con los que se crean topónimos compuestos –*Côtes-du-Rhône, MCLa-
ren Vale.*

Como podremos comprobar los nombres comunes forman parte de los topónimos compuestos, así, frente a la ya comentada idea de que el nombre común
significa mientras que el propio solo denota, García Sánchez (2011: 181) apunta
que el nombre común deja de significar produciéndose «un cambio semasiológico (desemantización), y una duplicación onomasiológica, ya que el apelativo se
mantiene como tal tras crearse el topónimo. Es decir, se crea una nueva palabra
que solo designa y no significa». Para Trapero (1995a: 47) «un topónimo es una
forma léxica que tiene una función semántica localizadora: identificar un punto
concreto del terreno»; sin embargo, en algunos casos, el accidente geográfico que
sirvió en un primer momento para identificar y denominar una zona, es decir, el
topónimo original puede que haya visto modificadas sus características físicas,
bien porque el paisaje se haya alterado, bien porque la realidad cambia aunque
en el uso colectivo siga perdurando el topónimo. Esto le lleva a concluir que, en
su mayoría, los topónimos son términos «motivados» –es decir, todo topónimo
tiene un porqué o una justificación– y se mantienen a lo largo del tiempo (Trapero: 1995a:192). En este sentido, García Sánchez (2007: 21) cree que probablemente los topónimos son los signos lingüísticos más motivados y «la motivación

en buena medida determina la existencia misma de la Toponimia como disciplina». Así pues, para García Sánchez (2011: 182) la motivación es la causa que justifica que el topónimo sea lo que es y además establece una «conexión entre el apelativo, ese nombre común, dotado de significado, sí, y el referente, la realidad extralingüística, el lugar, que acaba denominándose mediante ese apelativo, convertido desde ese momento en topónimo». Por tanto, para él el topónimo tiene motivación, pero no significado. Además, como señala Bolòs (2010: 45):

> Solo los topónimos que interesan a la gente, que son útiles, perduran a lo largo de los siglos [...]. Cuanto más viejo es un topónimo, más conocido y utilizado ha sido, quizás en algunos momentos de su historia, por un mayor número de personas.

Finalmente, Trapero (1995b: 355–356; 2004: 31) refiriéndose a los topónimos expone los siguientes argumentos:

> Cuando nacen se acomodan (o tratan de acomodarse) a la realidad a la que van a nombrar, estableciéndose una relación directa entre el nombre y la cosa nombrada; son términos semánticamente motivados. Pero esta transparencia semántica se va desvaneciendo con el tiempo, y en muchos casos la arbitrariedad entre el nombre y la realidad llega a ser casi tan absoluta como la que existe en el lenguaje común [...] la realidad cambia, se transforma y hasta desaparece; la lengua perdura.[9]

No vamos a ocuparnos aquí de la etimología de los topónimos tratando de descubrir su origen ni siquiera a interpretar el porqué de su denominación ni qué la motivó, lo que daría lugar a un trabajo mucho más amplio y ambicioso que el que ahora nos proponemos, sino que trataremos de hacer algunas consideraciones sobre los topónimos utilizados en este ámbito de especialidad y veremos cómo se recogen los topónimos vitivinícolas extranjeros en el corpus elegido conviviendo tanto formas adaptadas como transferidas sin seguir, en algunos casos, ningún criterio fijo.

Como ya hemos apuntado, los topónimos son nombres propios y como tales sirven para designar e identificar un lugar que son motivados o lo fueron cuando se crearon, aunque las circunstancias geográficas que los motivaron puedan haberse modificado. En general, suelen referirse al entorno físico y a los accidentes geográficos (ríos, montañas, llanuras, arbustos o árboles) que sirven o servían para identificar el terreno con facilidad y que se han ido perpetuando a lo largo del tiempo. En muchos de los topónimos vitivinícolas la utilización de nombres comunes –valle, río o monte– o elementos de

---

9   Esto podría explicar la pervivencia de topónimos que ahora resultan oscuros u opacos a lo largo del tiempo sin que pueda establecerse una relación con las condiciones geográficas actuales.

tipo arquitectónico –torre o castillo– junto a otros nombres propios es una de las formas más frecuentes de creación toponímica en casi todas las lenguas analizadas (alemán, catalán, español francés, gallego, inglés e italiano, principalmente). Así pues, la mayoría de los topónimos hacen alusión a la descripción del paisaje en la que, a veces, se incluyen accidentes geográficos. Según Morala (1986: 55), los nombres geográficos hacen referencia a características orográficas, cultivos, terrenos, etc. que suelen dar nombre a los lugares a los que caracteriza a lo largo de un periodo de tiempo lo suficientemente prolongado como para que la denominación se fije con valor identificativo entre los hablantes: *Côte d'Or, Mornington Península, Rheingau.*

Los topónimos recogidos, un total de 252[10], corresponden a regiones de los distintos países que coinciden, generalmente, con las correspondientes Denominaciones de origen o a clasificaciones de las zonas vitivinícolas establecidas por cada uno de los países. Sin embargo, en muy pocas ocasiones la AOC, AVA, IPR, DOC o IGT[11] correspondiente, según los países, rara vez figura junto a la región vinícola por lo que, en la mayoría de los casos, se produce una reducción del topónimo que da lugar a una lexía simple –*Médoc, Faro* o *Douro.* Aunque podría pensarse que los topónimos son simples nombres que figuran en un mapa, lo que les confiere un carácter especial es su presencia en documentos especializados escritos por profesionales y destinados, para un público interesado o experto en la materia. Por tanto, si consideramos que lo que hace que una palabra se convierta en término es su empleo en un contexto de especialidad, vemos que todos los topónimos que aquí figuran son términos especializados con connotaciones que van más allá de la simple forma gráfica de los mismos. Además, debido a la metonimia, algunos topónimos se han convertido en epónimos al ser utilizados para referirse a los vinos que se producen en una determinada zona: un *cognac*, un *champagne* o un *chablis* hasta el punto de que se asocia el producto (vino) con el topónimo (lugar de producción, prácticas de cultivo, etc.).

---

10 Aunque no todos los topónimos están presentes en todos los documentos del corpus de textos, la mayoría de ellos sí los encontramos en todos y, en muchos casos, con cierta profusión.

11 AOC (*Appellation d'Origine Contrôllée*) en Francia; AVA (*American Viticultural Area*) en Estados Unidos; IPR (*Identificação de Proveniência Regulamentada*) en Portugal; DOC (*Denominazione di Origine Controllata*) o IGT (*Indicazione Geografica Tipica*) en Italia. También en España se utilizan las siglas DOC (Denominación de Origen Calificada para Rioja y Priorat), por lo que el uso de siglas podría presentar algunos problemas de ambigüedad si no se presenta su forma desarrollada.

Con respecto a la formación de los topónimos vitivinícolas tendremos que considerar tanto las lexías simples que son habituales en este dominio de especialidad como las complejas o colocaciones, es decir, las unidades fraseológicas compuestas por dos o más palabras gráficas a veces unidas por otra palabra gramatical, generalmente una preposición, pero también son muy frecuentes las combinaciones de nombres propios y comunes (topónimos y antropónimos) así como adjetivos que responden, básicamente, a patrones como los que figuran a continuación. En el caso de los topónimos compuestos las combinaciones son diversas con un número variable de elementos constitutivos pero, independientemente del número de elementos que formen un topónimo, este siempre se considerará un único término –*Côtes-du-Rhône-Villages* o *Trentino-Alto Adigio*.

3.1.1. Topónimos simples

Se trata principalmente de nombres de regiones vinícolas y, en algunos casos, también hacen referencia al vino que en ellas se elabora: *Alsace, Armagnac, Binissalem, Bordeaux, Jura, Torgiano* o *Valais*.

3.1.2. Topónimos yuxtapuestos

Son combinaciones de dos o más elementos que se funden dando lugar a un único nombre: *Valdeorras, Monterrei, Rheingau, Burgerland, Montsant* o *Riverland*.

3.1.3. Topónimos compuestos (nombre común + nombre propio)

El nombre común suele hacer referencia a un accidente geográfico que identifica o identificaba la zona, a una bodega o una región vinícolas seguido de un nombre propio: *Château Lafite, Château Margaux* o *Château Pétrus*.

3.1.4. Topónimos compuestos (nombre propio + nombre común)

Este patrón es frecuente en los topónimos ingleses: *Adelaida Hills, Alexander Valley, Margaret River* o *Langhorne Creek*.

3.1.5. Topónimos compuestos (nombre común o propio + adjetivo)

Aparecen numerosos ejemplos en varias lenguas: *Ribeira Sacra, Rias Baixas, Terra Alta, Bois Communs* o *Bordeaux Moelleux*.

3.1.6. Topónimos compuestos (adjetivo + nombre común o propio)

Hallamos numerosos ejemplos de este tipo de topónimos: *Bons Bois, Central Valley, Grande Champagne, Haut Armagnac, Petit Chablis* o *Russian Valley.*

3.1.7. Topónimos compuestos (nombre común + preposición + nombre común o propio)

Este patrón se utiliza en todas las lenguas: *Castel del Monte, Conca de Barberà, Costers de Segre, Côte de Beaune, Pla de Bages, Quarts de Chaume* o *Valle d'Aosta.*

3.1.8. Topónimos compuestos (con guión)

Son abundantes los ejemplos en francés aunque, a veces, los autores del corpus parecen no tener muy clara la forma gráfica del término extranjero pues encontramos los mismos topónimos con y sin guion, en un mismo autor y documento: *Anjou-Coteaux-de-la-Loire, Haut-Médoc, Corton-Charlemagne, Côtes-du-Rhone, Emilia-Romagna* o *Romanée-Conti.*

3.1.9. Hagiotopónimos

No es extraño encontrar los nombres de santos o santas locales vinculados a diferentes regiones vinícolas. Los términos figuran con o sin guión: *Saint-Émilion, Sainte-Croix-du-Mont, Sant Sadurni d'Anoia, Santa Clara Valley, Santa Cruz Mountains* o *Saint-Georges-Saint- Émilion.*

3.2. Nombres de organizaciones e instituciones vinícolas

Los organismos e instituciones vinícolas regionales o nacionales que establecen las clasificaciones y calificaciones del vino son nombres propios y muchos de ellos se mencionan como siglas más que como sus correspondientes formas desarrolladas. Aunque no son muy numerosas en el corpus de textos ya que en total recogemos 31 siglas, sí que se repiten con bastante frecuencia y, curiosamente, se omiten casi en la mayoría de los casos. Como ya hemos comentado más arriba la mayoría de estas siglas: DOC, IGT[12], etc. van seguidas de la correspondiente región vinícola, pero suele producirse una reducción de las mismas quedando únicamente el topónimo.

No podemos obviar el hecho de que las siglas están cada vez más presentes en el discurso general y, por supuesto, en los lenguajes de especialidad aunque no

---

12 Ver nota 11.

se trata de un fenómeno nuevo, sino que a lo largo de los siglos se han utilizado por diferentes motivos. Sin embargo, el uso indiscriminado de siglas puede plantear serias dificultades de comprensión tanto oral como escrita. En este sentido, Casado Velarde (1979[13]: 67–68, 1985: 16) constata el uso creciente de las siglas, tanto en la lengua general como en los textos científicos, técnicos y humanísticos. Por tanto, estamos ante un fenómeno que implica a toda la sociedad, pues las siglas están presentes en los medios de comunicación, en los partidos políticos, en las marcas comerciales y en muchos de los artilugios que utilizamos en nuestra vida cotidiana. Como apunta González Rey (2012: 132) la sigla se enmarca dentro de la neología de forma a través del acortamiento de una unidad léxica que se utiliza con frecuencia. Aunque entre los usuarios de los lenguajes de especialidad el uso de siglas no supone una dificultad añadida hora para comprender el texto, cuando se trata de un lego en la materia estas pueden plantear problemas o dudas a la hora de comprender su significado, por tanto, se hace no solo necesario sino también imprescindible el uso de las correspondientes formas desarrolladas. De hecho, las siglas suelen pasar inadvertidas salvo hasta que se desconoce su significado ya que entorpecen la comprensión del texto.

Es un hecho que la utilización de siglas ha ido creciendo desde la mitad del siglo XX debido a los avances en los ámbitos científicos y tecnológicos, pero también, señalamos que, en alguna medida, se debía a razones de economía pues en los lenguajes de especialidad, las siglas permiten transmitir conocimiento especializado con el número mínimo de palabras posibles, es decir, se crean unidades de reducción léxica como una alternativa a unidades léxicas existentes, las llamadas formas desarrolladas de las que surgen las siglas[14]. Por lo que respecta a los lenguajes de especialidad, las siglas se corresponden con unidades terminológicas que transmiten conocimiento especializado. De hecho, según Kocourek (1991: 163) las siglas gozan de aceptación entre los especialistas por su concisión, pero también por su precisión: «*les sigles ont une vertue irrésistible aux spécialistes; ils atteignente une concision remarquable sans perdre quoi que ce soit de la précision sémantique du syntagme source*». Según Nakos (1989: 411) la utilización de sintagmas largos y complejos favorece la formación de siglas en los dominios científicos. Por su parte, Casado Velarde (1979: 72; 1985: 21) señala que mediante la sigla se asegura la presencia de todos los elementos que

---

13 Este mismo artículo está recogido en Casado Velarde (1985). *Tendencias en el léxico español actual,* pp. 15-41.

14 Siglas que habitualmente son omitidas como ya se ha apuntado con anterioridad.

constituyen una unidad sintagmática dando lugar a una secuencia que es lingüísticamente más económica.

Básicamente consideramos dos tipos de siglas, las *propias* compuestas únicamente a partir de las iniciales de los elementos de sus formas desarrolladas y las *mixtas* –también llamadas *impropias* o *sigloides*– (Casado Velarde, 1979: 71; 1985: 20; Martínez de Sousa, 1984: 34), en las que intervienen caracteres internos tales como preposiciones o conjunciones, símbolos o números y en las que estas se escriben en minúsculas. Observamos que un buen número de las siglas del corpus se incluye en el primer tipo, pues se toma la letra inicial para formar una *sigla propia;* así AOC o AVA[15]. Este tipo de siglas estarán formadas por letras mayúsculas que, generalmente, no van separadas por puntos y que se pronuncian generalmente con deletreo alfabético (excepto en los casos de *AVA* que se lee como una palabra) mientras que en las formas impropias encontramos una mezcla de letras mayúsculas y minúsculas. Por lo que respecta al uso de puntos para separar las letras que forman cada una de las siglas, no existe unanimidad al respecto entre los diferentes autores y así encontramos una misma sigla con o sin puntos: *A. V.A.* o *AVA* y *D.T.W.* para la que también encontramos la forma *DTW* en documentos consultados en Internet.

Las siglas no suelen aparecer de forma aislada sino que se dan diversas combinaciones en las que también suelen figurar sus formas desarrolladas. La mayoría de las siglas recogidas en nuestro corpus mantienen su forma original, es decir, en escasas ocasiones encontramos la adaptación de las siglas al español o la traducción de las formas desarrolladas de dichas siglas. Además, en el caso de traducirse las formas desarrolladas, las siglas suelen mantener su grafía extranjera.

3.3. Nombres de persona o antropónimos

Los antropónimos o nombres de persona están presentes en el dominio vitivinícola con bastante asiduidad si tenemos en cuenta que muchos vinos adoptan el nombre de sus creadores o el de las propias bodegas. Los antropónimos se combinan con los topónimos, pero también muestran su versatilidad al referirse a trabajos relacionados con la enología o las labores de la vid, entre otros. Además, los nombres propios están presentes en las variedades de uva (generalmente los híbridos) y, en algunos casos, se convierten en comunes con la consiguiente derivación y, en otras ocasiones naturalizándose o adaptándose –*pasteurización* o *chaptalización*.

---

15 Solo vamos a tener en cuenta las siglas asociadas a la vitivinicultura, las siglas impropias no estarían incluidas en este grupo.

Muchas bodegas son conocidas por el nombre familiar, generalmente el patronímico, aunque algunas, pese a seguir conservándolo, pertenecen a grupos comerciales o son administradas por otras manos. Sin embargo, el antropónimo por sí solo es suficiente para reconocer un caldo de calidad generalmente excepcional, de ahí que la colocación formada por el topónimo común[16] y el antropónimo correspondiente al nombre de su propietario, ha quedado reducido a este último, siendo a pesar de ello totalmente identificable –*Lafite*, *Pétrus*, etc.– Además, en casi todos los casos, el antropónimo sirve para establecer no solo la propiedad o el nombre de su propietario, sino que también designa al vino elaborado en dicha propiedad, por tanto, vemos que topónimos y antropónimos forman un tándem muy productivo. En estos casos, generalmente se utiliza la forma reducida para referirse al vino, mientras que si se habla de la bodega suele utilizarse la colocación: *Margaux/ Château Margaux*.

Veamos algunos tipos de antropónimos vitivinícolas según el campo al que hacen referencia y los patrones de esos antropónimos que, como podremos observar, no siempre son antropónimos puros sino que también incluyen topónimos.

3.3.1. Procesos de vinificación

Los nombres de químicos o inventores de diferentes técnicas que han servido para elaborar el vino o para modificar algunos procesos han dado lugar a epónimos de uso habitual entre los enólogos, tales como pasteurización (Pasteur)[17] o chaptalización (Chaptal)[18] mientras que otros mantienen el nombre propio original tal como el procedimiento *Charmat* (Charmat)[19]. También debemos a diversos químicos las escalas de medición del volumen de azúcar que contiene el mosto de la uva –*Brix, Oechsle, Beaumé, Babo* o *Balling*. Estos nombres propios se unen a otros comunes dando lugar a colocaciones como mustímetro de *Brix* o grados *Oechsle*.

---

16 En francés generalmente *château*.
17 El químico y bacteriólogo francés Louis Pasteur (1822- 1895) inventó un método que consiste en el calentamiento térmico para eliminar las bacterias patógenas que es utilizado en vinificación.
18 El químico francés Antoine Chaptal (1756- 1832) inventó el procedimiento conocido como chaptalización que consiste en la adición de azúcar al mosto de la uva para aumentar su grado alcohólico.
19 El enólogo francés Eugène Charmat ideó este procedimiento en 1910 que permitía elaborar vino espumoso en grandes cantidades. Este sistema también recibe el nombre de *cuve clos*.

3.3.2. Variedades de uvas

Algunas variedades de uva deben su nombre a los viveristas que las crearon, así *Baco blanc* o *Baco noir* (François Baco); *Petit Bouschet, Gros Bouschet* o *Alicante Bouschet* (Louis y Henry Bouschet quienes también denominaron a una variedad con el nombre de *Grand noir de la Calmette*)[20]; *Müller-Thurgau* (variedad blanca creación del botánico y enólogo suizo Hermann Müller)[21], *Durif* (híbrido creado por François Durif).[22] Otras variedades de uva también adoptan antropónimos tales como *Pedro Ximénez, Isabella, Maria Gomes* o *Dona Branca*.

3.3.3. Laboreo de la vid

En el subdominio de la viticultura encontramos nombres propios que designan tipos de trabajos relacionados con el cultivo del viñedo o nombres de portainjertos de vid. En el primer caso podemos mencionar la poda *Guyot*[23], sistema de poda conocido en España como poda de daga y espada o pulgar y vara. En cuanto a los portainjertos, suelen identificarse con unos números y el apellido de su creador –161–48 *Couderc*[24] o 41-B *Millardet*.[25]

3.3.4. Nombres de pila + patronímico

Muchas bodegas llevan el nombre de su propietario incluso los vinos que en ellas se elaboran también lo comparten[26] –*Agustí Torelló, Jaume Codorníu, Lilly Bollinger, Christopher R. Penfolds* o *Louis Roederer*.

---

20 El topónimo corresponde al nombre de zona en la que se ubicaba la finca familiar en la Calmette, cerca de Montpellier (Francia).

21 El nombre de esta variedad es una mezcla de antropónimo y topónimo, siendo este último el nombre del cantón suizo Thurgau.

22 Este botánico francés creó una variedad tinta mezcla de *peloursin* y *syrah* en la década de 1860.

23 Pierre Guyot (1807-1872) médico y agrónomo francés que propagó un sistema de poda que lleva su nombre.

24 Georges Couderc (1850- 1928) ampelógrafo francés y creador de 11 portainjertos.

25 Alexis Millardet (1838- 1902) botánico francés famoso por haber realizado experimentos sobre la hibridación de viñedos.

26 En la mayoría de los casos suele mencionarse la bodega como «sinónimo» de los vinos que en ella se elaboran aunque estos sean de distinto tipo y lleven nombres diferentes. En nuestra opinión se trata de un caso más de generalización, simplificación o reducción.

3.3.5. Título (nobiliario, dignidad) + topónimo[27]

No es extraño encontrar títulos nobiliarios o tratamientos asociados a las bodegas y, como en otros casos, a los vinos que en ellas se elaboran –*Veuve Clicquot Ponsardin* – normalmente *Veuve Clicquot*– o *Dom Perignon*.

3.3.6. Nombres bíblicos

Algunas botellas de vino de capacidad diferente a la habitual de 750 cl. toman su nombre de personajes bíblicos –Benjamín (35 cl.), *Jeroboam* (4.5 l.), *Mathusalem* (6 l.), *Balthasar* (12 l.) o Nabucodonosor (15 l.).

3.3.7. Utensilios para el servicio del vino

Los antropónimos también designan tipos de copas como la *Pompadour*[28] o las elaboradas por firmas comerciales –*Riedel* (Austria) o *Spiegelau* (Alemania). Otros productos como el sacacorchos *Puigpull* toman su nombre de la familia Puig que lo inventó.

3.4. Nombres propios y ampelografía

Según RAE (2010: 473–474), los nombres que designan las plantas se consideran nombres propios, pero añade «No hay razón lingüística alguna para escribirlos con mayúscula, aunque así se vean escritos a menudo en textos especializados». En vitivinicultura las viníferas son fundamentales pues constituyen la materia prima imprescindible para elaborar el vino y también son muy abundantes en el corpus de textos en el que recogemos 241 nombres de variedades de uva y veremos como el uso de mayúsculas y minúsculas indiscriminadamente.

Si tenemos en cuenta las características que definen a los nombres propios apuntadas más arriba, las variedades de uva deberían escribirse en mayúsculas y, además, dado que recogemos los términos extranjeros, estos deberían figurar en cursiva o entre comillas para destacar su marca de extranjería. Sin embargo, se da la paradoja de que muchas de las variedades ampliamente cultivadas en la mayoría de los países proceden del francés, quizás las más extendidas tales como *Chardonnay*, *Cabernet Sauvignon* o *Merlot* o del alemán como la *Riesling*,

---

27 En España son numerosísimos los ejemplos de bodegas y, por ende, de nombres de vinos que siguen este patrón: Marqués de Riscal, Señorío de Lazán o Príncipe de Viana.

28 Según la leyenda, la copa se diseño tomando como modelo el tamaño del pecho de Jeanette-Antoinette Poisson (1721- 1764), conocida como Madame Pompadour y amante del rey Luis XV de Francia.

entre otras, de manera que se utilizan en todas las lenguas sin hacer demasiado hincapié en su carácter foráneo, de ahí que no suelan destacarse gráficamente. De manera que asumimos esas variedades como algo habitual en viticultura sin tener en cuenta su procedencia. En casi todas las regiones españolas se está apostando por la recuperación de variedades autóctonas que conviven con las extranjeras quizás en un intento de reafirmarse frente a otras regiones productoras por lo que en el corpus de textos podemos encontrar a modo de ejemplos el mismo tipo de uva en varias lenguas: *grenache* (francés), *garnatxa* (catalán) o la española *garnacha*.

La sinonimia es característica en este subdominio y se manifiesta en los diversos nombres de las variedades que en un mismo país o en zonas fronterizas pueden adoptar denominaciones diferentes tales como *Auxerrois* o *Malbec*; *Albariño* o *Alvarinho*; *Cabernet Franc, Bouchet* o *Breton*; *Chenin Blanc, Pineau, Pineau de la Loire* o *Pineau d'Anjou*; *Parellada* o *Masiá* o el caso más llamativo de *Syrah, Shiraz, Hermitage, Candive Noir, Entourenein, Hignin Noir, Sérane, Sérine, Sirac* o *Petit Syrah*, entre otras.

En cuanto a los tipos de lexías, encontramos tanto simples como compuestas. Es habitual encontrar colocaciones de nombre propio y adjetivo o viceversa para designar a algunas variedades: *Aspiran noir, Bombino Bianco, Canaiolo nero, Castelão francés, Chenin blanc, Pansa blanca, Tinta Cão, Pinot franc, Petite Verdot, Gros Bouschet* o *Gros Manseng*. También es frecuente la reducción o acortamiento de los nombres compuestos lo que en algunos casos genera ambigüedad, por ejemplo, encontramos nombres genéricos como *Cabernet* cuando existen la variedad *franc* y la *sauvignon* y lo mismo ocurre con *Muscat* para la que nuestro corpus recoge *Muscat blanc, Muscat Ottonel, Muscat à petits grains* o *Muscat d'Alsace* o la *Pinot* que tiene variedades como *Pinot blanc, Pinot franc, Pinot gris, Pinot meunier* o *Pinot noir*.

Las variedades de uva suelen considerarse femeninas y, a pesar de ser nombres propios, es muy frecuente encontrarlas con artículo -la *Primitivo*, la *Roussanne* o la *Verdelho*.

4. La traducción de los nombres propios extranjeros en el dominio vitivinícola

Como ya se ha apuntado, algunos autores como Kleiber (1996: 567) consideran como uno de los rasgos distintivos del nombre propio su intraductibilidad. Moya (2000: 28) observa que, a diferencia de lo que ocurría tradicionalmente, los nombres propios no suelen traducirse sino trasladarse aunque, como él mismo señala, hay numerosas excepciones y, de hecho, podemos encontrar un sinfín

de ellas pues, en algunos casos, existe una traducción consagrada por el uso que
se sigue conservando, de manera que coexisten nombres naturalizados o hispanizados con otros simplemente transferidos. Sin embargo, él cree que los nombres propios son traducibles y lo defiende incluso en el caso de aquellos que son
transferidos. En determinadas épocas ha sido más frecuente la traducción de los
nombres propios mientras que en otros casos se ha optado por la traslación, es
decir, dejarlos como están en la lengua original o adaptarlos ortográficamente,
siendo esta la tendencia actual con algunas limitaciones. Para Cortés Vázquez
(1987: 36) «el hecho de no traducir los nombres propios y adaptarlos a lo sumo,
pero sin desentrañar su semántica nos hace perder su más íntima esencia». Por
su parte, Santoyo (1987: 45) afirma categóricamente que «los nombres propios
no se adaptan en traducción» pero distingue entre los que no se traducen nunca
y aquellos que se traducen íntegros. Entre los primeros incluye los nombres y
apellidos de personas reales[29], vivas o fallecidas, nombres de revistas, periódicos,
marcas comerciales o nombres geográficos; mientras que en el segundo encontramos nombres de organismos e instituciones, nombres de países, continentes,
calles, avenidas conocidas, accidentes geográficos mayores, apelativos históricos
de papas o reyes o nombres de pila de personajes históricos, que se traducen en
su totalidad. Según Torre (1994: 99) los nombres comunes admiten la traducción, sin embargo, los nombres propios no se traducen o no deberían traducirse, ya que carecen de significado y no tienen un valor connotativo, por tanto,
deberían ser transcritos. Para él, los nombres propios tales como antropónimos,
topónimos o los que denomina onomásticos (entre los que incluye nombres de
organismos o instituciones[30] constituyen un lenguaje aparte. Según Vaxelaire
(2011, 15–16) en los países anglófonos existe la tendencia a conservar las formas originales de los nombres propios mientras que en los latinos se tiende a
latinizar los nombres extranjeros. Newmark (1995: 291) recomienda consultar
los atlas o diccionarios recientes y, en cualquier caso, deben respetarse los deseos
de las personas a escoger los nombres propios para designar las características
geográficas de cada país. Sin embargo, son numerosos los ejemplos de exónimos
utilizados en vez del topónimo original y encontramos una clara preferencia en
casos como Burdeos o Borgoña frente a *Bordeaux* y *Bourgogne*. En este sentido,
Cantera Ortiz de Urbina (1987: 23–24) considera que en el caso de los nombres
conocidos que tienen una forma consagrada en español resultaría cursi emplear

---

29 Excepto que hayan sido adaptados en el pasado y, por tanto, se mantengan en la actua-
    lidad.
30 Tanto los organismos como las organizaciones vitivinícolas tienen una presencia con-
    siderable en el dominio vitivinícola.

el extranjerismo mientras que si no existe un exónimo debería utilizarse el término extranjero, por el contrario apunta que «traducir topónimos cuya forma española no tiene traducción resulta por lo menos arriesgada». Para Martínez de Sousa (2003: 109–110), no es solo una cursilería sino que considera un barbarismo el empleo de un topónimo con su grafía original cuando existe un exónimo español, por ejemplo, *Alsace* (Alsacia). De la misma opinión es Rodríguez Díez (2003: 46) y Torre (1994: 101) argumenta que los topónimos deberían traducirse siempre que tengan una forma consagrada en la lengua receptora. García Sánchez (2009: 101) señala que aunque se aboga por el uso de endónimos tanto en instancias locales como internacionales a fin de utilizar una nomenclatura toponímica única en todo el mundo, en la práctica no funciona. Martínez Sousa (2009: 371) comparte esta misma idea y, a pesar de la intención de utilizar endónimos, los exónimos existen y son utilizados en todas las lenguas. En nuestro corpus[31] no es extraño encontrar endónimos y exónimos entre los topónimos, es decir, dobletes cuando se trata de términos extranjeros, especialmente sí estos están consolidados en nuestra lengua, así *Bourgogne*/ Borgoña o *Bordeaux*/ Burdeos. También se observa este fenómeno en los términos procedentes de lenguas habladas en el territorio español *Penedès*/ Penedés o *Ribeira Sacra*/ Ribera Sacra.

En general, casi todos los autores creen que la traducción de los nombres propios ha constituido una dificultad en todas las épocas y, en la actualidad, pese a primar la tendencia a mantener el nombre propio original, seguimos encontrando opciones muy diversas como veremos más adelante al revisar los nombres propios del dominio vitivinícola aquí recogidos. De hecho, observamos una continua vacilación entre diferentes opciones traductológicas –traducción, hispanización, transferencia, etc. – por lo que no podemos llegar a una conclusión clara al respecto. Aunque los términos extranjeros suelen conservarse en su forma original, sí que se observa una hispanización de su pronunciación que no siempre se corresponde con la de la LO.

Si bien es cierto que algunos de los términos extranjeros sí tienen una traducción en nuestra lengua, por ejemplo, Saboya o Ródano, en nuestro corpus de textos los autores recurren unas veces a la traducción, mientras que en otras ocasiones prefieren la forma original de LO al topónimo adaptado. A veces, incluso un mismo autor utiliza tanto el extranjerismo como la forma hispanizada.

---

31 Los textos del corpus están escritos por autores españoles expertos en la materia por lo que reflejan el estado de la cuestión de los nombres extranjeros en el dominio vitivinícola.

Conclusiones

Una vez hechas las oportunas consideraciones en los distintos apartados sobre los nombres propios extranjeros en el dominio vitivinícola vamos a realizar algunos comentarios a modo de conclusión. Si nos atenemos a lo expuesto en la Teoría General de la Terminología (Wüster: 1998) en aras de la precisión que se supone en todo lenguaje de especialidad, para un término no debe haber ni denominaciones ambiguas –polisemia u homonimia–, ni denominaciones múltiples –sinonimia. Pero este ideal no se ajusta a lo que ocurre en la práctica dado que estos fenómenos tienen cabida en el dominio vitivinícola. En el caso de la polisemia, es frecuente encontrar términos que pueden aplicarse a varios subdominios, lo que realmente resulta un problema a la hora de incluir un término o colocación en uno u otro subdominio. Así, *Albana di Romagna, Muscat de Mireval* o *Roussette de Savoie* hacen referencia tanto a la variedad de uva, como al vino y a la región vinícola, por tanto pertenecerían a subdominios como ampelografía, vinificación y viticultura. En los casos de *Barsac, Frascati, Getariako Txacolina* o *Porto ruby* confluyen los subdominios de vinificación y viticultura y así vino y zona de producción van de la mano. De tal manera que podríamos considerar que muchos de los términos vitivinícolas son polisémicos al no poder asignarse un solo significado a un único significante, por lo que en bastantes ocasiones estos términos también funcionan como sinónimos.

En varias ocasiones se observa un fenómeno de reducción de las colocaciones que no es exclusivo de los topónimos, sino que también está presente entre los antropónimos, las variedades de uva, los vinos, las siglas que representan las diferentes clasificaciones en los distintos países o los organismos que regulan las prácticas vitivinícolas. La reducción es más frecuente en los términos franceses –como hemos comentado más arriba– e ingleses, así *Napa/ Napa Valley; Pétrus/ Château Pétrus*. Siguiendo a Lerat (1997: 108), hemos considerado como sinónimos estos términos reducidos y también sus correspondientes colocaciones y aquellos que presentan grafías diferentes y que muestran vacilación gráfica o léxica que conduce a la supresión de ciertos símbolos gráficos, la duplicación o reducción de letras o sílabas, así como el uso u omisión de guiones. Para García Sánchez (2011: 186) sinonimia no se refiere exclusivamente al hecho de que las palabras signifiquen lo mismo sino que se refieran a lo mismo, por tanto, también hay que considerar como términos sinónimos los endónimos y sus correspondientes exónimos: *Champagne* y Champaña/ la Champaña.

En los topónimos vitivinícolas extranjeros encontramos muchos nombres propios que se sirven de un único término para dar nombre a una región vinícola: *Ajaccio, Baden, Cape*. En la mayoría de los casos, estos mismos términos se utilizan para designar también vinos o variedades de uvas y pueden funcionar aisladamente o en combinaciones diferentes que también deben ser tenidas en consideración. La mayoría de esos términos y colocaciones deberían incluir siglas tales como *AOC* (francés) o *DOC, DOCG* (italiano), entre otras, para determinar exactamente que se trata de regiones vinícolas. Sin embargo, constatamos que en pocas ocasiones aparecen dichas siglas, lo que nos lleva a pensar que, en opinión de los autores de los documentos del corpus de textos, esas siglas no son necesarias pues el lector debería saber que estos nombres propios no son meros nombres geográficos, por ejemplo Burdeos que no es únicamente una ciudad francesa, sino una reputada región con numerosas *AOC*, por tanto se prescinde de dichas siglas, como en la mayoría de los casos.

También observamos una clara indefinición en el uso de extranjerismos o de términos hispanizados que pueden convivir en un mismo documento del corpus[32]. De ahí, que los autores no sigan ninguna pauta a la hora de trasladar los endónimos a los textos españoles. Además la vacilación ortográfica es también constante, como se ha comentado, en aspectos como la forma gráfica –cursiva, redonda o negrita–, el uso o la omisión de guiones o la presencia o ausencia de tildes, pero también encontramos imprecisiones léxicas más frecuentes entre lenguas geográficamente cercanas (catalán, francés o gallego) con respecto al español que con lenguas de procedencia anglosajona, pues al transferirlas parece que se pone más cuidado en un intento de reproducir fielmente el topónimo original –Penedés/ Penedes/ *Penedès*[33], Lacryma Christi/ *Lachryma Christi*, Monterrey/ *Monterrei* o Coteaux du Languedoc/ *Coteaux-du-Languedoc*.

Existe un uso bastante generalizado del artículo –que no debería utilizarse con los nombres propios– con las viníferas, los nombres de vinos, las bodegas o las regiones vinícolas. Tampoco podemos pasar por alto la presencia de la metonimia en el dominio vitivinícola. Así, si las lenguas de especialidad se definen por su precisión y la ausencia de elementos que pertenecen a otros tipos de lenguaje, como es el uso de figuras retóricas, en este ámbito de especialidad nos encontramos con varios ejemplos que confirman dicha presencia como ya se ha indicado más arriba.

Podría argumentarse que la mayoría de los nombres propios extranjeros aquí recogidos no hacen más que nombrar lugares, personas, viníferas o vinos, sin embargo, representan, no solo un lugar geográfico, una bodega o un bodeguero,

---

32 Los topónimos se prestan más a este tipo de vacilación que otros tipos de nombres propios aquí considerados.

33 El término en cursiva sería el correspondiente en LO mientras que las otras formas pueden ser errores gráficos o términos hispanizados.

sino que hacen referencia a un concepto que va más allá del simple nombre ya que sirven para designar regiones vinícolas, pero también se hace un uso metonímico de dichos nombres al aplicarse a los vinos producidos en dichas regiones e incluso a las variedades de uva o prácticas de vinificación. Por tanto, para nosotros los nombres propio del dominio vitivinícola sí que tienen el valor, no solo de colocar geográficamente un nombre en el mapa, sino de aportar una información valiosa en este dominio de especialidad, pues detrás de un nombre propio hay una marca, un vino, un tipo de terreno, una forma de cultivo, en definitiva una serie de actuaciones que singularizan al topónimo, al antropónimo, o a cualquier otro de los tipos de nombres propios aquí recogidos que los hacen únicos, y, desde luego, significativos.

A lo largo del presente trabajo hemos visto como la totalidad de los rasgos que se apuntaban como exclusivos y excluyentes entre nombres comunes y propios no son aplicables al discurso vitivinícola. Por otra parte existe una permeabilidad muy acusada entre términos en los diferentes subdominios que se manifiesta en el trasvase casi constante de topónimos y antropónimos especialmente aunque no con exclusividad.

El estudio de los nombres propios en el dominio vitivinícola, del que solo hemos analizado los extranjerismos, ofrece un amplio campo de investigación que deja la puerta abierta a futuros trabajos y reflexiones.

REFERENCIAS BIBLIOGRÁFICAS

ALONSO, Amado y Pedro Henríquez (1967): *Gramática castellana*. Segundo curso. (22ª ed.). Buenos Aires, Losada.

ALPÍZAR, Rodolfo (1990): «El término científico y técnico y el diccionario académico». *NRFH*, XXXVIII, 181–206.

ÁLVAREZ-BALBUENA, Fernando (2012): «La toponimia mayor de las áreas hablantes de gallegoportugués y asturleonés de León y Zamora: estado actual y prospectiva de su conocimiento». *Cahiers du P.R.O.H.E.M.I.O.*, XII, 181–206.

ANAYA REVUELTA, Inmaculada (1999–2000): «Los diccionarios enciclopédicos del español actual». *Revista de Lexicografía Española*, Nº 6, 7–36.

ANAYA REVUELTA, Inmaculada (2000): «Sobre el carácter enciclopédico de los diccionarios en español». *Boletín de la Real Academia Española*, Tomo 80, Cuaderno 280, 177–208.

ARIZA, Manuel (1992): «Toponimia española», en H. Gunter, M. Metzeltin y C. Schmitt (eds.), *Lexikon der Romanistischen Linguistik* (LRL), Tubinga, Niemeyer, Volume VI, 1, 474–482.

BOLÒS, Jordi (2010): «Cartografía, toponimia e historia medieval», en X. Sousa Fernández (ed.), *Toponimia e cartografía*. Santiago de Compostela, Consello da Cultura Galega/ Instituto da Lengua Gallega, 39-72.

BOSQUE, Ignacio (1982): «Sobre la teoría de la definición lexicográfica». *Verba: Anuario galego de filoloxia*, Nº 9, 105-124.

CAMUS BERGARECHE, Bruno (2016): «La morfología de los nombres propios». *LEA: Lingüística Española Actual*. Vol. 38, Nº 2, 269-289.

CANTERA ORTIZ DE URBINA, Jesús (1987): «La problemática de los nombres propios en la traducción del francés al español». *Problemas de la traducción*. Madrid: Fundación «Alfonso X el Sabio», 23-31.

CASADO VELARDE, Manuel (1979): «Creación léxica mediante siglas». *Revista española de lingüística*, Año 9, 1, 67-88.

CASADO VELARDE, Manuel (1985): *Tendencias en el léxico español actual*. Madrid: Coloquio.

CASTAÑO FERNÁNDEZ, Antonio M. (2007): «Toponimia: una ciencia entretenida». *Per Abbat: Boletín filológico de actualización académica y didáctica*, Nº 3, 75-84.

CORTÉS VÁZQUEZ, Luis (1987): «¿Se han de traducir los nombres propios?». *Problemas de la traducción*. Madrid: Fundación «Alfonso X el Sabio», 33-40.

GARCÍA SÁNCHEZ, Jairo Javier (2004): *Toponimia mayor de la provincia de Toledo (zonas central y oriental)*. Toledo, IPIET, Diputación Provincial de Toledo.

GARCÍA SÁNCHEZ, Jairo Javier (2007): *Atlas toponímico de España*. Madrid, Arco Libros.

GARCÍA SÁNCHEZ, Jairo Javier (2009): «Toponimia y "exonimia". Su reflejo en los medios de comunicación y su tratamiento en los libros de estilo». *Español Actual*, 91, 99-117.

GARCÍA SÁNCHEZ, Jairo Javier (2010): «La toponimia y la cartografía: *El atlas toponímico de España*». *Toponimia e cartografía*, en X. Sousa Fernández (ed.), *Toponimia e cartografía*. Santiago de Compostela: Consello da Cultura Galega/ Instituto da Lengua Gallega, 147-178.

GARCÍA SÁNCHEZ, Jairo Javier (2011): «Los aspectos semánticos de la toponimia». *Actes de la IV Jornada d'Onomàstica*. Vila-real 2010. Valencia, Academia Valenciana de la Llengua, 177-188.

GONZÁLEZ REY, Mª. Isabel (2012) : «Le sigle: mot simple ou mot construit? Une approche phraséologique», en X. Blanco Escoda, S. Fuentes Crespo y S. Mejri, (coords.), *Les locutions nominales en langue générale*. Barcelona, Universitat Autónoma de Barcelona, 125-142.

KLEIBER, Georges (1996): «Noms propres et noms communs: un problème de dénomination». *Meta* XLI, 4, 567–585.

KOCOUREK, Rostislav (1991): *La langue française de la technique et de la science.* Wiesbaden, Oscar Brandstetter Verlag.

LÁZARO CARRETER, Fernando (2008): *Diccionario de términos filológicos,* (3ª ed.). Madrid, Gredos.

LERAT, Pierre (1995): *Las lenguas especializadas.* Barcelona, Ariel Lingüística.

LÓPEZ GARCÍA, Ángel. «Lo propio del nombre propio». *LEA: Lingüística Española Actual,* Vol. 7, Nº 1, 1985, 37–54.

LÓPEZ GARCÍA, Ángel (2000): «Clases de nombres propios», en G. Wotjak (coord.), *En torno al sustantivo y adjetivo en el español actual: aspectos cognitivos, semánticos, (morfo)sintácticos y lexicogenéticos.* Madrid, Iberoamericana, 183–189.

MARSÁ, Francisco (1990): «Vida del nombre propio», en E. Anglada y M. Bargalló. *El cambio lingüístico en la Romania.* Lleida, Virgili & Pagés, 43–60.

MARTÍNEZ DE SOUSA, José (1984): *Diccionario internacional de siglas y acrónimos.* Madrid, Pirámide.

MARTÍNEZ DE SOUSA, José (2003): *Diccionario de redacción y estilo,* (3ª ed.). Madrid, Ediciones Pirámide.

MARTÍNEZ DE SOUSA, José (2007): *Manual de estilo de la lengua española,* (3ª ed.), Gijón (Asturias), Ediciones Trea.

MOLINO, Jean (1982): «Le nom propre dans la langue», *Languages,* 66, 5–20.

MORALA, José Ramón (1986): «El nombre propio ¿objeto de estudio interdisciplinar?», *Contextos,* IV/8, 49–61.

MORALA, José Ramón (1994): «Objetivos y métodos en el estudio de la toponimia». *Toponimia en Castilla y León. Actas de la reunión científica sobre la toponimia de Castilla y León,* Burgos, 57–81.

MOYA, Virgilio (1993): «Nombres propios: su traducción». *Revista de Filología de la Universidad de la Laguna,* nº 12, 233–247.

MOYA, Virgilio (2000): *La traducción de los nombres propios.* Madrid, Cátedra.

NEWMARK, Peter (1995): *Manual de Traducción.* Madrid, Cátedra.

NAKOS, Dorothy (1989) : «Sigles et noms propres». *Meta,* XXXIV, 3, 352–359.

PEÑÍN, José (1999): *Diccionario Espasa Vino.* Madrid, Espasa.

REAL ACADEMIA ESPAÑOLA (2009): *Nueva gramática de la lengua española.* Madrid, Espasa.

REAL ACADEMIA ESPAÑOLA (2010): *Ortografía de la lengua española.* Madrid, Santillana.

Rodríguez díez, Bonifacio (2003): «Nomenclaturas, nombres propios y topónimos». *Moenia*, 9, 21–49.

Rohlfs, Gerhard (1951): «Aspectos de toponimia española». *Boletín de Filología* XII, pp. 165–175.

Rosselló i verger, Vicenç M. (2010): «Toponimia, cartografía y geografía», en X. Sousa Fernández (ed.), *Toponimia e cartografía*. Santiago de Compostela, Consello da Cultura Galega/ Instituto da Lengua Gallega, 21–37.

Santoyo, Julio César (1987): «La «traducción» de los nombres propios» *Problemas de la traducción*. Madrid, Fundación «Alfonso X el Sabio», 45–50.

Torre, Esteban (1994): *Teoría de la traducción literaria*. Madrid, Síntesis.

Trapero, Maximiliano (1994): «Un nuevo método de estudio del léxico toponímico: las estructuras semánticas». *Contextos*, XII, N° 23–24, 41–69.

Trapero, Maximiliano (1995a): *Para una teoría lingüística de la toponimia. (Estudios de toponimia canaria)*. Universidad de Las Palmas de Gran Canaria.

Trapero, Maximiliano (1995b): «Sobre la motivación semántica de la toponimia (lugares «bien bautizados»)». *El museo canario*, N° 50, 351–372.

Trapero, Maximiliano _____ (1996): «Sobre la capacidad semántica del nombre propio». *El museo canario*, N° 51, 337–353.

Trapero, Maximiliano (1999): *Diccionario de toponimia canaria. Léxico de referencia oronímica*. Las Palmas de Gran Canaria, Fundación de Enseñanza Superior a Distancia de Las Palmas de Gran Canaria.

Trapero, Maximiliano (2002): «La perspectiva semántica en los estudios de toponomástica», en E. Casanova y V. M. Rosselló (eds.), *Congrés Internacional de Toponímia i Onomàstica Catalanes*, Valencia, Denes, 1083–1088.

Trapero, Maximiliano (2004): «La toponimia de Gran Canaria en el tiempo en que Colón pasó por ella». *Anuario de estudios atlánticos*, N° 50, 1, 27–70.

Ullmann, Stephen (1976): *Semántica: Introducción a la ciencia del significado*. Madrid, Aguilar.

Vaxelaire, Jean-Louis (2011): «De Mons à Bergen. De l'intraduisibilité des noms propres». *Translationes* 3: 13–28.

Wiesenthal, Mauricio (2010): *Gran diccionario del vino*. Barcelona, Edhasa.

Wüster, Eugen (1998): *Introducción a la teoría general de la terminología y a la lexicografía terminológica*. Barcelona, IULA.

Corpus de textos

Gil muela, Mario, Francisco García ortiz y Pedro García ortiz (2017): *El vino y su servicio*, (2ª ed.), Madrid, Paraninfo.

GHOSN, David Noel (2011): *De la cepa a la copa. Guía del vino para torpes.* Madrid, Anaya.

HIDALGO, Luis (2002): *Tratado de viticultura general.* Barcelona, Mundi-Prensa.

HIDALGO TOGORES, José (2002): *Tratado de enología.* Barcelona, Mundi-Prensa.

VALENCIA, Félix (2010): *Enología: vinos, aguardientes y licores.* (Hostelería y turismo). Málaga, Editorial Vértice.

WIESENTHAL, Mauricio y Francesc Navarro (2011): *Todo lo que debes saber sobre el vino para impresionar a tus amigos.* Madrid, Aguilar

Bozena Wislocka Breit

Los nombres de los vinos españoles en la literatura inglesa: una panorámica desde Chaucer (s. XIV) y Shakespeare (s. XVI) hasta los victorianos Dickens y Thackeray (s. XIX).

Resumen La presencia de los vinos españoles está documentada en Inglaterra desde la Edad Media; personajes de Chaucer manifiestan ya su apreciación por los *sack-sherris*. Dieciséis vinos diferentes, siete de España, se mencionan en un poema del siglo XVI; el *vino*, incluyendo *Malmsey*, *Canary* y *Sack*, aparece más de sesenta veces en las obras de Shakespeare. Es la bebida insignia de las clases nobles; la embriaguez es socialmente sancionada, considerada viril y noble, de allí el *"two-bottle man"*. *Sherry* está presente en los diarios de Pepys del siglo XVII, en las novelas de Thackeray, que retrata la sociedad inglesa dieciochesca, y en las novelas decimonónicas del victoriano Dickens.

Palabras clave: Vino. Sacke-sherry. Chaucer. Shakespeare. Pepys. Dickens.

Abstract Spanish wines presence in England has been attested since the Middle Ages; Chaucer's characters talk about their fancy for the sack-sherris. Sixteen different wines, seven from Spain, are mentioned in an English sixteenth-century poem. *Wine*, including: *Malmsey*, *Canary* and *Sack*, appears more than sixty times in Shakespeare's plays. Sherry has become the flagship drink of the noble classes, drunkenness is socially sanctioned, considered manly and noble, hence a "two-bottle man". *Sherry* appears in Pepy's seventeenth century *Diaries*; in the Thackeray's novels set in the eighteenth-century English society and in Dickens' nineteenth-century Victorian narrative.

Key words: Wine. Sacke-sherry. Chaucer. Shakespeare. Pepys. Dickens.

0. Introducción

En aquellos países europeos en los que, debido al clima, no existía el cultivo de la vid y, por ende, la producción del vino, la introducción de la viticultura se debió a las necesidades litúrgicas de la Iglesia. La intuitiva suposición acerca de los orígenes de su cultivo en Gran Bretaña resulta errónea: "The vine is said to have been first planted in Britain by Romans [no obstante] Tacitus mentions, that it [la vid] was not known when Agricola commanded in the island (Marsh & Miller: 1830: 213). La hipótesis más plausible acerca de la finalidad de la producción de los treinta y ocho viñedos mencionados explícitamente en el Domesday

Book[1], sugiere que estaba destinada a la venta en forma de mosto o vinagre, mientras que el vino para el consumo era importado de otros países, como atestiguan los documentos mercantiles de los siglos XIII y XIV. El vino llegaba en grandes cantidades de Gascuña, Poitours, Burgundia y Languedoc; también fue muy apreciado el de Renania (Simon, V.1, 1964: 16). El consumo más reducido de los vinos del Mediterráneo se debía a sus más onerosos precios si bien, gracias a un mayor grado de alcohol y el muy apreciado sabor dulce, gozaban de una gran popularidad; en el siglo XVII los impuestos conjuntos sobre el *sack-sherry* y los vinos de Canarias, superaron a los correspondientes a la totalidad de los demás vinos:

> London Customs accounts from March 1, 1650 until August 26,1650 show that the Commonwealth collected over £5,746 revenue on "sweet wines" (i.e. wines from Spain and Canary Islands) and more than £5,414 on French and Rhenish wines. (Ludington, 2013: 19).

Los documentos que acreditan la procedencia de los vinos traídos por los barcos españoles o por comerciantes ingleses, estos últimos pertenecientes al gremio de los vinateros, la *Vintners Company*[2], esclarecen esa aparente contradicción entre la presencia documentada del cultivo de la vid y la ausencia de cualquier mención acerca del consumo de vino local[3]. El floreciente comercio vinícola estaba gravado por diversas instancias, incluyendo los impuestos reales, los del parlamento, y de las autoridades municipales. El elevado valor comercial de vinos dulces propiciaba su adulteración, lo cual en 1352, y nuevamente en 1357, resultó en leyes que prohibían el almacenamiento simultáneo, por el mismo vinatero, de los vinos dulces y secos. Cualquier cliente de la taberna tenía derecho a bajar a la bodega para ver cómo y qué vino le estaban sirviendo en su cazoleta de barro. En 1366, el alcalde de Dartmouth, que había secuestrado un barco con vinos portugueses y españoles, fue informado de que los vinos españoles no estaban incluidos en la reciente prohibición de importación (Simon, 1964, V.1: 216–217).

---

1 *The Domesday Book* (1086): [En línea: https://www.britannica.com/topic/Domesday-Book 20.05.2019]

2 The Worshipful Company of Vintners, fundada en Londres en 1363 [En línea: https://vintnershall.co.uk/the-company/ 20.05.2019]

3 *It is significant, at any rate, that although contemporary records are fruitful of reference to English vineyards, English wine in never mentioned by contemporary writers who, nevertheless, have plenty to say about what they drank* (Cooper, 1892: 359)

1. Vinos españoles en la obra de Chaucer

Chaucer había nacido en el seno de una familia de comerciantes acomodados, afincada en el vecindario Vintry[4] de Londres. Su padre, vinatero de profesión, llegó a ser el segundo mayordomo de Eduardo II, de ahí que Chaucer estuviese profundamente familiarizado con el entorno, la procedencia y el lenguaje del vino, explícitamente reflejado en su obra más conocida, los *Cuentos de Canterbury* y, en especial, en el Cuento del Bulero [*Pardoner´s Tale*]:

> So when a man has had a drink or two
> Though he may think he is at home with you
> In Cheapside, I assure you he's in Spain
> Where it was made, at Lepe I maintain. (Chaucer, 1385: 568–70)

Su conocimiento de primera mano de cómo los vinateros adulteraban los vinos franceses pasándolos por españoles[5], le permite hacer un hábil juego de palabras: "white wine of Lepe, that is for sale in Cheapside or Fish Street. This wine of Spain creepeth subtly into other wines growing near" (*Op. cit.*: 563–66), jocosamente dando a entender que el sherry de Lepe es capaz de lograr la mutación de los vecinos vinos franceses en los mucho más valorados vinos españoles.

Otro de los personajes chaucerianos, la Mujer de Bath, critica a las mujeres que son *vinolent*[6], es decir, adictas a beber vino; el término "vino" [*wine*] aparece en los *Cuentos* de Chaucer treinta veces, mientras que la cerveza inglesa [*ale*] tan solo diez[7].

La extensa carrera diplomática de Chaucer, ampliamente documentada en el Archivo nacional inglés, lo llevó a Francia e Italia, permitiéndole conocer en original las obras de Petrarca, Boccaccio y Dante. En reconocimiento a sus servicios, o a su talento poético, el rey Eduardo III le concedió un galón de vino diario para el resto de su vida[8].

---

4   *Vintry* – Bodega, lugar donde se almacenaban y vendían vinos.

5   *Cf. The Art and Mystery of Vintners and Wine-Coopers: containing Approved Directions for the conserving and Curing all manner and sorts of WINES, whether Spanish, Greek, Italian, French, very necessary for all sorts of People* (1682); también *Letter XII From a Vintner in the City to a Young Vintner in Covent Garden* (1700).

6   *Vinolent* – (OED) documentado desde 1382, "addicted to drinking wine"

7   *Cf.* el texto completo en https://archive.org/stream/canterburytaleso00chauuoft/canterburytaleso00chauuoft_djvu.txt [En línea, 20.05.2019]

8   Royal warrant granting Chaucer the gift of a pitcher of wine, to be redeemed from the Port of London [catalogue reference: C 81/436/30091] [En línea: https://blog.nationalarchives.gov.uk/civil-servants-tale-geoffrey-chaucer-archives 20.05.2019]

2. El caballero de baja estofa [*The Squire of Low Degree*]

El romance caballeresco *El caballero de baja estofa* fue escrito posiblemente en 1475, si bien solo es conocido gracias a dos ediciones impresas: un texto completo de 1132 líneas, impreso alrededor de 1560, y dos fragmentos más antiguos de alrededor de 1520. Al modesto lector, ávido del lujo para él inalcanzable, el poema le permitía gozar en su imaginación de suntuosos vinos cuyo abanico no pretendía reflejar una realidad sino ofrecer un catálogo de objetos de fasto y de consumo tan deseados como inaccesibles. En la lista de dieciséis vinos hay varios que en la época se consideraban españoles, si bien algunos podían proceder también de otros países mediterráneos: *rumney*[9], *malmesyne*[10], *respice*[11] [*raspis*] o *bastarde*[12]. *Garnarde* o *garnade*[13], en diferentes versiones, actualmente suelen ser consideradas sinónimos de *garnache/ garnacha*, si bien cabe también la posibilidad de que se tratara de un vino de Granada, ya que este nombre se menciona también en los *Cuentos de Canterbury*: "*In Garnade at the siege had he bee / At Algezer, and ridden in Belmary*", en otra versión: "*In gernade at the seege eek hadde he be /Of algezir, and riden in belmarye*" (Chaucer, 1385: 2). La lista de vinos es complementada por otras, cuyo objetivo es suscitar en los lectores la misma sensación de inigualada opulencia, y que incluyen una enumeración de más de dieciséis árboles y arbustos, o diecinueve especies de pájaros presentes en el jardín de la princesa, amén de innumerables y lujosos detalles de su alcoba y de su ajuar (Kooper, 2006: 133).

---

9   *Rumney* – OED ofrece la primera atestación del año 1419: *Al þe grete multitude of wynes þat are clepid Romeneyes wiþ-in this Citee are but contrefetid of spaynissh wyne and Rochell & oþer remenauntz of wyne forseyd.* [*All the great number of wines that are called Romeneyes within this City are counterfeits of Spanish wines…*]

10 *Malmesyne* – *No malmeseis Romeneis sackes nor other swete wynes..shalbe reteiled aboue xii.d. the gallon.* [*None of the malmeseis, Romaneis, sackes nor other sweet wines shall be sold for more than…*]

11 *Respice* [*raspis*] – OED (1520) *Ye shall haue spayneshe wyne & gascoyn..Sak raspyce alycaunt rumney.* [*You will have Spanish and Gascon wine … Sack, raspyce, alycaunt, rumney*]

12 *Bastarde* – OED (1475) *The namys of swete wynes y wold þat ye them knewe..Bastard, Tyre, O3ey* [*The names of sweet wines for you to know: Bastard, Tyre, Ozey*]

13 La explicación de OED no es concluyente: *Old French (Picard) garnate, whence Middle Dutch garnate; Verwijs and Verdam conjecture that it may have meant wine flavoured with pomegranates, or perhaps wine from Grenada.*

3. Pasquil's Palinodia y Songs of the Vine

La excepcional popularidad del jerez español, en aquella época denominado *sack*, o *sherris-sack*[14] hizo que mereciera ser el tema principal de un extenso poema báquico titulado: *Pasquil's Palinodia and his progresse to the Tauerne, Where after the survey of the Sellar, you are presented with A pleasant pyntee of Poetical Sherry*[15]. La pinta del jerez no solo es considerada agradable, sino elevada a la categoría de inspiración poética, digna de estar al lado de los clásicos de la Antigüedad. Los términos *sherry* y *sacke* se emplean como sinónimos, apareciendo dieciséis y treinta y dos veces respectivamente, mientras que el estribillo, repetido once veces, confiere al sherry unas propiedades casi milagrosas:

> And makes him [the poet] sing giue me Sacke, old Sacke boyes,
> to make the Muses merry,
> The life of mirth, and the ioy of the earth,
> Is a cup of good olde Sherry. (Pasquil, 1619: 28)

El sherry no es el único vino español citado en el poema, también se mencionan el Málaga [*Malligo*] y el *Canary*, oportunos para los problemas estomacales:

> Two kinsmen neere allyde to Sherry Sack,
> Sweet Malligo, and delicate Canary,
> Which warme the stomacks that digestion lacke. (Op.cit.: 11)

La observación más peculiar es la que se refiere a las consecuencias del consumo de los vinos fraudulentos, es decir, de los que presumen de ser sherry sin serlo: la adulteración de la bebida es la verdadera culpable del eventual adulterio de las mujeres que la hubiesen consumido:

> He makes these strangers proue adulterate,
> And thats the cause when women thereof tast
> They fall to lewdnesse and become vnchast. (Op.cit.: 23)

Los demás vinos españoles: *Bastard, Muscadine, Alligant* y *Malmsey,* si bien igualmente valorados, no reciben los mismos elogios que el sherry, salvo que, al ser todos obtenidos de la uva, y siempre que no hubiesen sido manipulados, no provocan embriaguez. Pero solo el sherry tiene el mérito de ser fuente de ingenio, sabiduría y valor:

---

14 *Sack / seck / sherris-sack* – OED (Early 16th cent.) wyne seck, < French vin sec, 'dry wine'.
15 Pasquil (1619): *Palinodia and his progresse to the Tauerne...*

Brisk blushing Claret, and faire maiden Sherry,
Make men couragious, loving, wise, and merry. (Op. cit.: 26)

El poema de Pasquil no era reflejo de una opinión aislada, *El testamento de Colyn Blowbol*, un manuscrito anónimo escrito posiblemente en 1508, es un listado satírico y jocoso, recitado por un bebedor entregado al consumo de cualquier bebida alcohólica disponible en la Inglaterra de la época; los vinos mencionados, de procedencia española segura o probable, incluyen: *Teynt* (tinto), *Alycaunt* (Alicante), *Wyn ryvers* (vino de Ribadavia?), *wyn sake* (sack/sherry), *Malmasyes*, *Rumneys*, *Verunge* (probablemente *veringe*, es decir, *garnacha*, *cf.* explicación anterior), *Raspays*, *Muscadell*, *Bastard* (Halliwell-Phillipps, 1844: 10).

La popularidad de *sack* / *sherry* está igualmente refrendada por otra colección de composiciones festivas y báquicas titulada *Songs of the Vine*. Entre sus textos, que abarcan desde el siglo XII hasta finales del XIX, hay veintisiete obras en las que explícitamente se mencionan los vinos españoles; el jerez [*sherry*] es el más frecuente. Los títulos: *Farewell to sack*, *A song of sack* o las expresiones en las que aparece: *the poet´s soul, sing praises of sherry*, etc., acreditan la predilección de los ingleses por este vino durante siglos, a pesar de sus vaivenes, ya que se perdía y recuperaba en varias ocasiones[16].

La forma escrita de los nombres de los vinos españoles reflejaba la oral, que los vinateros ingleses conocían de oídas; el vino que hoy en día probablemente sería identificado como *Pedro Ximénez*, había tenido diversas grafías, como la utilizada en el texto citado de Thomas Middleton y William Rowley, dramaturgos coetáneos de Shakespeare. Alaban y detallan el carácter de cuatro vinos españoles: el de Canarias espolea el cerebro, el jerez caliente con especias y miel no es traicionero, *Peter-se-me* [Pedro Simon / Petercyment[17] /Pedro Ximénez] purifica la mente, mientras que una copa de málaga nubla tu ingenio:

Canary bees thy brains shall sting,
Mull-sack did ne'er speak treason;
Peter-se-me shall wash thy nowl
And Malaga glasses fox thee (Hutchison, 1904: 32)

---

16 Sherry perdió su popularidad a favor del porto debido a las guerras con España: … *from the end of the War of the Spanish Succession in 1714 to the 1740 Portuguese wines rose from 46% to over 70% of total wine imports into England* (Ludington, 2013: 130); volvió a ser la bebida predilecta del partido de los *Tories* en el XIX, fue sustituido de nuevo por los ponches y la ginebra, recuperando nuevamente la popularidad entre el *establishment* británico después de la II guerra mundial (Nicholls, 2008: 198).

17 Este era el nombre que el vino llevaba en Polonia [En línea: https://sjp.pwn.pl/doroszewski/petercyment;5471172.html 20.05.2019]

El nombre y el origen del vino Pedro Ximénez nunca ha dejado de ser debatido, como demuestra Henderson, historiador enológico inglés del siglo XIX, que mantiene que:

> The Pedro-Ximenes, [...] receives its name from a grape which is said to have been imported from the banks of the Rhine by an individual called PEDRO SIMON (corrupted to Ximen, or Ximenes). (Henderson, 1824: 193)

Sin embargo, otro libro, publicado seis años más tarde, ofrece una versión levemente diferente del nombre, *Peroximenes*, y relaciona el vino con Paxareta Malmsey (The Wine Drinker's Manual, 1830: 76).

4. El sherry en la literatura médica del siglo XVII

El profundo convencimiento acerca de las excepcionales propiedades del sherry era compartido por toda la sociedad y sancionado por los médicos de la época. El valor gustativo del vino apenas tenía importancia, los cuatro descriptores heredados de la Antigüedad: *dulcia, astringentia, austera* y *acerba*, a veces completados con *acria* y *acida* (Shapin, 2012: 53) resultaron suficientes hasta el mismo siglo XVIII[18]. La característica decisiva era su valoración medicinal, *cf.* el significado de *sound, soundness*[19], que implica la solidez del vino y no su sabor.

> Wine, is both ailment and medicament; a great refresher of decayed nature, it nourishes the Body, and exhilarates the mind: 'tis a good cordial; it strenghtens the stomach, and disposeth to sleep; it restores the spirits of dejected or weak, and is helpful to old Age (Maynwaringe: 1683: 112).

En virtud de la autoridad de Galeno, Dioscórides y Avicena, el vino debía complementar el temperamento natural de quien lo bebía, de ahí que aquellos de disposición flemática o melancólica debían evitar los vinos de poco cuerpo, mientras que a los de naturaleza sanguínea y colérica les convenía abstenerse de vinos de mucho cuerpo, en aquella época denominados *hot* en inglés:

> Whatsoever things are sweete, cannot be colde, therefore sweete wines are of an hote complexion: and Dioscorides sayth sweete wines hath grosse partes in it, and doth breath out of the bodie more hardiye... (Turner, 1568: s.n.)

---

18 "*...but the four-taste list was common in the 16th, 17th and the 18th centuries, and it is not easy to find early modern writers reaching out much beyond that*" (Shapin, 2012: 53).

19 "*If a structure, part of someone's body, or someone's mind is* sound, *it is in good condition or healthy*" *Collins English Dictionary*. [En línea: https://www.collinsdictionary.com/dictionary/english/sound (20.05.2019)]

El médico Andrew Boorde, en su compendio de conocimientos sobre la salud: *Here Foloweth a Compēdyous Regyment or a Dyetary of health* (1576) incluye catorce vinos dulces y "calientes", entre los que cita: *Malmsey, Rumney, Sack, Alicant, Bastard, Osey, Muscadell, Tynt* [tinto], *Roberdany* [¡ribadavia!]. En una obra similar de su coetáneo William Turner: *A new Booke of the natures and properties of all Wines that are commonly used here in England* también se hace mención de *Sacke, Malmesey* y *Muscadell*, amén de los vinos de otros países.

Se consideraba que la no observancia de las reglas de las bebidas alcohólicas implicaba un grave peligro para la salud: «*by subverting the natural vital heat; alienating the crases of the parts; and offending the Nerves*» (Maynwaringe, 1683: 112), simultáneamente, el no poder disponer de vino percibido como remedio medicinal se interpretaba como una injusticia y agravio, como el sufrido por Catalina de Aragón quien, en 1534, solicitó que se le enviase al lugar donde estaba confinada por orden real, *a cask of old Spanish wine*, debido a su edad y estado de salud. Logró su objetivo, pero Enrique VIII, casado ya con Ana Bolena, se aseguró de que no se volviese a proveer a Catalina nada sin que él lo hubiese consentido previamente: «*… et ne veult ce roy quelle boive ni mange que de ce quil luy fera pourvoir*» (Calend. Of State Papers, Gayangos, Vol. V, Part. I p. 82 en: Simon, 1964: 138–139)

5. Shakespeare, el personaje de Falstaff y el sherry

El término *sack*, es decir, sherry, aparece treinta y cuatro veces en las obras de Shakespeare[20], la cita más famosa y completa es la que pertenece al monólogo de Falstaff en *Enrique IV*, Parte II[21]. Falstaff no solo reincide en lo que opinaban los médicos de la época: que los vinos dulces y con cuerpo [*hot*] son reconstituyentes, sino ennoblece ese criterio con un sinfín de méritos adscritos por él a *sack*: al cerebro lo hace sagaz, vivo, inventivo, lleno de ligeras y deliciosas formas; proporciona ingenio a la lengua, calienta la sangre, quita los pensamientos malsanos o estúpidos, facilita la oratoria, hace que la cara se vuelva radiante y llena al sujeto de valor para cualquier hazaña. Su panegírico es una versión más poética y elaborada de lo que Pasquil del mismo modo estaba pregonando en su *Palinodia*. (*cf*. 3.)

---

20 *Cf.* la página web: http://www.opensourceshakespeare.org/ [En línea, 20.05.2019]
21 William Shakespeare (1597): *Enrique IV*, Parte II, Acto IV escena 3 [En línea: http://www.opensourceshakespeare.org/views/plays/play_view.php?WorkID=henry4p2&Scope=entire&pleasewait=1&msg=pl 20.05.2019)]

La predilección de los ingleses hacia los vinos dulces, y dulces en general, no pasó inadvertida a los españoles que vinieron a Inglaterra en 1603 acompañando al Conde de Villamediana en su misión diplomática. El secretario anotó que los ingleses nunca comían nada sin azúcar: "Y no comen cosa que no sea con su açucar, y en el vino lo beven muy de ordinario, y lo echan en la carne". (Rye, 1865: 190). Esta observación permite entender mejor otra agudeza de Falstaff, pronunciada en la misma obra: *If sack and sugar be a fault, God help the wicked!*, así como la actual dificultad para averiguar si el sherry consumido en Inglaterra en la época de Shakespeare era dulce o seco.

La popularidad de la bebida y la completa incorporación de la voz *sherry* a la lengua inglesa están detrás de la ausencia del término en el diccionario de Tyler de 1658: *The New World of English Words: Or, a General Dictionary: Containing the Interpretations of Such Hard Words as are Derived from Other Languages*; muy al contrario que *Málaga*, definida como ciudad, pero también como vino español: «Malaga, *a Citie and Port-Town of* Andalusia, *whence we have that sort of wine, which is called* Malaga Sack» (Tyler, 1658: s.n.), a pesar de la misma procedencia de ambos vinos y su parecido sabor.

Una comparativa (Fig. 1.), elaborada a partir de los libros digitalizados pertenecientes al corpus de *Early English Books Online*[22], abarca el periodo entre el año 1500 hasta 1690:

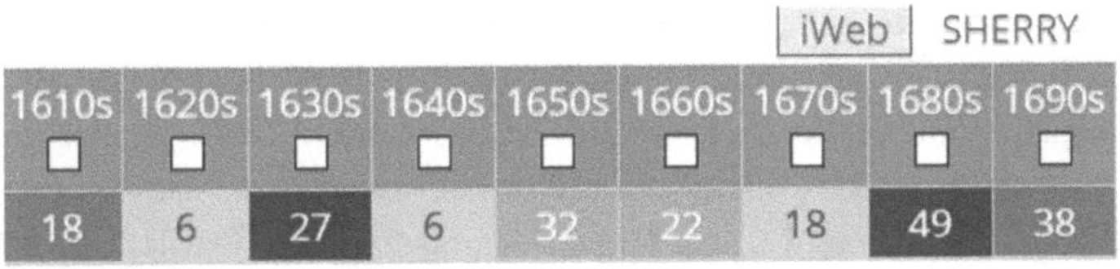

iWeb	SHERRY							
1610s	1620s	1630s	1640s	1650s	1660s	1670s	1680s	1690s
18	6	27	6	32	22	18	49	38

Fig. 1: Las ocurrencias de la voz *sherry* en el corpus de los *Early English Books Online*

De las 217 ocurrencias totales una, fechada en 1550, ha sido omitida en la Fig. 1., para una mayor claridad. Aunque las frecuencias confirman la popularidad de la voz, conviene tener presente que el criterio que rige la selección de los textos para ser digitalizados no se debe a su representatividad, sino al valor histórico y literario de la obra en cuestión. Adicionalmente, de las dieciocho ocurrencias correspondientes a la década 1610–1620, quince se refieren a la misma obra, *Pasquil's Palinodia*, analizada en el apartado 3.

---

22 [En línea: https://www.english-corpora.org/eebo/ 20.05.2019]

6. Samuel Pepys, sus *Diarios* y sus aspiraciones enológicas

La modesta procedencia social de Samuel Pepys no pronosticaba su posterior éxito, sin embargo, gracias a su habilidad, logró el puesto de Secretario de Almirantazgo en Londres, lo cual implicaba la supervisión aduanera de los vinos que se importaban a Inglaterra. Esta ocupación, además de proporcionarle los conocimientos oportunos, le facilitó el contacto con las clases nobles, habituadas a almacenar en sus bodegas particulares vinos que hoy serían denominados de 'gama alta'. Pepys aspiraba a imitarlos; durante una década, a partir del año 1659, estuvo registrando en sus *Diarios*, estenografiados[23] e ilegibles para extraños, cómo crecía su bodega particular. Bajo la fecha 7 de julio de 1665 anotó con orgullo:

> … condition it hath pleased God to bring me that at this time I have two tierces of Claret, two quarter casks of Canary, and a smaller vessel of Sack, a vessel of Tent, another of Malaga, and another of white wine, all in my cellar together; which, I believe, none of my friends of my name now alive ever had of his owne at one time. (Mendelsohn, 1963: 47)

Los *Diarios* no fueron hechos públicos hasta 200 años después de la muerte de su autor y no son muy conocidos fuera del país, no obstante, hoy en día se consideran una fuente inapreciable para el conocimiento de la sociedad inglesa del siglo XVII, ya que Pepys anotaba con detalle todo lo que comía y bebía y con quien y en qué circunstancias lo hacía. En 1668 había sido invitado a visitar Bristol, donde pudo catar el sherry denominado *Bristol milk*, pero no hizo ningún comentario acerca de su sabor. Sin embargo, sí le llamó la atención el hecho de que en las principales calles de la ciudad estaba prohibido utilizar carros pesados, con el fin de evitar las sacudidas y vibraciones del suelo que podrían estropear el sherry guardado en las bodegas subterráneas. Su coetáneo Daniel Defoe también anotó que «*Bristol milk, which is Spanish sherry, nowhere as good as here*» (*i.e.* in *Bristol taverns*) (*op. cit.*: 43).

7. ¿Cómo se arregla un vino estropeado? [*doctoring*]

La tradición de 'arreglar' o 'mejorar' vinos [*doctoring*] en Inglaterra está extensamente documentada, numerosos ejemplos de esta práctica están compilados en *The Art and Mystery of Vintners and Wine-Coopers: containing Approved Directions for the conserving and Curing all manner and sorts of WINES, whether Spanish, Greek, Italian, French* publicado en1682. British Library posee al menos

---

23 *Cf.* http://www.pepys.info/ [En línea, 20.05.2019]

dieciséis ejemplares correspondientes a diversas ediciones que se hicieron de este libro hasta el año 1770. Los consejos abarcan desde el añadido de cal, miel, o de especias, hasta una mezcla indecente de vinos de diversa procedencia para obtener un tonel [*pipe*] de *Alligant*:

> To make a pipe of Alligant
> Take a Pipe and wash it very clean, and take a Hogshead of high-Countrey Claret that is sweet and fine, and rack it into the Pipe; then take 8 gallons of Soot and put to it, and beat it as you do Muskadine,; before you put it in, take 8 gallons of Sack, and the rest of any Laggs of Claret; if it be not deep enough, you may put Red-wine into it, if not sweet enough, 2 gallons of Honey, and beat it till it have a Pearl, and fill it into the Pipe; let is stand till it be fine, then rack it into another Pipe; than take 20 ounces of Aniseeds, bruise them and put them into a Bag in the Bung, ant there let it be 12 or 14 days; thane take it out, and it will serve very well. (The Art and Mystery, 1682: 60)

Son aún más peculiares los consejos que en el año 1700 un vinatero de la City de Londres le proporciona en una carta a un principiante en el negocio ubicado en Covent Garden:

> … so you must take care to christen your Wines by some hard Names, the farther fetcht, so much the better, and this policy will serve to recommend the most execrable Stumm in all your Cellar. […] If your own invention is so barren that it wants to be assisted, or you have not Geography enough to christen your Wines yourself, I advise you to buy a Map of Spain, Portugal, France and Italy, and there you will find names of places fit for your purpose and the more uncommon they are, they'll be the more taking. (Brown, 1700: 203–204)

La adulteración del vino, aun siendo reconocida como fraude, amén del grave peligro para la salud, se siguió practicando hasta bien llegado el siglo XIX, como demuestra el capítulo «Adulteración del vino» perteneciente al *The Wine-drinker's Manual*. Los términos como 'fraude' o 'adulteración' son enmascarados con eufemismos o tecnicismos, véase el párrafo siguiente: "*The sophistication, or, as it is technically called, the doctoring of wine is still carried on in London, to an enormous extent, as well as the art of manufacturing spurious wine* (The Wine-drinker's Manual, 1830: 257).

El final del siglo XVII marcará el papel definitivo de sherry como aperitivo, su popularidad se mantendría aún en los tiempos de Dickens y Thackeray, para, debido a las guerras con España, perder su primacía más tarde a favor del porto portugués. Sherry volvió a ponerse de nuevo de moda entre las clases altas después de la II Guerra Mundial (Bode, 1992: 42).

8. Sherry y Dickens

Un decantador con jerez colocado en el aparador del hotel, o de una casa particular, era un símbolo de hospitalidad y de "saber estar", sin embargo, el sherry del Eagle Hotel in Staffordshire, donde un día se alojó Dickens, era tan malo que escribió:

> It tastes of pepper, sugar, bitter almonds, vinegar, warm knives, any flat drink, and a little brandy. Would it unman a Spanish exile by reminding him of his native land at all? I think not (Hewett, 1983: 145).

Por el mismo motivo uno de los personajes de la novela dickensiana *Dombey and Son*, Major Joseph Bagstock, decepcionado con la ínfima calidad del sherry habitualmente disponible en los hoteles, lleva en los viajes su propia petaca llena de *East India Brown Sherry*. Es la introducción de este tipo de botella[24] en la sociedad, reflejando la necesidad de los ingleses de disponer siempre de su bebida alcohólica preferida; sin embargo, el nombre del sherry que está en su interior resulta aún más interesante. El calificativo *East India* significaba que el jerez había sido llevado en barco desde España a las Indias Orientales, almacenado allí durante cierto tiempo y finalmente traído a Inglaterra; se consideraba que el mecer de las olas y las temperaturas cálidas mejoraban sustancialmente su calidad. Esta costumbre, practicada y bien conocida en la época de Dickens, le permite hacer un ingenioso guiño al lector cuando la señora Bardell, uno de los personajes de los *Papeles del Club Pickwick* afirma con orgullo que posee una botella de «*the celebrated East-India sherry at 14-pence*» (Dickens, 1837: 286), si bien, dado que la auténtica costaría alrededor de ocho chelines, aproximadamente siete veces más, la suya había sido «*probably brought from Germany and driven slowly past the India Dock in the vintner's dray*» (Hewett, 1983:131).

El sherry seguía siendo considerado una bebida reconstituyente, y la manera preferida de consumirlo era en caliente y mezclado con «*the yolk of an egg, beat up with sugar and nutmeg, in a glass of sherry, and taken in the morning with a slice of dry toast*» (Dickens, 1848: s.n.).

El consumo del alcohol era omnipresente en la vida social inglesa de la época de Guillermo IV, el monarca esperaba que los hombres de su entorno fuesen como mínimo *a two-bottle men* (Hewett, 1983: 139), es decir, que pudiesen beber al menos dos botellas de porto después de comer, no obstante, hay que tener en

---

24 Cf. "*Meanwhile, come forth, thou pocket-flask! [...] Having refreshed his spirits with a draught of potent sherry, with which he provided himself on setting out*" (Ollier, 1844: 34)

cuenta que la capacidad de aquellas botellas era aproximadamente la mitad de las contemporáneas (Hague, 2004: s.n.).

Sherry aparece en casi todas las novelas dickensianas, es mencionado diez veces en *David Copperfield*, seis en *Great Expectations* y cinco en *The Posthumous Papers of the Pickwick Club*.

9. Thackeray y la derrota definitiva de sherry frente al porto

Si bien la novela más conocida de Thackeray es la *Feria de vanidades*, un retrato mordaz de la sociedad inglesa de finales del siglo XVIII, la anterior, *The Book of snobs*, igualmente sarcástica, fue la responsable de la popularización del término *snob*. En ambas el sherry y el oporto acompañan a los personajes en todas sus actividades mundanas: «*blameless enjoyment of his half-pint of port*»; «*and dribbles you out bad sherry and port by thimblefuls, is a Dinner-giving Snob*»; «*this I will say, that I prefer sherry to marsala when I can get it*»; «*or more dangerous sherry-cobbler which they consume*»; «*Give me pale sherry at dinner, and my twenty-three claret afterwards*» (Thackeray, 1848a: s. n.). Sin embargo, el sherry está perdiendo su lugar privilegiado y el consumo de oporto [*port*] comienza a ocupar la posición dominante, como prueban las veintidós menciones de este último y solo seis de aquel en la novela. La familiaridad de los lectores con los nombres de aquellos vinos no permitiría que la expresión «*filling rapidly from the bottles before him, and flying from Port to Madeira with joyous activity*» (Thackeray, 1848b: s.n.), fuese interpretada como una noticia sobre viajes en avión, por otro lado aun inexistente.

10. *El retorno a Brideshead* y el ocaso final del sherry

La presencia, si bien efímera, del sherry en *Brideshead Revisited* de Evelyn Waugh se debe a la intrínseca relación que siempre había existido entre esa bebida y las clases altas inglesas. En un intento de aplacar la penuria de la guerra, «*the book is infused with a kind of gluttony, for food and wine, for the splendours of the recent past*» (Waugh, 1945: IX). Sherry aparece solo en dos situaciones, al principio de la narrativa, invocando los buenos tiempos de la iniciación estudiantil en Oxford:

> They leave their gowns here and come and collect them before hall; you start giving them sherry. Before you know where you are, you've opened a free bar... (*Op. cit.*: 22)

y de nuevo: «*I expect you would prefer sherry, but, my dear Charles, you are not going to have sherry. Isn't this a delicious concoction?*» (*Op. cit.*: 41). La caída en alcoholismo de uno de los protagonistas se debe a otras bebidas, el sherry ha dejado de desempeñar un papel dominante.

11. Reflexiones finales

La historia de los vinos españoles en Inglaterra y Reino Unido y, por ende, sus nombres, véase la Tab. 1., es la historia de un extraordinario éxito seguido por una gradual y prolongada pérdida de aprecio.

Tab. 1: Los nombres históricos de los vinos españoles en Inglaterra

Tipo de vino	Nombre	Otras versiones
blanco dulce	*alicant*	*alagant, alicant, aligant, alygant*
dulce	*bastard*	*Bastardo*
blanco dulce	*canary*	*canarie*
?	*garnarde*	*garnade*, garnacha (?)
dulce	*málaga*	*malagaes, malligo, mount*
Blanco dulce	*malmesyne*	*malmesey, malmosey*
Blanco dulce	*muscadell*	*Muscadel*
Blanco dulce	*osey*	*oseye, osay, osseye, osaye, osoye*
dulce	*Peter-see-me*	*petersameen, petercyment, peroximenes*
?	*Respice*	*Raspis*
blanco	*Roberdauy*	Ribadavia
?	*romanyske*	*Romangna* (?)
Blanco dulce	*rumney*	*romney, rumrey*
Blanco seco /dulce	Sack / sherry	*sacke, sherris-sack*
Tinto	*tynt*	*tente, teynt, tint*

Las masivas importaciones de antaño, acompañadas por los panegíricos de los consumidores, amén de la elevada valoración de sus propiedades medicinales, reales o simplemente atribuidas, sufrieron las consecuencias de las guerras entre España e Inglaterra; el sherry fue reemplazado por el oporto portugués y por los vinos y licores producidos en las colonias propias del imperio. El gráfico confeccionado a partir de los libros escaneados por Google Books[25] (Fig. 2.) permite valorar este proceso, si bien adolece del sesgo de la selección de los libros escaneados y no puede pretender ser un fiel reflejo de la realidad.

---

25 [En línea: https://books.google.com/ngrams/graph?content=sherry&year_start=1800&year_end=2000&corpus=16&smoothing=3&share=&direct_url=t1%-3B%2Csherry%3B%2Cc0#t1%3B%2Csherry%3B%2Cc0 20.05.2019]

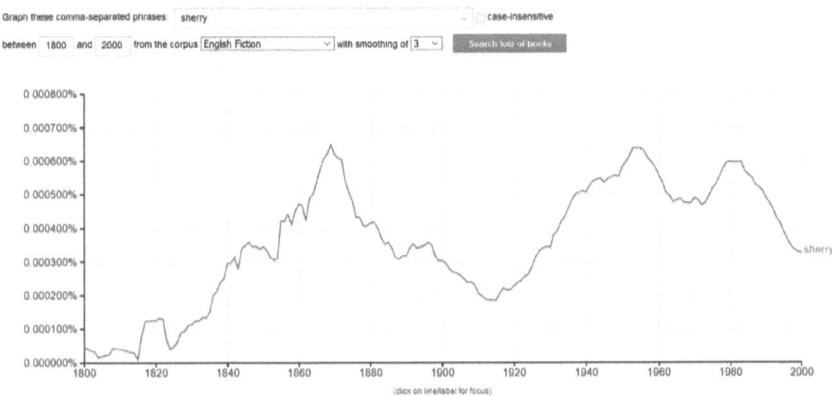

Fig. 2: La voz *sherry* en la narrativa anglófona entre 1800 y 2000 reflejada en Google Books Ngram Viewer

El hecho de que sherry fuese un vino de importación supuso su ineludible aparición en los debates parlamentarios del Reino Unido relacionados con el comercio exterior. *Hansard Corpus*, que abarca todas las intervenciones parlamentarias entre los años 1803–2005[26], con lo cual su solapamiento con el periodo correspondiente a la Fig. 2. es casi perfecto, presenta, en la Fig. 3. unas frecuencias muy semejantes:

CONTEXT		1800	1810	1820	1830	1840	1850	1860	1870	1880
	ALL ■	■	■	■	■	■	■	■	■	■
SHERRY	769				3	4	9	35	20	28
1890	1900	1910	1920	1930	1940	1950	1960	1970	1980	1990	2000
■	■	■	■	■	■	■	■	■	■	■	■
19	17	4	5	25	35	122	176	75	125	56	11

Fig. 3: Ocurrencias de *sherry* en los debates parlamentarios británicos entre 1803 y 2005

En ambas figuras el repunte de la frecuencia de *sherry* en las décadas 1950 hasta 1970 se debe probablemente a la mejora del poder adquisitivo de la sociedad británica, incluyendo las bebidas alcohólicas, una vez olvidadas las penurias de

---

26 [En línea: https://www.hansard-corpus.org/x.asp 20.05.2019]

la guerra y posguerra; el repunte de los ochenta corresponde con el acceso a la, entonces, Comunidad Europea.

Finalmente, el gráfico creado a partir de los datos del *British National Corpus*[27] (Fig. 4) correspondientes a los años 1980–1990, que sí es representativo para el lenguaje utilizado y diferencia el empleo de la voz *sherry* en diferentes registros (académico – no académico) canales de comunicación y sus géneros (hablado – escrito: ficción / periódico/ revista) nuevamente demuestra que, en el mundo contemporáneo, el *sherry* pertenece más a la ficción literaria, que la realidad cotidiana de los británicos.

SECTION (CLICK FOR SUB-SECTIONS) (SEE ALL SECTIONS AT ONCE)	FREQ	SIZE (M)	PER MIL	CLICK FOR CONTEXT (SEE ALL)
SPOKEN	92	10.0	9.23	
FICTION	256	15.9	16.09	
MAGAZINE	51	7.3	7.02	
NEWSPAPER	43	10.5	4.11	
NON-ACAD	18	16.5	1.09	
ACADEMIC	11	15.3	0.72	
MISC	83	20.8	3.98	
TOTAL	554			SEE ALL TOKENS

Fig. 4: Las frecuencias de la voz *sherry* en diferentes canales y géneros en *British National Corpus*

Sherry no solo perdió a favor del oporto [*port*] portugués, sino a la mayoría de bebidas de más graduación alcohólica, si bien ninguna de ellas haya podido lograr la primacía tan incuestionable como la que ostentó este vino español en Inglaterra durante varios siglos.

Referencias bibliográficas

The Art and Mystery of Vintners and Wine-Coopers: containing Approved Directions for the conserving and Curing all manner and sorts of Wines, whether Spanish, Greek, Italian, French, very necessary for all sorts of People (1682): London: Printed for William Whitwood, at the Cross-Keys at Salisbury Street in the Strand.

Bode, Willi K.H. (1992): "The Ancient History of the Making and Development of Wine". *International Journal of Wine Marketing*, Vol. 4 Issue: 1, (36–43) [En línea: https://doi.org/10.1108/eb008592; 20.05.2019].

---

27 [En línea: https://www.english-corpora.org/bnc/ 20.05.2019].

BOORDE, Andrew (1562): *Here Foloweth a Compēdyous Regyment or a Dyetary of health...* Imprinted in London in Fleete Streete.

BROWN, Thomas (ed.?) (1700): *A Collection of Miscellany Poems & Letters, the second edition with Additions.* "Letter XII From a Vintner in the City to a Young Vintner in Covent Garden" London, Stationers Hall, 201–210.

CHAUCER, Geoffrey (1387–1400): *Canterbury Tales* [En línea: https://sites.fas. harvard.edu/~chaucer/teachslf/pard-par.htm#TALE 20.05.2019]

COOPER, Charles "Early English Fare". *The Gentleman's Magazine* Vol. 272 enero a junio 1892 (358–369). [En línea: https://archive.org/details/gentlemansmagaz221unkngoog/page/n6; 20.05.2019]

DICKENS, Charles (1848): *Dombey and Son.* [En línea: http://www.gutenberg. org/files/821/821-h/821-h.htm 20.05.2019]

DICKENS, Charles (1837): *The Posthumous Papers of the Pickwick Club,* v. 2. [En línea: http://www.gutenberg.org/files/47535/47535-h/47535-h.htm 20.05.2019]

HAGUE, William (2004): "He was something between God and man". *The Telegraph* 31.08.2004 [En línea: https://www.telegraph.co.uk/culture/3623135/ He-was-something-between-God-and-man.html 20.05.2019)

HALLIWELL-PHILLIPPS, J. O. (James Orchard). (1844). *Nugae poeticae: select pieces of Old English popular poetry illustrating the manners and arts of the fifteenth century.* London: John Russell Smith. [En línea: https://hdl.handle. net/2027/ucl.$b162293 20.05.2019]

HENDERSON, Alexander (1824): *The History of Ancient and Modern Wines.* London, Baldwin, Cradook and Joy.

HEWETT, Edward & W.F. Axton (1983): *Convivial Dickens: The Drinks of Dickens and His Times,* Athens (Ohio), Ohio University Press.

HUTCHISON, William G. (ed.) (1904): *Songs of the Vine. With a Meadley for maltworms.* London, A.H. Bullen.

KOOPER, Erik (ed.) (2006): *véase:* THE SQUIRE OF LOW DEGREE (1560? [2006])

LUDINGTON, Charles (2013): *The Politics of Wine in Britain. A New Cultural History.* Basingstoke, Palgrave Macmillan.

MAYNWARINGE, Everard (1683): *The Method and Means of Enjoying Health, Vigour and Long Life.* London, Printed by J. M. for Dorman Newman at the Kings'Arms in the Pultrey. [En línea: https://books.google.co.uk/books?id=I_pmAAAAcAAJ&printsec=frontcover&source=gbs_ge_summary_r&cad=0#v=onepage&q&f=false; 20.05.2019]

MENDELSOHN, Oscar A. (1963): *Drinking with Pepys.* London, Macmillan & Co LTD

NICHOLLS, James (2008): "Vinum Britannicum: The 'drink question' in early modern England". *Social History of Alcohol and Drugs*, Volume 22, No 2 (Spring 2008), 190–208.

OLLIER, Charles (1844): "The Adventure of a Benighted Traveller". *Ainsworth's Magazine*. Vol. 5 Jan. 1844, 32–40.

OXFORD ENGLISH DICTIONARY (OED) (2019): [En línea: https://0-www-oed-com.catalogue.libraries.london.ac.uk/ 20.05.2019]

PASQUIL (1619): *Pasquil's Palinodia and his progresse to the Tauerne, Where after the survey of the Sellar, you are presented with A pleasant pyntee of Poetical Sherry*. London: Printed by Thomas Snodman [En línea: http://eebo.chadwyck.com/search/fulltext?source=configpr.cfg&ACTION=ByI-D&ID=D00000998494150000&FILE=../session/1553447829_12818&DIS-PLAY=AUTHOR&RESULTCLICK=default (20.05.2019]

RYE, William Brenchley (1865): *England as seen by Foreigners in the days of Elizabeth and James I*. London, J. R. Smith.

SHAPIN, Steven (2012): "The Tastes of Wine: Towards a Cultural History". *Rivista di estetica* 51 (3/2012), 49–94.

SIMON, Andre (1964): *The History of the Wine Trade in England*. London, The Holland Press. Vols. 1–3.

THE SQUIRE OF LOW DEGREE (1560? [2006]) Kooper, Erik (ed.): *Sentimental and Humorous Romances. Floris and Blancheflour, Sir Degrevant, The Squire of Low Degree, The Tournament of Tottenham and the Feast of Tottenham*. Middle English Series. Kalamazoo, Michigan: Medieval Institute Publications, 127–179.

THACKERAY, William (1848a): *The Book of Snobs* [En línea: http://www.gutenberg.org/files/2686/2686-h/2686-h.htm 20.05.2019]

THACKERAY, William (1848b): *Vanity Fair* [En línea: http://www.gutenberg.org/files/599/599-h/599-h.htm 20.05.2019]

TURNER, William (1568): *A new Boke of the natures and properties of all Wines that are commonlye used here in England ... Whereunto is annexed the booke of the natures and vertues of Triacles, newly corrected and set foorth againe, etc.* London, Imprented by William Seres.

TYLER, E. (1658): *The New World of English Words: Or, a General Dictionary: Containing the Interpretations of Such Hard Words as are Derived from Other Languages ...* Printed for Nath: Brooke at the Angoll at Cornhill.

WAUGH, Evelyn (1945): *Brideshead revisited*. London, Penguin Modern Classics

The Wine-Drinker's Manual (1830): London, Marsh & Miller.

Mª Esther Fraile Vicente

Las metáforas del enoturismo y su traducción

Resumen El objetivo de este artículo es analizar metáforas lingüísticas frecuentes en el enoturismo y estudiar el grado de correspondencia entre ellas y las metáforas conceptuales de la enología y entre las estrategias de traducción que suelen usarse con todas esas metáforas. Las principales aportaciones de estas páginas son sistematizar y completar las metáforas conceptuales asociadas a la enología, identificar metáforas lingüísticas frecuentes que se utilizan en la sección de enoturismo de las páginas web de las bodegas de Ribera del Duero, proponer dos clasificaciones de metáforas conceptuales, una para enología y otra para enoturismo, y sugerir formas de mejorar la traducción de todas estas metáforas.

Palabras clave: Metáfora lingüística. Metáfora conceptual. Enología. Enoturismo. Traducción. Estrategia de traducción.

Abstract The aim of this article is to analyze frequent linguistic metaphors in wine tourism, to study the degree of correspondence between them and the conceptual metaphors of enology and between the translation strategies used with all these metaphors. The main contributions of these pages are to systematize and complete the conceptual metaphors associated to enology, to identify frequent linguistic metaphors used in the wine tourism section of the Ribera del Duero wineries´ web pages, to propose two classifications of conceptual metaphors, one for oenology and the other for wine tourism, and to suggest ways of improving the translation of all these metaphors.

Keywords: Linguistic metaphor. Conceptual metaphor. Enology. Wine tourism. Translation. Translation strategy.

1. Introducción. Propósito e hipótesis

El enoturismo o turismo enológico es una variedad alternativa de turismo que invita a visitar las principales zonas vitivinícolas del país y suele ofrecer, entre otros, recorridos por las bodegas, paseos entre viñedos, cursos de cata, catas comentadas y propuestas gastronómicas. Y es que, en la actualidad, el vino es mucho más que una bebida, es cultura, ocio, arte, literatura, paisaje, arquitectura, salud, gastronomía, diseño, belleza, por lo que no siempre es fácil encontrar las palabras para describir todas estas facetas.

La lengua del enoturismo, al igual que la del vino, tiene un carácter mixto. Se plasma en textos turístico–publicitarios, en apariencia poco especializados, pero que presentan cierto grado de terminología vitivinícola (Beltrán, 2010: 52). Se compone, por tanto, de tecnicismos de dos campos de especialidad (turismo, enología) y de palabras de la lengua general que aclaran los conceptos y sensaciones más abstractos, en forma de definiciones, sinónimos, metonimias y *metáforas* (Felipe y Fernández, 2004: 220–221).

De todos estos procedimientos, voy a estudiar la *metáfora*, que se sirve de una imagen simple para transmitir una idea compleja y abstracta, es decir, relaciona los significados de dos palabras, de dos dominios aparentemente distintos y produce un nuevo significado para cada una de ellas (Fraile, 2010: 21). En el caso que nos ocupa, confiere a las palabras de la lengua general un significado específico del dominio del enoturismo y crea términos con la función de familiarizar al público no iniciado en este campo con los conceptos más difíciles de entender, términos cuyo significado y traducción nos desconciertan:

> *Winespeak still retains some of the mystique traditionally associated with the topic – a mystique that partly rests on the use of figurative language. But while such language may strike the layman as deliberately obscure, it is a valuable tool that allows the – albeit imperfect – communication of the experience of drinking wine* (Caballero y Suárez, 2008: 242).

En este contexto, el *propósito* del estudio es doble, lingüístico y traductológico.

1) Por una parte, sistematizar las clasificaciones existentes de metáforas conceptuales de la lengua del vino, identificar metáforas conceptuales recurrentes del lenguaje del enoturismo, y comparar las metáforas conceptuales de estos dos campos, para descubrir semejanzas y diferencias entre ellos y los escenarios metafóricos que prefieren.

2) Por otra parte, estudiar las estrategias de traducción de estas metáforas que se desprenden de los textos enoturistas en inglés y español, para observar el grado de coincidencia con las estrategias que suelen emplearse con las metáforas de la lengua del vino (que traté en Fraile, 2010: 141–173).

La traducción enoturística busca la comunicación con fines principalmente comerciales entre el sector vitivinícola, los organizadores turísticos y los turistas. El resultado de este proceso deberá ser tan aceptable en la lengua meta (LM) como en la lengua original (LO), por lo que parece lógico que la traducción enoturística tienda hacia la *aceptabilidad* del texto meta en la cultura de destino, lo que puede derivar en problemas lingüísticos y culturales (Pascual, 2010: 72). Por esta razón, mi *hipótesis* inicial es que las discrepancias entre las metáforas del enoturismo y de la lengua del vino pueden sugerir diferencias culturales, estrategias de marketing y de adaptación de un tema especializado a un público semiespecializado, el posible futuro enoturista. Así, en relación con las estrategias de traducción, podríamos encontrar un número reducido de traducciones literales, algunos ejemplos de préstamos y calcos, frente a frecuentes adaptaciones de las metáforas al cliente extranjero que faciliten su comprensión (Beltrán, 2010: 57). En cuanto al material de estudio, constatamos que los principales organismos que originan textos del sector enoturístico y demandan sus traducciones son las bodegas, las agencias especializadas, los museos de temática vitivinícola, algunos hoteles y restaurantes y los organismos de promoción turística. Los textos que elaboran se presentan en los mismos géneros que los textos turísticos: reportajes, folletos, guías y páginas web. De todos estos géneros textuales, me inclino por el análisis de las páginas web de las bodegas, debido a que Internet es el principal creador de este lenguaje, el que determina sus características y el medio en el que trasciende más rápidamente la calidad del trabajo del traductor:

> La publicidad y la promoción son esenciales para conseguir un aumento del consumo del vino y mejorar la imagen que se percibe de este producto, y la forma de comunicación preponderante en la actualidad es Internet. Esta labor, en principio, le corresponde al asesor de marketing, pero es una tarea que debe continuar el traductor, ya que una página puede ser muy atractiva para el lector de la lengua origen, pero si el traductor no ha llevado a cabo un buen trabajo, no lo será tanto para el de la lengua de llegada (Sánchez, 2010: 341).

Las páginas web de las bodegas constituyen un género complejo con subgéneros con funciones distintas, como la *ficha de cata* que publicita el producto a vender, y el resto de las secciones que presentan los demás productos que se ofrecen (hotel, restaurante, spa, itinerarios, actividades deportivas) (Beltrán, 2010: 49). De esta manera, estas páginas poseen un carácter eminentemente divulgativo y publicitario, se observan en ellas dos *funciones* principales, la *informativa,* que recoge la parte meramente descriptiva, y la *apelativa,* que corresponde al carácter publicitario que poseen.

En efecto, la *finalidad* principal de estas páginas es dar a conocer la bodega y sus vinos, seducir al destinatario, favorecer la compra del producto y crear un ambiente favorable respecto a él para reforzar su consumo (Bazzocchi y Capanaga, 2010: 59). Por este motivo, las *secciones* que suelen contener muestran información sobre la historia de la bodega, el entorno, los viñedos, los vinos, su elaboración, los premios recibidos, noticias del mundo del vino y la lógica sección sobre dónde comprarlo. Además, en ocasiones, tienen un apartado dedicado al *enoturismo* en el que aparecen distintos enlaces a monumentos y lugares, que guardan o no relación con el vino, pero se hallan en la misma zona geográfica. A veces, se encuentra también un apartado dedicado a la gastronomía y la salud. Todo ello se plasma en las *funciones narrativa, descriptiva, informativa, apelativa* y, en algunos casos, *poética* (Sánchez, 2010: 341).

2. Metodología

Como acabo de comentar, me voy a centrar en el análisis de páginas web en español e inglés de las bodegas de la denominación Ribera del Duero con contenidos significativos sobre enoturismo. Para encontrarlas, me he servido de la relación de bodegas que muestra el Consejo Regulador de dicha denominación de origen en las siguientes páginas en inglés y español: http://www.riberadelduero.es, http://www.drinkriberawine.com y https://www.rutadelvinoriberadelduero.es/en.

El análisis que presento comenzó en el año 2012 y se ha extendido hasta la actualidad, para poder tener una perspectiva más amplia de cómo ha ido evolucionando el tratamiento de las bodegas del enoturismo. Por ejemplo, lo primero que observamos es que en estos años ha aumentado considerablemente el número de bodegas Ribera del Duero registradas en dichas páginas: de las 258 que aparecían en julio de 2012 a 294 en 2019.

De estas 294 páginas, he decidido seleccionar para mi análisis exclusivamente aquellas que cumplan los siguientes criterios:

1) En primer lugar, páginas que cuentan con una sección específica de enoturismo y la tienen activa en inglés.

2) En segundo lugar, otras páginas que muestran apartados relacionados indirectamente con el tema del turismo enológico, como visitas, rutas, gastronomía, entorno, historia, bodega, viñedos, siempre que estas secciones tengan versión en inglés.

En cambio, dado que excederían el propósito y extensión de este trabajo, no he examinado las secciones que hablan de las características de los vinos, las uvas u ofrecen notas de cata, que corresponderían a la lengua del vino y no tanto a la del enoturismo. De esta forma, en 2012 solo 42 bodegas cumplían los criterios anteriores, mientras que en la actualidad los poseen 58.

En un principio, he analizado todas estas páginas web, en busca de las secciones dedicadas al enoturismo y, cuando las he encontrado, he leído sus textos con atención en busca de metáforas, en las versiones inglesa y española. La metodología que he seguido para identificar dichas metáforas ha sido el vaciado manual del corpus. En línea con las recomendaciones de Beldarraín (2010: 3, 11) que señala un uso metafórico cuando observa divergencias entre las definiciones del lenguaje del vino y de la lengua general, registro una metáfora cuando se adivinan dos significados en un término: su definición en la lengua general y un segundo significado en el contexto del enoturismo (ejemplo: *maridaje* – 1. enlace de los casados 2. conformidad con que algunas cosas se enlazan o corresponden entre sí [*RAE*]).

Una vez identificadas las metáforas y sus traducciones, he procedido a señalar la estrategia de traducción en cada caso. Finalmente, las he agrupado de acuerdo con la metáfora conceptual que es su base, para así poder extraer más fácilmente conclusiones relacionadas con las semejanzas y diferencias entre las imágenes lingüísticas y las estrategias de traducción de cada grupo.

Muestro, a continuación, una muestra de los microtextos que he seleccionado para mi análisis. He procurado acompañar las metáforas de contextos de un tamaño manejable, pero suficientes como para asegurar la validez de los resultados. En el ejemplo, se observan las metáforas 32 y 33 en español (subrayadas en el texto), y la traducción de cada una de ellas en inglés. Se indica que la estrategia de traducción es la paráfrasis en el primer caso (se muestra en letra redonda) y la equivalencia parcial en el segundo, en forma de la metáfora número 19 en inglés:

Ejemplo 1

Es en **Peñafiel**, localidad vallisoletana, <u>vertebrada 32</u> por el río Duero donde nace este <u>sorbo 33</u> de la tierra.

It is in Peñafiel, a Valladolid town held together *by the Duero River, where this gift 19 of the land is born*. (Paráfrasis y EP)

Antes de comentar los resultados de esta investigación, creo necesario esbozar brevemente las características de la lengua del enoturismo, compararla con lenguas especializadas afines como la del turismo y el vino, para después analizar las peculiaridades de sus metáforas y sus posibles estrategias de traducción.

3. La lengua del enoturismo. Semejanzas y diferencias con las lenguas del turismo y del vino

Ya he comentado que los textos enoturísticos, como los turísticos, tienen la doble función de informar y dirigir. La principal función, la informativa, es más patente en estos textos porque, además de la información turística, incluyen explicaciones sobre la elaboración del vino y sus tipos o glosarios relacionados. La función publicitaria también está presente en los textos del enoturismo, porque en ellos se da publicidad a las distintas marcas de vino y bodegas, y se encuentran descripciones subjetivas y referencias al lector (Pascual, 2006: 41, 42 y 92):

- La *función informativa* se manifiesta en la inclusión de información útil y nueva (localizaciones, teléfonos, planos), desde una perspectiva objetiva, el uso del presente de indicativo, las formas impersonales de los verbos, el uso de significados denotativos y la aparición de ciertas imágenes.

- La *función publicitaria* busca la complicidad con el lector mediante una mayor riqueza de formas verbales, el juego con los significados connotativos, la fuerte adjetivación e información adicional no necesaria para la comprensión del texto.

De este modo, el *lenguaje* de los textos enoturísticos presenta un carácter mixto, algunas características de los textos especializados (sintaxis sencilla, términos y códigos no lingüísticos), junto a otras de los textos literarios y publicitarios (sintaxis compleja, vocabulario general, metáforas) (Pascual, 2006: 41–42). Su vocabulario se caracteriza por un "núcleo fuerte" de terminología compuesto por los términos relacionados con la gestión turística y un importante caudal de "léxico periférico", con términos pertenecientes a la lengua general, o a otros campos (vitivinicultura, gastronomía, arte, viaje y seguros, ocio, marketing). La terminología vitivinícola es la que plantea más problemas al traductor del enoturismo, ya que requiere de él unos conocimientos más específicos (Pascual, 2006: 50–51).

Como podrá deducirse, los textos enoturísticos muestran a veces un estilo más atractivo que el de los textos especializados, casi literario, cuando el emisor busca más el deleite que la transmisión de información rápida y concisa, para surtir en el receptor el efecto deseado. Mientras algunos lenguajes de especialidad, como la economía, la informática y la medicina, se sirven de tres procedimientos para suplir los vacíos léxicos (la metaforización de los términos de la lengua ordinaria, la especialización del sentido y la neologización); la enología se sirve casi exclusivamente de la *metaforización*. Todas estas terminologías tienen en común que están llenas de *metáforas* de la lengua general, términos que, si se devuelven a la lengua general, tienen la ventaja de ser transparentes, sintéticos y concretos, lo que los hace perfectamente apropiados para la lengua del vino que intenta comunicar la vaguedad de una experiencia sensorial (Amoraritei, 2002: 6).

Por tanto, el estilo de los textos del enoturismo no suele ser aséptico como el que caracteriza al texto especializado, sino atractivo y casi literario, con figuras retóricas como la *metonimia*, el *hipérbaton*, la *prosopopeya*, la *sinestesia* y *metáforas*, en su mayoría traídas del lenguaje vitivinícola (Pascual, 2010: 69). Así, aunque el estilo de los textos enoturísticos se acerca más, por lo general, al de los textos turísticos, en algunos géneros predomina el estilo de los textos vitivinícolas (Pascual, 2006: 100–101):

- De la *lengua turística* le viene al enoturismo un estilo literario basado en la descripción, el orden especial de las palabras, la *metáfora*:

Ejemplo 2
Todo Soria es <u>ribera</u>[1], porque es <u>cabecera</u> de ríos y la liquidez le <u>descongestiona el alma</u>. Pero es aquí en esta franja de vegetación <u>serpenteante</u> donde la tierra consolida

---

1 A partir de este momento, subrayo los ejemplos de metáforas lingüísticas que cito en el artículo.

su fertilidad de vega. Regado por el Duero, el suroeste de la provincia es generoso en viñedo y cuba vieja.

- De la *lengua vitivinícola* le llegan algunas *metáforas y metonimias*, sobre todo del sub-dominio de la degustación, pero también del de la fermentación y la viticultura:

  - En los nombres de algunas *partes de la vid* se aprecia analogía con el cuerpo humano, tanto una como el otro tienen tronco, brazos, ojos y yemas.
  - En el lenguaje de la *cata*, hay muchas palabras de la lengua común que adquieren un significado especial o al menos una connotación. Por ejemplo, se usa cereza, rubí, picota, teja para referirse a los distintos tonos del color rojo que puede pre-sentar un vino tinto (Pascual, 2006: 99).

4. Las metáforas de las lenguas del vino y del enoturismo

Como acabo de explicar, la mayor parte de las metáforas del enoturismo procede de la lengua del vino, sobre todo del subdominio de la degustación, y se com-pleta con metáforas turístico-publicitarias de variado carácter: unas *lexicalizadas* y otras *originales* ligadas a la creatividad de sus autores:

> Las metáforas *lexicalizadas* son necesarias, corresponden a una nueva acepción del sis-tema léxico y tienen función referencial; las metáforas *vivas* o *libres*, no lexicalizadas, proceden de la comparación figurada e implican un elemento de subjetividad, complici-dad, secreto (Kocourek 1991 en Coutier, 1994: 667, adaptada por Fraile).

Las palabras más difíciles de comprender de la lengua del vino no son tanto los términos especializados (*maceración carbónica, tanino* o *caudalía*) como las palabras en apariencia más comunes (Martínez, 2006: 364). Se trata principal-mente de adjetivos, nombres y verbos que se utilizan para describir las sensa-ciones que causa la degustación de esta bebida y hacen tomar conciencia del carácter específico de este discurso (Coutier, 1994: 663). Estas palabras de la lengua general, que adquieren un sentido específico o connotaciones diferentes para definir las características visuales, olfativas y gustativas de un vino, constitu-yen *metáforas y metonimias*. Se usan para narrar la imagen o sensación que está en la mente del catador y que debe transmitir a otros destinatarios con un grado de especialidad diferente.

Mientras las percepciones visuales son objetivables y precisas, las olfativas y gustativas son forzosamente subjetivas y extraordinariamente complejas, ya que se basan esencialmente en la memorización de los olores y sabores (Martínez, 2006: 360). Comportan una serie de impresiones diferentes (de volumen, forma, materia, intensidad, duración, sensaciones táctiles, térmicas, de placer) que son la fuente de expresiones metafóricas ricas y variadas (Coutier, 1994: 664). De este modo, se recurre a la metáfora para establecer relaciones y comparaciones con algo conocido que sirva de referencia (*recuerda a, se parece a, tiene tintes de*) generalmente comidas, flores, frutos o productos tan diversos como el alquitrán o el alcanfor (Martínez, 2006: 360). En la actualidad, enólogos y catadores tienden a adaptar el léxico especializado de la cata al lenguaje general, evitando definiciones confusas como las antiguas (*vino que huele a polvo de la bodega*) y empleando en su lugar imágenes basadas en frutas, colores y elementos de la vida cotidiana que son más expresivas e identificables para el consumidor del s. XXI: *huele a yogur de frutas del bosque*. Esto indica también la necesidad de utilizar nuevas imágenes (De la Cuadra, 2006: 267–268).

Por tanto, además de la metáfora (*lácteos, crema de avellana*), se emplean otras figuras retóricas en la formación de los términos de la lengua del vino, comparaciones (*como si se tratase de un bizcocho borracho*), metonimias (*madera presente, barrica*) y sinestesias:

- La *metáfora* no es tanto una operación lingüística, como un proceso mental que relaciona dos dominios distintos, es decir, permite comprender un dominio conceptual abstracto (dominio meta) en términos de un dominio concreto (dominio fuente). Lakoff y Johnson la describen como una serie de correspondencias (*mappings*) entre el dominio fuente y el meta que ayudan a entender lo abstracto en términos de lo concreto. En efecto, el proceso metafórico se basa en la noción de *analogía*, por la que se transfieren uno o varios semas de un signo a otro, o se atribuye un significado nuevo a un signo que ya existe, para designar una realidad que todavía no tenía término propio (Coutier, 1994: 666). Se produce una transferencia de propiedades semánticas y de todo un sistema de implicaciones entre los dos componentes de la metáfora, de manera que el conocimiento de cada uno de ellos se hace más profundo debido a ese intercambio de propiedades (Amoraritei, 2002: 10).

- La *metonimia* no relaciona dos dominios distintos, sino semas que pertenecen a un mismo dominio conceptual. Metonimias como *acerezado, afrutado* expresan el aroma a través de sus propias cualidades. Esta figura retórica supone una relación de asociación o contigüidad entre las realidades extralingüísticas y opera un desplazamiento de referencia (*vaso* por el contenido del vaso, *nariz* por sus percepciones olfativas) (Coutier, 1994: 666).

- Las *sinestesias* describen un conjunto de sabores y aromas, una información de naturaleza química, sirviéndose de los términos de algún otro sentido como el tacto que es más físico (*el vino es sedoso*), por lo que se trata de elecciones metafóricas que muestran la trasgresión de barreras entre los sentidos (Amoraritei, 2002: 11).

La comprensión del lenguaje figurado del vino (y el enoturismo) se basa en el poder connotativo de las palabras y su relación con otras palabras del léxico, es decir, en *asociaciones intralingüísticas*:

Entendemos que un vino se describa como *feminine* porque esta palabra se relaciona semánticamente con otras como *sweet, perfumed, light, delicate,* que se pueden asociar con el olor, gusto y sensación de los vinos en la boca (Lehrer, 1992: 13, adaptada por Fraile).

Con todo, es preciso considerar que las connotaciones de las palabras que se usan para describir el vino pueden ser diferentes a las que tienen en otros campos. Por ejemplo, términos como *monster* o *whore* suelen transmitir connotaciones negativas, pero en el mundo del vino pueden usarse positivamente (Caballero y Suárez, 2008: 243). En efecto, las relaciones de *sinonimia* que se establecen entre las metáforas del vino a veces son muy diferentes de las de la lengua general y muy reveladoras (Demaecker, 2006: 301).

La interpretación de las metáforas del vino, descansa así en el conocimiento de los *campos conceptuales* de esas metáforas, pues el receptor debe seguir un proceso semasiológico, partir de las palabras, que son más eficaces semánticamente, para llegar a los conceptos deseados (Bazzocchi y Capanaga, 2010: 59). La metáfora deja de ser un simple adorno retórico para transformarse en término, en trampolín hacia el conocimiento de nuevos conceptos.

Para entender bien las metáforas de la enología y el enoturismo, sobre todo las espontáneas, es fundamental que exista identidad de experiencia entre los profesionales, pues favorece la connivencia imaginativa, que es la base de las creaciones metafóricas con una fuerte carga afectiva y expresiva (Quemada 1978 en Coutier, 1994: 667). Además, la metáfora debe analizarse en el discurso, en contextos reales, examinando sus usos, los factores que los determinan y las ideas que se exponen (Caballero y Suárez, 2008: 244).

Parto de la existencia de una serie de metáforas que atraviesan las fronteras lingüísticas y se encuentran idénticas en castellano, italiano, francés e inglés, que representan una primera red de terminología común, aunque también reconozco las inevitables diferencias de conceptualización en las diversas lenguas/ culturas:

El grupo de términos metafóricos comunes *(le corps du vin, son élégance...)* representa una primera red de metáforas fijadas, constantes a nivel interlingüístico, que forman colocaciones establecidas y series terminológicas coherentes, que designan conceptos precisos y unívocos para la comunidad internacional de los degustadores, un embrión de terminología sobre la base de un proceso metafórico cognitivo (Rossi, 2010: 154).

4.1. Propuesta de clasificación de las metáforas conceptuales de la lengua del vino

Acabo de exponer que sigo el enfoque cognitivo de la metáfora según el cual el sistema conceptual humano se estructura y define metafóricamente (Lakoff y

Johnson, 1980: 16). De esta forma y dado que la mayor parte de las metáforas del enoturismo procede de la lengua del vino, como punto de partida trato de sistematizar las clasificaciones de metáforas de la enología, para posteriormente identificar algunas metáforas lingüísticas del enoturismo y las metáforas conceptuales en que se basan.

Muestro las principales clasificaciones de metáforas conceptuales de la enología en orden cronológico:

- Según Coutier (1994: 667), el vocabulario de la degustación del vino muestra los siguientes *campos temáticos* que dan lugar a metáforas lingüísticas:

  1) EL SER HUMANO físico: athlétique, musclé
  2) EL SER HUMANO mental: aimable, sincère
  3) EL SER HUMANO social: noble, racé
  4) LA REALIDAD ESPACIAL forma, volumen, dimensión: ample, rond
  5) LA REALIDAD FÍSICA, propiedades físicas, estado de la materia: dense, solide
  6) EL CONTACTO, EL MOVIMIENTO, EL DESPLAZAMIENTO: retour, suite
  7) EL TIEMPO, edad, duración, evolución: sénile, court, longueur en bouche
  8) EL SENTIDO, metáforas intersensoriales o sinestésias: frais, lisse.
  9) LO TEXTIL: texture, trame
  10) LA CONSTRUCCIÓN: architecture, bien/mal construit

- A nuestro parecer, los 3 primeros campos temáticos anteriores podrían resumirse en uno (vino = ser humano), y los campos 4 y 5 también serían muy similares (vino = realidad física/ espacial), con lo que las 5 primeras categorías anteriores podrían reducirse a 2, en línea con la concepción de Demaecker (2006: 301) que reconoce únicamente los siguientes *mapas cognitivos*:

  1) ANTROPOMORFISMO, el vino se compara con la persona, sus particularidades físicas (*suave*), personalidad (*amable*), género (*femenino*), las partes de su cuerpo.
  2) VOLUMEN (*profundo*).
  3) CONSTRUCCIÓN cuando hablamos de su *estructura* o *equilibrio*.

- Martínez (2006: 365) analiza más al detalle la primera *metáfora conceptual* anterior que identifica al vino con un ser vivo, pero también las demás, de modo que reconoce los siguientes *campos semánticos* que dan lugar a metáforas lingüísticas de la enología:

  1) SER HUMANO, tanto su parte física, como la síquica y la social (*boca, cuerpo, lágrimas, femenino, complejo, generoso*).
  2) FLORES Y PLANTAS (*flor de naranjo, jazmín, roble, heno cortado*).
  3) FRUTAS (*almendra, frambuesa, fresa, guinda, grosella, vainilla*).
  4) SABORES Y OLORES (*afrutado, herbáceo, láctico, tostado, acorchado, huevos podridos, tabaco*).
  5) ALIMENTOS (*bizcocho, cacao, café, canela, clavo, jengibre, mantequilla, regaliz*).
  6) MATERIALES Y SUSTANCIAS (*alcanfor, alcohol, alquitrán, caucho, cuero, yodo*).

- Igualmente, Suárez (2007: 56) y Caballero y Suárez (2008: 245–248) reúnen las metáforas 1, 2 y 3 anteriores en su primera metáfora conceptual, mientras que desarrollan más al detalle la metáfora conceptual 3 de Demaecker (CONSTRUCCIÓN) dando lugar a las figuraciones 2, 3, 4 y 5 siguientes:

  1) Un ORGANISMO VIVO, PLANTAS, ANIMALES O SERES HUMANOS: *sexy*.

  2) MATERIALES TANGIBLES como TELAS O ARTÍCULOS DE VESTIR que pueden arropar o desarropar el vino, tener trama, estar entretejidos (*wrap, interwoven, silky, tightly-knit, cloak, mantle*). Estas metáforas derivan de la personificación de los vinos.

  3) MADERA MALEABLE O METALES para la construcción: *rough-hewn, molten*.

  4) EDIFICIOS. La visión arquitectónica de los vinos se refiere a los elementos constitutivos del vino (ácido, alcohol, taninos) como *building blocks*, a los vinos como un edificio o monumento: *constructed, built, monumental, massive*.

  5) CUERPOS GEOMÉTRICOS TRIDIMENSIONALES con todos sus componentes (*edges, layers, backs and fronts*) y formas (*square, deep, round*), aunque el vino ideal debe ser redondo o esférico, formas que representan el espacio en perfecto equilibrio.

  6) PIEZAS MUSICALES.

El autor advierte de que estos *esquemas metafóricos* no son mutuamente exclusivos, sino que es fácil ver varios de ellos coexistir pacíficamente y complementarse incluso en textos muy cortos.

- La descripción más completa que he encontrado es la de Negro (2011: 479–483), que reconoce dos tipos principales de *esquemas metafóricos* del vino, distingue metáforas y sinestesias, y acompaña cada uno de ellos de ejemplos generosos:

  – *Metáforas conceptuales*, representan el vino como un ser vivo, un objeto, una prenda de vestir, un alimento o un edificio:

    1) LOS VINOS SON SERES VIVOS: tienen *cuerpo* y *nariz*, son *jóvenes* y *envejecen*, son *enérgicos, amables* o *agresivos*.

    2) LOS VINOS SON OBJETOS: son *largos, cortos, redondos* o *planos*.

    3) LOS VINOS SON PRENDAS DE VESTIR: tienen *capa*.

    4) LOS VINOS SON COMIDA: son *grasos, cremosos*.

    5) LOS VINOS SON EDIFICIOS: tienen *estructura* y ensamblaje.

  – *Metáforas Sinestésicas*, conceptualizan una modalidad sensorial, el gusto en este caso, en términos de otra:

    6) DEGUSTAR ES OÍR: el vino es *armónico* y posee *notas* de frutos rojos.

    7) DEGUSTAR ES TOCAR: los vinos son *aterciopelados* o *sedosos*.

  – Negro (2011: 485) muestra también ejemplos de *metáforas múltiples* que describen diferentes aspectos de un vino: *La agresividad del vino desaparece para dar lugar a una redondez aterciopelada*. Muestra el solapamiento de las metáforas LOS VINOS SON PERSONAS (agresividad), LOS VINOS SON OBJETOS (redondez) y DEGUSTAR ES TOCAR (aterciopelada).

- Desde una perspectiva distinta, Barros (2010: 188–9) analiza los factores que motivan la creación de estas metáforas de la enología:

  - El parecido formal del objeto: *corona, cruz, cuerno, horquilla, nube, pulgar.*
  - El tamaño: *tallo, velo.*
  - La función: *lavadora, esportilla, hato.*
  - La situación: *cabeza.*

No obstante, mezcla estas categorías con algunos de los tipos de metáforas anteriores: animalizaciones (*piojo, despiojar, mariposa*), metáforas antropomórficas (*nieto, desnietar, pie, embobarse, enfermo*) y humorísticas (*ladrona* aplicado a la uva).

A continuación, sistematizo en la siguiente tabla las propuestas anteriores de *metáforas conceptuales* de la lengua del vino, considerando una sola vez las categorías que se repiten y mostrando también la jerarquía entre ellas:

Tab. 1: Metáforas conceptuales de la lengua del vino 1 (Fraile 2019)

1) Un ORGANISMO VIVO: SERES HUMANOS, PLANTAS, ANIMALES (Suárez 2007) LOS VINOS SON SERES VIVOS (Negro 2011)
B) EL TIEMPO: edad, duración, evolución (Coutier 1994)
c) ANIMALIZACIONES (Barros 2010)
d) FLORES Y PLANTAS (Martínez 2006) FRUTAS (Martínez 2006)
2) MATERIALES Y SUSTANCIAS (Martínez 2006)
A) LOS VINOS SON OBJETOS (Negro 2011) LA REALIDAD ESPACIAL/ FÍSICA (Coutier 1994) VOLUMEN (Demaecker 2006) CUERPOS GEOMÉTRICOS TRIDIMENSIONALES (Suárez 2007 y Caballero y Suárez 2008)
b) MATERIALES TANGIBLES, TELAS, PRENDAS DE VESTIR (Suárez 2007, Caballero y Suárez 2008; Coutier 1994; Negro 2011)
c) MADERA MALEABLE O METALES para la construcción (Suárez 2007 y Caballero y Suárez 2008) LA CONSTRUCCIÓN (Coutier 1994, Demaecker 2006) EDIFICIOS (Suárez 2007 y Caballero y Suárez 2008; Negro 2011)
3) LOS SENTIDOS: metáforas intersensoriales, sinestesias (Coutier 1994)
a) DEGUSTAR ES OÍR (Negro 2011)
B) PIEZAS MUSICALES (Suárez 2007 y Caballero y Suárez 2008)
c) DEGUSTAR ES TOCAR (Negro 2011)
D) SABORES Y OLORES (Martínez 2006) ALIMENTOS (Martínez 2006, Negro 2011)
4) EL CONTACTO, EL MOVIMIENTO, EL DESPLAZAMIENTO (Coutier 1994) 5) RELIGIOSAS Y ARTÍSTICAS (Peñín 2006)

Como puede observarse, he sistematizado 4 clases de metáforas conceptuales, 13 si tenemos en cuenta las subclases. De ellas, la más prolífica es la 1) ANTROPOLÓGICA que da lugar a 4 subclases de metáforas y que recogen los 6 investigadores analizados. Le sigue en importancia la metáfora 2) MATERIALES/ SUSTANCIAS que muestra al menos 3 derivaciones, aunque ella misma podría considerarse desgajada a su vez de la metáfora antropológica; hablan de ella 5 de los estudiosos. La tercera metáfora básica, la 3) SINESTESIAS, también sería prolongación del esquema humano; la reconocen 3 de los investigadores. Finalmente, hemos incluido otras metáforas relativamente frecuentes en la viticultura 4) y 5).

Antes de comprobar si nuestro corpus de textos de enoturismo presenta algunas de las metáforas anteriores y/o las completa con otras, citaré brevemente algunas teorías sobre la traducción de la lengua del enoturismo.

5. La traducción de la lengua del enoturismo

La traducción enoturística se define como: "el trasvase de una lengua a otra de los textos que, siendo punto de unión entre dos ámbitos (turístico y vitivinícola), sirven para la comunicación, con fines principalmente comerciales, entre parte del sector vitivinícola y los organizadores turísticos, y entre estos y los turistas" (Pascual, 2010: 72). En este lenguaje, por lo tanto, la traducción tiene carácter de mediadora lingüística, cultural y comercial, ya que su función es la actualización lingüística y cultural de un producto comercial (Felipe y Fernández, 2006: 215).

El resultado de la traducción enoturística deberá ser tan funcional y aceptable en la LM como lo es el texto original en la LO, pues de lo contrario no se cumpliría la finalidad de los emisores ni las expectativas de los receptores y la comunicación fracasaría (Pascual, 2010: 72), es decir, deberá conservar la doble función informativo-publicitaria de estos textos.

Los principales problemas que surgen cuando se traducen textos turístico-publicitarios (como los enoturísticos) son de tipo pragmático, es decir, vienen dados por la cultura meta y derivan del cambio de espacio y tiempo o de los distintos conocimientos previos y predisposición de los nuevos destinatarios. En efecto, la traducción enoturística (como la turística) suele ser traducción inversa, por lo que es fuente de numerosos problemas lingüísticos y culturales (Kelly, 2005: 156–160). Es necesario, por tanto, considerar las diferencias socioculturales y el público de destino para producir el efecto deseado. Para superar estos inconvenientes, el traductor deberá cumplir estos requerimientos (Pascual, 2010: 73):

– Tener conocimientos suficientes de los ámbitos turístico y vitivinícola.
– Conocer la cultura meta y dominar la retórica de ambas lenguas para mantener el efecto pragmático de los textos.

- Lo ideal sería que fuese nativo y que la traducción fuese directa pero, si esto no es posible, es aconsejable que consulte con expertos nativos de los ámbitos turístico y vitivinícola.
- Saber manejar fuentes terminológicas y hacer una buena labor de documentación, por ejemplo, con textos paralelos que pueden resultar una herramienta muy útil para este tipo de traducción.

Por tanto, la traducción enoturística deberá tender hacia la *aceptabilidad* del nuevo texto en la cultura de destino, mediante versiones inglesas cuidadas, enfocadas hacia la cultura, y posiblemente con aclaraciones y ampliaciones de información (Pascual, 2006: 114). En efecto, ya en este punto podemos aventurar algunas *hipótesis* sobre las estrategias de traducción que podrían emplearse con la lengua del enoturismo (Beltrán, 2010: 57–59):

- La presencia de *traducciones literales,* muy pegadas al original, podría ser significativamente reducida.
- Probablemente se encuentren con más frecuencia *adaptaciones* al cliente extranjero, pequeñas adaptaciones estilísticas, que añadan o supriman información, introduzcan información explicativa, reorienten el contenido o cambien el enfoque.
- El uso de algunos *préstamos* cuando el traductor considere que el término vitivinícola es conocido o al menos identificable por el receptor. Al receptor, se le presupone un cierto interés por el tema vitivinícola, por lo que la presencia de un cierto nivel de terminología especializada sin traducir no tiene por qué suponer un factor de rechazo al texto. En determinados casos, podría acudirse también a una *definición* o *explicación* posterior al préstamo que facilite la comprensión.

Por otra parte, Demaecker (2006: 300) sistematiza las opciones que, según Newmark (1982: 88–91), tiene el traductor para traducir metáforas orientadas a la LM:

- Conservar la *misma imagen* (denomino esta estrategia *Equivalencia total,* en línea con las técnicas de Molina y Hurtado [2002: 498–512]).
- Utilizar *otra imagen* que sea estándar en la LM (*Equivalencia parcial/ Modulación*).
- Sustituir la metáfora por un *símil,* o por el símil más el sentido (*Compensación*).
- Conservar la *imagen* y añadir una *explicación* (*Equivalencia + Paráfrasis*).
- Omitir la imagen y sustituirla por una *explicación* o *reducción de la metáfora al sentido* (*Paráfrasis*).
- *Omitir* la imagen (*Omisión*).

Habría que añadir una estrategia más que ya he sugerido antes: cuando el término no existe en la lengua de llegada, la solución adoptada por muchos es usar un *préstamo* acompañado o no de su propuesta de traducción (Sánchez, 2010: 346):

- *Préstamo*: se usa el término en la lengua de origen entre comillas o en cursiva.
- *Préstamo + equivalente*: se sigue el término original de una propuesta de traducción entre paréntesis.
- *Equivalente + préstamo*: se emplea la traducción seguida por el término de la lengua de origen entre paréntesis.

Con todo, Demaecker (2006: 301) advierte de que la traducción de las metáforas cuestiona a veces el modelo cognitivo de Lakoff: el sentido puede no ser vehiculado por la misma metáfora conceptual en cada lengua o, si los dominios conceptuales son idénticos, los subdominios de la metáfora pueden ser diferentes; a veces, se observa poca uniformidad en el uso de la terminología y se encuentran diferentes traducciones para un mismo término.

Por otro lado, la traducción inversa del español al inglés conlleva el problema de trasladar las numerosas colocaciones y metáforas acuñadas del español a un patrón correcto, pero más relajado como el inglés. El calco de metáforas e imágenes que no tienen correspondencia en inglés (*barandilla de colegio oxidada*) resulta artificioso y casi irreconocible, denota falta de dominio de un registro idiomático (Suárez, 2006: 322–325):

- Si se traduce *matorral* por **Mediterranean scrubland herbs,* sugiere algo profundamente rústico y resta elegancia, Parker usa *Provençal herbs,* que existe en España como preparado culinario, también *Mediterranean herbs.*

- En **mature forest fruits,* es mejor usar *ripe* (un vino estará o no *mature*, pero la fruta es *ripe*); además, la expresión sugiere anuncio de yogures. Las *forest fruits* son distintas para un español y un inglés o un norteamericano que son los que más variedad tienen de dichas frutas. Existe una falta de correlativos culturales en esta descripción, un profesional pondría un empeño comunicativo, mientras que el amateur enfatiza la precisión descriptiva subjetiva.

- En **elaborate nose, elaborate* sugiere exceso de intervención o de diseño previo (receta) por parte del enólogo, mejor usar *complex nose.*

Este tipo de errores, que se podrían haber corregido fácilmente, dan qué pensar sobre la calidad del trabajo del traductor, afean la redacción del texto, no cumplen su función publicitaria y, ya desde el principio, siembran la desconfianza del lector de lengua extranjera en el traductor (García, 2010: 363).

6. Resultados del análisis del corpus

6.1. Metáforas conceptuales de la lengua del vino y del enoturismo.

La observación de las páginas web de las bodegas de la denominación Ribera del Duero me ha llevado a descubrir diferencias importantes en relación con el tratamiento que ofrecen del enoturismo, razón por la cual las distribuyo en dos grupos:

- El grupo 1, en el que selecciono 37 bodegas que tienen sección específica de enoturismo y ofrecen versión de la misma en inglés.

- El grupo 2, formado por otras 21 bodegas que tienen versión en inglés, pero no poseen una sección de enoturismo propiamente dicha, aunque que remiten a cuestiones muy similares a las de las páginas del grupo 1 que podrían considerarse relacionadas indirectamente con el enoturismo: información sobre la Ribera del Duero, el entorno, los alrededores, visitas a la zona, restaurantes u hoteles, la cultura del vino o temas como "vino y música", "vino y mitología".

Por tanto, en la actualidad, un 19,7 % (un 16,3 % en 2012) de las bodegas de Ribera del Duero tienen contenidos directos (12,6 %) o indirectos (7,1 %) de enoturismo en inglés y español. El corpus que manejo se compone de 180 microtextos (15 469 palabras) con ejemplos de una o varias metáforas. De ellos, 56 microtextos (4736 palabras, un 31,1 %) forman el grupo 1 anterior y contienen ejemplos de metáforas del enoturismo propiamente dicho, y 124 (10 733 palabras, un 68,9 %) componen el grupo 2 y muestran metáforas que podrían estar más relacionadas con la lengua del vino. En ellos, he encontrado un total de 591 metáforas lingüísticas, 340 en español (57,5 %) y 251 (42,5 %) en inglés:

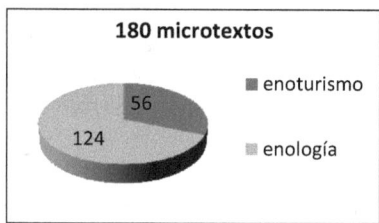

Gráfico 1. Nº de textos

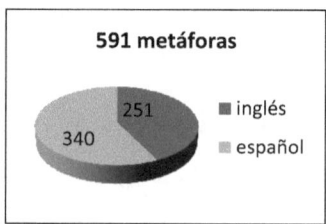

Gráfico 2. Nº de metáforas

Las metáforas del grupo 1, las del enoturismo, se reparten en 83 imágenes en español (59,7 %) y 56 en inglés (40,3 %). Las del grupo 2, 257 en español (56,9 %) y 195 en inglés (43,1 %), me van a servir para completar los tipos de metáforas conceptuales de la enología y compararlas con las del enoturismo.

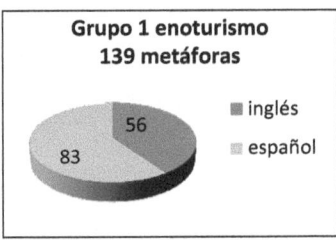

Gráfico 3. Metáforas enoturismo

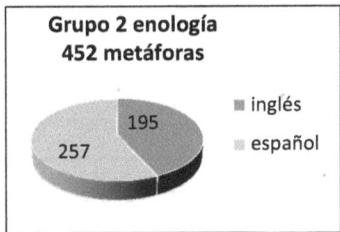

Gráfico 4. Metáforas enología

Las metáforas lingüísticas que he encontrado en mi corpus podrían asignarse a las siguientes metáforas conceptuales, que muestro ordenadas según el número de expresiones de que constan:

Tab. 2: Grupo 2. Metáforas conceptuales de la lengua del vino 2 (Fraile 2019)

METÁFORA	N° ESPAÑOL	N° INGLÉS
1a) SER HUMANO	178	127
2c) CONSTRUCCIÓN/ VOLUMEN	31	30
5a) RELIGIÓN/ MAGIA	11	10
6) DINERO/ JOYAS	10	10
4) MEDIOS DE TRANSPORTE/ VIAJE	8	7
5b) ARTE	8	5
8) GUERRA	5	4
9) MEDICINA	2	2
1d) VEGETALES	1	1
3) SINESTESIAS	1	1
10) LÍQUIDOS	1	1
1c) ANIMALES	1	-
7) ASTRONOMÍA	-	1
	257	195

Tab. 3: Grupo 1. Metáforas conceptuales del enoturismo (Fraile 2019)

METÁFORA	N° ESPAÑOL	N° INGLÉS
1a) SER HUMANO	49	31
6) DINERO/ JOYAS	9	6
5b) ARTE/ TEATRO	6	5
7) ASTRONOMÍA	5	3
4) MEDIOS DE TRANSPORTE/ VIAJE	4	2
5a) RELIGIÓN/ MAGIA	4	3
1d) VEGETALES	3	3
2c) CONSTRUCCIÓN/ VOLUMEN/ MECÁNICAS	2	2
8) GUERRA	1	1
	83	56

En primer lugar, mencionaré las *metáforas novedosas* que he observado en cada campo, así como las *imágenes derivadas* que completan metáforas ya identificadas:

1. En relación con las metáforas de la lengua del vino (Tab. 2), he encontrado 13 diferentes, 5 de las cuales son novedosas: 6) DINERO/ JOYAS, 7) ASTRONOMÍA, 8) GUERRA, 9) MEDICINA, 10) LÍQUIDOS que, aunque no tienen una presencia muy destacable en cuanto a número de ejemplos, sugieren imágenes interesantes de la enología que podrían ser fuente de investigaciones posteriores:

Ejemplos 3-10

– Un ejemplo recurrente de la metáfora 6) DINERO/ JOYAS es la expresión "la ´Milla de oro` de la Ribera del Duero", cuya traducción debería sistematizarse[2]: *the "Milla de Oro" of the Duero River Valley, the "Golden Mile" of the Ribera del Duero, the Ribera del Duero Golden Mile* (he encontrado hasta traducciones erróneas: *the Golden *Mille*). Otras metáforas de este grupo son "Anillo del Duero" (*Duero ring*) para designar esa zona enoturística y "joya arquitectónica" (*architectural jewel*) para referirse a bodegas o edificios de patrimonio.

– El resto de las metáforas novedosas que he encontrado tienden a traducirse literalmente:

  o el sustantivo "estrella", como indicativo de calidad, es el ejemplo más frecuente de la metáfora 7) ASTRONOMÍA,

  o "vanguardia" (*forefront*) muestra la metáfora 8) GUERRA,

  o "medicina" y "energía" implican la metáfora 9) MEDICINA,

  o la expresión "empaparse de la cultura del vino", que se modula como *to coat yourself with wine culture,* representa a la 10) LÍQUIDOS.

2. Además, por cuestiones prácticas, he decidido dividir la metáfora 5) RELIGIÓN/ ARTE en 2 subclases o derivaciones: 5a) RELIGIÓN/ MAGIA (a la que le he añadido esta última) y 5b) ARTE. Finalmente, he reformulado algunas de las metáforas conceptuales para que sean más comprensivas (1d y 2c) o menos ambiguas (4). Así, 1d) VEGETALES incluye flores y plantas, en la 2c) CONSTRUCCIÓN/ VOLUMEN sustituye a categorías como "madera maleable, metales, edificios" y en la 4) MEDIOS DE TRANSPORTE/ VIAJE a "contacto, movimiento, desplazamiento":

Ejemplos 11-17

– Como representantes del subtipo 5a) MAGIA, "mágico" y "magia" suelen traducirse literalmente al inglés para destacar las excelencias de algún vino o paisaje.

– Como muestra de la metáfora 5b) ARTE, el vino o el entorno de la Ribera se identifican con un "poema" o con el "arte" mismo, tanto en inglés como en español.

– "Jardín de Variedades" (*Garden of Varieties*) suele referirse a distintos tipos de vid y uvas y es ejemplo de la conceptualización 1d) VEGETALES.

– En relación con la metáfora 4) MEDIOS DE TRASPORTE/ VIAJE, me ha llamado la atención el uso de "buque insignia" (*flagship*) referido a bodegas, castillos o

---

2 Obsérvese la alternancia para expresar posesión del genitivo sajón preferido por la lengua inglesa, con calcos de la construcción más típica del español. También fluctúa el préstamo "Ribera del Duero" con su traducción (*the Duero River Valley*).

construcciones históricas y del verbo "aterrizar" (*land*) aplicado a los propietarios de bodegas o instalaciones.

3. En cuanto a las metáforas del enoturismo (Tab. 3), he identificado un total de 9 escenarios metafóricos. No he observado ejemplos de metáforas conceptuales nuevas, aunque sí he ampliado 2 de ellas con imágenes derivadas que parecen más típicas de este campo que de la enología: la 2c) CONSTRUCCIÓN/ VOLUMEN, a la que he añadido MECÁNICAS y la 5b) ARTE, que he completado con TEATRO.

Ejemplos 18-20
– La metáfora que identifica la sostenibilidad y la innovación de una empresa con "palancas de crecimiento" (*levers of growth*) representa la conceptualización 2c) MECÁNICAS
– Y las que relacionan la bodega con un "escenario perfecto" (*perfect scenario*[3]) o un "marco incomparable" (*incomparable setting*) la 5b) TEATRO.

4. Por otro lado, hay 4 metáforas que no aparecen en la Tab. 3 de las metáforas del enoturismo, por lo que podrían ser más características de la lengua del vino: 1c) ANIMALES, 3) SINESTESIAS, 9) MEDICINA y 10) LÍQUIDOS:

Ejemplos 21–22
– Ya he dado ejemplos de las figuraciones 9 y 10; el fragmento que habla de un vino lleno de "casta" (que se amplifica como *juice with potential for turning into wine*) es un caso de la 1c) ANIMALES y el que menciona "viejos sabores que se afinan" (*old flavours are refined*) un ejemplo de la 3) SINESTESIA que mezcla el gusto y el oído.

Se confirma que las metáforas conceptuales *más frecuentes*, tanto en la lengua del vino como en la del enoturismo, son las ANTROPOLÓGICAS. Su predominio es aún más claro en el caso de la lengua del vino, donde se plasman en expresiones que tienden a traducirse literalmente:

– filosofía y personalidad – *philosophy and personality*
– con personalidad propia y alma – *with their own personality and soul*
– el carácter y la personalidad – *the character and personality*
– marcado carácter y temperamento – *marked character and temperament*
– elegancia y exquisitez – *elegante, exquisiteness*
– complejos, sutiles, elegantes – *complex, subtle, elegant*
– excelencia, distinción y elegancia – *excellence, distinction and elegance*
– generosos y extremadamente elegantes – *generous and extremely elegant*
– concentrados, maduros – *concentrated, mature*

---

3   Es el caso más claro de un mal *equivalente* de traducción porque *scenario* (guión, perspectiva, panorama) no tiene el mismo significado que el español "escenario" (lugar donde se desarrolla la acción en el teatro, el cine o la vida, circunstancias que rodean a una persona o suceso, RAE). Habría sido mejor emplear *scene, setting*.

Curiosamente, las metáforas que siguen en frecuencia en los dos campos: 6)
DINERO/ JOYAS, 5a) RELIGIÓN/ MAGIA y 4) MEDIOS DE TRANSPORTE/ VIAJES o no
aparecen en Tab. 1 inicial (de las metáforas conceptuales de la lengua del vino) o
simplemente se mencionan pero no se desarrollan en subtipos. Estas imágenes,
en cambio, aparecen en los primeros puestos de las tablas 2 y 3 (en la primera
mitad, puestos del 2 al 6).

En este punto, observo las *diferencias más notables* entre el enoturismo y la
lengua del vino:

1. La segunda metáfora conceptual más abundante en la lengua del vino, 2c) CONSTRUC-
   CIÓN/ VOLUMEN, no lo es tanto en enoturismo, ya que aparece casi en último lugar en
   la Tab. 3. También se usan más en enología las metáforas de carácter bélico, 8) GUE-
   RRA, así como la 3) SINESTESIA (de hecho únicamente he descubierto el ejemplo que
   ya he mencionado).
2. Por contra, la segunda metáfora conceptual más frecuente en enoturismo, 7) ASTRO-
   NOMÍA, tiene escasa frecuencia en la lengua del vino y aparece al final de la tabla.

Ejemplos 23-27
– En efecto, son bastante frecuentes en la enología las imágenes relacionadas con la
   metáfora 2c) CONSTRUCCIÓN/ VOLUMEN como: "estructura" (*structure*), "pilar" (*cor-
   ner stone, mainstay*), "plataforma" (*platform*), "cimientos" (*foundations*), mientras
   que en enoturismo se prefieren figuraciones más poéticas, el uso ya mencionado de
   "estrella" o la denominación *lunar wine*, que dan cuerpo a la metáfora 7) ASTRONO-
   MÍA.

Las *metáforas lingüísticas* que más se repiten en la lengua del enoturismo también son las ANTROPOLÓGICAS, por este orden: *corazón* (5), *secreto* (5), *maridar*
(3), *dormitorio* (2), *jardín de variedades* (2); mientras que en enología las imágenes más frecuentes son: *corazón* (8), *personalidad* (5), *estructura* (5), *redondo* (4),
majestuoso (3), *apuesta* (3), *maridaje* (3), *mimo* (3), *elegante* (3). Estos ejemplos
corroboran la hegemonía de la metáfora ANTROPOLÓGICA en la lengua del vino,
a la vez que nos sugieren cierta preferencia del enoturismo por imágenes más
poéticas que enfatizan el lado emocional envuelto en el vino, ANTROPOLÓGICAS
y VEGETALES. En este sentido, he hallado algunas metáforas del enoturismo especialmente creativas y hermosas. Sus traducciones, por lo general, corresponden a
traducciones literales en forma de *equivalencias totales, omisiones, equivalencias
parciales y paráfrasis*:

Ejemplos 28–36

– En las barricas de roble palpita el misterio, en el mismo corazón de esta bodega nace
   su historia, el destino final de sueños y cosechas.

The mystery palpitates throughout the oaken barrels... right here in this very bodega, history was born, the destiny of dreams and harvests[4].

– Acercaos a Siurana y conoceréis un pueblecito de cuento que lleva en la piel el recuerdo de asedios inacabables y conquistas imposibles.

Come to Siurana and you will discover a small enchanting town that bears the memory of relentless sieges and impossible conquests[5].

– Los grandes ríos vinícolas del mundo ocultan la verdad del vino en el fondo de su cauce, guardan celosos en su fondo un cuaderno de bitácora donde está escrita la vida de sus orillas, de sus valles[6]...

Sistematizamos a continuación los resultados que hemos hallado en relación con las técnicas de traducción más frecuentes y adecuadas con las metáforas de estos dos campos.

6.2. Estrategias de traducción de las metáforas del enoturismo

En cuanto a la *traducción* de las metáforas del enoturismo, existe una considerable diferencia entre el número de imágenes que he encontrado en español y las que se traducen en inglés (83 frente a 56). Este hecho parece sugerir que muchas de las metáforas españolas tienden a *parafrasearse* u *omitirse* en lengua inglesa. Con frecuencia, se omiten párrafos enteros en esa lengua. La misma tendencia se repite en las metáforas de la lengua del vino, donde encontramos 257 metáforas en español frente a 145 en inglés.

Con todo, las estrategias de traducción que se emplean más a menudo con las metáforas del enoturismo son las siguientes por orden de frecuencia: *equivalencia total* (46), *paráfrasis* (13), *omisión* (12), *equivalencia parcial* o *modulación* (8). A veces, se usa en inglés la traducción literal de la metáfora seguida de una *explicitación* que destruye su poder sugestivo (3) y solo he encontrado 1 ejemplo de *préstamo*:

---

4   2 equivalencias totales y una paráfrasis (en letra redonda en la traducción inglesa).
5   Equivalencia parcial y paráfrasis (en letra redonda).
6   5 omisiones.

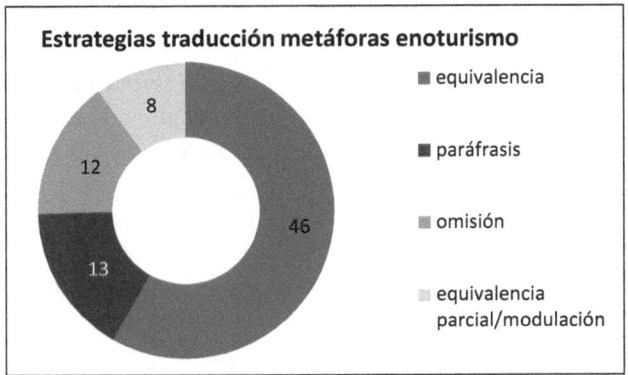

Gráfico 5. Estrategias de traducción con las metáforas del enoturismo

Las cifras con las metáforas de la lengua del vino confirman, por lo general, la tendencia anterior: *equivalencia total* (177), *paráfrasis* (29), *equivalencia parcial* o *modulación* (16), *omisión* (12), *compensación* (9), *explicitación* (6), *préstamo* (2), *símil* (2).

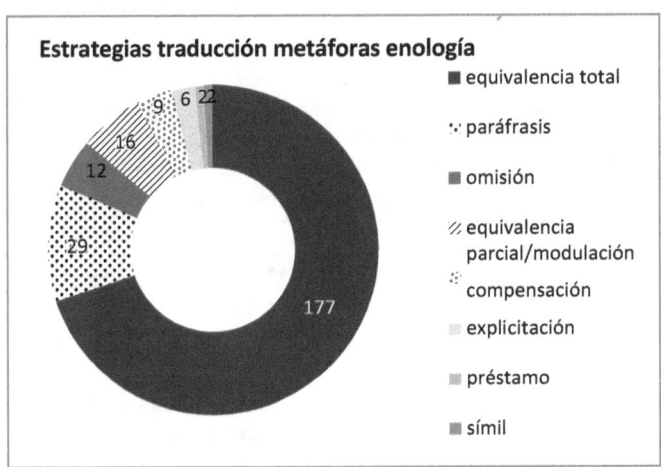

Gráfico 6. Estrategias de traducción con las metáforas de la enología

La única diferencia relevante que observo es un uso ligeramente mayor de la *equivalencia parcial* y la *modulación* con las metáforas del vino, que superan a las *omisiones*, además del empleo de algunas estrategias traslativas nuevas: la *compensación* (el uso de una metáfora en la LM donde no la había en la LO para contrarrestar los casos en los que se omite una imagen en dicha lengua) y el uso de *símiles* en lugar de metáforas.

Como vemos, estos resultados matizan en cierto grado las hipótesis de los investigadores (Pascual, 2006: 114; Beltrán, 2010: 57–59; Fraile, 2010: 162) sobre las estrategias de traducción más frecuentes con la lengua del enoturismo (que expuse en el apartado 5 anterior):

1. La *equivalencia total* es la estrategia de traducción más frecuente para las metáforas del enoturismo, en forma de *traducciones literales*, a veces, excesivamente similares al original. Esta estrategia está bien utilizada en numerosas ocasiones, como cuando el vino se considera una "joya" (*jewel*), la "estrella" (*star*) o se enfatiza su graduación alcohólica (cuerpo, *body*), pero creo que podría no ser tan adecuada en casos como los siguientes:

Ejemplo 37

– Si estás a punto de celebrar alguna ocasión especial, un bautizo, la comunión de tus hijos, tu boda, bodas de oro… cualquiera de esos días que nos llevan a juntarnos con la familia y amigos, y a buscar un ambiente distinto, no dudes en pedirnos que te enviemos nuestros menús, y que te diseñemos un día "<u>a tu medida</u>", con lo que necesites.

> *If you are about to celebrate a special occasion, a christening, your child's first communion, a wedding, or golden anniversary … any of those special days where you want to get together with family and friends, and seek a different environment, feel free to ask us. We will send you our menus, and we can tailor a day "<u>to your measure</u>" with whatever you need.*

Me pregunto si la expresión *to your measure* le resultaría natural a un angloparlante o quizá prefiriera otras como *a custom-made day, a made-to-measure day*.

Ejemplo 38

– Cuando la viña comienza a brotar se eliminan los tallos que no son válidos, lo que se denomina "<u>poda en verde</u>"; de esta forma el resto de la planta adquiere más fuerza, repercutiendo directamente sobre el racimo, dándole más calidad al mismo.

> *When the vines begin to sprout the stems that are not valid are removed, what is called "<u>green pruning</u>", so this way the rest of the plant becomes stronger with direct repercussions on the cluster, giving it more quality.*

Dudo entre la expresión *green pruning* y *green harvest* que he encontrado en el corpus y en el glosario especializado de la revista *Wine Spectator*

2. La segunda tendencia es que la metáfora se *parafrasee* o se *omita*, pero tiene el inconveniente de que se pierde su expresividad. Por otro lado, la mayor parte de las metáforas que se omiten en la traducción no constituyen expresiones especialmente complicadas de trasladar, dado que aparecen traducidas en otros ejemplos del corpus. Así, los conocidos términos "maridar, maridaje", se *omiten* en el primer ejemplo siguiente y se *parafrasean* en el segundo (se indica con letra redonda), cuando también he encontrado en el corpus un *equivalente* de "maridaje", *wine and food match*:

Ejemplo 39
– Su estilo tradicional, sus tierras y su salón social, hacen de esta visita un momento especial en el día, <u>maridando</u> esta experiencia con sus exquisitos vinos.

It has won important national and international awards thanks to its top-quality red wines, its traditional style and its excellent facilities.

Ejemplo 40
– En el Complejo Emina, además de degustar los mejores vinos, podemos <u>maridarlos</u> con los más exquisitos platos tradicionales de la zona.

In the Emina Centre, we can not only taste Group Matarromera's top-quality wines but also <u>pair them</u> *with the most traditional dishes of the area.*

3. No he encontrado tantas *adaptaciones* al cliente extranjero como cabría esperar, en forma de adiciones o supresiones de información, informaciones explicativas, reorientaciones de contenido o cambios de enfoque. De hecho, son bastante escasas las *explicitaciones*, las *equivalencias parciales* y las *modulaciones*:

Ejemplo 41
– En esta sala tan especial podrán tocar las barricas, sus <u>poros</u> y quizás puedan sorprenderse al oír <u>respirar</u> al vino.

In such special room you will be able to touch the casks, feel the porous wood and even hear how the wine is <u>breathing</u>.

En este caso, "poros" se traduce con la *explicitación*: *the porous wood*.

Ejemplos 42-43
– Esta Denominación de Origen, es conocida mundialmente por sus afamados vinos, pero no lo es tanto a nivel Enoturístico. Es aquí donde el Centro EMINA va a <u>cubrir</u> el vacío existente.

The Denomination of Origin is known worldwide for its top quality wines, but not as well known in the wine tourism circles. This is where the EMINA Centre will <u>bridge</u> *the existing gap.*

– En la historia de Castilla siempre estará presente el Duero y siempre se hablará de vino, <u>pilar de riqueza</u>, <u>embajador de fama</u>, <u>compañía</u> en la fiesta y <u>consuelo</u> en la tristeza.

In the Castilla´s history will always be present the Duero River, and always we´ll talk about wine, <u>sustenance of wealth, fame ambassador, friend</u> in the party and <u>comfort</u> in the sadness.

Estos dos ejemplos muestran *equivalencias parciales*, dado que "cubrir el vacío" y *bridge the gap*, aunque son imágenes de campos semánticos distintos, sugieren la misma asociación de ideas; y "pilar de riqueza" y *sustenance of wealth* comparten el mismo concepto básico, "apoyo".

Ejemplos 44-45
– Es en Peñafiel, localidad vallisoletana, <u>vertebrada</u> por el río Duero donde nace este <u>sorbo</u> de la tierra.

It is in Peñafiel, a Valladolid town held together by the Duero River, where this <u>gift</u> of the land is born.

– Queremos recrear la historia rural de Quintana del Pidio, volcándonos en el cuidado y dedicación exquisita que hace entrega al caminante que quiera experimentar el verdadero turismo enológico, para que en su descanso pueda arrinconar y olvidar las obligaciones del día a día, siendo capaz de descubrir recuerdos lejanos, junto a un <u>cúmulo</u> de nuevas sensaciones.

Our aim is to recreate the rural history of Quintana del Pidio with the enthusiastic care and dedication which provides the visitor with a real experience of understanding the way of life of the bodega, far away from the distractions of everyday life, perhaps bringing back memories but also providing a <u>realm</u> of new sensations.

En estos otros dos casos vemos *modulaciones*, pues la traducción de "sorbo de la tierra", *gift of the land*, no solo emplea una metáfora de un campo semántico distinto, sino que también implica un punto de vista diferente, a pesar de que ambas expresiones tengan el mismo valor pragmático. Por otra parte, "cúmulo" (conjunto, montón, unión) y *realm* (reino, campo, terreno) evocan imágenes totalmente distintas, pero que funcionan en contexto.

4. He localizado pocos *préstamos*, como el siguiente (en letra redonda en la versión inglesa), que tiene el fin de conservar un juego de palabras, la polisemia de "secreto" (su significado habitual y el nombre del vino):

Ejemplo 46
– La sabiduría milenaria en la elaboración del vino, el delicado equilibrio de matices y la inspiración de nuestro equipo de enólogos, son claves fundamentales para comprender nuestro <u>secreto</u> mejor guardado. El deleite final, un obsequio para los sentidos, descubrir el Calado de <u>SECRETO</u>!

Thousands of years of winemaking wisdom, a delicate balancing of wine nuances, and the inspiration of our team of enologists are the keys to understanding our best kept <u>secret)</u> may we have the pleasure of offering you a gift for the senses? Discover the Calado de <u>SECRETO</u>!

7. Conclusiones

Para comenzar, expondré las conclusiones a que he llegado sobre el enoturismo, su lengua, textos y traducción al inglés para, a continuación, plantear si se han cumplido los objetivos e hipótesis presentados en la introducción.

Al igual que las lenguas del vino y el turismo, el léxico del enoturismo tiene un carácter mixto, poco especializado en apariencia, pero con cierto grado de terminología. Se compone de un núcleo de términos relacionados con el turismo y un vocabulario periférico con palabras de la lengua general y términos de otros campos (vitivinicultura, gastronomía, arte, viaje y seguros, ocio, marketing).

Los textos enoturísticos también mezclan características de los textos especializados (sintaxis sencilla, códigos no lingüísticos) y los literarios y publicitarios (sintaxis compleja, vocabulario general, metáforas). Se distinguen de algunos textos especializados, por tanto, porque suelen tener un estilo casi poético, cuando buscan más el deleite que la transmisión de información rápida y concisa. En este sentido, se parecen a los textos turísticos, aunque en algunos de sus géneros predomina el estilo de los vitivinícolas. A diferencia de los textos turísticos, en los enoturísticos es más patente la función informativa, pues acompañan el contenido turístico de explicaciones sobre la elaboración del vino o glosarios relacionados.

La traducción enoturística (como la turística) suele ser inversa y tiende hacia la aceptabilidad en la cultura de destino, lo que puede derivar en problemas lingüísticos y culturales. Por tanto, debe considerar las diferencias socioculturales entre los ámbitos origen y meta, y buscar versiones cuidadas en inglés.

Con esta investigación, espero haber respondido, al menos inicialmente, a los dos objetivos que me planteaba. En primer lugar, sistematizar las principales metáforas conceptuales de la lengua del vino, identificar metáforas conceptuales del enoturismo y completar ambas clasificaciones con metáforas novedosas e imágenes derivadas de las metáforas ya establecidas. Aunque no he encontrado diferencias importantes entre las metáforas conceptuales de la enología y el enoturismo, sí he podido señalar algunas tendencias, que deberán ser analizadas más sistemáticamente en futuras investigaciones:

- He descubierto 5 metáforas conceptuales novedosas de la lengua del vino: 6) DINERO/ JOYAS, 7) ASTRONOMÍA, 8) GUERRA, 9) MEDICINA y 10) LÍQUIDOS, algunas de las cuales también aparecen en enoturismo, donde en cambio no he observado ejemplos de nuevas metáforas conceptuales.

- He completado la metáfora conceptual 2c) CONSTRUCCIÓN/ VOLUMEN, con la imagen derivada MECÁNICAS; he dividido la 5) RELIGIÓN/ ARTE en 2 subclases o derivaciones: 5a) RELIGIÓN/ MAGIA, a la que le he aportado esta última imagen y 5b) ARTE, que he completado con TEATRO. Esto nos sugiere que mientras la enología parece servirse más de imágenes religiosas y mágicas (5a), el enoturismo hace lo propio con las artísticas y teatrales (5b).

- Parece confirmarse que las metáforas más habituales, tanto en la lengua del vino como en la del enoturismo, son las 1) ANTROPOLÓGICAS, aunque su predominio es más claro en enología.

- También se usan más en la lengua del vino las metáforas de la CONSTRUCCIÓN (2c), las relacionadas con la GUERRA (8), la MEDICINA (9), las VEGETALES (1d), las intersensoriales o SINESTESIAS (3), las de LÍQUIDOS (10) y ANIMALES (1c), por este orden.

- La diferencia más notable entre las metáforas conceptuales de estos dos ámbitos es que la segunda metáfora más abundante en enología, 2c) CONSTRUCCIÓN/ VOLUMEN, aparece casi en último lugar en enoturismo; mientras la 7) ASTRONOMÍA, que es bastante frecuente en enoturismo, tiene escasa aparición en la lengua del vino.

- Siguen en frecuencia en las dos disciplinas metáforas conceptuales distintas a las que se han asociado tradicionalmente con la lengua del vino como 6) DINERO/ JOYAS, 5a) RELIGIÓN/ MAGIA y 4) MEDIOS DE TRANSPORTE/ VIAJES, lo que matizaría algunas investigaciones anteriores sobre la enología.

Si tuviéramos que resumir de algún modo la principal diferencia entre las metáforas conceptuales de estos dos campos, diríamos que las metáforas del enoturismo, además de cumplir su función cognitiva como procedimiento mental, parecen volver de nuevo hacia la misión o función estética original de esta figura, dado que se sirven de imágenes más poéticas que las de la enología.

En cuanto al segundo objetivo, las estrategias de traducción que se emplean con las metáforas de los dos dominios, me gustaría hacer unas puntualizaciones, sobre todo en relación con la calidad de la traducción de las metáforas del enoturismo del corpus que he analizado:

- Los resultados, que conceden un primer puesto a la *equivalencia total* en la traducción de todas estas metáforas, matizan las conclusiones de mi artículo anterior sobre la traducción de las metáforas lexicalizadas de la lengua del vino (Fraile 2010: 162), pues en aquella ocasión la estrategia de traducción más frecuente que encontré fue la *paráfrasis*, seguida de lejos por la *equivalencia parcial*.

- Con todo, la utilización excesiva de la *traducción literal* por los traductores de estas páginas web me hace pensar que estos profesionales deberían comprobar cuidadosamente en cada contexto si las imágenes son realmente *equivalentes* en inglés, ya que el uso indiscriminado de traducciones excesivamente literales podría denotar falta de dominio idiomático y dar lugar a malas traducciones.

- La frecuencia con que se *parafrasean* u *omiten* las metáforas del enoturismo en la traducción del español al inglés implica cierto grado de pérdida semántica en LM. Por ello, podría dar buen resultado usar en la traducción una imagen del mismo u otro campo semántico, basada en una asociación de ideas similar, con la misma frecuencia de uso y valor pragmático, que consiguiera conservar la expresividad del fragmento.

• Contrariando mi hipótesis inicial, el uso de adaptaciones, en forma de *equivalencias parciales* o *modulaciones*, no parece tan frecuente en la traducción español-inglés de las metáforas del enoturismo. En este sentido, creemos que los traductores deberían prestar más atención a la *aceptabilidad* de sus versiones en la cultura de destino, buscando versiones inglesas más cuidadas, probablemente basadas en las estrategias anteriores.

• Quizá la principal deficiencia que he observado en la traducción estas metáforas es cierta falta de uniformidad en el uso de la terminología, con diferentes traducciones para un mismo término, como en el mismo nombre de la denominación que analizo[7].

El análisis lingüístico que he llevado a cabo de las páginas web de las bodegas de Ribera del Duero me ha servido para concluir en primer lugar que no contienen tanto material sobre enoturismo como cabría esperar. Aunque ha aumentado considerablemente el número de bodegas que proporcionan información sobre enoturismo, no siempre lo hacen de forma suficiente o adecuada: muchas de estas páginas siguen sin tener una sección específica de esta materia o cuando se accede a ella está en construcción; algunas bodegas anuncian sección de enoturismo, pero es la única parte que no está en inglés o tiene poca información; traducen el cuerpo del texto, pero no el de los enlaces o el de los recorridos que se ofrecen en pdf. Por este motivo, recomendaría que futuras investigaciones sobre este tema se dirigieran hacia otros géneros como las guías turísticas especializadas y que las bodegas procuraran corregir estas debilidades para aumentar la efectividad de sus páginas web.

Mi segunda conclusión principal es que las metáforas no tienen una alta frecuencia de aparición en los textos del enoturismo, teniendo en cuenta el gran número de páginas y palabras analizado, aunque sí que son muy salientes desde el punto de vista semántico, pues son llamativas y el efecto que consiguen, al captar la atención del receptor, logra cumplir la función apelativa de estos textos. Aunque principalmente las he encontrado de forma aislada (una o dos metáforas por oración o microcontexto), cuando las he analizado en un contexto mayor (toda la página web), he detectado con claridad las fuertes asociaciones que se

---

7   El corazón del Duero – *the Ribera del Duero heart/ the Duero´s Heart*
    En pleno corazón de La Ribera del Duero – in the heart of the Ribera del Duero/ of the Duero river valley/ of the Duero Valley.
    En el corazón de la Denominación de Origen Ribera del Duero – in the heart of the Ribera del Duero region of Spain/ of the Denomination of Origin Ribera del Duero.

establecen entre ellas, que son sistemáticas y se plasman en los escenarios metafóricos que he identificado, que dan cuerpo al mapa conceptual del enoturismo, van cambiando y evolucionando con la disciplina y nos permiten compararla con otras. La metáfora conceptual del cuerpo (antropológica) se organiza en un sistema coherente de submetáforas o imágenes derivadas: el vino se presenta como un organismo vivo, con rasgos anatómicos, fisiológicos, sociales y de personalidad; o como un objeto bien construido con su contorno, textura, estructura interna y diseño. De este modo, observo dos esquemas metafóricos principales en enología y enoturismo que concurren en una metáfora primaria o básica LA ORGANIZACIÓN ES ESTRUCTURA FÍSICA (Grady 1997) que aúna la mayor parte de las metáforas conceptuales que he identificado: anatómicas, textiles, arquitecturales, artísticas, monetarias, astronómicas, bélicas, médicas.

Las metáforas novedosas que he descrito, no perjudican sino que enriquecen las asociaciones léxicas anteriores, aunque tendrán que ser estudiadas más en profundidad y confirmadas o rechazadas con corpus de mayores dimensiones. Sería conveniente contrastar estos resultados en futuros estudios con información de las páginas web de otros productores de textos de enoturismo: asociaciones y agencias, museos, hoteles y restaurantes, portales turísticos (como la agencia http://www.rutasdevino.com), así como con materiales similares procedentes de páginas web en inglés.

Referencias bibliográficas

AMORARITEI, L. (2002): «La Métaphore en Œnologie». *Metaphorik*, 3, 4–16

BARROS, M. J. (2010): «El léxico de la vid y la bodega en la comarca de los Barros (Badajoz). Estudio lingüístico-etnográfico», in M. Ibáñez *et al.* (eds.), *Vino, lengua y traducción* II. Valladolid, Secretaría de Publicaciones Universidad de Valladolid, 167–198.

BAZZOCCHI, G. y P. CAPANAGA (2010): «La publicidad del vino: estudio contrastivo italiano-español», in M. Ibáñez *et al.* (eds.), *Vino, lengua y traducción* II. Valladolid, Secretaría de Publicaciones Universidad de Valladolid, 56–118.

BELDARRAÍN, R. (2010): «Lenguaje y traducción de descripciones de vinos cubanos», in M. Ibáñez *et al.* (eds.), *Vino, lengua y traducción* II. Valladolid, Secretaría de Publicaciones Universidad de Valladolid, 1–20

BELTRÁN, R. (2010): «Enoturismo y traducción», in M. Ibáñez *et al.* (eds.), *Vino, lengua y traducción* II. Valladolid, Secretaría de Publicaciones Universidad de Valladolid, 47–62.

CABALLERO, R. y E. SUÁREZ (2008): «Translating the senses: Teaching the metaphors in winespeak», in F. Boers y S. Lindstromberg (eds.), *Cognitive Linguistic*

Approaches to Teaching Vocabulary and Phraseology. Berlin y New York, Mouton de Gruyter, 240–260.

COUTIER, M. (1994): «Tropes et termes: le vocabulaire de la dégustation du vin». *Meta,* 34-4, 662–673.

DE LA CUADRA, Mª T. (2006): «Lingüística de corpus y lingüística computacional: Aportaciones a un proyecto lexicográfico sobre la cata de vino (inglés-español) », en M. Ibáñez (ed.), *El lenguaje de la vid y el vino y su traducción.* Valladolid, Secretaría de Publicaciones Universidad de Valladolid, 253–288.

DEMAECKER, C. (2006): «Les metaphors du vin et leurs traductions», in M. Ibáñez, (ed.), *El lenguaje de la vid y el vino y su traducción.* Valladolid, Secretaría de Publicaciones Universidad de Valladolid, 298–303.

FELIPE, Mª R. y M. J. FERNÁNDEZ (2006): «Diseño y elaboración de herramientas lingüísticas aplicadas a la traducción especializada: las normas de traducción», in M. Ibáñez (ed.), *El lenguaje de la vid y el vino y su traducción.* Valladolid, Secretaría de Publicaciones Universidad de Valladolid, 215–251.

FRAILE, E. (2010): «La traducción de las metáforas del vino», in M. Ibáñez *et al.* (eds.), *Vino, lengua y traducción* II. Valladolid, Secretaría de Publicaciones Universidad de Valladolid, 141–173.

GARCÍA, F. (2010): «Los géneros divulgativos y publicitarios en el sector vitivinícola y el mercado de la traducción», in M. Ibáñez *et al.* (eds.), *Vino, lengua y traducción* II. Valladolid, Secretaría de Publicaciones Universidad de Valladolid, 353–366.

GRADY, P. (1997): «THEORIES ARE BUILDINGS revisited». *Cognitive Linguistics.* 8-4, 267–290.

KELLY, D. (2005): «"*Lest Periko Ortega give you a sweet ride…"*o la urgente necesidad de profesionalizar la traducción en el sector turístico. Algunas propuestas para programas de formación», in A. Fuentes (ed.), *La traducción en el sector turístico.* Granada, Editorial Atrio, 155–170.

LAKOFF, G. y M. JOHNSON (1980): *Metaphors We Live By.* Chicago, University of Chicago Press.

LEHRER, A. (1992): «Wine vocabulary and wine description». *Verbatim: The Language Quaterly,* 18, 13–15.

MARTÍNEZ, G. (2006): «El lenguaje de la cata: análisis de alguno de sus términos», in M. Ibáñez (ed.), *El lenguaje de la vid y el vino y su traducción.* Valladolid, Secretaría de Publicaciones Universidad de Valladolid, 359–369.

MOLINA, L. y A. HURTADO (2002): «Translation Techniques Revisited: A Dynamic and Functionalist Approach». *Meta,* 47, 498–512.

NEGRO I. (2011): «La metáfora en el discurso enológico en español». *Actas del X Congreso de la Asociación Europea de Lenguas para Fines Específicos*. Valencia, Editorial Universidad Politécnica de Valencia, 479-486.

NEWMARK, P. (1982): *Approaches to Translation*. Oxford, Pergamon Press.

PASCUAL, Mª (2006): *Aproximación al estudio de una lengua de especialidad: el enoturismo*, Trabajo tutelado [consulta en línea: http://www.girtraduvino.com 18/07/2013].

PASCUAL, Mª. (2010): «La comunicación enoturística», in M. Ibáñez *et al.* (eds.), *Vino, lengua y traducción* II. Valladolid, Secretaría de Publicaciones Universidad de Valladolid, 61-74.

PEÑÍN, J. (2006): «La dimensión internacional del mundo del vino», in M. Ibáñez (ed.), *El lenguaje de la vid y el vino y su traducción*. Valladolid, Secretaría de Publicaciones Universidad de Valladolid, 41-48.

ROSSI, M. (2010): «Le discours autour du vin: expression lyrique ou langue specialisée», in M. Ibáñez *et al.* (eds.), *Vino, lengua y traducción* II. Valladolid, Secretaría de Publicaciones Universidad de Valladolid, 147-166.

SÁNCHEZ C. (2010): «Las páginas web de las bodegas. Una aproximación textual», in M. Ibáñez *et al.* (eds.), *Vino, lengua y traducción* II. Valladolid, Secretaría de Publicaciones Universidad de Valladolid, 335-352.

SUÁREZ, E. (2006): «El lenguaje de cata en los foros de internet: una comparativa E.E.U.U.-España», in M. Ibáñez (ed.), *El lenguaje de la vid y el vino y su traducción*. Valladolid, Secretaría de Publicaciones Universidad de Valladolid, 321-326.

SUÁREZ, E. (2007): «Metaphor inside the wine cellar: On the Ubiquity of Personification Schemas in Winespeak». *Metaphorik*, 12, 53-63.

TOURY, G. (1995): *Descriptive Translation Studies and Beyond*. Amsterdam/Philadelphia, John Benjamins Publishing Company.

María Pascual Cabrerizo

Enoturismo 2.0

Resumen La segmentación del turismo y los cambios en las comunicaciones tienen su reflejo en los géneros textuales del ámbito turístico. En este trabajo, pretendemos caracterizar el macrogénero sitio Web corporativo, tomado como ejemplo de la comunicación enoturística en Internet. Para ello, nos basamos en el análisis de un corpus de sitios relacionados con el enoturismo en cuatro regiones de España y Estados Unidos. El análisis considera aspectos pragmáticos, socioculturales, comunicativos, macrotextuales y microtextuales. Los resultados revelan que el sitio Web enoturístico presenta características similares a otros sitios Web turísticos y está todavía adaptándose a las estrategias del marketing 2.0.

Palabras clave: Enoturismo. Sitio Web. Marketing 2.0. Análisis.

Abstract Market segmentation in tourism and changes in communication are reflected in text genres within the travel sector. This paper aims to describe the macrogenre corporative website as an example of wine tourism communication on the Internet. Our work bases on the analysis of a corpus of websites related to wine tourism in four regions in Spain and the USA. The analysis takes into account pragmatics, socio-cultural factors, communication, and macro- and micro-textual aspects. The results suggest that the wine tourism website features are similar to those of other tourism websites and that it is still adapting to marketing 2.0 strategies.

Key words: Wine tourism. Website. Marketing 2.0. Analysis.

0. Introducción

Las últimas décadas han marcado una época de grandes cambios en el sector turístico. Por una parte, se ha diversificado: se ha pasado de un turismo rígido, con propuestas desarrolladas para la mayoría como masa, a un modelo flexible, que se adapta a las necesidades e intereses particulares de los individuos en las sociedades segmentadas. Han surgido así distintas formas de turismo que se unen a las tradicionales de sol y playa y monumental, como por ejemplo, el turismo de aventura, el cicloturismo, el turismo LGTB, el rural, el de salud, el negro, el espiritual o el enoturismo.

Por otro lado, la popularización de Internet y el potente desarrollo de las tecnologías móviles han revolucionado la forma de vender, gestionar y vivir los viajes. Como es natural, todos estos cambios tienen su reflejo en la comunicación, y eso es lo que abordaremos en este trabajo.

Empezaremos nuestro viaje con una panorámica del paisaje turístico redibujado por las nuevas tecnologías para adentrarnos, a continuación, en el terreno del enoturismo y explorar cómo es la comunicación en ese ámbito. Después nos detendremos brevemente en la galería de géneros y seguiremos nuestro camino visitando el macrogénero sitio Web corporativo como paradigma de la comunicación enoturística 2.0.

1. El turismo 2.0

La extensión 2.0 es, como cabría esperar, una alusión al concepto Web 2.0. Dicho término designa el fenómeno surgido a principios de la década pasada con una revolución de las aplicaciones que supuso el fin de la primera era de Internet, en la que el usuario tenía un papel mucho más pasivo, y el inicio de la segunda, muy determinada por la interacción. Esta nueva era ha marcado enormemente el desarrollo Web, pero también ha tenido un grandísimo impacto en otras áreas, como los medios de comunicación, el marketing, la política, la educación, las compras y el entretenimiento.

En el caso particular del turismo, la «digitalización» de la actividad es notable tanto en el lado de la oferta como en el de la demanda. Casi sin darnos cuenta, los consumidores hemos ido abandonando muchas costumbres «analógicas» y hemos adoptado nuevos métodos para estar informados, hacer gestiones e incluso relacionarnos. Si el lector lo piensa, es muy probable que ahora mismo lleve encima su smartphone, con alguna aplicación de mensajería instantánea abierta o ejecutándose en segundo plano, que haya realizado recientemente algún trámite de manera telemática (ya sea voluntariamente por la comodidad de esa vía u obligado porque no había otra opción de gestión) y que lleve ya un tiempo sin visitar una agencia de viajes para planificar una escapada de fin de semana. Esto nos puede dar una pequeña idea de cómo el mundo digital está cambiando el perfil del turista y, en consecuencia, el de las empresas relacionadas con el turismo.

Joan Marco (2017), que es un profesional de la comunicación digital especializado en el sector turístico, presenta en su blog una infografía bastante acertada que muestra la evolución del turista en este sentido y que podríamos resumir así:

- El turista 1.0, o «analógico», es ya casi una especie en peligro de extinción. Se caracteriza por una dependencia de intermediarios alta y una capacidad comparativa baja, confía en los intermediarios y suele acatar los precios.

Prefiere las fuentes de información tradicionales y el papel como soporte para la documentación y suele viajar con abundante equipaje, cuidadosamente preparado.

- El turista 2.0, o «social», implementa en su actividad el uso de Internet. Su dependencia de intermediarios es baja, ya que prefiere planificar y gestionar sus viajes personalmente desde casa. Su capacidad comparativa es alta, está acostumbrado al uso de buscadores y redes. Aunque en algunos casos sigue utilizando el papel, no tiene problema con el soporte digital. Viaja ligero de equipaje.
- El turista 3.0, o «colaborativo», tampoco depende de intermediarios y tiene una capacidad comparativa alta. Está siempre conectado, su principal, y prácticamente única, fuente de información son las comunidades de usuarios, ha desechado completamente el papel y viaja con muy poco equipaje sin demasiada preparación.

Para Marco, el turista 1.0 está prácticamente extinto y el 2.0 se está convirtiendo inevitablemente en 3.0. Sin embargo, nosotros pensamos que este relevo todavía está lejos de completarse: el turista 2.0 es ahora mismo el estándar, el perfil más extendido, si bien las generaciones más jóvenes pueden presentar ya una tendencia clara al 3.0.

Sea como fuere, actualmente el turista ha adquirido un nuevo papel en la cadena de valor del producto turístico, que ya no va del producto al cliente sino del cliente al producto. El turista ha pasado de ser consumidor a ser «adprosumer» (anuncia, produce y consume), y el sector turístico ha pasado de las 4 «p» del marketing tradicional (producto, precio, punto de venta y promoción) a las 6 «c» del marketing digital (cliente, conexión, conversación, contenido, comunidad y contacto). Ahora el cliente está en el centro de la experiencia, y la emoción en el centro del mensaje. En este sentido, Josep Ejarque (2015: 71) identifica cuatro puntos estratégicos a los que apelar en la construcción de mensajes: experiencias auténticas, personales y tangibles, memorables y para compartir. Además, para llegar al nuevo turista hay que contar más que explicar, utilizar un lenguaje sencillo, con frases cortas (Ejarque habla de solo 15 palabras y no más de tres oraciones por párrafo) e ilustrarlo con imágenes emocionales más que descriptivas. Este planteamiento pensado para Internet se aleja bastante de los medios de promoción turística clásicos como el folleto.

2. Enoturismo y comunicación

2.1. El enoturismo

Vamos a desviarnos momentáneamente del camino del 2.0 para introducir y contextualizar el otro elemento del binomio que da título a este trabajo, el enoturismo.

Existen distintas definiciones para el turismo enológico, enfocándolo como producto temático (RECEVIN[1]), como experiencia del enoturista (Wiesenthal, 2001; South Australian Tourism Commission, 1997) o como sinergia entre dos sectores que revaloriza la cultura y el patrimonio vitivinícola (Getz, 2000; Yllera, 2007; Zapata Hernández, 2007), pero por ser una de las más completas, nos gustaría destacar aquí la de Luis Vicente Elías Pastor (2006: 64):

> Llamamos «turismo del vino» a los viajes y estancias dirigidas al conocimiento de los paisajes, las labores y los espacios de la elaboración del vino, y a las actividades que acrecientan su conocimiento y adquisición y pueden generar desarrollo en las diversas zonas vitivinícolas.

Consideramos esta definición especialmente acertada porque tiene en cuenta las motivaciones del turista, la oferta y la dimensión socioeconómica de la actividad.

Ahora que tenemos claro el concepto, vamos a ver que no se concreta igual en todas partes. En Europa, hay una coordinación entre el sector público y el privado que se materializa en «rutas del vino». Naturalmente, estas rutas no funcionan exactamente igual ni se encuentran en el mismo grado de desarrollo en los distintos países que las tienen. Por ejemplo, las Winstrassen forman parte del sector turístico de Alemania desde hace prácticamente cien años y han contribuido de tal manera a la promoción del vino alemán que para los años setenta todas las regiones vitivinícolas contaban con su ruta del vino. Este éxito ha inspirado a países del este, como Hungría, a imitar el modelo para atraer a los turistas del oeste (Hall et al., 2002: 2). Italia, por su parte, es el país con la red más completa de rutas del vino, con más de 150 reguladas por una ley estatal de 1999 y varias regionales, y son notables sus esfuerzos por conseguir una normativa para la actividad a nivel europeo (Elías Pastor, 2006: 196–199). En Francia, las rutas del vino como herramienta promocional han ido ganando popularidad desde mediados de los ochenta y las hay en abundancia, pero no se trata de un modelo

---

1   En su sitio Web (http://www.recevin.net/enotourism.php), la Red Europea de Ciudades del Vino (RECEVIN) describe el producto enoturístico como «la integración bajo un mismo concepto temático de los recursos y servicios turísticos de interés, existentes y potenciales de una zona vitivinícola».

unificado, sino que cada región las plantea en función de los recursos con los que cuenta. Por ejemplo, Burdeos y Borgoña ofrecen productos centrados completamente en la cultura vitivinícola, mientras que en Alsacia la ruta del vino se combina con la de los castillos históricos (Frochot, 2002: 72–76). Aquí en España, la Asociación Española de Ciudades del Vino (ACEVIN) es quien se encarga de autorregular las rutas enoturísticas, con el respaldo de los Ministerios de Industria y de Agricultura. Desde la creación de esta asociación en 1994, el producto «Rutas del vino de España» está mucho más organizado, pero todavía hay potencial para desarrollarlo más y explotar con más eficiencia todos los recursos de las regiones que enmarcan las 29 rutas que tiene ahora mismo certificadas.

Australia, por su parte, cuenta con asociaciones estatales para promover el enoturismo y una estrategia nacional implementada por un consejo nacional de turismo del vino. El producto se materializa en rutas del vino y en ofertas de turoperadores especializados.

En Sudáfrica, el fin del apartheid supuso una mayor sintonía con la comunidad global que se tradujo en más turismo y más promoción. El enoturismo se vio además favorecido por una nueva legislación que permitía catar vinos en los lugares de producción. Las rutas del vino, que originalmente eran meras sucesiones de catas en una selección de bodegas, han evolucionado también en las últimas décadas hacia una visión más holística que aprovecha y al mismo tiempo pone en valor los atributos de cada región.

En Latinoamérica hay distintos modelos. Por poner algunos ejemplos, en Argentina existen rutas del vino homologadas bajo el nombre de «Caminos del vino». Es un proyecto que se inició en Mendoza en los noventa y que ya abarca la totalidad del país (Bozzani, 2012: 35). En Chile, también hay alguna ruta y se está haciendo un gran esfuerzo colectivo del sector público y privado para desarrollar y fortalecer un enoturismo competitivo y sostenible a través del Programa Estratégico Mesoregional Enoturismo Chile y de la Gobernanza de Enoturismo Chile para que en 2026 sea uno de los principales atractivos del país.

Finalmente, en Norteamérica encontramos dos estilos muy distintos en el este y en el oeste. En California, hay una gran cantidad de bodegas boutique que invierten muchísimo en marketing, y la peregrinación por bodegas del valle del Napa se ha convertido en un icono del estilo de vida californiano. En cambio, en la zona de los Grandes Lagos, el enoturismo es una combinación de agricultura, industria vitivinícola y turismo. Hay rutas organizadas, entre ellas varias pequeñas y una internacional que une siete regiones de Estados Unidos y Canadá, que se han visto impulsadas por una legislación vinícola favorable en ambos países.

Si algo está claro es que, sea cual sea el modelo implementado, el enoturismo es una sinergia entre distintas industrias que involucra a agentes muy diferentes y este rasgo va a marcar también la comunicación.

2.2. La comunicación enoturística

Como concluimos en nuestra tesis doctoral (Pascual Cabrerizo, 2016: 529–531), la naturaleza poliédrica del enoturismo hace que la comunicación enoturística sea rica y compleja, con numerosas situaciones que se inscriben dentro de la comunicación especializada, y que se caracteriza, en primer lugar, por la variedad de relaciones entre interlocutores, que podrían resumirse en relaciones entre:

- Expertos en distintos campos (legal, turístico, enológico...) que cooperan para fomentar el sector o desarrollar un producto.
- Expertos en enoturismo que se comunican principalmente en congresos de profesionales, redes de enoturismo...
- Expertos en enoturismo y público general (consumidor o no de enoturismo).
- Enoturistas.

La comunicación entre expertos en distintos campos es relativamente simétrica en cuanto a protocolos comunicativos, por ejemplo, pero es asimétrica en tanto que no comparten muchos conocimientos ni parte del código, lo que va a rebajar un poco el grado de especialidad de sus actos comunicativos en determinadas circunstancias. En cambio la relación entre expertos en enoturismo sería la más simétrica. Por su parte, la relación entre expertos en enoturismo y público general va a ser asimétrica, si bien puede haber un público con gran conocimiento del tema. Esta heterogeneidad de perfiles también va a hacer que la relación entre enoturistas no sea tan simétrica como podría parecer a priori.

La comunicación enoturística también se caracteriza por el uso de distintos canales. La comunicación escrita tradicional se caracteriza por la distancia comunicativa y la asincronía, mientras que la oral queda restringida a un espacio y a un tiempo y requiere contacto entre los interlocutores. La era digital ha alterado un poco estos parámetros y a través de la comunicación audiovisual ha conjugado códigos y canales distintos permitiendo una interacción diferente. Además, gracias a la inmediatez que permite el medio Web, situaciones de comunicación eminentemente escrita han adquirido características más propias de la comunicación oral.

Finamente la comunicación enoturística está marcada por la persecución de diversos objetivos: al ser el enoturismo una actividad recreativa, cultural y económica, la intención de los textos y cómo se despliegue el mensaje dependerá de los intereses que mueven al emisor.

Desde un punto de vista lingüístico, el interés de la comunicación enoturística radica en su enclave en la confluencia de dos lenguas de especialidad. Tanto la lengua turística como la del vino tienen unas características peculiares en comparación con otras lenguas de especialidad como la médica o la jurídica, y lo mismo ocurre con la enoturística[2]. Esta lengua es un híbrido de las otras dos, que comparte con la lengua turística las características morfosintácticas y el estilo general, con rasgos del lenguaje literario y publicitario, además de terminología, nombres propios y código no verbal con función informativa y persuasiva, y con la lengua vitivinícola, terminología, nombres propios y código no verbal con función principalmente informativa.

2.3. El texto enoturístico

La manifestación de la comunicación enoturística que mejor nos va a servir como objeto de análisis es el texto. El texto enoturístico se caracteriza por la hibridación de funciones, formas y contenidos y por un grado de especialización relativa entre 0,5 y 7 en una escala de 0 a 9[3] (Pascual Cabrerizo, 2016: 535).

Los textos que se producen en este ámbito pertenecen a distintos géneros. Partiendo de la tipología de textos turísticos propuesta por Maria Vittoria Calvi (2010) y aplicando una capa de división adicional basada en los distintos aspectos del producto enoturístico, obtenemos la siguiente clasificación pragmática:

---

2   Al hablar de «lengua enoturística» no estamos diciendo que, en rigor, exista una lengua propia de la actividad enoturística, sino que utilizamos esta expresión como denominación práctica para delimitar un campo de estudio (Ibáñez y Pascual, 2011: 39).

3   Este grado se ha calculado a partir de la siguiente fórmula: $ER = E_1 + E_2 + E_3 - G$ (Pascual Cabrerizo, 2016: 533), donde E_1 representa la especialización de la situación comunicativa, E_2 la de las características formales, E_3 la de los rasgos lingüísticos y G la penetración del tema en la sociedad.

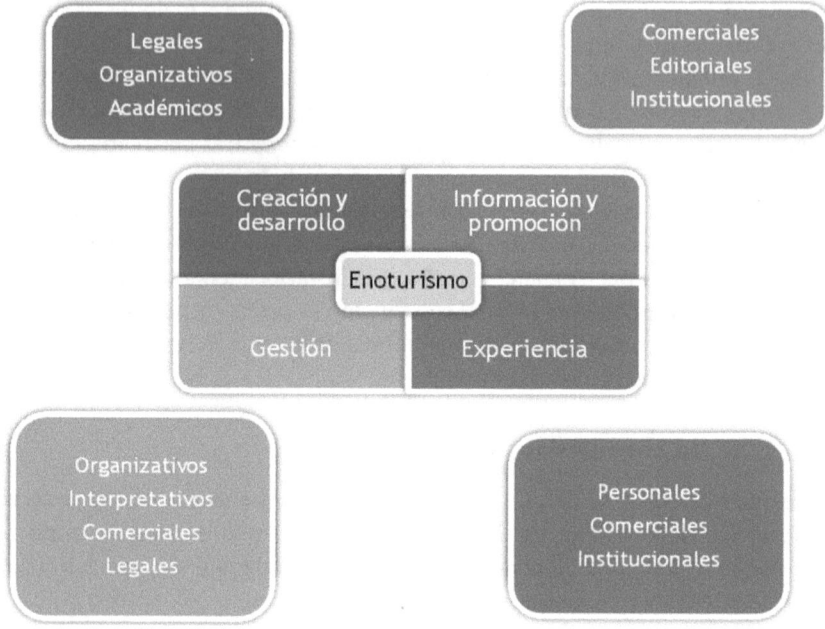

Fig. 1: Clasificación básica de géneros en el ámbito del enoturismo.

Naturalmente, hay que completar y afinar esta clasificación, pero a efectos de este trabajo, esta sistematización nos sirve para situar nuestro objeto de estudio: el texto 2.0. En el conjunto de textos relacionados con la creación y el desarrollo del producto, encontramos textos pertenecientes a la familia de géneros legales, como normativas, estatutos, directrices… También encontramos géneros organizativos, como contratos, boletines, circulares, señalizaciones, cartas, emails… y géneros académicos, por ejemplo, tesis, fichas de cursos, temarios, monografías, conferencias…

Entre los textos de información y promoción podemos distinguir géneros comerciales, como anuncios, folletos, guías, catálogos, sitios Web corporativos, géneros institucionales, como los folletos emitidos por instituciones o los sitios Web institucionales, y géneros editoriales, como artículos periodísticos, notas de prensa, publirreportajes, etc.

La gestión de clientes es la categoría que más familias incluye, ya que aglutina géneros organizativos, como itinerarios, facturas, aplicaciones de gestión de viajes, distintas clases de formularios… géneros interpretativos, como serían una cata o una visita guiada, los paneles y etiquetas de los museos... y géneros legales, como el seguro de viaje, el consentimiento informado, la política de privacidad, los términos y condiciones de uso, etc.

Finalmente, los géneros más relacionados con la experiencia del turista van a ser personales (aquí incluiríamos blogs, mensajes en foros, comentarios en sitios Web, perfiles personales en RRSS) y comerciales o institucionales, como por ejemplo, las encuestas de satisfacción.

Aunque estamos usando el término «género» en general, también hay macrogéneros (como las guías y los sitios Web) y subgéneros (como los distintos tipos de formularios). La mayoría de estos géneros no son exclusivos del enoturismo y se dan también en otros conjuntos de géneros, principalmente en el conjunto turístico. Esto significa que, por ejemplo, una factura de un hotel del vino va a ser muy similar a la de cualquier otro hotel. Muchas veces lo que va a diferenciar a los textos enoturísticos de otros del mismo género va a ser básicamente el tema; sin embargo, hay casos más especiales, con características más específicas, como la guía enoturística o los pasaportes del vino o productos de fidelización similares.

Para terminar con la presentación de los géneros enoturísticos, cabe destacar que raramente encontramos géneros puros en una coincidencia exacta entre texto y género. Nos gusta pensar en el texto enoturístico como una pantalla de Tetris, donde se engarzan varios géneros ocupando distintos espacios y posiciones, como hacen las fichas del popular juego, a veces simplemente tocándose en apartados consecutivos y otras veces enlazándose en un mismo apartado.

3. El sitio Web corporativo como paradigma de comunicación enoturística 2.0

Dentro de la comunicación enoturística 2.0 se enmarcarían numerosas clases textuales, pero por acotar un poco, nos centraremos en el macrogénero sitio Web corporativo, que pertenece al grupo de textos de información y promoción del producto, aunque algunos de los géneros que incluye se agruparían en otros conjuntos. La caracterización que vamos a ver a continuación se basa en el análisis de un pequeño corpus de textos creados originalmente en español y textos creados originalmente en inglés. Para seleccionarlos, se siguieron criterios geográficos (trataban sobre Castilla y León y La Rioja en español y sobre California y la zona de los Grandes Lagos en inglés) y se limitó la selección a los resultados más destacados de búsquedas en Google de portales de ocio y turismo con una sección de enoturismo, portales del mundo del vino con una sección de enoturismo, portales de enoturismo, sitios Web de rutas del vino, o sitios Web de bodegas que ofrecen algún producto enoturístico.

El análisis se llevó a cabo en dos niveles: En el nivel extratextual se analizó la función y el grado de especialización de los textos como aspectos pragmáticos, los aspectos socioculturales que influyen en los textos y los perfiles del emisor y el receptor y el registro como aspectos comunicativos. El nivel intratextual comprende el análisis de aspectos macrotextuales, como son el diseño y el contenido de los textos, y microtextuales, en particular, la morfosintaxis y el léxico.

3.1. Nivel extratextual

3.1.1. Aspectos pragmáticos

Nos encontramos ante textos plurifuncionales, que informan para persuadir, y en los que la función exhortativa cobra además gran importancia porque se insta constantemente al receptor a tomar decisiones de navegación. En general, la función predominante es la expositiva y la secundaria la exhortativa, aunque hay algunos bloques, como los formularios, en los que se invierte la tendencia.

El formato digital ofrece varias ventajas a la hora de transmitir información. Por una parte, los límites de espacio a los que están sujetos los materiales impresos no son tan constrictores en el medio electrónico, de modo que los sitios Web pueden ofrecer una cantidad ingente de texto, imágenes y objetos multimedia. Además, la organización de la información en apartados ocultos que permite el hipertexto contribuye en gran medida a la eficacia expositiva, ya que se va mostrando la información que es más relevante para el lector según sus elecciones al tiempo que el resto sigue siendo accesible con facilidad. También contribuye a la función informativa la inclusión de elementos como widgets meteorológicos y mapas, tendencia extendidísima entre los sitios Web en general que es especialmente relevante en los turísticos, mientras que la función exhortativa se deja ver en la elección de determinadas fuentes, colores e imágenes.

Los marcadores lingüísticos de la función informativa no difieren mucho de los que encontramos en otros géneros no relacionados con el 2.0. Abundan los verbos conjugados en tercera persona del singular del presente de indicativo y predominan las oraciones enunciativas sobre otras modalidades. Las oraciones interrogativas muchas veces son solo preguntas retóricas o se utilizan para introducir otra explicación, así que siguen obedeciendo más a una función informativa que persuasiva, si bien intentan involucrar más al lector con el texto. En cambio, las exclamativas se utilizan para intensificar las emociones transmitidas por el texto y para llamar la atención sobre algún punto. La función exhortativa también se manifiesta a través del uso del imperativo y de verbos atenuantes de la apelación, y de la descripción subjetiva, rebosante de adjetivos calificativos connotados positivamente.

En cuanto a la especialización, los sitios Web enoturísticos son textos generales, centrados en una temática especial y enmarcados en el contexto comunicativo peculiar de Internet, lo cual dará a determinadas secciones grados de especialización más o menos altos. Por ejemplo, el bloque con un grado de especialización más elevado es el legal, que presenta características lingüísticas propias del texto jurídico. Luego, dependiendo del sitio concreto, podemos encontrar páginas que utilizan un vocabulario más especializado, con términos procedentes del mundo del vino, del arte, etc., pero que siguen orientadas al consumidor, por lo que se trataría más bien de una semiespecialización.

3.1.2. Aspectos socioculturales

Desde el momento de su publicación, los sitios Web entran en el marco normativo que legisla el intercambio de información por Internet, un contexto con un marcado carácter internacional que afecta a un sitio Web creado en un país de manera similar a cómo afecta a uno creado en cualquier otro. Sin embargo, el emisor del sitio Web debe someterse a las leyes de la región en la que opera y a la regulación de la actividad que desempeña. En el caso que nos ocupa, estas normas se relacionan, por poner algún ejemplo, con la mayoría de edad y el consumo de alcohol y la posibilidad de realizar determinadas actividades y transacciones. Otras cuestiones generales, como la protección de datos y los derechos de copyright para el contenido del sitio, también pueden variar en función de la región. Todo esto se refleja en el bloque legal, al que se accede a través de enlaces, y en mecanismos que hacen que resulte más difícil para el receptor omitir su lectura, como los banners que solicitan el consentimiento para el uso de cookies, las pantallas splash con un aviso legal sobre la minoría de edad donde el usuario debe introducir su edad o fecha de nacimiento para poder continuar, o los cuadros de diálogo EULA cuando se realizan reservas o compras.

Otro aspecto sociocultural interesante aquí es la usabilidad del sitio. Hasta hace poco, la mayoría de los sitios Web presentaban una estructura visual tan similar que se podía navegar por ellos de forma intuitiva, aunque los menús estuviesen en idiomas desconocidos para nosotros. Esta distribución similar de los elementos no obedecía a un estándar sino a experimentos de usabilidad, que desvelaron que la estructura óptima de una página Web era esta:

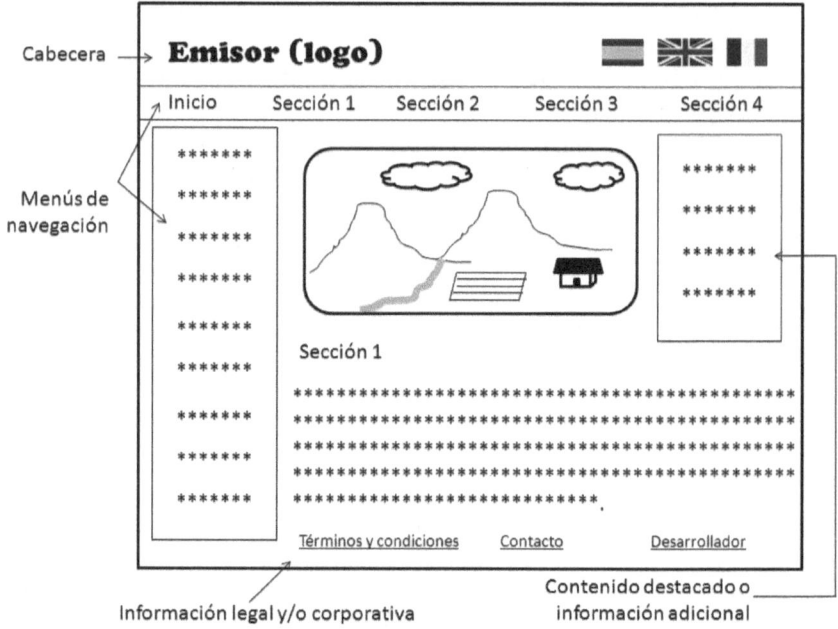

Fig. 2: Representación de la estructura típica de una página Web hasta hace unos años.

Este diseño presenta una cabecera con el logotipo y nombre del emisor y en muchos casos, opciones de idioma y acceso a un área privada, una barra fija de menú horizontal justo debajo y otro espacio fijo que recorre la parte inferior de la pantalla con enlaces a bloques legales o de información corporativa o institucional y/o del desarrollador del sitio. La parte central de la pantalla se divide en dos o tres espacios: una columna a la izquierda con un menú de navegación (similar al de la barra horizontal o dependiente del contexto), un panel central con el cuerpo del contenido, y una columna opcional a la derecha con enlaces a contenidos resumidos, noticias en tiempo real, enlaces a otros sitios…

Sin embargo, en los últimos años, la estructura general de los sitios Web se ha ido alejando de este modelo mental para acercarse más al de las aplicaciones móviles. Este cambio se debe fundamentalmente al auge de la navegación desde dispositivos móviles, que por una parte requiere un diseño responsivo para adaptar la presentación del contenido a los cambios entre tamaños de pantalla y a la navegación por gestos y, por otra, hace que al usuario le resulten más familiares e intuitivas las pantallas con más imagen y menos texto, que recuerdan más al lanzador de aplicaciones de los móviles que a la anterior estructura con barras y paneles, más familiar para los usuarios habituales de un PC.

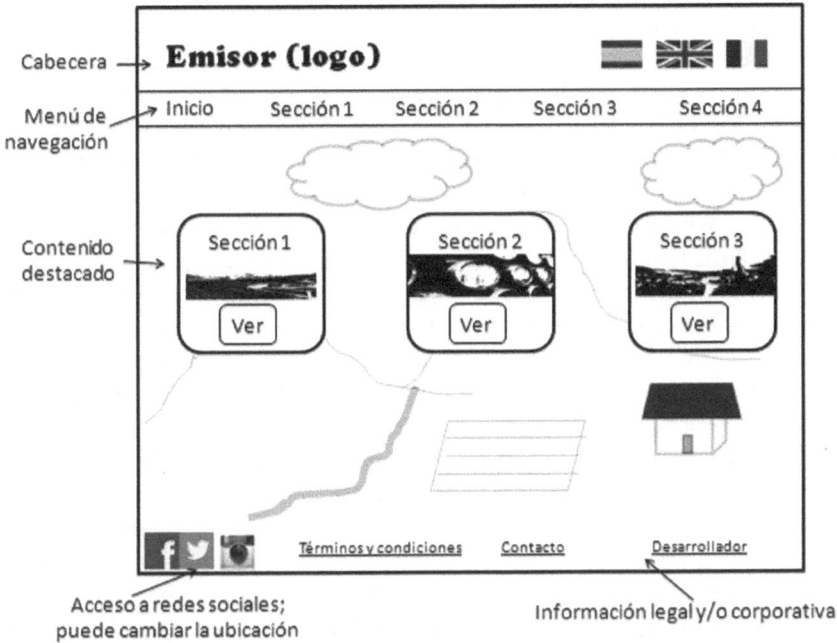

Fig. 3: Representación de la estructura típica de una página Web actual.

Esto es una confirmación de lo comentábamos al hablar del turismo y el marketing 2.0: el cliente está en el centro de la experiencia, la presentación se adapta a lo que se cree que quiere ver y no tanto a lo que quiere mostrar el emisor.

Un último apunte sobre los aspectos socioculturales: Aunque el enoturismo es una actividad principalmente doméstica, el carácter globalizador de Internet fomenta que la mayoría de los sitios Web presenten versiones (más o menos elaboradas) en distintos idiomas. En el caso de los sitios analizados en español, el 80% ofrecía la posibilidad de cambiar de idioma (todos al inglés y algunos también a otros), mientras que solo el 20% de los textos en inglés permitían hacerlo. En ambos casos, el porcentaje que ofrece versiones en idiomas más exóticos, como chino, ruso o japonés, es muy pequeño.

3.1.3. Aspectos comunicativos

Internet ha introducido varios cambios en el esquema tradicional de comunicación. Para empezar, el hipertexto ha difuminado la barrera entre emisor y receptor permitiendo al receptor ir construyendo el mensaje con los bloques que le ofrece el emisor. Además, como ocurre con otros géneros enoturísticos, la figura del emisor ya no se identifica plenamente con la del autor material del texto, sino que aglutina la del autor y la del responsable de la información vertida. En el caso de los sitios Web corporativos el responsable es el portal, ruta o bodega titular del sitio y el autor puede ser, por ejemplo, uno o varios redactores o desarrolladores Web a los que la empresa haya confiado la creación de todo el sitio o el departamento de marketing y comunicación de la propia empresa. El anonimato del autor plantea interrogantes como cuántas personas hay detrás del texto y qué perfiles tienen esas personas. Esto en lo que respecta al emisor y receptor humanos, pero en la comunicación por Internet intervienen como canal dos máquinas intermediarias que utilizan un código diferente y que, mediante un protocolo de solicitud y respuesta, descomponen el mensaje y lo restituyen. Este canal aumenta el riesgo de ruido en la comunicación por posibles problemas técnicos (problemas de conexión, fugas de bits en el trasiego de información…) y abre la puerta a una especie de «comunicación fantasma»: mediante elementos como las cookies de rastreo, el receptor se convierte en emisor involuntario o inconsciente de un mensaje que llega a un receptor «espía», que puede utilizar esa información para enviar un nuevo mensaje que puede llegar al emisor de una forma independiente (por email, por ejemplo) o integrado en el mensaje del emisor principal, como ocurre con los anuncios de Google Ads.

En cuanto a la figura del receptor, tampoco es heterogénea y concreta. La (casi) permanente disponibilidad de los sitios Web convierte a cualquier persona con acceso a la Red en receptor potencial de cualquier sitio Web. Ahora bien, que un sitio sea accesible para todos no significa que esté dirigido a cualquiera. En el caso del sitio Web corporativo enoturístico, descontando a internautas que hayan llegado de forma fortuita, podríamos identificar 4 perfiles de lectores potenciales (turistas, empresas/instituciones relacionadas con la actividad, informadores e investigadores), pero el más probable es el del turista. Pueden ser enoturistas experimentados o viajeros en busca de actividades nuevas y en cualquier caso pueden acceder al sitio solo para informarse o con un interés en empezar a gestionar su viaje. Los portales de turismo/enoturismo analizados ofrecen una información más orientada hacia las reservas y la compra de productos, facilitando los trámites al usuario, mientras que los portales de vino y los sitios Web de rutas, denominaciones y bodegas ofrecen una información más centrada en la descripción del producto y el entorno, limitando las posibilidades de gestionar una visita, compra o reserva a un formulario general de contacto directo y/o un listado de datos de contacto.

En lo que respecta al tenor, es importante considerar por separado el texto de interfaz y el de contenido porque hay dos factores propios del texto Web que van a influir en este aspecto. Uno es el espacio, el texto de interfaz está mucho más limitado que el de contenido y el ahorro de caracteres puede determinar, entre otras cosas, la elección de una forma verbal u otra. Por ejemplo, «ven» supone dos caracteres menos que «venga» e «ir» es una forma perfecta para botones muy pequeños. El otro es la estabilidad del texto de interfaz respecto al de contenido, que cambia con mucha más frecuencia, lo que puede requerir la intervención de distintas personas y producir una diferencia estilística y en el registro que no se dé en el texto de interfaz.

En el texto de interfaz en español se hace uso de cuatro formas: imperativo formal e informal, infinitivo y sustantivos o grupos nominales. En inglés las formas se reducen, ya que el imperativo no distingue entre tú y usted y coincide con el infinitivo. En general, el registro del texto de interfaz es neutro, con bastante nominalización y cierta tendencia a la informalidad, sobre todo en español, donde se prefiere el imperativo de tú al de usted.

En el texto de contenido predomina el registro informal en todos los bloques salvo los legales. En español, esto se refleja en el uso del imperativo y las alusiones directas al lector, al que se tiende a tutear. En inglés, se manifiesta también en las referencias directas al lector y en el uso de contracciones e interjecciones. En los bloques legales, en cambio, se tiende al registro formal, evitando las contracciones en inglés y la referencias directas al emisor y al receptor, que se sustituyen por terceras personas («el usuario»/«el sitio») en ambos idiomas. También se prefiere el uso de la voz pasiva en inglés y del «se» impersonal en español.

3.1. Nivel intratextual

3.1.1. Aspectos macrotextuales

El medio Web permite incluir en un sitio una cantidad de información casi ilimitada, por lo que el contenido puede variar bastante entre sitios en cantidad y distribución. Sin embargo, es posible determinar una superestructura para el macrogénero (identificada en más del 90% de los sitios analizados) con los siguientes bloques:

- Página de inicio: Es como una portada con contenido destacado. Como señalan Askehave y Nielsen (2005: 130), la finalidad no es presentar una panorámica (para eso ya están los mapas del sitio), sino ayudar al usuario a encontrar lo que estaba buscando cuando ha llegado hasta ahí. Así pues, cobran importancia las palabras clave que vinculan el contenido de estas páginas con los buscadores para generar resultados relevantes. Siguiendo a las investigadoras danesas (Askehave y Nielsen, 2005: 131–132) podemos identificar ocho movimientos retóricos en la página de inicio: atracción de la atención del lector, saludo, identificación del emisor, identificación de la estructura del contenido, detalles de contenido seleccionado, establecimiento de credenciales, establecimiento de contacto y creación de una comunidad. En algunos casos, encontramos un noveno movimiento: la promoción de una organización externa.

- Páginas con información sobre destinos enoturísticos: Ofrecen detalles sobre distintos temas, siendo los más recurrentes las rutas, el entorno, la ubicación, datos de hostelería y restauración, el arte y el patrimonio, las bodegas y otros servicios. Los movimientos retóricos aquí pueden variar mucho entre sitios, pero podemos distinguir 4 en la mayoría de ellos: selección, presentación, ampliación e invitación.
- Páginas con información sobre productos y actividades relacionadas con el enoturismo: En estructura y movimientos son muy parecidas a las anteriores, cambia la temática.
- Páginas con información sobre la entidad emisora, con una presentación y, en ocasiones, algo de historia.
- Páginas con información sobre el sitio Web: Aquí podemos encontrar mapas Web, los sellos de conformidad con estándares e información sobre el desarrollador. En los textos analizados apenas hay casos, pero en este bloque también se incluiría la información sobre la accesibilidad mejorada.
- Página de contacto: Puede limitarse a una lista de datos de contacto o incluir un formulario de contacto directo, que constituye un género textual en sí mismo.
- Páginas con información legal: Incluyen términos y condiciones de uso del sitio y/o los servicios que ofrece, políticas de privacidad y protección de datos y uso de cookies.
- Comunidad: Incluye noticias, eventos, foros y paneles de opinión y acceso a redes sociales.

Además, casi la mitad de las muestras incluye un bloque adicional restringido, que requiere un registro para acceder a todas las funciones y que está presente sobre todo en sitios de portales y bodegas que permiten comprar vino o reservar alojamientos y visitas directamente a través de estas páginas aseguradas.

En cuanto al diseño, el medio digital ofrece también numerosas opciones que permiten una combinación casi infinita de estilos, colores, etc. así que lo que va a caracterizar los textos objeto de nuestro análisis es la variedad en el diseño en un intento por resaltar en el maremágnum que puede llegar a ser Internet. No obstante, hay una serie de características que se repiten:

- Combinaciones de colores y fuentes que favorecen la legibilidad en pantalla, con predominio de fuentes sans-serif en tonos oscuros sobre fondos claros.
- Controles típicos: menús fijos y desplegables/emergentes, botones y enlaces en todos los sitios, casillas de verificación y cuadros de búsqueda en la mayoría, y selector de fechas en los que permiten reservas.
- Abundancia de imágenes: El ahorro de texto que permite reemplazar unas instrucciones por un icono o una descripción por una fotografía mejora la experiencia del usuario facilitando la navegación. Además, la estadística Web sugiere que una página con imágenes de alta calidad y bien seleccionadas siempre recibirá más visitas que otra de contenido similar con imágenes de peor calidad y menos pertinentes. En el sitio Web enoturístico encontramos cuatro tipos de imágenes:
  o Iconos: Algunos son compartidos en todo el medio Web, otros son compartidos con los sitios turísticos y otros son propios del texto enoturístico. Los compartidos son representaciones más universales, aunque se observen variaciones en los diseños; los enoturísticos no están todavía tan estandarizados, por ejemplo, una copa y una botella aparecen mucho pero no siempre indicando lo mismo.
  o Vectoriales, sobre todo en logotipos.
  o Fotografías: Las imágenes son un elemento fundamental en cualquier texto promocional porque influyen en las emociones y nuestro cerebro las procesa mucho más rápido que el texto, por lo que pueden afectar a la toma de decisiones por intuición más que los aspectos lingüísticos (Parkinson, 2007). Además de las de la página de inicio, que deben atraer al usuario, es aconsejable contar con nutridas galerías de los aspectos que se desean promocionar. En el caso del sitio enoturístico, vamos a encontrar muchas fotos de paisajes vitivinícolas, bodegas, uvas, alojamientos, monumentos y, cada vez más personas disfrutando de experiencias enoturísticas; esto es interesante porque de nuevo convierte al enoturista en protagonista.
  o Mapas y croquis. Más de la mitad de los sitios analizados incluyen mapas, en muchos casos interactivos, que permiten ubicar con precisión y detalle los puntos de interés.

3.1.2. Aspectos microtextuales

Además de los rasgos morfosintácticos que hemos visto al caracterizar la función y el registro, podemos destacar otros. En primer lugar, en la página de inicio, el lenguaje del texto de contenido se asemeja al de interfaz y se observa un predominio de sustantivación y expresiones con infinitivo (ej. «Cómo llegar», «Read more»). Cuando hay oraciones completas, suele tratarse de oraciones simples y cortas.

Las páginas sobre destinos y productos presentan una sintaxis sencilla, con predominio de la coordinación sobre la subordinación y más variedad de nexos en español que en inglés. En ambos idiomas se utilizan también varios modalizadores, sobre todo de intensidad. En cambio, el bloque legal presenta una sintaxis algo más compleja, aunque sigue predominando la coordinación.

En todos los bloques, el tiempo verbal más empleado es el presente de indicativo, aunque de vez en cuando, sobre todo en el bloque legal, se recurre al futuro para potenciar la función persuasiva. En cuanto a los adjetivos, en español se tiende más a usar adjetivos subjetivos mientras que en inglés predominan los objetivos, si bien se utilizan también para presentar datos bajo una luz positiva.

Por su parte, la cohesión se produce a través de elementos lingüísticos, como pronombres, conectores, correferencias y repeticiones, pero también de elementos ortotipográficos e hiperenlaces.

En lo referente al léxico, el sitio Web córporativo enoturístico presenta un vocabulario perteneciente a distintos campos temáticos y la mayoría de referencias de un tema tienden a aparecer en una misma sección y no dispersas por todo el texto, como ocurre en otros géneros enoturísticos. Para no extendernos demasiado, no entraremos en detalles de los universos de referencia, pero nos gustaría destacar que el ranking de frecuencia no coincide en español y en inglés. Por poner algún ejemplo, en inglés, el campo que el programa de análisis Tropes[4] denomina «alimentación y bebidas» ocupa la primera posición, mientras que en español lo hace «geografía, urbanismo y ubicación». Esta diferencia podría explicarse por la distinta manera de practicar el enoturismo en España y

---

4   Software basado en redes semánticas y tecnologías de análisis del lenguaje natural que extrae información relevante de un texto y la clasifica en tres niveles de clasificación semántica. Está desarrollado por Semantic Knowledge y se utilizó en nuestro análisis para obtener estadísticas de los campos semánticos presentes en los textos y de otros elementos, como categorías gramaticales y relaciones entre oraciones, a través de sus categorías metasemánticas.

en Estados Unidos: mientras que en EE. UU. la experiencia está muy centrada en el vino, en España se potencian también otros aspectos como el arte o la historia.

Conclusiones

La revolución 2.0 se nota en los sitios Web enoturísticos analizados, pero no tanto como en otros textos del sector turístico. El diseño general va cambiando deprisa, adaptándose a la nueva forma de moverse por Internet, pero el contenido todavía obedece más a un modelo de comunicación B2C (de empresa a cliente) que C2C (entre clientes). Esto se debe a que, al final, el sitio Web corporativo tiene que promocionar pero también informar.

Hay otros géneros que en la práctica se pueden adaptar mejor a la teoría del marketing 2.0, hablando en primera persona, contando, compartiendo experiencias, etc., y que pueden integrarse en el sitio Web. Por ejemplo, Twitter, con su «snackable content» es una herramienta ideal para el enoturismo 2.0; de hecho, casi el 100% de los sitios analizados muestra su actividad en Twitter en un marco o al menos tiene el enlace a la red social. Sin embargo, hay otros géneros, como el blog, que siendo un cuaderno de viaje perfecto para el «storytelling» que predica el marketing 2.0, encontramos que están muy desaprovechados en los textos analizados, solo un 20% incluye un blog.

Referencias bibliográficas

Askehave, Inger y Anne Ellerup Nielsen (2005): «Digital genres: a challenge to traditional genre theory», *Information, Technology & People*, vol. 18, n. 2, 120–141.

Bozzani, María Luciana (2012): *Turismo enológico en Argentina*. Mar del Plata, Universidad Nacional de Mar del Plata [monografía de licenciatura: http://nulan.mdp.edu.ar/1801/1/bozzani_ml_2012.pdf; 30/12/2018].

Calvi, Maria Vittoria (2010): «Los géneros discursivos en la lengua del turismo: una propuesta de clasificación». *Ibérica*, n. 19, 9–32.

Ejarque, Josep (2015): *Social Media Marketing per il Turismo. Come costruire il marketing 2.0 e gestire la reputazione della destinazione*. Milán, Ulrico Hoepli Editore, (Web&Marketing 2.0).

Frochot, Isabelle (2002): «Wine tourism in France: a paradox?», en Hall, C. M. et al., (eds.), *Wine tourism around the world. Development, management and markets*. Oxford, Butterworth-Heinemann.

Getz, Donald. (2000): *Explore wine tourism: Management, development and destinations*. Putnam Valley, Cognizant Communication Corporation.

Hall, C. Michael, Liz Sharples, Brock Cambourne y Niki Macionis (eds.) (2002): *Wine tourism around the world. Development, management and markets*. Oxford, Butterworth-Heinemann.

Ibáñez Rodríguez, Miguel y María Pascual Cabrerizo (2011): «La lengua del enoturismo», en BAZZOCCHI, G., CAPANAGA, P. y PICCIONI, S. (eds.), *Turismo ed enogastronomia tra Italia e Spagna*. Milán, Franco Angeli.

Marco, Joan (2017): «Todo sobre el turismo 3.0» [entrada en blog: https://joanmarco.com/turismo-30-que-es/; 14/04/2019].

Parkinson, Mike (2007): *Do-It-Youself Billion Dollar Business Graphics*. Annadale, Pepperlip Inc.

Pascual Cabrerizo, María (2016): *El texto enoturístico*. Tesis doctoral. Valladolid: UVaDOC.

South Australian Tourism Commission (1997): *Wine and tourism: A background research report*. Adelaida, South Australian Tourism Commission.

Wiesenthal, Mauricio. (2001): *Diccionario Salvat del vino*. Barcelona, Salvat.

Yllera, Marcos (2007): «Experiencias nacionales de éxito en Enoturismo», en *IV Congreso Nacional de Enoturismo (Madrid 25 y 26 de abril)*.

Zapata Hernández, V. M. (2007): «Reflexiones sobre Enoturismo y definición de nuevos productos complementarios», en *Jornadas de viticultura y comercialización vitivinícola* (Instituto Canario de Calidad Agroalimentaria) [Consulta Web: http://www.gobcan.es/agricultura/icca/upload/reflexionsobreenoturismo.pdf; 01/12/2010].

Rayco H. González-Montesino y Silvia Saavedra-Rodríguez

La traducción de las metáforas del vino a la lengua de signos española

Resumen Este estudio exploratorio tiene como objetivo principal comprobar si es posible la traducción de las metáforas del vino a la lengua de signos española (LSE) y determinar qué técnicas se utilizan en esta labor. Tomando el trabajo de Negro (2014) como referente, diseñamos un corpus de notas de cata[1] y solicitamos su traducción a un profesional[2] a modo de encargo simulado. Los resultados alcanzados, aunque no pueden ser generalizados, permiten afirmar que se cumple el principio básico de preservar la metáfora conceptual en la lengua meta, aunque las técnicas traductológicas y recursos lingüísticos utilizados varían al ser una lengua viso-gestual.

Palabras clave: Vino. Metáforas. Notas de cata. Lengua de signos española (LSE). Traducción. Técnicas.

Abstract The main objective of this exploratory research is to check whether it is possible to translate wine metaphors into Spanish Sign Language (LSE) and to determine which techniques are used in this task. Considering Negro (2014) as a reference, we design a corpus of tasting notes and request their translation to a professional as a simulated assignment. The results achieved, although they cannot be generalized, allow us to affirm that the basic principle of preserving the conceptual metaphor in the target language is fulfilled, although the translation techniques and linguistic resources used vary as it is a visual-spatial language.

Keywords: Wine. Metaphors. Tasting notes. Spanish Sign Language (LSE). Translation. Techniques.

0. Introducción

En las últimas décadas, el sector vitivinícola español ha alcanzado una importancia socioeconómica incuestionable. Esta no solo se vincula con la elaboración, producción y venta de estos caldos tan afamados dentro y fuera de nuestro país, sino también con el desarrollo de actividades paralelas como el enoturismo, los

---

1   Queremos agradecer a Bodegas Ferrera, ubicada en el municipio de Arafo (Tenerife), la cesión de las notas de cata de vino que han sido objeto de estudio del presente trabajo.

2   Agradecemos también a D. José María Criado Aguado por su participación desinteresada en la traducción de dichas notas de cata a la LSE.

cursos de catas, el auge de las enotecas, etc. Entre estas actividades, la traducción también se ha visto favorecida. La labor de traductores profesionales especializados en este tipo de lengua y de textos se hace cada día más imprescindible, permitiendo que las bodegas puedan comercializar sus productos fuera de nuestras fronteras. Esto ha supuesto que el lenguaje del vino y este tipo de traducción especializada se hayan convertido en objeto de análisis e investigación (Ibáñez, 2017).

Uno de los aspectos que más ha llamado la atención e interés por parte de los investigadores ha sido el uso de figuras retóricas, como la metáfora y la metonimia, a la hora de describir el vino y las sensaciones organolépticas que provoca (Caballero y Suárez-Toste 2010; Suárez-Toste 2009, 2017). La publicación en 1980 de *Metáforas de la vida cotidiana*, de Lakoff y Johnson, supuso un antes y un después en la forma que tenemos de entender el uso de este tipo de mecanismos conceptuales y se inició su estudio en diferentes lenguas, incluyendo las lenguas de signos. También motivó el análisis de la traducción de este tipo expresiones aplicadas al vino, en cómo el traductor llega a alcanzar la equivalencia interlingüística y la importancia que tienen las cuestiones culturales en ello (Fraile 2010; Negro 2014; Luque 2019).

Esto último fue lo que originó el presente trabajo. Nos planteamos qué ocurriría cuando a la hora de traducir notas de cata no solo existiera una diferencia cultural, sino también una modalidad lingüística diferente entre las lenguas implicadas. Es decir, pretendíamos saber si es posible la traducción de metáforas del vino a la LSE —una lengua de modalidad viso-gestual y el valor más importante de la cultura sorda— y qué técnicas deben aplicarse en esta actividad traslativa. Pero para poder comprender algunas de las cuestiones que se analizan en este estudio exploratorio, se hace necesario un primer acercamiento a la comunidad sorda, a su cultura y a las características lingüísticas de las lenguas de signos.

1. La comunidad sorda y las lenguas de signos

La sordera es una condición que presenta un gran número de personas en nuestro país. Según los últimos datos oficiales de los que disponemos (Instituto Nacional de Estadística, 2008), un total de 1.064.600 de personas, con más de seis años, presenta alguna limitación auditiva. Este dato incluye a personas con distinto grado y tipo de pérdida auditiva, así como con otras características que hacen que la forma en la que se desenvuelven a diario en nuestra sociedad sea muy diferente. Gran parte de este colectivo consigue, con ayuda de prótesis auditivas, que su audición sea funcional, desarrollar el lenguaje oral y, de ese modo, alcanzar una integración eficaz en el ámbito familiar, escolar, laboral, etc.

Sin embargo, existe un pequeño colectivo cuya audición no alcanza a ser funcional con este tipo de ayudas técnicas y desarrollan, de forma totalmente natural, otra forma de comunicación: la lengua de signos. En concreto, de ese poco más de millón de españoles, solo 13.300 utilizan estas lenguas[3] como principal medio de comunicación (Instituto Nacional de Estadística, 2008). No obstante, esta cantidad ha sido ampliamente discutida. Por ejemplo, el Centro de Normalización Lingüística de la Lengua de Signos Española (2014: 17), organismo de titularidad pública, estima que el número de personas sordas signantes en nuestro país es de 70.000, cantidad que determina aplicando la media europea —de 15 usuarios de lenguas de signos por cada 10.000 personas— a la población española. Además, esta entidad señala que a este número habría que sumarle el de otras personas que utilizan a diario las lenguas de signos, ya sea como medio principal de comunicación o como segunda lengua, tales como familiares de las personas sordas y sordociegas, personas con otras discapacidades del lenguaje o la comunicación, o profesionales vinculados al colectivo de personas con discapacidad auditiva: intérpretes de lenguas de signos, guías-intérpretes de personas sordociegas, mediadores comunicativos, maestros de audición y lenguaje, logopedas, etc.

Pero más allá del número concreto de personas que utilizan este tipo de sistemas lingüísticos en nuestro país, lo importante para el presente trabajo es dar a conocer las características propias de la comunidad sorda y sus principales valores culturales, entre los que tiene especial protagonismo la lengua de signos.

1.1. ¿"Sordos" con mayúscula o "sordos" con minúscula?

Como se puede intuir con esta breve introducción, el colectivo de personas que presentan la condición de sordera es muy amplio y heterogéneo. Sin embargo, y pecando de reduccionistas, podríamos decir que la sordera ha sido conceptualizada desde dos perspectivas completamente contrarias: la biomédica y la sociocultural (Rodríguez, 2013).

La primera entiende a la sordera como una limitación que presenta la persona, como una deficiencia o carencia. De esta forma, muchos profesionales vinculados al ámbito sanitario se centran en la patología auditiva y en cómo poder ponerle remedio para que esa persona consiga salvar las barreras que le supone

---

3   Cabe señalar que, desde la publicación de la *Ley 27/2007, de 23 de octubre*, en España hay dos lenguas de signos reconocidas: la lengua de signos española y la lengua de signos catalana.

la discapacidad auditiva y las consecuencias que a nivel lingüístico, cognitivo, emocional, educativo, etc. se considera que va a tener.

No obstante, frente a esta "visión hegemónica e imperante en las sociedades occidentales" (Rodríguez, 2013: 25), surge otra perspectiva que entiende a la sordera como un valor, como algo positivo, en la que no cabe el término discapacidad y en la que la visión es el rasgo que les distingue y que les permite interpretar y conceptualizar el mundo que les rodea (Moreno, 2000). «The role of vision is crucial for membership in the deaf community, considering that communication is much more visual than audiological» (Leigh y Andrews, 2017: 30). Desde este planteamiento, las personas con sordera se ven a sí mismas capaces de hacer lo que hace el resto de personas oyentes, con las mismas capacidades y potencialidades que cualquier otro, siempre y cuando la sociedad no les imponga barreras u obstáculos en la comunicación y en el acceso a la información. Esta forma de sentirse orgulloso por ser sordo, de ser parte de una comunidad y de una cultura, se suele representar con la letra "S" mayúscula. «This uppercase *Deaf* and lowercase *deaf* terminology reflects fundamentally different ways of coping with and feeling about hearing loss» (*ibid.*, xiii). No obstante, tal y como señala Morales (2009: 126), esta forma gráfica de hacer referencia a la identidad cultural de las personas sordas solo ha tenido calado en textos académicos escritos en inglés, y no en el español[4] o en otras lenguas europeas.

Una definición clásica de la comunidad sorda es la propuesta por Padden (1980: 92) y que, en nuestra opinión, sigue siendo válida porque señala de forma sencilla los elementos distintivos de la misma:

> A deaf community is a group of people who live in a particular location, share the common goals of its members, and in various ways, work toward achieving these goals. A deaf community may include persons who are not themselves Deaf, but who actively support the goals of the community and work with Deaf people to achieve them.

De esta manera, podemos afirmar que una comunidad sorda, como puede ser la española, no se compone únicamente de personas con una pérdida auditiva, sino que está integrada por todas aquellas personas —sordas, con discapacidad

---

4   En este trabajo tampoco diferenciaremos esta perspectiva sociocultural de la sordera con el uso de la mayúscula. Además de seguir las pautas de la Real Academia Española sobre su uso, consideramos que utilizar el término 'sordo' frente al de 'persona con discapacidad auditiva' ya señala la diferencia de enfoque: sociocultural *versus* biomédico. Lo mismo ocurre con 'comunidad sorda' y 'cultura sorda', ya que estos términos no son utilizados por las personas con pérdida auditiva que no se identifican culturalmente a sí mismos como sordos. Y, por último, también haremos uso del término 'signante' como forma de señalar ese matiz sociocultural.

auditiva u oyentes— que se identifican, respetan y promocionan los valores culturales de este colectivo y que luchan a diario para alcanzar una verdadera igual-
dad de oportunidades.

La cultura sorda es un concepto más complejo de definir y concretar. Sin
duda, compartimos la idea de Humphries (2008) de que, independientemente de
utilizar o no este término, «Deaf people have historically maintained a discourse
that was about themselves, their lives, their believes, their interpretation of the
world, their needs, and their dreams» (p. 35). Padden (1980) señala que entre los
principales valores culturales de este colectivo están su historia y literatura, que
pasa de generación en generación a través de la 'tradición signada'; sus creencias
y comportamientos, íntimamente ligados a su condición de persona 'visual' y a la
represión que han sufrido (y siguen sufriendo) por una mayoría oyente; y, sobre
todo, poseen una lengua que les identifica, define y cohesiona como grupo.

1.2 Las lenguas de signos: características lingüísticas

Las lenguas de signos son, por tanto, el «resultado del proceso de mutua interacción entre biología y cultura en el ser humano, representa(n) una adaptación creativa a una limitación sensorial, desarrollando estrategias alternativas
a través una modalidad visual de comunicación» (Liñares, 2003: 58). Como
cualquier otra lengua oral, las lenguas de signos surgen por la necesidad comunicativa de un grupo de personas. Sin embargo, la falta de audición de estas hace
que exploten sus capacidades visuales y gestuales de una forma única y singular. Esta respuesta cultural de las personas sordas ha sido, a lo largo de siglos,
no solo ignorada como lengua natural, sino que ha llegado incluso a ser prohibida (Moreno 2000; Liñares 2003). No es hasta la publicación de los trabajos de
Stokoe, en la década de los sesenta del siglo pasado, cuando las lenguas de signos
son reconocidas como lenguas completas y complejas, y empiezan a ser estudiadas en todo el mundo.

En el caso de la LSE, tenemos que esperar hasta 1992 para ver publicado el
trabajo de María Ángeles Rodríguez, titulado *Lenguaje de signos*, y que supone
la primera descripción lingüística de esta. A partir de entonces, la LSE ha sido
objeto de análisis por parte de numerosos autores, lo que ha permitido llegar a la
conclusión de que «reúne todas las características como lengua, cumple con las
funciones que le son propias y es lengua de cultura» (Centro de Normalización
Lingüística de la Lengua de Signos Española, 2014: 29). De esta forma, en las
últimas décadas no solo ha aumentado el estatus lingüístico de la LSE, sino también el social. Las reivindicaciones de la comunidad sorda y de su movimiento
asociativo consiguieron que la LSE fuera reconocida como lengua mediante la

Ley 27/2007, de 23 de octubre, así como el derecho de libre opción de las personas sordas, con discapacidad auditiva y sordociegas a su aprendizaje, conocimiento y uso.

La definición que se incluye en este texto normativo para las lenguas de signos nos va a servir para exponer, de forma muy breve, las principales características de estas. En concreto, se afirma que son «sistemas lingüísticos de carácter visual, espacial, gestual y manual en cuya conformación intervienen factores históricos, culturales, lingüísticos y sociales [...]» (art. 4). Este carácter visual, espacial, gestual y manual es el que diferencia a las lenguas signadas de las de modalidad auditivo-oral, dotándolas de unas propiedades que las convierten en únicas, en códigos que aportan una nueva perspectiva al conocimiento científico del lenguaje humano y de las lenguas. Además, como cualquier otra lengua, se estructuran y transforman en base a diversas variables: su reconocimiento social y legal a lo largo del tiempo, la política y planificación lingüística que se ha seguido, su papel en la educación de las personas sordas, etc.

Como hemos afirmado, son lenguas que se perciben visualmente y que se transmiten gestual y manualmente, de forma simultánea, explotando la espacialidad y la iconicidad. Lógicamente, estas características también han tenido relevancia en el estudio de las metáforas en este tipo de lenguas. Existe una gran cantidad de trabajos publicados sobre metáforas en lenguas signadas, entre las que se incluye la LSE y la catalana (*cf.* Moriyón *et al.* 2010). Según Rodríguez (2016), los estudios sobre este tipo de figura retórica en las lenguas de signos pueden agruparse en tres momentos:

> En el primero se ubican los que se interesan por el análisis de los elementos icónicos y metafóricos presentes en la configuración de las señas; en el segundo, los que clasifican y caracterizan las metáforas comunes en diferentes lenguas de señas alrededor del mundo (americana, catalana, chilena, francesa, rusa, israelí, italiana) y en el tercero, los que identifican y describen las metáforas usadas en los discursos políticos, poéticos y narrativos en lengua de señas.

Entre los trabajos de la primera fase, cabe destacar la teoría del doble mapeo (icónico y metafórico) propuesta por Taub (2001). Esta autora sostiene que los signos metafóricos de la lengua de signos americana «are shaped by *two* mappings: a metaphorical mapping from concrete to abstract conceptual domains and an iconic mapping between the concrete source domain and the linguistic forms that represent it» (p. 97). Por otro lado, y teniendo en cuenta que el objetivo del presente trabajo es analizar la traducción de metáforas de una lengua oral a una signada, también nos parece relevante la conclusión de Meir (2010: 893) en la que afirma que «therefore some conceptual metaphors that are very common in spoken languages are hard to come up into sign languages. Grammatical and lexical devices that are built on these conceptual metaphors will take a different shape in sign languages».

Una vez llegados a este punto, en el que hemos dado cuenta de la riqueza cultural y lingüística que nos aporta la comunidad sorda, así como las principales características de las lenguas de signos y cómo influyen estas en la construcción de las metáforas, pasamos ahora a considerar las peculiaridades del objeto de nuestro estudio: las notas de cata de vinos.

2. Las notas de cata y su traslación a otra lengua y cultura

Según Ibáñez (2017: 31) «el género más emblemático, más característico y más conocido de nuestra "comunidad discursiva" es, sin duda, la *nota de cata de vinos*». Este tipo de textos, cada vez más frecuente y conocido por el público en general, suele elaborarlo un especialista en la materia con un claro objetivo: vender el vino en cuestión. Así, la nota de cata se convierte en un elemento fundamental de esta bebida, al igual que lo es la etiqueta o la botella en la que viene envasada. Es, por así decirlo, su tarjeta de presentación ante los posibles consumidores (Suárez-Toste, 2009). Por este motivo, su redactor trata de enaltecer, de forma sucinta, las principales cualidades del vino evaluado y, por regla general, presenta la misma estructura que se sigue en la cata. Así, la nota comienza describiéndolo visualmente, para pasar a detallar los aromas que desprende y se perciben a nivel olfativo y, por último, comentar los sabores que se detectan en la fase gustativa y la estructura general del mismo (Ibáñez, 2017). No obstante, tal y como señala Suárez-Toste (2009), tanto la redacción de la nota de cata como su traducción deben ser de calidad, evitando la simple transcripción de las diferentes fases de la cata y, sobre todo, pensando en todo momento en el consumidor final del producto, en su marco referencial y cultural.

Las notas de cata se caracterizan por el importante uso que se hace de las figuras retóricas, lo que distingue a la lengua de la vid y el vino de otras lenguas de especialidad (Ibáñez, 2017). Cuando se pretende poner por escrito todas las impresiones organolépticas que el vino produce en el catador, este utiliza analogías que permiten al lector de la nota hacerse una idea, lo más cercana posible, de las características visuales, olfativas y gustativas del vino en cuestión. Nos encontramos, por tanto, ante «[…] un lenguaje de especialidad subjetivo que depende de la ambigüedad de las percepciones sensoriales de cada catador […]» (Fraile, 2010: 141). Coincidimos con Suarez-Toste (2009: 79) en que:

> Cuando hablamos del vino nos damos cuenta de que prácticamente no existe —en ningún idioma— un vocabulario científico y riguroso para describir con fidelidad las impresiones sensoriales. Será porque son algo inherentemente subjetivo, o porque son tan personales que no las podemos compartir o contrastar con otras personas.

Ante la falta de terminología técnica para etiquetar estas sensaciones, las percepciones visuales, olfativas y gustativas se conceptualizan de forma diferente en cada cultura, por lo que las metáforas conceptuales incluidas en las notas de cata no solo varían entre lenguas, sino también entre culturas (Luque, 2019). Y es que, tal y como afirma Suárez-Toste (2009: 79), uno de los principales escollos con los que nos "[…] encontramos es que las metáforas que conforman el lenguaje del vino no son universales. Lo que funciona en un idioma no es necesariamente válido en otro. Y no es por la lengua, es por la cultura". Luque (2019), en su análisis de unas 630 notas de cata francés-español de vinos generosos andaluces, concluye que el uso de las metáforas en este tipo de discurso está altamente influido por el bagaje personal del catador, por la cultura en la que ha crecido y vivido, e insta a que se realicen estudios en diversas lenguas con el objetivo de descubrir si es posible que existan metáforas casi universales o no.

2.1. Las metáforas del vino

La metáfora, además de ser un fenómeno lingüístico, es un complejo proceso cognitivo que nos permite transmitir y comprender ideas de forma eficaz en cualquier ámbito de nuestra vida diaria. Esta teoría cognitiva de la metáfora, iniciada por Lakoff y Johnson (1980/1991: 2), supone que «[…] la manera en que pensamos, lo que experimentamos y lo que hacemos cada día también es en gran medida cosa de metáforas». Desde esta perspectiva conceptual, el uso de la metáfora supone vincular dos conceptos, que pertenecen a dominios diferentes, asignándoles correspondencias a sus principales atributos (Taub, 2001). Implica, por así decirlo, alcanzar a comprender un concepto más abstracto y complejo mediante la relación que se hace con otro que pertenece a un dominio fuente más accesible, más habitual. Según Fraile (2010: 169), «la lengua del vino se sirve de la metáfora para definir sensaciones visuales, olfativas y gustativas causadas por esta bebida, por medio de imágenes de otras realidades que ya son familiares para el receptor del mensaje». Las metáforas son uno de los principales recursos —junto a las metonimias y sinestesias— a la hora de describir un vino, ya que permiten aproximarnos considerablemente a las sensaciones que este nos produce y comunicarlas de una forma comprensible para nuestro destinatario.

Sobre el análisis de metáforas en la lengua del vino hay que destacar el trabajo de Caballero y Suárez-Toste (2010). Estos autores confeccionaron un corpus

compuesto de 12000 notas de cata seleccionadas de publicaciones especializadas en vino, con el que analizaron el uso de esta figura retórica en este tipo de
textos. En primer lugar, diferenciaron entre qué expresiones utilizadas por los
críticos de vino se podrían considerar metafóricas y cuáles no para, a continuación, clasificarlas. La primera diferenciación fue entre metáforas conceptuales y
sinestésicas, para luego realizar —con algunas dificultades— una clasificación
según 1) los dominios de origen de las metáforas, tales como la arquitectura, la
anatomía, los textiles, etc., y 2) los sentidos o modalidades de origen de las mismas, como la vista, el tacto o el sonido. Entre los problemas que tuvieron para
categorizar las metáforas destacan:

> (a) the close relationship between the source domains in some metaphors (e.g. archi-
> tecture and anatomy), (b) the co-evocation of various metaphors by a single expression,
> and (c) the fuzzy boundaries between conceptual and synaesthetic metaphor […] in
> wine discourse. (p. 284)

Coincidimos con los autores en que estos problemas para identificar y clasificar
las metáforas reflejan no solo la complejidad del lenguaje metafórico, sino que
suponen un desafío para los investigadores a la hora de comprender y explicar su
uso y, en nuestro caso, para poder traducirlas.

Según Suárez-Toste (2017), los mapas metafóricos cognitivos más frecuentes en el lenguaje del vino son el VINO ES UN SER VIVO, con una fisiología propia, el VINO ES UN SER HUMANO y el VINO ES UNA ENTIDAD TRIDIMENSIONAL,
que incluye geometría básica, joyas, textiles y elementos arquitectónicos. No
obstante, teniendo en cuenta el objetivo del presente trabajo, tomamos como
referencia el trabajo de Negro (2014) titulado *La traducción de las metáforas en
el lenguaje del vino*, en el que analizó las metáforas utilizadas en la traducción
al inglés de un corpus online de notas de cata de vinos españoles. Esta autora
afirma que el lenguaje del vino se construye en base a cuatro metáforas conceptuales básicas —aunque también incluye la de que EL VINO ES UN EDIFICIO— y
que utilizaremos en nuestro estudio de la traducción a la LSE: EL VINO ES UN SER
VIVO, EL VINO ES UN OBJETO, EL VINO ES UN TEJIDO y EL VINO ES UN ALIMENTO
(*cf.* Negro, 2014: 846–848).

2.2. La traducción de las notas de cata

Las notas de cata son, junto a los textos promocionales y las webs de bodegas,
los principales encargos de traducción en el ámbito de la vitivinicultura (Ibáñez,
2017). Coincidimos con este autor en que «la traducción vitivinícola es un caso
particular de traducción especializada» (p. 64) y en que esta actividad profesional

juega un importante papel no solo en la transmisión de conocimientos, de tecnología y en la promoción y venta de los vinos, sino también en la difusión cultural e histórica de las distintas regiones productoras.

Por tanto, y como cualquier otro tipo de traducción especializada, esta tarea requiere una amplia y actualizada formación en esta área de conocimiento. A esto tenemos que añadir la dificultad que supone para cualquier actividad traslativa enfrentarse a textos ricos en el uso de lenguaje figurativo, como es el caso de las notas de cata. Hay que tener en cuenta, como señala Fraile (2010: 146), que «las metáforas de la lengua del vino también son difíciles de delimitar y traducir, debido al carácter subjetivo del vocabulario de la cata, que varía de un catador a otro».

Una de las dificultades que esta autora señala a la hora de traducir metáforas es la falta de equivalencia automática entre el par de lenguas implicadas, cuestión que se nos antoja más compleja cuando estas presentan una modalidad lingüística diferente, como entre el español —auditiva y oral— y la LSE —visual y gestual. Otros problemas con los que se encuentra un traductor son 1) conocer el propósito comunicativo o función específica que tiene la metáfora en un contexto determinado, 2) hacer frente al elevado número de referencias culturales que encierra, 3) intentar conservar su matiz, mientras salva las particularidades de cada lengua, y 4) tratar de alcanzar una equivalencia de efectos evitando, en la medida de lo posible, el grado ineludible de pérdida que se da al aplicar cualquier método de traducción (*cf.* Fraile, 2010: 147). Con todo, esta autora encuentra que, en la traducción de las metáforas del vino, o bien se tiende a transmitir estas metáforas «[...] utilizando metáforas lingüísticas distintas en cada lengua, o con la misma metáfora conceptual pero con metáforas lingüísticas ligeramente distintas» (p. 170), por lo que afirma que la equivalencia parcial es la estrategia de traducción predominante.

Asimismo, Negro (2014) sostiene que el principio básico en la traducción de notas de cata es preservar las metáforas conceptuales que originan las metáforas lingüísticas. Además de también hacer referencia a la dificultad, e incluso imposibilidad de traducir metáforas entre lenguas, esta autora subraya que «[...] el aspecto fundamental a la hora de traducir una metáfora es preservar la metáfora conceptual, aunque puedan modificarse u omitirse las expresiones metafóricas» (p. 849). Es más, en su estudio comprobó que la traducción literal es la principal técnica de traducción, ya que permite mantener el concepto original modificando exclusivamente las metáforas lingüísticas utilizadas. No obstante, también encontró ejemplos de adición, paráfrasis, sustitución u omisión, como en el caso de EL VINO ES UN TEJIDO porque en la lengua meta no existe este esquema conceptual.

Teniendo en cuenta todo lo expuesto hasta el momento sobre la importancia de la cultura en la construcción y traducción de las metáforas conceptuales, así como las peculiaridades que existen entre el par de lenguas involucradas a la hora de lexicalizar las mismas, nos planteamos qué ocurriría si la traducción se realizara hacia una lengua de carácter visual, espacial, gestual y manual, y que es en sí misma el principal valor de una cultura basada en la visión y el espacio: la cultura sorda. Es decir, nos preguntamos qué técnicas se utilizarían en la traducción de las metáforas del vino a la LSE.

3. La traducción de metáforas del vino a la LSE: un estudio de caso

Las respuestas que nosotros mismos dimos a estos interrogantes y que, por tanto, actúan como hipótesis de este trabajo de investigación son las siguientes:

1. En la traducción de notas de cata a la LSE se cumplirá el principio de mantener las metáforas conceptuales.
2. Las características lingüísticas de la LSE y de la propia comunidad sorda influirá en la utilización de técnicas de traducción más explícitas.
3. El método de traducción será el interpretativo-comunicativo.

Para poder confirmar o refutar estas afirmaciones establecimos una serie de objetivos que nos permitieran delimitar este trabajo. Nuestro objetivo principal era determinar las técnicas de traducción empleadas en la traslación de metáforas del vino desde el español a la LSE. Para ello, nos propusimos como objetivos específicos: 1) confeccionar un corpus de notas de cata ajustado a la dimensión del estudio, 2) identificar las metáforas conceptuales que incluía, y 3) analizar la traducción de estas a la LSE.

Una vez concretado qué queríamos estudiar, nos planteamos cómo íbamos a hacerlo. Como es un tema sobre el que no se ha investigado, optamos por utilizar una metodología de tipo cualitativa (Hernández, Fernández y Baptista, 2014). Además, a la hora de elegir el estudio de caso como método de investigación, tuvimos en cuenta las palabras de Neunzig y Tanqueiro (2007: 37) sobre su pertinencia para afrontar la complejidad que supone analizar el proceso de traducción en sí mismo, aunque ello supusiera la imposibilidad de generalización de los resultados y la dificultad para replicar el estudio. Por último, las técnicas de investigación que empleamos fueron la entrevista y la observación. La entrevista, de tipo semiestructurada y que contaba en un principio de veintinueve preguntas, se la realizamos al traductor de LSE que participó en el estudio con el objetivo de conocer en detalle el procedimiento utilizado, las dificultades encontradas y su opinión sobre la traslación de las metáforas a dicha lengua viso-gestual. La observación la utilizamos en el análisis en profundidad del producto final, en formato vídeo, manteniendo siempre un papel activo y de reflexión permanente sobre las técnicas utilizadas (*cf.* Hernández, Fernández y Baptista, 2014: 411). No debemos olvidar la importancia que tiene el uso del vídeo en la observación —y más con lenguas viso-gestuales—, ya que nos ofrece un registro objetivo del caso para su posterior análisis (Simons, 2011).

El procedimiento que seguimos en este estudio fue el siguiente:

1. Solicitamos la colaboración a una bodega para que nos cediera las notas de cata de algunos de los caldos que produce. De esta forma, contamos con ocho textos en español que describen los siguientes vinos: blanco seco, blanco afrutado, blanco dulce, blanco ecológico, rosado seco, rosado afrutado, tinto ecológico y tinto legendario. Así, y teniendo en cuenta que «certain metaphors appear to be more successfully applied to white wines than to reds (Caballero y Suárez-Toste, 2010: 250), tratamos que este corpus temático cumpliera con los criterios de autenticidad y representatividad —aunque éramos conscientes de que realizábamos un estudio exploratorio y de que el número, tipo de textos y procedencia hacía muy difícil alcanzar este objetivo—.

2. Analizamos los textos para detectar y clasificar las diferentes metáforas conceptuales que estos incluían, siguiendo la propuesta de Negro (2014). Conseguimos localizar ejemplos de las cinco categorías, aunque para las metáforas EL VINO ES UN TEJIDO y EL VINO ES UN EDIFICIO el número fue muy escaso.

3. Recurrimos a un traductor de LSE para que participara en este estudio mediante la simulación de un encargo de traducción por parte de la bodega. Esta selección por conveniencia la realizamos con la intención de controlar una serie de variables que consideramos podían influir directamente en el resultado de la traducción de metáforas. Así, debía ser una persona con formación reglada en interpretación de LSE, con amplia experiencia profesional y que, preferiblemente, esta lengua fuera su lengua materna. De esta forma, nos asegurábamos que la traducción incluyera todos los matices lingüísticos propios de esta lengua viso-gestual y, además, una adecuada adaptación a la cultura de los posibles destinatarios: las personas sordas.

A la hora de realizar el encargo no se le proporcionaron datos específicos del objeto de estudio, para no repercutir en el tratamiento de las expresiones metafóricas. Solo se le informó del plazo de entrega y se le solicitó, expresamente, que debía ser un trabajo de traducción y no de interpretación, ya que consideramos que la simultaneidad característica de esta última afectaría al producto final.

4. Una vez recibimos los vídeos con las traducciones a LSE, entrevistamos al traductor —entrevista que grabamos en audio para su posterior transcripción y análisis— y terminamos de concretar nuestro corpus de estudio. Por cuestiones de tiempo, el traductor solo nos entregó seis de los ocho textos propuestos (no tradujo los del blanco seco y el tinto legendario). Por este motivo, finalmente contamos con un corpus paralelo bilingüe (español-LSE) de seis notas de cata que nos iba a permitir aproximarnos al estudio de la conducta traductora ante las metáforas del vino.

5. A continuación, y utilizando el listado de metáforas detectadas en los textos originales, examinamos los vídeos para determinar cómo las había resuelto el traductor. Para realizar la comparación entre ambos textos, transcribimos los segmentos en LSE mediante glosas[5], lo que facilitaría el análisis de las técnicas de traducción aplicadas. También transcribimos a español la entrevista realizada al traductor, con el objetivo de poder comprender mejor los resultados.

6. Por último, teniendo en cuenta la falta de estudios en nuestro país sobre traducción de lenguas de signos, tomamos como referencia la propuesta de Hurtado (2001) para la traducción escrita para determinar las técnicas utilizadas por el traductor de LSE, adaptando dicha clasificación a las características espaciales y gestuales de esta lengua. De esta forma, pudimos interpretar los resultados obtenidos y alcanzar unas conclusiones a este estudio, resultados que pasamos a presentar, incluyendo la discusión para facilitar así su comprensión.

3.1. ¿Cómo traducir notas de cata a la LSE?

En este primer apartado de resultados vamos a exponer y comentar las principales respuestas que el traductor nos dio a las preguntas de la entrevista semiestructurada que realizamos tras haber hecho el encargo solicitado. La entrevista se desarrolló como un diálogo, con cierto tono espontáneo y prestando escucha activa al entrevistado. Por este motivo, algunas de las preguntas previstas se modificaron o, simplemente, no se formularon. Tal como estaba diseñada,

---

5 Las glosas son un sistema de transcripción que se utiliza frecuentemente en la investigación y docencia de las lenguas de signos. Para ello, todos los signos de cualquier expresión signada son representados en mayúsculas, manteniendo siempre el orden en el que fueron articulados. Además, se añaden símbolos para transmitir el uso del espacio y los complementos no manuales —la expresión facial y corporal—. En el Anexo I se incluye el sistema de glosas utilizado para transcribir los ejemplos detectados de técnicas de traducción en el corpus de este estudio.

comenzamos preguntando cuestiones generales relacionadas con la formación y experiencia profesional del traductor para, poco a poco, centrarnos en nuestro objeto de interés: el procedimiento y dificultades en la traducción de metáforas del vino a la LSE.

El traductor es un hombre oyente de cincuenta años, hijo de padres sordos, por lo que la LSE es su lengua materna. Según comentó, cuenta con una amplia experiencia en el campo de la traducción e interpretación signada y, aunque no obtuvo la titulación de la formación reglada hasta el año 2005 —el ya extinto Ciclo Formativo de Grado Superior en Interpretación de LSE—, comenzó su ejercicio profesional en 1987, en la primera entidad que ofrecía servicios de interpretación signada en España y que se denominó *servicio oficial de intérpretes mímicos.*

Durante sus más de treinta años de profesión, ha adquirido una dilatada experiencia tanto en servicios públicos como en conferencias, aunque actualmente la traducción audiovisual es su principal dedicación. Ante las preguntas relacionadas con la temática de esta simulación, aseguro que nunca había hecho un encargo de traducción a LSE para una bodega ni nada relacionado con la vitivinicultura, temática de la que no tenía conocimientos ni formación específica.

En lo que respecta al proceso de traducción que llevó a cabo, la entrevista nos permitió definir las pautas que siguió y que sintetizamos a continuación:

1. En primer lugar, realizó una lectura global de todas las notas de cata con el fin de poder hacerse una idea general del encargo.
2. Luego, realizó un análisis pormenorizado de los textos para asegurar su comprensión y hacerse una imagen mental de cada uno de ellos.
3. A continuación, intentó extraer el significado de las diferentes notas preguntándose qué es lo que pretendía comunicar. Para ello, y debido a su falta de conocimientos temáticos y de familiaridad con este tipo de lenguaje y género textual, pidió asesoramiento a un experto en la materia y consultó bibliografía e hizo búsquedas en Internet.
4. Una vez tenía claro el contenido a transmitir, comenzó con la traducción a LSE. Es en este momento cuando el traductor seleccionó, de forma consciente o inconsciente, las técnicas de traducción que iba a utilizar ante la falta de equivalentes directos entre ambas lenguas, especialmente en el caso de expresiones metafóricas. También señaló que, a modo de asegurar la comprensión de los destinatarios y el ajuste a la cultura meta, consultó con un modelo lingüístico sordo algunas de las adaptaciones que propuso antes de realizar la traducción.

5. Grabación de los textos en audio y posterior escucha, con el objetivo de simplificarlos utilizando un lenguaje más sencillo que permitiera adaptar del contenido y facilitar la comprensión en la lengua meta.

6. Posteriormente, y aunque se le pidió que realizara una traducción, grabó en audio los textos simplificados y los filmó en LSE. Ante la pregunta de por qué realizó una interpretación en esta última fase, el entrevistado señaló la falta de recursos técnicos para una traducción, como disponer de un teleprónter en el que poder seguir los textos mientras los traduce.

Del proceso de traducción nos gustaría señalar algunas cuestiones relacionadas con la evaluación. Aunque parece que el profesional realizó una evaluación procesual, ya que comentó que tuvo que realizar pausas y repetir la grabación de alguna parte, no hizo una valoración final del producto ni pidió a agentes externos que la hicieran. Según el traductor, la falta de tiempo para poder atender a otros encargos que tenía fue el motivo por el que no realizó una autoevaluación final y no solicitó la coevaluación por parte de otros traductores o la heteroevaluación de personas sordas, lo que aseguraría el nivel de compresión y adecuación de la traducción. Entendemos que, si se hubiese hecho, algunos de los errores de traducción que hemos detectado se podrían haber subsanado.

En cuanto a las principales dificultades encontradas durante la realización del encargo, el traductor hizo hincapié en «el vocabulario técnico» y en la «falta de tiempo de preparación». Pese a que dispuso de dos semanas para entregar el trabajo, comentó que «un trabajo de traducción tan exhaustivo, tan técnico y tan específico» requería de más tiempo para buscar información en diferentes fuentes y consultar a expertos del sector vitivinícola para obtener una visión más amplia y específica del significado de alguno de los conceptos o metáforas presentes en las notas de cata. También le permitiría consultar a otros profesionales de la LSE y a personas sordas, lo que aportaría otras formas de traducción de los términos y tecnicismos para los que no existe equivalente en dicha lengua. Como bien señaló el entrevistado, y pese a su reconocimiento oficial, esta sigue siendo una lengua minoritaria en nuestro país y su proceso de normalización está aún en sus inicios, por lo que no se cuenta con vocabulario especializado en ciertos temas por falta de necesidad de sus usuarios.

En relación a esto último, otra de las cuestiones que el traductor destacó durante la entrevista fue la importancia de utilizar y explotar en toda traducción los recursos propios de las lenguas signadas, tales como la iconicidad, la tridimensionalidad, el uso del espacio y la expresión facial y corporal, para facilitar la comprensión a las personas sordas y que se creen así una imagen mental clara de la información transmitida. Es decir, apela a realizar no solo un trasvase lingüístico, sino también cultural, teniendo siempre presente el carácter visual de esta lengua para este colectivo.

El hecho de que las notas de cata fueran de vinos canarios supuso para el traductor una dificultad añadida, ya que tuvo que buscar algunos conceptos relacionados con la flora y la gastronomía de estas islas en Internet para poder comprenderlos y plantear una equivalencia en la LSE. Y aunque trató de remediar su falta de conocimientos sobre la cultura de partida, a la hora de analizar el corpus detectamos algún error de traducción. Así, por ejemplo, en la nota de cata del vino blanco dulce se dice que «la boca es pura estructura, miel, almendras, bienmesabe, uvas pasas, vainilla y toffe [...]». El bienmesabe es un postre típico de la cocina popular canaria, pero el profesional lo tradujo como PESCADO, haciendo referencia al cazón adobado andaluz. No deja de sorprender este error teniendo en cuenta que se trata de la nota de cata de un vino dulce y del contexto lingüístico en el que aparece, acompañado de alimentos de este sabor. Por tanto, creemos que este equívoco se debe a la simultaneidad propia de la interpretación, procedimiento elegido finalmente por el traductor a la hora de grabar los textos en LSE.

Para terminar este apartado, podemos decir que de las palabras del traductor se concluye que el método que siguió fue el interpretativo-comunicativo (Hurtado, 2001), puesto que afirmó que su intención era tratar de mantener la función del texto original y producir en las personas sordas el mismo efecto. Ante la pregunta de qué tipo de técnicas de traducción había empleado, contestó que básicamente había utilizado la paráfrasis y la perífrasis, lo que correspondería con la técnica de amplificación de Hurtado (2001). Y, por último, cuando se le preguntó si existían elementos metafóricos en el texto original contestó que no reconocía metáforas concretas, sino que en este tipo de textos «todo en sí es una metáfora» y que simplemente trataba de trasladar a los destinatarios las sensaciones que provoca el vino, ya que la falta de equivalencias lingüísticas y culturales podía dificultar su comprensión.

3.2. Técnicas de traducción en LSE aplicadas a las metáforas del vino

Una vez dado cuenta de los principales resultados procedentes de la entrevista, en esta sección expondremos y comentaremos las técnicas aplicadas por el profesional a la hora de traducir las metáforas conceptuales de las notas de cata a LSE. Para ello, como ya adelantamos en el procedimiento, utilizamos como referente el trabajo de Negro (2014). Nuestro estudio es, en cierta medida, una replicación del de esta autora, tratando de comprobar si el principio básico de preservar la metáfora conceptual en la lengua meta también se cumple en el caso de la traducción a lenguas signadas y si la técnica más utilizada para ello es, del mismo modo, la traducción literal. Para esto último, empleamos y adaptamos a la traducción signada la clasificación de técnicas de Hurtado (2001).

Con la intención de que los resultados sean claramente comprensibles, y teniendo en cuenta la limitación de espacio, hemos seleccionado los ejemplos que consideramos más representativos de nuestro análisis y no todos podremos comentarlos en profundidad. Estas veinticinco muestras se presentan en tablas, dependiendo del tipo de metáfora conceptual que se analiza, y cada una de ellas viene acompañada de su transcripción en glosas en la lengua meta y con las técnicas detectadas señaladas mediante un sistema de colores que facilite su identificación. En el caso de un error, ya sea por omisión o sustitución, se señala en rojo en el texto original.

3.2.1. El vino es un ser vivo

En la Tab. I presentamos los nueve ejemplos correspondientes a la metáfora EL VINO ES UN SER VIVO. Como podemos observar, al igual que ocurrirá con las metáforas de EL VINO ES UN OBJETO y EL VINO ES UN ALIMENTO, encontramos muestras en las que el traductor ha utilizado más de una técnica para poder transmitir la metáfora conceptual de forma equivalente en la lengua meta. Por otro lado, a simple vista, destaca que las técnicas más utilizadas son la amplificación y la traducción literal.

Tab. I: Ejemplos de la traducción a LSE de metáforas de EL VINO ES UN SER VIVO

(1) "En boca es [...] muy goloso"	BOCA [...] GOLOSO MUCHO TAMBIEN	Trad. literal
(2) "En boca es amable"	BOCA SABOR [OMISIÓN]	Amplificación
(3) "En boca es fresco, [...]"	YA CL: BEBER-EN-COPA BOCA CL:[MD] EN-LA-BOCA+[MND]TENGO-UNA-COPA / BOCA"igual" SECO [SUSTITUCIÓN]	Amplificación
(4) "En boca tiene un paso amable, suave"	CL: [MD]BEBER-EN-COPA+[MND] TENGO-UNA-COPA // BEBER CL:[MD]DEDO-INDICE-BAJA-POR-GARGANTA"paso" / SUAVE AMABLE"agradable"	Amplificación Descripción Compensación
(5) "Con lágrima densa"	CL: FORMA-DE-COPA / CL:[MND] TENGO-UNA-COPA+[MD]VINO-BAJA-POR-CRISTAL / SE-LLAMA LÁGRIMA / CL:[MND]TENGO-UNA-COPA+[MD] VINO-BAJA-POR-CRISTAL DENSA	Amplificación Trad. Literal
(6) "La nariz es franca, compleja y agradable"	NARIZ AROMA"olor" [OMISIÓN] COMPLEJO / SENTIR AGRADABLE	Amplificación Trad. Literal
(7) "Un vino joven y fresco"	VINO JOVEN [OMISIÓN]	Trad. literal
(8) "Astringencia agradable"	BOCA SECA "pero"AGRADABLEafirm	Amplificación
(9) "En nariz tiene aromas francos a yogur de frutas de bosque, regaliz roja y palote"	CL:[MND]TENGO-UNA-COPA NARIZ AROMA / [OMISIÓN] YOGUR FRUTAS BOSQUE YOGUR / TAMBIEN REGALIZ ROJA / LUEGO CL:[BIMAN]PALOTE-ES-CILINDRICO CARAMELO SE-LLAMA p-a-l-o-t-e CL:[MND]PALOTE-EN-MI-MANO+[MD]ESTE-PALOTE SABOR IGUAL	Amplificación Trad. Literal Descripción Préstamo

Según Hurtado (2001), la amplificación implica la introducción de precisiones no formuladas en el texto original, mediante paráfrasis explicativas, información adicional, notas del traductor, etc. Esta técnica, como también veremos en ejemplos de otras metáforas, ha sido la más utilizada por el traductor en nuestro estudio, tal y como él mismo afirmaba en la entrevista. Creemos que esto se debe a la falta de equivalentes léxicos en la LSE para el vocabulario de esta especialidad, así como a las distintas alternativas que tiene el profesional a la hora de precisar y explicitar información en la lengua meta. Por ejemplo, y aunque luego comete una omisión, el traductor amplifica la información implícita en la muestra 2) al incluir el signo SABOR, lo que permite a los destinatarios comprender qué se pretende decir en el texto original con "En boca es [...]". Lo mismo ocurre al añadir <u>AROMA "olor"</u> y SENTIR en el ejemplo 6) y en el ejemplo 8), cuando al traducir "astringencia" se explica el concepto y se transmite que el sabor en la boca es seco.

Como se puede observar en esta Tab. I, la principal forma de amplificación que emplea es mediante el uso de clasificadores predicativos[6]. Con este tipo de estructuras, tan características de las lenguas signadas, el traductor explicita la información describiendo la forma y tamaño de los objetos, cómo se manipulan o mueven, etc. (*cf.* Chapa, 2000). De esta forma, así como aprovechando el uso del espacio de signado y la posibilidad que brinda esta lengua de expresar con cada mano una información diferente de forma simultánea, el traductor consigue hacer más comprensible para las personas sordas la información metafórica, haciéndola más concreta e icónica. Esto corrobora las palabras de Meir (2010) de que las metáforas conceptuales en lenguas orales pueden requerir la utilización de otros recursos en las lenguas de signos.

En cuanto a la traducción literal, observamos ejemplos claros en los que «se traduce palabra por palabra un sintagma o expresión» (Hurtado, 2001: 271), como en las muestras 1), 6), 7) y 9). Sin embargo, parece que el traductor utiliza esta técnica para trasladar a las personas sordas las metáforas lingüísticas del español y, de esa forma, reforzar la metáfora conceptual que ha traducido mediante la amplificación. Un ejemplo muy interesante lo encontramos en la metáfora 5). En este caso, el traductor utiliza clasificadores predicativos para explicar de forma muy visual lo que significa esta expresión en este ámbito. Sin embargo, añade los signos LÁGRIMA y DENSA de forma que el resultado es más cercano a la lengua origen.

Hurtado (2001) señaló que describir la forma y/o función permite reemplazar un término o expresión del texto original. Como ya apuntamos, los clasificadores predicativos permiten representar con gran detalle la forma de ciertos referentes, como se observa con el término "palote" en el ejemplo 9), con el que también el traductor utiliza un préstamo de tipo puro al deletrear con el alfabeto dactilológico cada una de las letras del término. En el caso de "paso", en el ejemplo 4), utiliza la descripción mediante una metonimia por contigüidad espacial, al mostrar con el índice por dónde transita el vino al ser bebido.

Por último, nos gustaría comentar alguno de los errores que comete el traductor. Mientras que en el caso de "agradable" creemos que la omisión fue accidental, ya que en otros momentos sí que la tradujo correctamente, con "fresco" pudo haber un problema de discriminación auditiva al sustituirlo por "seco". No

---

6   "[...] un clasificador es una configuración manual que se combina con la ubicación, orientación, movimiento y elementos no manuales para formar un predicado" (Lucas y Valli 1995, citado en Chapa, 2000: 256).

obstante, es la omisión de los términos "franca" y "francos", de los ejemplos 6) y 9) respectivamente, los que más nos llaman la atención. Consideramos que esta metáfora, en la que se otorga esta virtud humana a los aromas del vino, el traductor no encuentra alternativa para trasladarla a la lengua y la cultura meta y, por ese motivo, simplemente la omite.

3.2.2. El vino es un objeto

El segundo grupo de metáforas que analizaremos son aquellas que otorgan cualidades propias de los objetos a las sensaciones organolépticas producidas por el vino. Los seis ejemplos de esta categoría se incluyen en la Tab. II, en la que podemos ver que se aplican las mismas técnicas que para la metáfora de EL VINO ES UN SER VIVO. Es más, algunos ejemplos coinciden, como en el caso del 4) y el 12). Sin embargo, en este último nos centraremos en la metáfora de objeto: "un paso [...] suave". Observamos que el traductor transmite la misma metáfora a la LSE, aunque lo realiza aplicando una técnica de compensación e intercambiando los adjetivos utilizados en la descripción de la bebida.

Tab. II: Ejemplos de la traducción a LSE de metáforas de EL VINO ES UN OBJETO

(10) "En boca resulta muy frutal, amplio [...]"	CL:[MD]EN-LA-BOCA+[MND]TENGO-UNA-COPA / SABOR ESPECIFICO FRUTA / SIGNIFICA FRUTA MUCHAS VARIOS [SUSTITUCIÓN] [...]	Amplificación Trad. Literal
(11) "Boca amplia"	BOCA SE-LLAMA // VARIOS [SUSTITUCIÓN]	Trad. Literal
(12) "En boca tiene un paso amable, suave"	CL:[MD]BEBER-EN-COPA+[MND]TENGO-UNA-COPA // BEBER CL:[MD]DEDO-INDICE-BAJA-POR-GARGANTA"paso" / SUAVE AMABLE"agradable"	Amplificación Descripción Compensación
(13) "En boca [...] y ligero"	BOCA LIGERO	Trad. Literal
(14) "En boca es chispeante [...]"	BOCA CL:[MD]CHISPEANTE-EN-BOCA / [BIMAN]CHISPEANTE-EN-BOCA CL: [MND]EN-LA-LENGUA+[MD] CHISPAS-EN-LENGUA / CL: [BIMAN] CHISPEANTE-EN-BOCA	Descripción
(15) "[...] de color pálido, brillante y limpio"	[...] COLOR CL:[MND]TENGO-UNA-COPA+[MD]ESTE-VINO / UN-POCO CL: PALIDO / PERO SE-LLAMA APAGADO / BRILLANTE / PERO COLOR CL:[MND]TENGO-UNA-COPA+[MD] EL-VINO-EN-COPA IX-este LIMPIO	Amplificación Trad. Literal Descripción Adaptación

En este apartado volvemos a encontrar el uso de la traducción literal y la amplificación. Al igual que muchos ejemplos de la Tab. I, en esta también hemos designado como amplificación el uso que hace el traductor de un clasificador predicativo con la mano no dominante, en el que con la forma que coloca la mano, su posición y su expresión corporal consigue representar la acción de catar un vino, como si sostuviera una copa en la mano. Consideramos que esta forma de visualizar la acción, tan propia de la cultura sorda, es una forma de realizar precisiones no formuladas de forma explícita en el texto original.

En cuanto a las traducciones literales, observamos el mismo fenómeno de tratar de mantener en la lengua meta las metáforas lingüísticas originales, como en el caso de "limpio" en el ejemplo 15). En este punto queremos destacar el error de traducción que comete en los ejemplos 10) y 11). En ambos casos, intenta realizar una traducción literal con los términos "amplio" y "amplia", pero el problema está en que parece no haber entendido la metáfora en la lengua origen. Esto se observa en las pausas y titubeos que hace antes de signar VARIOS —lo que refleja el proceso cognitivo de búsqueda de un equivalente adecuado en la lengua meta—, además del signo elegido, que en ese contexto parece hacer referencia solo a la cantidad de sabores frutales y no a la sensación subjetiva de que la riqueza de sabores llena la boca.

Finalmente, tenemos que destacar el uso de la descripción. Creemos que es interesante que esta técnica se haya utilizado más en esta categoría de metáforas del vino que en otras. El uso de clasificadores descriptivos permite al traductor hacer visible las características de los objetos con los que se relaciona el vino. Destaca la cantidad de información descriptiva que utiliza el traductor para transmitir el concepto de "chispeante" en el ejemplo 14), utilizando gran cantidad de clasificadores predicativos con los que hacer visible en la lengua meta esa sensación que se produce en la boca. También es significante el cambio de técnica que realiza en el ejemplo 15), ya que al valorar que la descripción que utiliza para "pálido" no es eficaz, aplica a continuación una adaptación y reemplaza ese término por una forma de expresión más propia de la cultura meta, para trasladar así la falta de viveza del color.

3.2.3. El vino es un alimento

En este apartado analizamos la traducción de las metáforas que asignan al vino ciertas propiedades de los alimentos. En la Tab. III incluimos algunas de las muestras seleccionadas del corpus. Como para las metáforas EL VINO ES UN SER y EL VINO ES UN OBJETO, el traductor utilizó de forma preferente las técnicas de amplificación y de traducción literal.

Tab. III: Ejemplos de la traducción a LSE de metáforas de EL VINO ES UN ALIMENTO

(16) "[...] para no convertirlo en empalagoso"	[...] OBJETIVO IGUAL **BOCA** <u>DULCEmuy</u> **EXAGERADO EVITAR**	**Amplificación**
(17) " Retrogusto amielado"	**AL-FINAL BOCA** <u>SABOR"gusto"</u> / **BOCA ÚLTIMO / BOCA SABOR** "<u>igual</u>" **MIEL SABOR HAY**	**Amplificación**
(18) "En boca [...] pero a la vez fresco [...]"	**CL:[MD]EN-LA-BOCA+[MND]TENGO-UNA-COPA SABOR** [...] **FRESCO**	**Amplificación** Trad. Literal
(19) "Al retrogusto resulta untuoso pero fresco y con dulzor muy sutil"	**AL-FINAL CL: [MND]TENGO-UNA-COPA+[MD]ESTE-VINO** <u>DAR-me"igual"</u> **BOCA SABOR** <u>GRASA"textura"</u> **PEGAJOSO / PERO FRESCO / DULCE / DULCE FUERTE** <u>NOneg</u> / **DULCE** <u>SUAVEafirm</u>	**Amplificación** Trad. Literal Ampliación lingüística
(20) "En boca resulta muy frutal, [...]"	**CL:[MD]EN-LA-BOCA+[MND]TENGO-UNA-COPA / SABOR ESPECIFICO FRUTA / SIGNIFICA FRUTA MUCHAS** [...]	**Amplificación** Trad. Literal
(21) "[...] pues es un vino seco"	[...] **SE-LLAMA VINO SECO**	Trad. Literal
(22) "En boca tiene tonos dulzones [...]"	**CL:[MD]EN-LA-BOCA+[MND]TENGO-UNA-COPA SABOR HAY DULCE SABOR**	**Amplificación** Trad. Literal

En cuanto a la amplificación, destacamos la forma en la que transmitió el concepto "retrogusto" en los ejemplos 17) y 19), tan propio de esta lengua de especialidad. En ambos casos, y utilizando tanto expresiones lingüísticas como paralingüísticas, es capaz de precisar la sensación que persiste una vez hemos ingerido el vino haciendo hincapié en el sabor que queda al final.

Sobre las traducciones literales, nos gustaría señalar la que se realiza en la muestra 21), y no tanto por la técnica en sí, sino por el signo que utilizó el traductor para VINO en esa ocasión. El texto original de este ejemplo viene a continuación del que aparece en la muestra 25). Como podemos ver en la Tab. IV, el traductor omite la expresión metafórica "a su gran estructura" porque, posiblemente, no vio forma de trasladarla a la lengua meta. Esto produjo un sobreesfuerzo en la búsqueda de dicha equivalencia, lo que afectó a la decisión léxica tomada a continuación para VINO. Mientras que en el resto de traducciones utiliza el signo más actual —signo monomanual en el que la mano está completamente cerrada en puño excepto el dedo pulgar, que es el que contacta con la punta de la nariz—, en este caso utilizó una variante antigua y que, posiblemente, sea la que este traductor adquirió en el seno familiar: signo bimanual que se articula en el espacio de signado y en el que ambas manos contactan con la misma configuración, en la que solo están extendidos los dedos índice y corazón.

Y, por último, debemos comentar el uso que se hace en esta categoría de la técnica de ampliación lingüística, que supone añadir elementos lingüísticos para trasladar un concepto a la lengua meta cuando realmente existe la posibilidad de hacerlo con el mismo número de palabras (Hurtado, 2001: 269). Esto es lo que ocurre con "dulzor muy sutil" en el ejemplo 19). El traductor utilizó una fórmula muy habitual de la cultura sorda que es negar una expresión para, a continuación, afirmar lo contrario. Así, aunque podría haber optado por solo afirmar DULCE SUAVE, como hizo al final, previamente transmite exactamente lo mismo al negar que el dulzor sea intenso.

3.2.4. El vino es un tejido y el vino es un edificio

En esta última categoría hemos unido los ejemplos localizados para las metáforas EL VINO ES UN TEJIDO (ejemplo 23) y EL VINO ES UN EDIFICIO porque, como puede verse en la Tab. IV, el traductor omitió todas estas en la LSE. Aunque sería ideal conocer la explicación del profesional de por qué ocurrió esto, en nuestra opinión es una clara muestra de que algunas metáforas que funcionan y se utilizan en lenguas orales puede que no sean válidas en las lenguas signadas (*cf.* **Meir, 2010**).

Tab. IV: Ejemplos de la traducción a LSE de metáforas de EL VINO ES UN TEJIDO Y EL VINO ES UN EDIFICIO

(23) "[...] con un paso sedoso[...]"	[OMISIÓN]	…..
(24) "En boca es pura estructura"	BOCA SABOR [OMISIÓN] [...]	…..
(25) "En boca tiene tonos dulzones, debidos a su gran estructura, [...]"	CL:[MD]EN-LA-BOCA+[MND] TENGO-UNA-COPA SABOR HAY DULCE SABOR / MOTIVO HAY SE-LLAMA [OMISIÓN] [...]	**Amplificación** **Trad. Literal**

Conclusiones

Nuestra principal finalidad con este estudio exploratorio era aproximarnos al ámbito vitivinícola y a la forma en la que traducir las expresiones metafóricas tan características de esta lengua de especialidad. Una aproximación novedosa y, en cierta medida, compleja, ya que el par de lenguas analizadas —español *versus* lengua de signos española— presentan una modalidad lingüística completamente diferente —auditiva-oral *versus* viso-gestual— y, por tanto, también una cultura distinta. A esto se le suma la falta de trabajos que aborden la traducción signada y, en concreto, las técnicas de traducción que se utilizan con este tipo de lenguas.

Tomando como referente el trabajo de Negro (2014), hemos podido comprobar que el principio básico de preservar la metáfora conceptual a la hora de realizar la traducción de notas de cata también se cumple en las lenguas signadas. Sin embargo, y coincidiendo con lo planteado por Meir (2010), en la LSE se utilizan otros recursos lingüísticos que permiten explicitar y hacer más "visibles" estas expresiones metafóricas en la lengua meta. Así, frente al uso preferente de la traducción literal en el estudio de Negro (2014), descubrimos el uso significativo que se hace de la amplificación como técnica de traducción hacia una lengua signada y, en menor medida, de la descripción. Los clasificadores predicativos y las acciones representadas juegan un importante papel para poder trasladar toda esta información a un colectivo con una cultura eminentemente visual.

El presente estudio también nos ha permitido evidenciar la importancia que tiene poseer un profundo conocimiento de las culturas a la hora de enfrentarse a la traducción de metáforas del vino, tal y como señala Suárez-Toste (2009), así como la necesidad de una formación especializada en este caso particular de traducción (Ibáñez, 2017). Esperamos que con este trabajo podamos aportar a esta especialidad nuevas perspectivas y generar nuevos interrogantes para futuras investigaciones que tengan en cuenta a las lenguas signadas y a la comunidad sorda.

REFERENCIAS BIBLIOGRÁFICAS

CABALLERO, Rosario y Ernesto SUÁREZ-TOSTE (2010): "A genre approach to imagery in winespeak", en G. Low, Z. Todd, A. Deignan y L. Cameron (eds.), *Researching and Applying Metaphor in the Real World*. Amsterdam y Philadelphia, John Benjamins, 265–287.

CHAPA, Carmen (2000): "La estructura lingüística de la LSE", en A. Minguet (coord.), *Signolingüística: Introducción a la lingüística de la LSE*. Valencia, FESORD, 293–315.

CENTRO DE NORMALIZACIÓN LINGÜÍSTICA DE LA LENGUA DE SIGNOS ESPAÑOLA (2014): *La lengua de signos española hoy: Informe de la situación de la lengua de signos española. Actas del Congreso CNLSE sobre la Investigación de la Lengua de Signos Española*. Madrid, Real Patronato sobre Discapacidad.

[consulta en línea: http://riberdis.cedd.net/bitstream/handle/11181/4416/INFLenguaSignos%28online%29.pdf?sequence=1&rd=0031779800633235; 25/09/2019].

Fraile, Esther (2010): "La traducción de las metáforas del vino", en M. Ibáñez, M. t. Sánchez, S. Gómez y I. Comas (eds.), *Vino, lengua y traducción*. Valladolid, Universidad de Valladolid, 141–173.

Hernández, Roberto, Carlos Fernández y Pilar Baptista (2014): *Metodología de la investigación* (6ª ed.). México, McGraw-Hill.

Humphries, Tom (2008): "Talking culture and culture talking", en D. Bauman (ed.), *Open your eyes*. Minneapolis, University of Minnesota Press, 35–41.

Hurtado, Amparo (2001). *Traducción y Traductología. Introducción a la Traductología*. Madrid, Cátedra.

Ibáñez, Miguel (2017): *La traducción vitivinícola: un caso particular de traducción especializada*. Granada, Comares.

Instituto Nacional de Estadística (2008): *Encuesta sobre Discapacidades, Autonomíapersonalysituacionesde Dependencia2008.*[consultaenlínea:https://www.ine.es/dyngs/INEbase/es/operacion.htm?c=Estadistica_C&cid=1254736176782&menu=resultados&idp=1254735573175#; 24/09/2019].

Lakoff, George y Mark Johnson (1980/1991): *Metáforas de la vida cotidiana*. Madrid, Cátedra.

Leigh, Irene W. y Jean F. Andrews (2017): *Deaf people and society: psychological, sociological, and educational perspectives*. New York, Routledge.

Ley 27/2007, de 23 de octubre, por la que se reconocen las lenguas de signos españolas y se regulan los medios de apoyo a la comunicación oral de las personas sordas, con discapacidad auditiva y sordociegas. *Boletín Oficial del Estado*. núm. 255, de 24 de octubre de 2007. [consulta en línea: http://www.boe.es/buscar/pdf/2007/BOE-A-2007-18476-consolidado.pdf; 24/09/2019].

Liñares, Xosé (2003): "Apuntes para una sociología de la comunidad sorda". *Educación y biblioteca*, 138, 50–61.

Luque, Francisco (2019): "La influencia de la cultura en las metáforas conceptuales: el caso del discurso de la cata del vino", en I. Cobos (ed.), *Estudios sobre traducción e interpretación: especialización, didáctica y nuevas líneas de investigación*. Valencia, Tirant Humanidades, 57–69.

Meir, Irit (2010): "Iconicity and metaphor: constraints on metaphorical extension of iconic forms". *Language*, 86(4), 865–896.

Morales, Ana (2009): "La ciudadanía desde la diferencia: reflexiones en torno a la Comunidad Sorda". *Revista Latinoamericana de Educación Inclusiva*, 3(2), 125–141.

MORENO, Ana (2000): *La comunidad sorda: Aspectos psicológicos y sociológicos*. Madrid, Fundación CNSE para la Supresión de las Barreras de Comunicación.

MORIYÓN, Carlos *et al.* (2010): "Status Quaestionis: la metáfora en LSE", en IX Congreso Internacional de Lingüística General (Universidad de Valladolid, 21/23-06-2010). [consulta en línea: https://www.cnlse.es/sites/default/files/La%20met%C3%A1fora%20en%20LSE.pdf; 27/09/2019].

NEGRO, Isabel (2014): "La traducción de las metáforas en el lenguaje del vino", en A. Díaz, M. C. Fumero, M. P. Lojendio, S. Burgess, E. Sosa y A. Cano (eds.), *Comunicación, cognición, cibernética. Actas del XXXI Congreso Internacional de AESLA*. Tenerife, Universidad de La Laguna, 861–874).

NEUNZIG, Wilhelm y Helena TANQUEIRO (2007): Estudios empíricos en traducción: enfoques y métodos. Girona, Documenta Universitaria.

PADDEN, Carol (1980): "The deaf community and the culture of deaf people", en C. Baker, y R. Battison (eds.), *Sign language and the deaf community: essays in honor of William Stokoe*. Silver Spring, National Association of the Deaf, 89–103.

RODRÍGUEZ, Dolors (2013): "El silencio como metáfora. Una aproximación a la Comunidad Sorda y a su sentimiento identitario". *Perifèria*, 18(1), 23–50.

RODRÍGUEZ, Yenny (2016): "Metáforas cognitivas usadas en la lengua de señas colombiana en cinco relatos autobiográficos y los esquemas de imagen con los cuales se relacionan". *Revista Folios*, 44, 39–58.

SIMONS, Helen (2011): *El estudio de caso: Teoría y práctica*. Madrid, Ediciones Morata.

SUÁREZ-TOSTE, Ernesto (2009): "Lenguaje y comunicación en el vino: aciertos y errores". *Vinaletras*, 2, 77–87.

SUÁREZ-TOSTE, Ernesto (2017): "Babel of the senses: On the roles of metaphor and synesthesia in wine reviews". *Terminology*, 23(1), 88–112.

TAUB, Sarah (2001): *The language from the body. Iconicity and metaphor in American sign language*. Cambridge, Cambridge University Press.

Anexo I

Sistema de glosas utilizado para transcribir las traducciones a LSE	
SIGNO	Glosa que utilizamos para cada signo léxico. Representa su significado base, no marcado. Ej. VINO
CL:	Glosa para representar los clasificadores. Todo lo que sigue y que se separa entre guiones representa el significado de dicha construcción. Ej. CL:[MD]DEDO-INDICE-BAJA-POR-GARGANTA"paso"
[MD]	Mano dominante. Ej. CL:[MD]CHISPEANTE-EN-BOCA
[MND]	Mano no dominante. Ej. [MND]EN-LA-LENGUA
[MD] + [MND]	Situación en la que cada mano expresa una información diferente de forma simultánea. Ej. CL: [MND]TENGO-UNA-COPA+[MD]ESTE-VINO
[BIMAN]	Clasificador que se configura con las dos manos, con los mismos parámetros formativos. Ej. CL: [BIMAN] CHISPEANTE-EN-BOCA
SIGNO-SIGNO	Dos palabras (o más) son necesarias para reproducir el significado de un solo signo. Ej. SE-LLAMA
s-i-g-n-o	Signo dactilológico. Se utiliza el alfabeto dactilológico para deletrear el término. Ej. p-a-l-o-t-e
IX	Glosa que se utiliza para reproducir un señalamiento, el cual puede funcionar como pronombre personal, como posesivo o como un mecanismo para situar elementos en el espacio. Ej. IX-este
SIGNO-me	Representa los participantes de una acción, especialmente para verbos direccionales con dos concordancias (sujeto-receptor). Ej. DAR-me
SIGNO	Se utiliza el subrayado para trasmitir información gramatical importante que se incluye en la expresión facial y en movimientos de la cabeza. Ej. DULCEmuy
SIGNO"signo"	Entre comillas se especifica mediante componentes hablados (vocalización) el signo articulado. También pueden representar componentes orales. Ej. GRASA"textura"

Sistema de glosas utilizado para transcribir las traducciones a LSE	
SIGNOafirm	Es para indicar cuando se enfatiza una oración afirmativa con el asentimiento de cabeza. Ej. DULCE SUAVEafirm
SIGNOneg	Indica oraciones negativas, principalmente mediante la negación con la cabeza. Ej. NOneg
SIGNO /	Una sola barra significa una pausa breve. Ej. CL:[MD] EN-LA-BOCA+[MND]TENGO-UNA-COPA / SABOR FRUTA
SIGNO //	Dos barras indican una pausa más larga. Ej. CL:[MND] TENGO-UNA-COPA // CL: [MD]BEBER-EN-COPA BEBER

Pierre Lerat

La variabilité dans l'étiquetage des vins rouges

Resumen El etiquetado es una especie de escritura. Respeta las normas, pero al mismo tiempo forma parte de la comercialización. La norma varía de un país a otro. El tecnolecto es más amplio que la terminología: es « savoir-dire, écrit ou oral » (Messaoudi 2010 : 134). La variabilidad está en todas partes : alegaciones de salud no estandarizadas, viñedos elogiados en lugar de descritos, operaciones vinícolas tranquilizadoras (tradicionales) o ignoradas (chips y microoxigenación). Las cualidades sensoriales (estandarizadas en profesionales) se formulan líricamente en las etiquetas. ¿Identificación? Sí, pero sobre todo una tarjeta de visita.

Palabras clave: Etiquetado. Vinos tintos. Tecnolecto. Normas. Comercialización. Retórica.

Abstract The labelling is a kind of writing. It complies with standards, but at the same time is part of the marketing. The standards vary from country to country. Technolect is broader than terminology : it is a « written or oral knowledge to say » (Messaoudi 2010 : 114). Variability is everywhere : non-standard health claims, praised vineyards rather than described, reassuring (traditional) wine operations, or ignored (chips and micro-oxygenation). The sensory qualities, which are standardised in professionals, are formulated with lyricism on labels. ID card ? Yes, but above all a business card.

Key words: Labelling. Red wines. Technolect. Standards. Marketing. Rhetoric.

0. Introduction

L'étiquétage a certainement beaucoup évolué dans les dernières décennies. Il vaudrait la peine de suivre cette évolution, mais ce serait un travail de longue haleine. Je me contenterai donc d'une approche synchronique, en faisant comme si le temps de l'inspection des rayons de grands magasins et celui de la publicité sur Internet étaient les mêmes. Et s'il ne sera question ici que de vins rouges, c'est parce que mon expérience ne va guère au-delà. J'aurais aimé déboucher sur une typologie selon les cultures nationales, mais en fait la mondialisation conduit à une uniformisation progressive en vue de séduire le client potentiel. Cet enjeu majeur peut expliquer des manquements aux normes, voire des mensonges, mais mon but n'est pas de signaler des comportements douteux ; c'est pourquoi j'ai anonymé les énoncés.

Nous avons entendu ici même lors du premier congrès une communication (Sánchez Nieto, 2006) qui portait sur les mentions obligatoires et facultatives sur les étiquettes d'après les normes européennes. Mon point de vue n'étant pas juridique, je ne ferai pas la différence entre les deux sortes. Mais quel est mon point de vue ? Mon intention est de caractériser le genre d'écrire que constitue l'étiquette d'après des travaux qui m'ont orienté (Miranda et Coutinho, 2010; Ibáñez, 2017). Dans tout genre il y a des contraintes et des espaces de liberté. Ici ce qui guide le producteur ou le distributeur, c'est l'espérance de vendre.

Comment rendre compte de ruses relevant du marketing ? Il y a les rubriques incontournables, les qualités valorisantes, une phraséologie, une rhétorique de l'euphorie : c'est tout cela que vise à recouvrir le terme de *technolecte*.

1. L'étiquetage

Il conviendrait peut-être, pour commencer, de contraster deux traditions : l'étiquetage à la française, qui invite à réunir toutes les « mentions obligatoires (…) dans le même champ visuel » (DGCCRF, Direction générale de la concurrence, de la consommation et de la répression des fraudes), et l'étiquetage à l'espagnole, qui impose une contre-étiquette (Ley 24/2003, art. 39). Même en France, la contre-étiquette gagne du terrain, et c'est très bien ainsi, donc n'insistons pas.

La législation espagnole rend également obligatoires les caractéristiques organoleptiques. Dans beaucoup de pays elles sont facultatives, mais comme rien ne plaît tant au client et à ses invités on trouve de plus en plus souvent, un peu partout, un éloge autoproclamé de ce qui est recherché, en particulier les tanins, au risque qu'ils proviennent de copeaux de chêne dont on se garde bien de signaler l'usage.

Les autres propriétés mises en valeur selon les cas concernent l'excellence du vignoble, celle des vignes, la qualité incomparable des vendanges, la vinification, le vieillissement, sans oublier l'accord avec les mets, qui a été mis à la mode dans la presse écrite et qui réserve des surprises.

2. De la terminologie au technolecte

Une bonne définition de la terminologie est celle de Kocourek (1982 : 77) : « Le terme est une unité définie dans les textes de spécialité. L'ensemble des termes s'appelle la terminologie ». Les textes de spécialité sont caractéristiques de ce que cet auteur appelle une « langue de spécialité ». J'ai expliqué dans un livre pourquoi je préférais parler de « langue spécialisée » pour désigner ce qui est connu dans les pays anglophones sous le nom de «*language for special purpose*» et dans les pays germanophones sous celui de «*Fachsprache*».

Un recenseur américain de ce livre a fait observer avec raison qu'il vaudrait mieux parler de «textes spécialisés». Il m'a convaincu. Une collègue marocaine, Leila Messaoudi, a trouvé que « texte » renvoie exclusivement à de l'écrit, alors que dans tous les métiers la part de l'oral est importante. Elle aussi m'a convaincu. Je préfère donc désormais parler de « technolectes » au sens qu'elle donne à ce mot : un technolecte est « un savoir-dire, écrit ou oral, verbalisant, par tout procédé linguistique adéquat, un savoir ou un savoir-faire dans un domaine spécialisé » (Messaoudi, 2010 : 134).

Dans le cas de l'étiquetage, le savoir-dire est du côté du concepteur de l'étiquette. Il faut donc supposer chez l'acheteur potentiel un savoir-bien-lire. Disons que c'est plus ou moins un « semi-expert » au sens de Bergenholtz et Kaufmann (1997 : 99). Il n'y a pas de consommateur-type, mais le marketing est obligé de cibler un peu large.

Il y a un faible degré de liberté en ce qui concerne certaines rubriques, obligatoires ou non : noms de pays et de région, exploitant, embouteilleur, importateur, distributeur, adresses normalisées, millésimes, contenance, degré, distinctions, nom de marque ; par bonheur, des contraintes juridiques limitent les risques de tromperies, notamment sur le millésime.

D'autres rubriques autorisent une liberté plus grande : la ou les langues de l'étiquette, un label de qualité, les noms des cépages, les appellations (les anciennes font l'objet de tolérances), les mentions sanitaires, les qualités viticoles, les qualités vinicoles, l'aptitude au vieillissement, les qualités sensorielles, l'accord avec les mets ; c'est là que la créativité se déchaîne.

3. Les appellations

On pourrait croire que les normes les plus internationales s'appliquent partout. Ce n'est pas le cas, pour plusieurs raisons. D'abord, au niveau mondial, l'OIV, Organisation Internationale de la Vigne et du Vin, n'est pas la seule institution. Ensuite, la hiérarchie des normes qui est de règle dans l'Union Européenne ne l'est pas dans cette matière. Là où l'OIV utilise *appellation d'origine reconnue* et *indication géographique reconnue*, l'UE préfère *appellation d'origine protégée* et *indication géographique protégée*.

Est-ce parce que les étiquettes coûtent cher et qu'il est économique d'utiliser les vieilles ? Toujours est-il que l'on rencontre encore dans plusieurs pays des vestiges d'une réglementation européenne périmée : en France *appellation d'origine contrôlée*, en Italie DOC etc. En France, si les étiquettes datent d'avant 2008, on peut encore trouver *VQPRD* (Vin de qualité produit dans une région déterminée). En Italie, il y a ceux qui cumulent, avec *denominazione di origine controllata e garantita* et ceux qui s'autorisent une variation, avec *indicazione geografica tipica*.

4. Les mentions sanitaires

Il est surprenant que l'Organisation Mondiale de la Santé n'ait pas encore imposé un standard en matière de recommandations, vu le nombre d'accidents dus à l'alcool, de cirrhoses et de malformations de bébés nés de mères alcooliques.

Il y a dans les principaux pays producteurs des mentions qui sont sobres, si l'on peut dire : en Espagne, « *el abuso en el consumo de este producto es nocivo para la salud* », en France « l'abus d'alcool est dangereux pour la santé ». Parmi les pays clients, on peut noter la modération des pouvoirs publics du Royaume-Uni : « *Chief Medical Officers recommended adults do not regularly excess* ». Toutefois, la recommandation est explicite, la fonction recherchée est clairement conative au sens de Jakobson.

L'Argentine est un pays où l'on ose parler de répression : « *Beber con moderación. Prohibida su venta a menores de 18 años* ». L'Azerbaïdjan manie la litote : « *It's not recommended for drivers, pregnant women and people where are under 18 years* ». Les USA sont le pays où les recommandations sont les plus détaillées : « *Government warning : (1) Women should not drink alcoholic beverages during pregnancy because of the risk of birth defects (2) Consumption of alcoholic beverages impairs your ability to drive a car or operate machinery and may cause health problems* ». C'est un peu long, mais parfaitement responsable.

5. Les vignobles

Pour les amateurs de vieux vignobles, qu'il ne faut pas confondre avec les vieilles vignes, des mentions comme « *antica azienda agricola* », « *vitigno vecchio* » ou « *viñedos antiguos* » sont rassurantes mais imprécises. D'où des précisions telles que « *viñedos de 20 años* », « *vineyards planted in 1954* », « *80 years old* » et même « *since 1882* », qui garantissent seulement que l'exploitation n'est pas récente ; le nombre de générations qui se sont succédé est aussi un argument de vente (un exemple est « *quinta generación* », dans une exploitation de la Rioja).

L'exposition du vignoble est un argument de vente courant. Il faut bien connaître la région pour interpréter correctement l'insistance sur telle exposition : il y a le sud (« plein sud », « *vigneti esposti al sud* ») ; il y a le sud-est (« exposition sud-sud-est », « exposé au sud-est ») ; il y a le sud-ouest (« *south/south-west facing* », « *cara sur-oeste* ») ; il y a aussi le nord (« *orientación norte* », chez un producteur de la Rioja), et le nord-est (« *cara norte-este* »). Bref, les quatre points cardinaux !

Vous aimez la mer ? Nous avons ce qu'il vous faut : « *maritime fog* ». Vous préférez la montagne ? Alors, « *paraje montañoso* »! Mais le plus rusé, comme souvent, est un producteur italien : « *vigneti ben esposti* » ! À moins que ce ne soit ce sicilien qui rentabilise 2 fois son énergie renouvelable : « *centinaia di pale eoliche* ».

Pour les pédants, il y a la spécificité des sols, de préférence en termes ésotériques tels que « schistes de l'ordovicien » (Bourgueil) ou « molasses du miocène » (Chateauneuf-du-Pape). Pour les amoureux de la nature et les ennemis des produits phytosanitaires, il y a les « vignes labourées et enherbées » (Pommard). Pour les traditionnalistes, il y a le « respect des rythmes lunaires » (Suisse).

Enfin, l'âge des vignes est un argument de vente pour deux clientèles : pour ceux qui préfèrent les vieilles vignes, il y a des mentions telles que *40, 55* ou même « *planted in 1880* », le record dans le corpus ; pour ceux qui n'aiment pas les tanins, il y a les « jeunes vignes ». Dans l'intervalle, il y a, en grec, « από το *2002* » (« depuis 2002 »).

6. Les traitements

Ce n'est pas sur les étiquettes qu'il faut chercher quels produits phytosanitaires sont utilisés pour prévenir les risques de maladies de la vigne : ou bien l'on ne dit rien, ou bien l'on écrit quelque chose qui ne veut rien dire, comme « *traditional farming vineyard* », ou encore l'on vante ce qui manque aux citadins, c'est-à-dire la nature.

Ce qui est le plus explicite, c'est un message tel que le suivant : « agriculture raisonnée, sans désherbants, sans herbicides ni pesticides ». Avec l'agriculture biodynamique, il y a deux formulations. L'une présente le mode de production comme un fait acquis : « culture biodynamique », « *vino biodinámico* ». L'autre évoque un processus commencé, sans préciser une échéance : « sous influence biodynamique », « en conversion biodynamique », « *con approccio biodinamico* ».

Biologique ou *bio* est devenu incontournable. L'espagnol connaît des variantes lexicales qui reflètent des influences diverses, comme « *vino orgánico* », à l'anglaise, ou « *vino ecológico* », militant. Tantôt ce sont les raisins qui sont déclarés « bio » (« *organic grapes* », « *prodotto da uve biologiche* »), tantôt le mode d'élaboration (« *viticultura ecológica* », « *ökologischer Anbau* »).

Mais ce qui plaît pardessus tout, c'est le développement durable. C'est un argument de vente notamment dans l'hémisphère sud : « *sustainable farming practices* », « *sustainably farmed estate vineyard* ». Les Italiens ne sont pas en reste, et carrément emphatiques : « *assoluto rispetto dell'ambiente* ». C'est rassurant, non ?

Pour les experts, une variable non négligeable est le rendement à l'hectare. On aimerait voir quantifiée une indication comme « cultivé à faible rendement », car tout est relatif. Il serait bon également pour le consommateur que l'unité de compte soit constante, ce qui n'est pas le cas. Il faudrait pouvoir relativiser selon les parcelles des indications telles que « 40 hectolitres à l'hectare », « 20 hl/ha » ou « *resa per ettaro : 80 hl* » ; au moins, dans ces exemples l'unité de compte est constante : l'hectolitre. Ce n'est pas le cas partout : il arrive que ce soit le nombre des pieds de vigne qui soit pris en compte : « *6700 vines per hectare* », « *densità : 6000 viti per ettaro* », « *4000 ceppi per ettaro* ». Le plus exotique pour un européen continental est la mention suivante : « *vines per acre : 726* ». Étant entendu qu'un acre = 40,47 ares, ou 4840 yards carrés, ou encore 4840 verges carrées (au Canada), on doit pouvoir faire la conversion, mais si l'on sort sa calculette devant le rayon on va attirer l'attention.

7. Les vendanges

On le sait, le recours à des machines à vendanger n'est pas possible partout, ce qui fait que les vendanges manuelles, là où elles existent, ont l'avantage de respecter les grains. C'est le cas, notamment de l'Espagne : « *uvas vendimiadas a mano* », « *uvas cosechadas manualmente* ». En français on trouve « vendangé manuellement » et « vendange et égrappage manuels », en anglais « *harvest by hand* » et « *hand harvested* », en allemand « *von Hand geernt* ». Une indication trop prudente est « vendange principalement à la main », ce qui attire l'attention. « *Colheita especial* » est énigmatique. Des indications plus utiles sont les suivantes : « *utilizando pequeños recipientes* », « tri manuel des baies », « tri sélectif » ou « *elaborat amb rains seleccionats* ».

8. Les opérations vinicoles

Certaines indications sont à confronter avec les millésimes. Par exemple, dans la vallée de la Loire, la mention « vin non chaptalisé » n'a d'intérêt pour un pineau franc que les mauvaises années, les autres n'imposant pas la même contrainte. D'autres sont peu parlantes : « vinifié à l'ancienne », « *secondo tradizione* », « *minimally intrusive winemaking* » : quelle tradition ? quel seuil de minimalité ? On aimerait mieux des informations plus techniques, mais qui les lirait ? Examinons comment sont vantées les phases de la vinification quand elle le sont.

Sur la cuvaison, il faut être du métier pour interpréter les durées : « cuvaison : 10 jours à 26° » / « cuvaison d'une durée d'un cycle lunaire ». Sur la macération, la brièveté importe-t-elle plus que l'intensité ? Faut-il se laisser séduire par « *breve maceración* » et « *brief maceration on skins* », ou par « *intensa maceração* » ?

La fermentation pose le problème du choix des levures ; une option est « *no added yeasts* ». En revanche, il est peu informatif de préciser « *fermentación maloláctica* » ou « *100% malolactic fermentation* », car c'est le standard pour les rouges.

La clarification traditionnelle se faisant aux blancs d'œufs, gare aux vegans ! La formulation la plus claire est « *clarificado con clara de huevo* », une variante est « *contains egg proteins* », la plus vague est « *chiarifica per decantazione* ».

La filtration faisant peur, elle n'est pas évoquée ou l'est pour s'en défendre : « vin non collé non filtré », « sans collage ni filtration », « *sin filtrar* », « *exenta de filtrado* », « *unfiltered* », « *ohne Filtration* ».

Le sulfitage étant une opération nécessaire pour la conservation du vin, la mention « contient des sulfites » ou ses équivalents dans toutes les langues pourrait être considérée comme une indication à caractère médical si elle précisait le seuil autorisé et la nature du risque pour les asthmatiques. Pour atténuer l'effet dissuasif de cette mention obligatoire, une tactique prévisible est de minimiser la teneur dans les termes : « peu ou pas de sulfites », « seulement un peu de sulfite ajouté », « *with minimal sulphur* », « *eventuale aggiunta di anidride solforosa* ». Il y a même des audacieux qui promettent un vin « sans aucun intrant ni sulfite » (en France), « *no sulphur added* » (Afrique du sud) ; ou bien ils mentent, ou bien leur vin n'a pas d'avenir. Une version savante de la mention obligatoire est « *preservative (220) added* ».

Pour l'élevage, il y a des cas simples : cuve ou fût. Le matériau de la cuve est parfois indiqué : « élevage en cuve inox », « *in stainless steel tanks* », « *serbatoi di acciao* » (c'est-à-dire « cuves d'acier »). Pour les futailles, il y a l' « élevage en barrique », et un cas qui est économique pour les petits viticulteurs : « *barricas nuevas y seminuevas* ». Plus mystérieux est l' « élevage partiel en barrique » : impossible de savoir combien dure le passage en cuve.

9. Optimisations

Depuis que l'Union Européenne accepte l'usage de copeaux de bois, peu de producteurs avouent s'en servir, en dehors des Italiens qui semblent être à l'origine de la tolérance (2009) et qui évoquent comme un plus les « *trucioli di rovere* », dits aussi « *pezzi di legno di rovere* » et « *pezzi di legno di quercia* ». Ah, le consommateur aime un goût boisé, il va en avoir. Il reste rare de trouver une indication comme « chips » ou « *add toasted oak* » ; ce serait pourtant loyal. Ce sont les exceptions qui sont valorisées : « *without oak chips* », « *sin virutas de roble* », « *sin trozos de roble* », « *ohne Eichen-Chip* ».

Une autre innovation qui tend à se banaliser est la micro-oxygénation. Là aussi il faut déjà être un « semi-expert » pour interpréter la diminution du nombre d'années de garde conseillé sur l'étiquette ; sur ce point, c'est l'hémisphère sud qui est le moins hypocrite, en écrivant sur l'étiquette « *micro-oxygenated* » ou « *with micro-oxygenation* ».

Le bouchage des bouteilles évolue aussi. On écrit rarement que le bouchon est synthétique, mais de plus en plus le bouchon de liège est réservé aux vins de qualité, où il représente une faible part du coût de revient. Des mentions telles que « bouchon en liège naturel, plein, non traité » (Montagne-Saint-Émilion) sont implicitement contrastives par rapport à des économies à l'embouteillage résultant de bouchons autres qu'en liège, ou en liège broyé et recomposé, ou traités contre le risque de vers.

10. Le vieillissement

Un standard planétaire des vins rouges de qualité est le passage plus ou moins long en fût de chêne avant la mise en bouteilles. Les principales langues du marché en témoignent, avec des spécificités dictées souvent par la proximité géographique, quelquefois aussi par une connotation jugée valorisante : « *aged in a French Allier Oak* », « *aged in an American Oak* », « *in Eichenholz gelagert* », « *in rovere di Slavonia* » (partie de la Croatie). On précise rarement si le fût est neuf (une exception : « *in barrique di primo passaggio* »), mais on peut déduire le contraire face à une indication telle que « *aged in Merlot barrels* ». Méfiance quand on lit « expression fût de chêne » : littéralement cela ne veut rien dire, mais c'est à interpréter comme une émulation de fût par des copeaux. Une formulation rare : « *en barricas de tungsteno* » (*Monastrell*).

Le potentiel de garde en bouteille fait partie des mentions facultatives les plus attendues. On trouve des approximations telles que « longues gardes », mais en général des fourchettes sont indiquées. Pour les plus longues, « pendant 6 à 12 ans », « *drink : 2020–2028* » « *best 8 to 10 years* », « garde : 6–7 ans ». Plus couramment, « 3 à 6 années de garde », « de 2 à 4 ans », « *the next 2 to 3 years* », « *2 years minimum* ». Mais également « à boire dans sa prime jeunesse », « *ready for your immediate enjoyment* ».

11. Les qualités sensorielles

Il a été beaucoup écrit sur le lyrisme stéréotypé et plus ou moins machiste auquel donnent lieu les dégustations par des amateurs éclairés et les fameuses « catas » plus ou moins professionnalisées (des journalistes polyvalents s'improvisant au besoin quasi-sommeliers). Il ne s'agit pas ici de relativiser la pertinence des pratiques mais de témoigner de 2 pôles du discours en cette matière (le technolecte situé sur la bouteille, tel quel) : d'un côté, des épithètes attendues, de l'autre des efforts pour en sortir.

Commençons par la conclusion, à laquelle se limite souvent cette rubrique. Les plus forts, une fois de plus, sont les Italiens : « *complesse caratteristiche organolettiche* » !

Si l'on suit l'ordre des étapes classiques de la dégustation, on s'attend à des indications de brillance et d'intensité concernant la phase visuelle. Les premières sont importantes pour les invités, auxquels l'hôte qui passe chez le caviste en rentrant du bureau doit penser : il sera satisfait s'il lit « sa robe est brillante », « *klar* », ou « *vino limpio* ». Les secondes ne sont pas moins prévisibles : « *intenso color* », « *color profundo* », « *deep color* ».

Les qualités olfactives, qui connotent la ruralité quand il s'agit des fameux fruits rouges ou l'exotisme dans le cas de la banane, sont vantées à 2 titres : soit « la finesse des arômes » (« *delightful bouquet* », « *delicate bouquet* »), soit leur intensité (« arômes puissants », « *aroma intenso* », « *intense aromas* »). On trouve aussi des jugements qui incitent à découvrir soi-même une spécificité : « *aroma complejo* », « *rich aromas* », sans oublier l'énigmatique « *aromi speziali* ».

Les qualités gustatives sont qualifiées de façon variée selon les vins, comme il se doit, mais aussi selon les langues et les cultures. Comme la traduction, ici, serait une entreprise désespérée, on se contentera d'un florilège par langue, en se gardant bien de considérer qu'il s'agit d'équivalences. Ce n'est pas une question de terminologie, mais de ce que Galisson appelait « lexiculture » : « la culture en dépôt dans les mots ».

L'impression d'ensemble est exprimée par des qualificatifs attendus : « rond » et « *round* », « *agradable* » et « agréable », « *equilibrado* » et « équilibré », mais aussi par d'autres qui se traduiraient difficilement, comme « *aterciopelado* » ; les dictionnaires proposent en français « velouté », mais aussi « soyeux », comme si l'habitude des tissus synthétiques avait fait oublier les différences de textures. Anciennes synesthésies ? Habitudes lexicales ?

Un continuum avec la phase olfactive est la perception des arômes au palais. Au demeurant, l'attaque est rarement qualifiée, et elle ne l'est que dans des approximations à bon compte comme « *amable entrada* » ou « *the attack is generous* ».

Attardons-nous un peu plus sur les tanins, car il y en a pour tous les goûts. Du plus subtil au plus affirmé, la gradation s'exprime dans chacune des principales langues du marché :

- En français, « doux » et « soyeux » l'emportent.
- En espagnol, on va de « *dulce* » et « *sedoso* » à « *vivo* » en passant par « *redondo* »
- En anglais, on va de « *fine* », « *dusty* », « *soft* », « *supple* », « *silky* » ou « *sweet* » jusqu'à « *muscular* » en passant par « *gentle* », « *medium* » et « *well-balanced* ».

Le vocabulaire est également varié pour tout ce qui concerne les impressions sur le palais, du moins en anglais : « *deep palate* », « *full-bodied palate* », « *pleasant and harmonious on the palate* ». Mais les nuances sont dans chaque langue réservées au final en bouche et à l'arrière-goût, qui n'est jamais mesuré en caudalies (ce serait trop technique pour le grand public) mais toujours évalué avec des adjectifs passe-partout :

- En français, « une belle longueur »
- En espagnol, « *final en boca dulce* », « *con un final sofisticado* », « *final armónico* », « *buena persistencia en boca* », « *largo retrogusto* », « *intenso retrogusto* », « *buen recuerdo en el paladar* », « *postgusto muy rico* », « *persistencia en el regusto* » …
- En anglais, « *long finish* », « *lingering finish* », « *velvet finish* », « *long aftertaste* ».

12. L'accord avec les mets

Là aussi, il ne s'agit pas de remettre en question les usages (un sommelier refusait un jour de me donner un vin rouge de Loire avec un poisson, il aurait mieux fait d'essayer, mais les statistiques étaient en sa faveur). Le florilège qui suit n'est destiné qu'à montrer les grosses ruses du marketing pour hypermarchés.

Les solidarités locales, régionales et nationales s'expriment à ce propos. Chacun reconnaîtra à qui profite la mise en relation. L'ordre alphabétique est utilisé pour ne gêner personne : « assiette valaisane », « côtelette d'agneau du Larzac », « *cucina piemontese* », « daube provençale », « *good with tapas* », « sur une caillette provençale », « traditionnel *bobottie* » (Afrique du Sud).

Comme l'opportunisme ne joue pas seulement sur l'esprit de clocher mais spécule aussi sur une clientèle maximale, la rubrique nie sa propre pertinence dans des cas caricaturaux (mais tirés du corpus) : « *con importanti piatti della cucina internazionale* », « cuisine du monde », « toute occasion », « vin typique de tous les jours », « vos mets les plus raffinés ». Pauvre consommateur, on te méprise !

Et comme il faut suivre les modes, n'oublions pas qu'il y a aussi du vin « *suitable for vegetarians and vegans* » (Serbie); on ne sait jamais, cette part du marché peut se développer.

13. Les labels de qualité

La presse spécialisée et non spécialisée, les concours, le bouche à oreille, le conseil de professionnels et les habitudes de consommation réduisent les aléas dans les achats. La notoriété joue aussi ; ainsi, ce qu'on appelle au Brésil « *vinho de bicicleta* » désigne une rareté que seuls des initiés connaissent. Ou connaissaient, car c'est devenu un argument de vente, et il a même été créé une revue qui porte ce nom.

Les certifications constituent des repères utiles sur les étiquettes. Elles ne sont ni nécessaires ni suffisantes, mais avec à la fois une appellation protégée et une certification le consommateur est plus facilement rassuré. Rares sont les certifications internationales ; la plus ancienne est Demeter (1932) ; son nom n'en est pas moins publicitaire, déjà : c'est celui de la déesse grecque de la terre (la « mère de la terre », carrément). Une certification binationale franco-allemande est Ecovin/*Ökowein*. En France, la vogue du bio a suscité le sigle AB (comme « Agriculture biologique ») en 1985 et le mot-valise ECOCERT en 1991. Ici comme ailleurs, la concurrence est le nerf de l'innovation.

14. Les unités phraséologiques

La rédaction des étiquettes en langue nationale est généralement exigible. Ce qui l'est moins, c'est l'usage d'une langue du client ; s'il n'est pas identifié, c'est l'anglais, à toutes fins utiles. Si c'est un pays voisin, les deux langues peuvent suffire, à l'exclusion de l'anglais, mais là encore la tendance forte est d'ajouter la *lingua franca* comme langue internationale.

Prise séparément, chaque langue est transparente pour un locuteur natif. C'est la comparaison qui montre à quel point la bonne traduction est idiomatique. Voici 4 exemples de confrontations qui prouvent qu'on ne s'adresse pas à une clientèle étrangère en se contentant de dictionnaires et même de mémoires de traduction (encore que le succès de *DEEPL* valide *Linguee*) :

- « *embotellado en la propiedad* » / « mis en bouteille dans nos chais » (*embouteiller* existe mais est moins idiomatique que la locution)
- « en levures indigènes » / « *using native yeasts*» / « *con lieviti autoctoni* » (le français utilise aussi *autochtone*, mais à propos d'humains, et *indigène* a pris une connotation coloniale)

- « *ready for your immediate enjoyment* » / « à boire dans sa prime jeunesse » (focalisation sur le consommateur en anglais, sur le produit en français)
- «*stoccaggio di 6 mesi in bottiglia* » / « *eine 6 monatige Flaschenreifung* » (formulation nominale en italien, adjectivale en allemand)

15. Des noms de produits pour faire rêver

La planète entière est sollicitée par des noms de produits que les professionnels de la vente et le droit commercial appellent des « noms de fantaisie ». Voici une petite collection qui épargne l'Espagne et la France (mais nous faisons comme les autres) : « Cuvée du Raïs » (Algérie), « *Infinitus* » (Argentine), « Noble Dragon » (Chine), « Cuvée Prestige » (Grèce), « *Ancora* ! » (Italie), « *Il mio amore* » (Italie), « *Illustro* » (Moldavie »), « *Primus* » (Slovénie »), « *Princezna Sissi* » (République tchèque), « Vin de Soleil » (Tunisie).

L'emprunt lexical valorisant est un phénomène qui concerne des mots connotés comme *reserva* en Espagne (où le sens est défini strictement), *cru* (en Bourgogne), *château* (dans le Bordelais) ou *clos* (un peu partout en France). Voici des mises en valeur à l'honneur des pays exportateurs de vocables, même si l'appropriation est approximative : « *Grand Reserve* » (Argentine), « *Clos Andino* » (Chili), « *Château Nine Peaks* » (Chine), « *Nostro Top Cru* » (Italie).

Conclusion

1) L'étiquette n'est pas le vin, mais une façon de le présenter, de le percevoir, de l'imaginer. Pas une carte d'identité, comme le voudraient les normes, mais une carte de visite. Les normes importent, et dans l'ensemble elles sont respectées, mais le marketing joue sur les représentations et a donc un rôle majeur dans l'étiquetage des vins.
2) De l'examen de centaines d'étiquettes on ressort avec un peu de frustration. C'est que la part du non-dit est grande aussi et appelle également l'interprétation. Voici quelques observations qui pourront paraître trop systématiques mais qui, statistiquement, ont des chances d'être exactes :
   - si pas question de bio, alors présomption d'usage de produits phytosanitaires
   - si pas question de fût, alors présomption d'élevage en cuve
   - si pas question de fût de chêne, alors présomption de copeaux (chips)
   - si « mis en bouteille à la propriété » sans autre précision, alors présomption de recours à un tiers

3) Le temps de l'étiquetage n'est pas le temps réel : on utilise encore des expressions dépassées, notamment en matière d'appellations officielles, on utilisera peut-être demain *permaviticulture*, conséquence lexicale du slogan politique du « développement durable » : il y a déjà des « permaculteurs », c'est un métier.

4) Les étiquettes prestigieuses (de Vega Siçilia ou de Petrus par exemple) restent linguistiquement sobres. Pourront-elles le rester ?

Références bibliographiques

Bergenholtz, Henning & Uwe Kaufmann (1997): « Terminography and Lexicography. A Critical Survey of Dictionaries from a Single Special Field », in *Hermes* 48, 91–125.

Ibáñez rodríguez, Miguel (2017) : *La traducción vitivinícola. Un caso particular de traducción especializada*. Granada, Comares.

Ibáñez rodríguez, Miguel y María Teresa Sánchez Nieto (2006) : *El lenguaje de la vid y el vino y su traducción*. Universidad de Valladolid.

Ibáñez rodríguez, Miguel, María Teresa Sánchez Nieto, Susana Gómez Martínez, Isabel Comas Martínez (2010): *Vino, lengua y traducción*. Universidad de Valladolid.

Kocourek, Rostislav (1991) : *La langue française de la technique et de la science* (1982). Wiesbaden, Oscar Brandstetter.

Lerat, Pierre (1997): *Las lenguas especializadas*, Barcelona, Ariel.

Messaoudi, Leila (2010): « Langue spécialisée et technolecte. Quelles relations?», in *Meta*, 55-1, 127–135.

Messaoudi, Leila & Pierre Lerat (2014): *Les technolectes / langues spécialisées en contexte multilingue*. Rabat, CNRST-URAC 56.

Miranda, Florencia & Coutinho, M. Antonia (2010): « Las etiquetas como género de texto : un abordaje comparativo » in *Vino, lengua y traducción*, 315–334.

Sánchez nieto, Maria Teresa (2006): « La terminología jurídica del etiquetado y el embotellado en español y en alemán en la legislación comunitaria » in *El lenguaje de la vid y el vino y su traducción*, 195–214.

Linus Jung

La etiqueta del vino alemán: jardín y jungla de acceso a la información

Resumen En este artículo, se ofrece una introducción a la información que recogen las etiquetas de las botellas de vino. Para ello, realizaremos en primer lugar un breve recorrido histórico por las formas de ofrecer información en los diferentes envasados y tipos de almacenaje del vino y continuaremos con un análisis de las funciones comunicativas del etiquetado. El artículo finalizará con la descripción de la tipología prototípica del vino alemán, muy relevante para comprender e interpretar las informaciones que aparecen en las etiquetas alemanas.

Palabras claves: Tipología del vino alemán. Etiquetado del vino alemán. Deutscher Wein. Quälitätswein. Prädikatswein.

Abstract This article begins with an introduction to the information collected on the labels of wine bottles. After that, we take a brief historical tour on the ways of offering information on the different types of packaging and storage of wine, and continue with an analysis of the communicative functions of labelling. The article ends with a description of the prototypical typology of German wine, which is very relevant for understanding and interpreting the information that appears on German labels.

Key words: of German wine. German wine label. Deutscher Wein. Quälitätswein. Prädikatswein.

0. Introducción[1]

La riqueza de perspectivas desde las que se puede acometer el análisis y la descripción del mundo del vino, así como su disfrute y experimentación, lo han convertido en fuente temática de diferentes ámbitos del saber. La academia y la investigación lo han introducido en sus planes de estudios, especializados en enología y nutrición; del vino se habla y el vino se disfruta en catas o eventos de toda índole; la comercialización del vino organiza eventos que van desde la difusión

---

1 Este trabajo se ha realizado dentro del marco del proyecto *OPERA. Acceso al ocio y a la cultura. Plataforma de difusión y evaluación de recursos audiovisuales accesibles / Access to leisure and culture. Dissemination and assessment of audio visual accessible resources* (Code: FFI2015-65934-R), financiado por el Ministerio español de Economía, Industria y Competitividad.

de las diferentes denominaciones de origen, o de las tipologías de las uvas, a la presentación pública e interacción con consumidores de los muchos cosechadores o bodegueros que relatan la sostenibilidad de los procesos más innovadores, procesos de elaboración de una sustancia que es venerada por muchos. El planteamiento romántico de la creación de vinos ecológicos por parte de pequeños cosecheros, que se debaten entre la conceptualización de vinos naturales o los vinos de autor frente a los más comerciales. Esta exuberancia de perspectivas así como la relación interdisciplinar de sus conocedores y profesionales que van desde los bioquímicos, enólogos, agricultores o expertos en marketing han hecho de este preciado líquido el centro de un interés y pasión que no por moderna e innovadora, deja a un lado la historia de su descubrimiento y creación, multiplicando así la caleidoscópica esencia de lo que denominamos el mundo del vino.

Siguiendo esta senda, de este fenómeno se han hecho eco publicaciones generalistas y especializadas; publicaciones de divulgación científica o revistas especializadas que recogen y satisfacen las expectativas de los intereses de un público ávido por saber sobre lo que consume y por consumir sobre aquello de lo que sabe. El enoturismo se ha encargado además de diversificar la oferta de diseminación de este conocimiento en forma de visitas a bodegas y otro tipo de viajes organizados por viñedos en los que la comercialización del producto es el objetivo último, no por velado, menos evidente.

Por tanto, hablar de vino hoy en día en tertulias parece ser algo relativamente sencillo, ya que por ejemplo la información más relevante la encontramos ya en la etiqueta de cualquier botella de vino en el mercado europeo. El etiquetado y embalaje del producto es, por otro lado, uno de los aspectos o fases del proceso de elaboración y comercialización del vino que más y mejor ha comprendido las expectativas de sus receptores o consumidores y ha experimentado una revolución digna de ser estudiada de forma independiente.

Sin embargo, desde el primer contacto con el producto, el comprador se ve enfrentado a varias cuestiones que a veces superan su interés y expectativa, por muy entusiasta que estos sean. Al consumidor le resultará relativamente fácil decidir el vino que quiere consumir mientras se trate en primer lugar de elegir entre blanco, rosado o tinto, aunque esta aparente sencillez queda anulada, si ha de decidirse a la vez por un tipo de maridaje u otro. Más allá de esta primera preferencia, el proceso de conocimiento y selección adquiere notas altamente complejas. La etiqueta nos informa acerca de la procedencia del vino, la denominación de origen protegida y otras informaciones relevantes; sin embargo, las semejanzas entre los diferentes etiquetados acaban ahí. Cada etiqueta recoge la cultura vitivinícola de cada país, sus aciertos históricos y sus imposiciones climáticas.

En este artículo se ofrece una introducción a la información que recogen las etiquetas del vino y las perspectivas que muestran al posible comprador, presuponiendo a veces un conocimiento casi especializado o atendiendo exclusivamente a cuestiones de comercialización en otras. Para ello, realizaremos en primer lugar un recorrido histórico por las formas de ofrecer información en los diferentes envasados y tipos de almacenaje del vino, para continuar con un análisis de las funciones comunicativas del etiquetado y finalizar este artículo con la descripción de la tipología prototípica del vino alemán, útil para comprender e interpretar las informaciones que aparecen en las etiquetas alemanas. Partimos de la idea que la traducción es un acto comunicativo que es factible y se realizará de forma adecuada cuando se ha accedido a la globalidad de la información reflejada en el texto como tipo textual, en nuestro caso, una etiqueta (Siever, 2010). Esta breve introducción al mundo del vino alemán con sus características y peculiaridades basadas en la importancia del mosto de uva plantea algunas cuestiones preliminares a la traducción especializada de la vitivinicultura (Ibáñez Rodríguez, 2017).

1. Breve historia del etiquetado de vino

Con la aparición de los sumerios en Mesopotamia surge una de las civilizaciones más antiguas cuya influencia cultural es sin duda manifiesta hasta hoy en día gracias al legado de leyes en su escritura cuneiforme, en la invención del sistema sexagesimal (por ejemplo horas, minutos, segundos), o en sus construcciones con ladrillos. Los sumerios eran un pueblo de comerciantes y utilizaban vasijas de cerámica con cuello estrecho y alargado para almacenar y transportar sus mercancías, entre las que figuraban el vino y en cuya elaboración habían logrado una maestría considerable ya 3500 años a. C.

Estas ánforas constituían el fundamento para el comercio de exportación e importación de los sumerios. Gracias a su escritura cuneiforme los contenedores de mercancías disponían de la información necesaria sobre el producto, mediante unas indicaciones acerca del origen, tipo y la calidad del contenido, que se estampaban en forma de sellos grabados en la arcilla de las ánforas. Este hecho marca el comienzo de la etiqueta del vino (Deckers, 2017: 6–30).

La primera etiqueta de la que disponemos es una tablilla egipcia del siglo IV a. C. cuya información indica el origen, el nombre de la bodega y del bodeguero. La propagación de la viticultura es un hecho consumado y con los griegos se extiende por el Mediterráneo. Los romanos también se interesaban por el vino y allá donde van, introducen sus vides. De esta manera, el vino llegó con las tropas romanas incluso más allá del norte de Alemania, que constituía la frontera septentrional del imperio romano (Knubben, 2016: 225–227).

A pesar de que el papel se conocía en Europa desde la Edad Media, no se usaba para el etiquetado de vinos hasta casi finalizado el siglo XVII. La razón tiene que ver con el uso de botellas ya que el vidrio permitía almacenar y conservar el vino de forma fácil y segura sin influir en la evolución del vino o incluso estropearlo. Para informar sobre el contenido de las botellas se necesitaba un material manejable y en cantidades mayores y el papel cumplía estos objetivos. En el museo histórico del Palatinado (Historisches Museum der Pfalz) de Speyer (Alemania) se conserva una etiqueta manuscrita donde se lee: *Steinwein, 1613.er.*

La verdadera revolución en la etiqueta de vino llegó con el invento de Aloys Senefelder en el año 1798, la litografía. Este procedimiento permitió imprimir diferentes cantidades de etiquetas, con motivos variados, imaginados por el productor, lo que daba una mejor imagen al producto final ofreciendo nuevas posibilidades de marketing desconocidas anteriormente (Philipps 2011).

2. Las funciones de la etiqueta

Como se ha expuesto, los sumerios utilizaban etiquetas para indicar al comerciante o comprador si se trataba de una ánfora de vino o de aceite, advertía de la procedencia del artículo mercantil, de sus características y sobre quién era su productor. Por tanto, la composición y el diseño de una etiqueta cumplen unas funciones fundamentales a la hora de presentar cualquier producto en el mercado como informar sobre el producto, en nuestro caso un vino: su naturaleza (por ejemplo vino o cava), su calidad (vino de mesa o vino de calidad superior) y su procedencia (vino español o alemán de una zona determinada).

Hoy en día el diseño de la etiqueta adquiere una importancia mayor dado que no solo capta la atención del comprador, sino que también aporta varias informaciones básicas (Ibáñez Rodríguez 2017: 32):

- En cuanto al producto, la etiqueta asume la función primordial de identificar el artículo comercial como vino, a la vez, informa mínimamente sobre el mismo y lo diferencia de otros vinos como blanco, rosado o tinto y dentro de estos tipos, los distingue, por ejemplo, según procedencia y calidad.
- En cuanto a la imagen, la etiqueta adquiere una tarea no menos importante de hacer el vino visible y reconocible en el mercado y de esta manera se convierte en su cara palpable y manifiesta en el comercio transmitiendo la imagen corporativa de la empresa o marca y, a la vez, diferenciándola de las demás en el mercado.

A modo de resumen, podemos confirmar que la etiqueta del vino ha atravesado varias etapas en la historia de la humanidad. En la antigüedad con los sumerios empezó la identificación del artículo comercial mediante marcas rudimentarias y sellos sencillos en las asas o cuellos de las ánforas. Después de la Edad Media se utilizaba el papel para etiquetar las botellas de vino y de esta forma gracias a su gran manejabilidad la etiqueta de vino pasaba con el tiempo desde su simple función de identificar al contenido de la botella a encargarse de diferenciarlo de otros productos mercantiles y de entrar en competición con ellos. De esta forma, el etiquetado del vino se ha convertido en un elemento de marketing importante e imprescindible hoy en día porque le da al viticultor la posibilidad de diferenciar su vino de los demás; es decir, la etiqueta se ha transformado en un instrumento propagandístico a través de la imagen que concede a la bodega y sirve de tarjeta de presentación (Winkelmann 2010: 215).

3. La información en la etiqueta de los vinos alemanes

La función más importante del etiquetado de una botella de vino consiste en la presentación del producto vitivinícola, informando de forma rápida sobre su naturaleza, su calidad y su origen. A pesar de que con la etiqueta el productor intenta promover su vino, anunciándolo y presentándolo al mercado, no se debe olvidar que, además de ser la tarjeta de presentación del producto, también tiene que respetar las normas legales que rigen el mundo vitivinícola de la Unión Europea, en general, y de Alemania, en particular. Todos los vinos del mercado europeo tienen la obligación de llevar una etiqueta que reagrupe y ofrezca algunos datos concretos en el mismo campo visual en la superficie del envase, según los siguientes reglamentos europeo y alemán:

- Reglamento (CE) No 607/2009 de la Comisión de 14 de julio de 2009.[2]
- Reglamento (CE) No 1308/2013 de la Comisión de 17 de diciembre de 2013.[3]
- Weinverordnung vom 21. April 2009.[4]
- Weingesetz vom 18.01. 2011.[5]

---

2   Consulta en línea: https://eur-lex.europa.eu/legal-content/ES/ALL/?uri=CELEX%3A32009R0607; 24/04/2019.
3   Consulta en línea: https://eur-lex.europa.eu/legal-content/ES/TXT/?qid=1556123943319&uri=CELEX:32013R1308; 24/04/2019.
4   Consulta en línea: https://www.gesetze-im-internet.de/weinv_1995/WeinV_1995.pdf; 24/04/2019.
5   Consulta en línea: https://www.gesetze-im-internet.de/weing_1994/WeinG_1994.pdf; 24/04/2019.

- Kurzinformation Weinrecht.[6]
- Aktuelles Weinrecht. 1. Januar 2019.[7]

En lo que sigue, ofrecemos un análisis descriptivo detallado de la información que aparece en las etiquetas del vino alemán.

3.1. La información en la etiqueta del vino alemán: la jungla

Sin un conocimiento básico de los reglamentos europeos antes mencionados o sin tener unas instrucciones elementales sobre las indicaciones que se hallan en las etiquetas del vino alemán (cfr. Sánchez Nieto 2006), el comprador de una botella de vino tiene la sensación de estar ante una inmensa cantidad de informaciones específicas. Es como estar ante una muralla inexpugnable de informaciones que, a veces, le confunden más de lo que le ayudan. Al comprador se le exigen no solo conocimientos básicos sobre vino (blanco, rosado, tinto), sino también se le presupone una cierta familiaridad con la geografía alemana; por ejemplo, con los nombres de las diferentes regiones vitivinícolas o con la terminología vitivinícola especializada, como la diferencia entre *Qualitätswein* y *Prädikatswein* (*véase* abajo 3.2.).Vamos a intentar abrirnos paso entre esta jungla informativa.

En primer lugar, hay que distinguir entre la etiqueta y contraetiqueta; en general, podemos afirmar que los productores vitivinícolas utilizan las etiquetas para presentar sus vino al comprador o mejor dicho para llamar la atención del cliente sobre la botella de vino en cuestión mediante un diseño moderno y atractivo. Por el contrario, la contraetiqueta es la superficie del envase que en el mismo campo visual lleva las informaciones obligatorias cumpliendo con los requerimientos legales mencionados. Aunque no todos los países conocen esta distinción – por ejemplo en Francia no se conoce la contraetiqueta[8] – hay que insistir en que todos los datos obligatorios deben aparecer en el mismo espacio visual, en la etiqueta o la contraetiqueta, sin que el comprador tenga que tomarse la molestia y girar la botella para poder leerlos todos. Es decir, en general, la etiqueta frontal cumple con las funciones de marketing en el mercado y la contraetiqueta se ocupa de los aspectos legales de la venta.

---

6   Consulta en línea: https://www.gewa-etiketten.de/files/gewa/anwender_uploads/downloads/weinrecht.pdf; 24/04/2019.

7   Consulta en línea: https://www.deutscheweine.de/fileadmin/user_upload/Website/Intern/Dozentenportal/Aktuelles_Weinrecht.pdf; 24/04/2019.

8   Comunicación personal del Dr. Pierre Lerat.

Para avanzar en la descripción de la etiqueta de vino alemán explicaremos a continuación mediante un ejemplo la información que el comprador puede encontrar en una contraetiqueta de una botella de vino de calidad procedente de la zona vitivinícola del Palatinado en representación de todos los vinos alemanes.

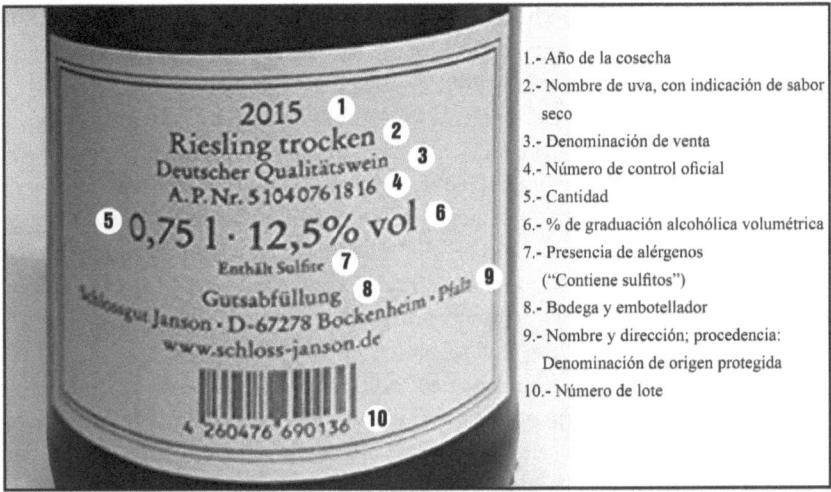

1.- Año de la cosecha
2.- Nombre de uva, con indicación de sabor seco
3.- Denominación de venta
4.- Número de control oficial
5.- Cantidad
6.- % de graduación alcohólica volumétrica
7.- Presencia de alérgenos ("Contiene sulfitos")
8.- Bodega y embotellador
9.- Nombre y dirección; procedencia: Denominación de origen protegida
10.- Número de lote

Imagen 1: Una contraetiqueta de un vino alemán.

Como se puede ver en la contraetiqueta, aparecen al menos 10 puntos informativos que le ofrecen datos interesantes al comprador sobre el vino. Uno podría pensar que estas informaciones siempre serán las mismas; nada más lejos de la realidad. Para el diseño de una etiqueta se permite una libertad enorme, porque las diferencias entre una etiqueta y otra depende de lo que quiere comunicar el productor del vino que solo tiene que cumplir con unos requisitos mínimos con respecto a unas informaciones mínimas según la legislaciones europea y alemana que distinguen entre indicaciones obligatorias y facultativas (Deutsches Weininstitut 2019: 5–13), es decir, en una etiqueta hay informaciones que tienen que aparecer por ley y existen indicaciones que pueden aparecer o no en ella.

3.1.1. La información obligatoria

Normalmente se encuentran las informaciones relevantes en la contraetiqueta, pero sin distinguir entre indicaciones preceptivas y opcionales. No hay un orden preestablecido con la consecuencia de que el comprador se ve enfrentado a cierto caos informativo y necesita un determinado grado de paciencia para poder interpretar la etiqueta y para adquirir con el tiempo, cierta rutina y experiencia en su lectura.

Por tanto, si aquí ofrecemos ahora a continuación una lista de las informaciones que tienen que aparecer en una etiqueta de vino, el orden de la misma no significa que sea obligatorio hacerlo así. La obligación consiste en que estas indicaciones tienen que encontrase en la etiqueta y no importa ni el dónde ni el cómo (*véanse* Sánchez Nieto 2006: 200–2007; Deutsches Weininstitut 2019: 17–20).

Lo más importante de las informaciones obligatorias sería la indicación de la *denominación de venta* del producto, la *Verkehrsbezeichnung*, en nuestro caso *Wein / vino*. La palabra *Wein* puede aparecer en cualquier combinación para indicar de qué tipo de vino se trata: *Deutscher Wein, Landwein, Qualitätswein* o *Prädikatswein* (*véase* más abajo 4.). En nuestra imagen este dato informativo sería el número 3: *Deutscher Qualitätswein*. Es decir, este requisito tan importante no tiene que ocupar el primer puesto en la etiqueta, a pesar de que es una característica primordial de este vino.

Siguiendo los números de la etiqueta de la imagen 1, llegamos al número 4 que sería la *Amtliche Prüfungsnummer / el número de control oficial* que indica que se trata de un vino de calidad superior que ha pasado por un control oficial de sus características sensoriales.

El número 5 refleja la siguiente información obligatoria que no puede faltar en una etiqueta y nos indica el contenido o la cantidad de vino que se mide por ejemplo en 0,75 l, 75 cl o 750ml, seguido por el número 6 que nos señala el grado alcohólico volumétrico de 12 %, una indicación que es obligatoria a partir de una graduación alcohólica superior en el volumen al 1,2 %.

El número 7 se refiere a que el vino contiene un alérgeno, el sulfito, una indicación imprescindible en el caso de que hubiese. Otros alérgenos podrían ser la clara de huevos o la caseína (derivado de leche) que se utilizan para la clarificación del vino; pero, dado que aparecen en la etiqueta en unos iconos especiales o con un texto determinado, en nuestra etiqueta aparece solo el sulfito.

El número 9 nos muestra la procedencia del vino que viene de la zona vitivinícola del Palatinado / *Pfalz* indicando a la vez el nombre y la dirección del embotellador. De nuevo es de destacar que los vinos de *Qualitätswein* tienen que mostrar el nombre de la región de su procedencia, aunque dónde y cómo se incluye o coloca esta información no lo determina la ley. *Pfalz* es el nombre de una región cuyo nombre normalmente no figura en la dirección oficial de una persona, empresa o bodega.

Si la botella dispone de un número de control oficial no hace falta poner el número de lote (aquí el número 10).

Resumiendo, hay que destacar que las ocho indicaciones obligatorias mencionadas informan de manera general sobre la procedencia y calidad del vino en cuestión, con la garantía de haber pasado un control mínimo. Sin embargo, no ofrecen datos concretos sobre el sabor o el año de cosecha, que pertenecen a las informaciones optativas; es decir, las indicaciones obligatorias en una etiqueta de vino describen la calidad según unos estándares mínimos, pero sin entrar en una valoración (Deutsches Weininstitut 2019: 16–17).

3.1.2. La información facultativa

Las siguientes informaciones que aparecen en nuestra etiqueta son facultativas: el año de la cosecha (nº 1), el nombre de la uva utilizada con una indicación del sabor (*trocken / seco, halbtrocken / semiseco, lieblich / semidulce, süß / dulce* nº 2) y la bodega con su dirección (nº 8 y 9). También podrían encontrarse entre la información facultativa la mención de la subzona, el método de elaboración y / o el color (Deutsches Weininstitut 2019: 16–17; Sánchez Nieto 2006: 204s.).

3.3. Los vinos alemanes y sus peculiaridades: el jardín

Tras el breve recorrido por la información ofrecida en una etiqueta de vino alemán, es necesario profundizar en la categorización del vino alemán de modo que la jungla se convierta en un jardín informativo. Para este propósito tenemos que echar un vistazo a la categorización de los vinos alemanas que presentan diferentes peculiaridades con respecto a otros países vitivinícolas como Francia o España.

Aplicando el reglamento europeo (*cfr.* Deutsches Weininstitut 2019: 9), en Alemania se distingue desde el 01.08.2009 entre 4 categorías básicas señalando la procedencia geográfica de la uva utilizada en la elaboración del vino: *Deutscher Wein, Landwein, Qualitätswein* und *Prädikatswein*. Veamos algunas de sus características.

3.2.1. Deutscher Wein / vino de mesa

En general, se trata de vinos sencillos y ligeros con pocas exigencias sobre su elaboración en el viñedo y la bodega. Hasta el 01.08.2009 se denominaba *Tafelwein*, que ha sido sustituido por *Deutscher Wein ohne Herkunftsbezeichung (vino alemán sin denominación de origen)* y equivale a un *vino de mesa* en español. Esta denominación se refiere a vinos del primer escalafón de calidad, recogido en la legislación vitivinícola alemana. Se trata de un vino elaborado mediante el 100 % de uvas procedentes de Alemania y de variedades de vid autorizadas. Además, un *Deutscher Wein* tiene que poseer un grado alcohólico volumétrico mínimo de 5 vol. % (Deutsches Weininstitut 2019: 10). Lo llamativo y curioso en la etiqueta de este vino es que no está permitido hacer indicaciones sobre las uvas utilizadas, ni la procedencia geográfica de sus uvas, ni se pueden mencionar nombres de municipios ni regiones para no confundir al comprador que podría creer que se tratase de un vino de una calidad mayor donde sí se ponen estos nombres, porque cumplen con los requisitos exigidos que garantizan una calidad más elevada. Esta es la razón por la que los vinos de la categoría *Deutscher Wein* no pueden presentarse a concursos oficiales ya que no satisfacen los requisitos restringidos de las zonas vitivinícolas.

3.2.2. Landwein / Vino de la Tierra

Un *Landwein* es la siguiente categoría superior al *Deutscher Wein*. Aquí entra en el juego la localización geográfica del mismo ya que en la etiqueta hay que poner la región (*Landweingebiet*) de donde vienen las uvas para la elaboración de este vino. Los nombres de estas 26 zonas en Alemania están protegidos, por lo que se llama también "Wein mit geschützter geografischer Angabe" ("vino con indicación geográfica protegida"). Este tipo de vino que equivale a un *vino de la Tierra* en español y, del mismo modo, debe poseer unas calidades y características específicas que son representativas para este *Landweingebiet* y que se pueden atribuir a su entorno. Al menos el 85% de las uvas tienen que provenir exclusivamente de esta zona geográfica y el vino se elabora en la misma región. Un *Landwein* tiene que resultar "seco" o "semiseco" según la legislación alemana (Deutsches Weininstitut 2019: 10).

3.2.3. Qualitätswein / vino de calidad

La gran mayoría de los vinos alemanes (alrededor del 70 %) pertenece a la tercera categoría de calidad, el llamado *Qualitätswein* (*vino de calidad*). Para poder llevar esta denominación resulta imprescindible que la totalidad de las uvas utilizadas para la elaboración del vino procedan de una región vitivinícola determinada (*Weinanbaugebiet, Weinbaugebiet o Anbaugebiet*) de las que hay 13 en Alemania con 41 subregiones: *Ahr, Rin Central, Mosela (antes Mosela-Sarre-Ruwer), Rheingau, Nahe, Hesse Renano, Hessische Bergstrasse, Palatinado, Baden, Wurtemberg, Franconia, Saale-Unstrut, Sajonia.*

Los requisitos son cada vez más estrictos en estas regiones vitivinícolas y las uvas tienen que pertenecer a variedades de vid autorizadas por el consejo de control de la zona vitivinícola en cuestión. Por ejemplo, la uva *Gutedel* solo está autorizada en el *Weinanbaugebiet Saale-Unstrut* (entre Sajonia-Anhalt y Turingia) y la subregión del *Markgräflerland* al sur de Friburgo de Brisgovia, que forma parte del *Weinanbaugebiet Baden*. Fuera de estas dos regiones, el uso de esta uva no está permitido para la elaboración de unos vinos de calidad como los de *Quali-tätswein* o *Prädikatswein*.

En esta categoría también resulta obligatorio, según la legislación europea, que el rendimiento por hectárea de viñedo queda limitado y se restringe la cantidad máxima de uva que puede producirse por hectárea en una región concreta. Es de destacar que, a partir de esta categoría de calidad, se exige un control mayor en la elaboración desde el viñedo hasta la botella; un hecho que se refleja en el número de control oficial (*Amtliche Prüfungsnummer, A.P.Nr.*) que obligatoriamente aparece en la etiqueta de este tipo de vino (*véase* arriba el nº 4 de nuestro ejemplo de contraetiqueta). Por tanto, el vino debe pasar un examen analítico y organoléptico, es decir, se controla la calidad del vino por medio de los sentidos de la vista, el olfato, el gusto y el tacto bucal. También debe cumplir las condiciones preestablecidas por el consejo de control de la región en materia de maduración de las uvas que en Alemania se mide en grados de Oechsle (*véase* más abajo 4.4.). Su grado alcohólico volumétrico mínimo es de 7 vol. % (Deutsches Weininstitut 2019: 10). Sin embargo, si la uva no alcanza un nivel mínimo de azúcar, por la lluvia o el frío, los vinicultores tienen permitido añadirle azúcar al mosto de uva de manera que facilita el proceso de fermentación alcohólica y la obtención de un producto de mayor graduación, método que se llama chaptalización. Otro método para compensar la falta de azúcar en el mosto de uva consiste en el enriquecimiento con mosto de uva concentrada (Dominé 2005: 450), dos métodos que hoy en día se está perdiendo por el cambio climático.

4. Prädikatswein / vino de calidad superior

Se trata de vinos más elegantes y elaborados que cumplen con los más altos requerimientos de calidad en cuanto al tipo de uva, a la madurez de la cosecha, a la armonía y elegancia del producto final. *Prädikatswein* es un vino de calidad superior con características específicas y proviene de una de las 13 regiones vitivinícolas de Alemania.

Aparte de que un *Prädikatswein* tiene que proceder de una de estas regiones vitivinícolas, los vinos de esta clase han de cumplir varias condiciones para poder conseguir su número de control oficial como garantía de que se trata de un vino de calidad superior. De nuevo, al igual que en los *Qualitätsweine*, solo están permitidas determinadas uvas según la zona, la producción por hectárea está limitada, el grado mínimo de alcohol volumétrico se eleva al 9,5 % y el vino tiene que disponer de las características propias, según el análisis sensorial de la vista, olor y sabor. Además, el *Prädikatswein* no puede enriquecerse ni con alcohol ni azúcar, ni utilizar chips de roble, ni aplicar métodos para disminuir el grado de alcohol (Deutsches Weininstitut 2019: 11).

En estos momentos, se abre paso la peculiaridad de los vinos alemanes que se recoge en la legislación vinícola alemana. Si en otros países como España o Francia se determina la calidad de un vino según la zona de donde proviene el vino, en este aspecto la legislación alemana es distinta al añadir un criterio más que tiene que ver con las condiciones climatológicas. Como es bien sabido, Alemania no dispone de las horas de sol de España, Francia o Italia y, por tanto, su clima es más bien continental con temperaturas que, durante el año, oscilan entre moderado a frío. Por consiguiente, para poder decidir qué tipo se va elaborar, un criterio de calidad previo a la producción del vino consiste en la medición del grado de azúcar que muestra el mosto de uva. La cantidad de azúcar contenida en las uvas o el peso de mosto (*Mostgewicht*) se mide en unidades de *Oechsle* como criterio fundamental para la elaboración de vinos de calidad y esta valoración permite calcular el grado de alcohol potencial del vino que se quiere fabricar. Si no se alcanza el grado alcohólico volumétrico preestablecido por el consejo de control de la zona vitivinícola no puede venderse el vino como *Prädikatswein* y hay rebajar la denominación a una categoría menor como *Qualitätswein* o *Landwein* (*véase Weinkenner*[9]).

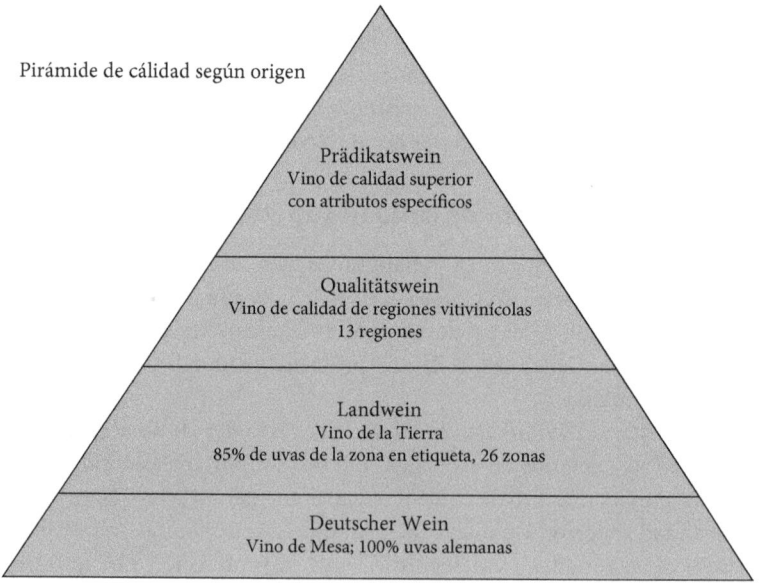

Pirámide de cálidad según origen

Prädikatswein
Vino de calidad superior
con atributos específicos

Qualitätswein
Vino de calidad de regiones vitivinícolas
13 regiones

Landwein
Vino de la Tierra
85% de uvas de la zona en etiqueta, 26 zonas

Deutscher Wein
Vino de Mesa; 100% uvas alemanas

Tab. 1: Las 4 categorías de vino en Alemania

9   Base de datos disponible en https://www.weinkenner.de/wein-lexikon/.

La Tab. 1 muestra de forma resumida las cuatro clases fundamentales que se distinguen en los vinos alemanes. Cabe destacar que casi tres cuartos de la producción vinícola alemana (74,9 %) son vinos de *Qualitätswein* provenientes de las 13 regiones vitivinícolas y solo 23 % pertenecen a la categoría de *Prädikatswein*, mientras *Deutscher Wein* y *Landwein* representan solo un 2,3% de la producción vitivinícola alemana (Deutsches Weininstitut 2018 / 2019: 19).

5. El *Prädikatswein* como peculiaridad en el jardín de los vinos alemanes

Como hemos visto, los vinos de calidad superior alemanes, los llamados *Prädikatsweine*, reflejan, sobre todo, la madurez de la uva o el grado de azúcar alcanzado en la maduración de la misma. Los vinos con esta denominación sostienen la más alta calidad entre los vinos alemanes. Estos, a su vez, se diferencian en función del grado de madurez de la uva al ser cosechada, lo que se conoce como *Prädikat* que aparece en la etiqueta acompañado por uno de los seis atributos o clasificaciones que los caracterizan: *Kabinett, Auslese, Beerenauslese, Trockenbeerenauslese* y *Eiswein* (Ruiz 2013; *Weinlexikon*[10]; Weinqualitätsklassen in Deutschland 2018).

- Los vinos de *Kabinett* son ligeros y finos que han alcanzado un grado de azúcar en su mosto de uva entre 67° y 82° Oechsle, en función de la variedad de uva y la región vitivinícola. Son vinos secos y se recogen las uvas en su momento óptimo de maduración (*Weinkenner*).
- *Spätlese* se denominan vinos cuyas uvas se recogen algo más tarde (aproximadamente una semana) de lo que se entiende como momento óptimo de maduración. De este modo, alcanza una mayor graduación entre 76°-90° Oe. y es lo que en España se llama vendimia tardía. Son vinos con más acidez y, por lo tanto, con mayor capacidad para el envejecimiento en botella; también suelen presentar más cuerpo (*Weinkenner*).
- Los vinos de *Auslese* tienen que conseguir un peso de mosto de 83°-100° Oe. Sus uvas tienen que estar sanas, sin daños, sobremaduras y algunas afectadas por la Botrytis Cinerea (podredumbre noble), aunque no es necesario que todas las uvas lo estén. Esto implica que se realice una selección a mano de los racimos y las uvas. Pero a la vez, hay que destacar que el viticultor corre el riesgo constante de que un clima adverso, las lluvias y heladas a destiempo

---

10 Base de datos disponible en http://www.germanwine.de/weinlexikon.

o cualquier enfermedad que afecta a la vid destrocen toda la cosecha o, al menos, una parte considerable de la misma (*Vicampo*[11]).

- *Beerenauslese* se llaman los vinos cuyas uvas están afectadas en su totalidad por la podredumbre noble. Para su obtención es necesario realizar una gran selección en el viñedo y en la bodega. Son vinos dulces debido a que el hongo de la Botrytis deseca las uvas. De esta forma concentran el azúcar llegando a 110°-128° Oe. La cosecha de las uvas depende aún más de las condiciones climatológicas anteriores a la cosecha. Para poder conseguir una cosecha óptima el viticultor necesita un otoño húmedo y soleado con un calor moderado. Estos son factores climatológicos que favorecen el desarrollo de la podredumbre noble (*Weinkenner*).

- *Trockenbeerenauslese*. Con este término se designa un vino cuyas uvas son sobremaduras y afectadas por la podredumbre noble que va secando las uvas como uvas pasas. Un riesgo que corre el viticultor porque en Alemania el tiempo climatológico no es propenso a ofrecer un otoño estable que permite la secación de las uvas. El peso de mosto de estas uvas oscila entre los 150°-154° Oe y la vendimia exige una selección a mano de las uvas secadas (*Vicampo*).

- *Eiswein (vino de hielo)*. Se trata de un vino muy especial que no se elabora todos los años. Su peso de mosto necesita unos 110°-128° Oe y sus uvas no pueden estar afectadas por la podredumbre noble, una dificultad añadida. En el momento de su cosecha están congeladas a al menos 7° bajo cero y prensadas cuando todavía están congeladas, para obtener solamente el concentrado de la fruta. Son vinos verdaderamente únicos que no se cosechan necesariamente cada año, con una extraordinaria concentración de acidez y dulzor afrutado (*Vicampo*).

A continuación se ofrece un resumen de las características de los *Prädikatsweine* en forma de una tabla:

---

11 Base de datos disponible en https://www.vicampo.de/weinlexikon.

Tab. 2: Las designaciones de los *Prädikatsweine*.

Prädikatswein	Estado de maduración	Peso mínimo (° *Oechsle*)	Ejemplos de los requisitos: Riesling	
			Baden	**Mosel**
Kabinett	Uvas maduras	67°-82° Oe	76° Oe	70° Oe
Spätlese	Vendimia tardía (una semana más tarde)	76°-90° Oe	86° Oe	76° Oe
Auslese	Uvas de maduración avanzada, algunas afectadas por la Botrytis Cinerea (podredumbre noble). Selección a mano.	83°-100° Oe	102° Oe	83° Oe
Beerenauslese	Uvas sobremaduradas afectadas en su totalidad por la podredumbre noble.	110°-128° Oe	128° Oe	110° Oe
Trocken-beerenauslese	Uvas afectadas por la podredumbre noble y secadas en la misma cepa.	150°-154° Oe	154° Oe	150 ° Oe
Eiswein	Uvas maduras sin podredumbre noble que pasaron una helada de 7° bajo cero, cosechadas y prensadas cuando todavía están congeladas, para obtener solamente el concentrado de la fruta.	110°-128° Oe	128° Oe	110 ° Oe

Conclusiones

En este artículo se ha ofrecido una pequeña introducción en la interpretación del etiquetado del vino alemán. Mediante la etiqueta en la botella el vino participa en un proceso comunicativo entre el viticultor y el consumidor. Este diálogo se basa en una interpretación y comprensión adecuadas de la información ofrecida en la etiqueta y contraetiqueta. En primer lugar hay que destacar las funciones de las mismas que consisten en la identificación del vino, su diferenciación de otros y en la información acerca de su naturaleza, procedencia y calidad.

En la etiquetación se conocen la etiqueta frontal y la contraetiqueta. Las dos se diferencian por sus funciones informativos, la etiqueta tiene la función de servir de tarjeta de presentación del vino en cuestión, es decir, llamar la atención del comprador, mientras que la contraetiqueta ofrece las indicaciones exigidas por la legislación europea y alemana.

Con respecto a la calidad de los vinos alemanes, hemos descrito de manera más detallada los vinos de calidad superior que proceden de una zona con denominación de origen calificada (*Weinanbaugebiet*), los llamados *Prädikatsweine*, con sus diferentes características. Dado que su calidad se basa en el peso del mosto o el grado de azúcar en la uva utilizada, se distinguen entre 6 categorías: *Kabinett, Spätlese, Auslese, Beerenauslese, Trockenbeerenauslese* y *Eiswein*.

En el campo de la traducción vitivinícola como traducción especializada queda mucho por investigar y estudiar con respecto al vino alemán. La importancia del peso de mosto es solo una peculiaridad. Dado que el mercado vinícola es muy dinámico, se desarrolla y evoluciona, salen cada año nuevos vinos y cada vez es más difícil hacerse un hueco en la lucha comercial. Esta es la razón por la que los viticultores trabajan por mejorar su producto y se ponerse de acuerdo para poder ofrecer una mayor garantía en sus vinos de calidad superior. Se busca poner de manifiesto la relación entre las características de los viñedos y la calidad de la uva. En este sentido, en 2001 *VDP (Verband der deutschen Prädikats- und Qualitätsweingüter / Asociación de bodegas productoras de vinos de calidad)* estableció las bases para un nuevo sistema de clasificación en tres niveles distinguiendo entre 'Gutsweine' (vinos de marca), 'Lagenweine' (vinos de pagos clasificados) y en la cumbre los 'Grosse Gewächse' o grandes pagos históricos. Es decir, en el estudio de la terminología vitivinícola aún nos encontramos en los comienzos.

REFERENCIAS BIBLIOGRÁFICAS

DECKERS, Daniel (2017). *Wein: Geschichte und Genuss*. München: Verlag C.H. Beck.

DEUTSCHES WEININSTITUT (2018 / 2019). *Deutscher Wein. Statistik*. [Consulta en línea: https://www.deutscheweine.de/fileadmin/user_upload/Website/Service/Downloads/Statistik_2018-2019.pdf; 20.05.2019].

DEUTSCHES WEININSTITUT (2019). *Aktuelles Weinrecht*. [Consulta en línea: https://www.deutscheweine.de/fileadmin/user_upload/Website/Intern/Dozentenportal/Aktuelles_Weinrecht.pdf; 20.05.2019].

DOMINÉ, André (2004). *El vino*. Königswinter: Könemann.

IBÁÑEZ RODRÍGUEZ, Miguel (2017). *La traducción vitivinícola. Un caso particular de traducción especializada*. Granada: Comares.

KNUBBEN THOMAS (2016). *Weinkultur am Bodensee*. Ostfildern: Jan Thorbecke.

Phillips, Roderick (2001). *Die große Geschichte des Weins*. Frankfurt a.M.: Campus-Verlag.

Ruiz, Isa (2013). *¿Cuál es la clasificación de los vinos alemanes?* [consulta en línea: https://www.verema.com/blog/verema/1125603-cual-clasificacion-vinos-alemanes; 24/05/2019].

Sánchez Nieto, Mª Teresa (2006). „La terminología jurídica del etiquetado y el embotellamiento en español y en alemán en la legislación comunitaria." Ibáñez Rodríguez, Miguel & Mª Teresa Sánchez Nieto (coord.). *El lenguaje de la vid y el vino y su traducción*. Valladolid: Universidad de Valladolid, 195–214.

Siever, Holger (2010). Übersetzen und Interpretación. Die Herausbildung der Übersetzungswissenschaft als eigenständige wissenschaftliche Disziplin im deutschen Sprachraum von 1960 bis 2000. Frankfurt: Peter Lang.

Vicampo. [consulta en línea: https://www.vicampo.de/weinlexikon; 24/05/2019].

Weinlexikon. [consulta en línea: http://www.germanwine.de/weinlexikon; 24/05/2019].

Weinkenner. [consulta en línea: https://www.weinkenner.de/wein-lexikon/; 24/05/2019].

Weinqualitätsklassen in Deutschland (2018). [consulta en línea: https://wirwinzer.de/blog/weinqualitaetsklassen-in-deutschland; 24/05/2019].

Winkelmann, Peter (72010). Marketing und Vertrieb: *Fundamente für die marktorientierte Unternehmensführung*. München: Oldenbourg.

Julio Fernández Portela

El lenguaje y el diseño en las etiquetas de las botellas de vino. El estudio del paisaje de la vid y el vino

Resumen Las etiquetas de las botellas de vino proporcionan valiosa información sobre el vino y sobre su lugar de elaboración. Es por ello que el lenguaje y el diseño son dos componentes esenciales a la hora de configurar el mensaje y la imagen que se quiere transmitir de un tipo de vino y de un espacio geográfico. Junto a las etiquetas, los carteles poseen un papel importante y ayudan a crear el imaginario de un lugar, un nombre, una marca territorial. Además, hay que remarcar el papel que adquieren las etiquetas como fuente para el estudio del paisaje vitivinícola.

Palabras clave: Lenguaje. Diseño. Etiqueta. Vino. Paisaje.

Abstract The labels on the wine bottles provide valuable information about the wine and its place of production. That is why language and design are two essential components when configuring the message and the image that one wants to transmit of a type of wine and a geographical space. Along with the labels, the posters have an important role, and help create the imaginary of a territory, a name, a territorial brand. In addition, it is necessary to emphasize the paper that the labels acquire as a source for the study of the vitivinicultural landscape.

Key words: Language. Design. Label. Wine. Landscape.

0. Introducción

El vino ha pasado de ser un artículo de primera necesidad a convertirse en uno de los productos estrella de la alimentación de una parte importante de las personas. El vino no es solo un líquido o una bebida, es un conglomerado de elementos como son la botella, el corcho, la cápsula y, por supuesto, la etiqueta.

Según el Diccionario de la Real Academia de la Lengua Española, una etiqueta es «una pieza de papel, cartón u otro material semejante, generalmente rectangular, que se coloca en un objeto o en una mercancía para identificación, valoración, clasificación, etc.». En el caso de las botellas de vino se pueden diferenciar dos, una localizada en la parte frontal, que es lo que se conoce con el nombre de etiqueta, y otra situada en la parte trasera de la botella que se denomina contraetiqueta. Ambas son importantes y necesarias, pero la que va a ser objeto de estudio de este trabajo es la etiqueta frontal, pues es la que primero aprecia el comprador cuando acude a una bodega o a una tienda para comprar vino, así como la que observa cuando está comiendo. Asimismo, es en la etiqueta frontal donde aparece la marca del vino y donde va a estar la imagen, en este caso de un paisaje vitivinícola. Sin embargo, va a ser, habitualmente en la contraetiqueta, donde aparezca una mayor información del vino y de la bodega.

El papel que juega el etiquetado, en este caso en el vino, es muy importante. Además de proporcionar información, es una seña de calidad alimentaria del producto, pues existe un fuerte control por parte de organismos nacionales e internacionales en materia vitivinícola que se ocupan de que las bodegas cumplan con la normativa existente al respecto. Además de velar por la calidad del vino, esta protección pretende conseguir la protección del territorio donde se elabora el producto.

La información básica, mucha de ella de carácter obligatorio, que debe aparecer en las etiquetas es el nombre del vino, el registro embotellador, la bodega que lo elabora, los grados de alcohol, el ámbito geográfico de procedencia, la variedad de la uva, el tipo de vino, la añada, la existencia de alérgenos como los sulfitos y el sello del correspondiente Consejo Regulador. Además de esta información cada bodega complementa la etiqueta con una breve historia de la bodega, notas para la cata (visual, olfativa y gustativa), el maridaje más adecuado, o aspectos relacionados con el terruño. Todo ello debe concentrarse en un espacio muy pequeño y de forma atractiva para el comprador. Es por ello que, tanto el lenguaje como el diseño, se convierten en dos elementos clave en las etiquetas del vino, para conocer el producto, pero también como una fuente que permite descubrir el espacio geográfico de elaboración.

Con este trabajo se persiguen alcanzar los siguientes objetivos: a) Reconstruir el origen del etiquetado en las botellas de vino y su relación con la cartelería. b) Poner en valor el papel del lenguaje y del diseño en el etiquetado del vino. c) Identificar y analizar una muestra de etiquetas que representan el paisaje de la vid y el vino en diferentes comarcas vitivinícolas del mundo.

1. El Origen del etiquetado del vino

El origen de la etiquetas y de su uso se remonta a la época de los egipcios, en concreto a 3000 años antes de Cristo (a.C.). En este periodo utilizaban los papiros para identificar las mercancías. En el caso de etiquetas de vino la primera es del siglo IV a.C. y era una tablilla colocada en un recipiente que contenía vino y donde se reflejaba el nombre de la bodega. Sin embargo, en la Tumba del

Faraón Tutankamón, perteneciente a la Dinastía XVIII de Egipto, y que reinó entre 1336 y 1327 a.c., se descubrieron un conjunto de ánforas de vino con inscripciones que indicaban información sobre la región de elaboración, del cultivo de la viña y del viticultor, así como del año de la cosecha (Domínguez Gómez, 2005). Una técnica que se expandió por otros pueblos como los de los persas, griegos, fenicios o los romanos y que les permitían identificar los vinos que elaboraban.

No va a ser hasta finales del siglo XVIII, gracias a la invención de la litografía a cargo del alemán Senefelder, cuando en el continente europeo, y en concreto en países como Alemania, Francia y Reino Unido, el uso de las etiquetas comience a generalizarse. El motivo principal fue el incremento de la población urbana y, con ello, del consumo de productos manufacturados, lo que hacía necesario la identificación del mismo para poder diferenciar unos de otros. Desde entonces, las etiquetas y, posteriormente la cartelería de finales del siglo XIX y comienzos del XX (Quintas Froufe, 2008), comenzaron a generalizarse, además de como un elemento identificativo del producto, como su emblema y marca, dando lugar a un mayor conocimiento, en este caso de un vino determinado, así como del territorio en el que se elabora.

1.1. El comienzo del etiquetado en las bebidas alcohólicas: los casos de Anís del Mono, Tío Pepe y las Bodegas Osborne

La botella de vino con etiqueta más antigua que se conserva data de 1781 y pertenece a la bodega francesa *Château Lafite Rothschild*, ubicada en la región vitivinícola de Burdeos. También existen etiquetas de los siglos XVII y finales del XVIII en los museos de Pfalz de Spener en Alemania y en el Museo de Beaune en Francia (Gallego y Gallego, 1979). En España es a partir de comienzos del siglo XX cuando comienzan a utilizarse las etiquetas de vino de forma más frecuente, a excepción de algunos casos representativos, pero sobre todo de empresas licoreras, que comenzaron a emplear las etiquetas en sus productos a finales del siglo XIX.

Uno de los ejemplos más significativos, y que pervive más de cien años después, es la etiqueta que se diseñó para el anisado denominado Anís del Mono (Fig. 1) de la destilería que los hermanos Bosch y Grau abrieron en Badalona en el año 1870. El diseño es obra de Tomás Sala, el suegro de uno de ellos, quien realizó un polémico grabado donde se contraponía la religión con la ciencia, confrontando el creacionismo bíblico frente a la teoría de la evolución de Darwin (Martínez Utrera, 2012).

Fig. 1: Etiqueta de Anís del Mono. Fuente: Diario El País (2015).

El valor que adquirió el diseño del anís del mono ha tenido tal repercusión, que se instaló una escultura de este emblemático personaje en el paseo marítimo de Badalona, justo delante de las instalaciones industriales de la empresa.

El interés por la creación de marcas y emblemas de determinados productos continuó a lo largo del siglo XIX y se incrementó en el siglo XX. Las empresas licoreras fueron punteras en el diseño de campañas publicitarias al crear distintivos de sus productos que lo acercaban a sus consumidores. La repercusión de algunas de estas imágenes fue tal, que se mantienen en la actualidad y, en ocasiones, han sido identificadas como unos iconos gráficos propios del país, o de un determinado territorio. Dos de los ejemplos más significativos corresponden a dos bodegas de renombre, por un lado Bodegas González Byass, y por otro lado Bodegas Osborne.

La Bodega González Byass, ubicada en la localidad gaditana de El Puerto de Santa María, encargó a Luis Pérez Solero, publicista con una de las empresas más antiguas en España en este campo (Imperia SL), todo lo relacionado con el tema de publicidad de la bodega. Sus trabajos comenzaron en 1934 y se prolongaron durante treinta años, hasta 1964. En este periodo, en concreto de 1935, destaca el diseño de la botella de fino Tío Pepe, humanizándola al ponerla una chaquetilla y sombrero cordobés de color rojo junto a una guitarra, y con un sugerente eslogan que decía «Sol de Andalucía embotellado», un emblema y eslogan de la bodega que se mantiene en la actualidad (Fig. 2). En torno a esta figura se crearon vallas publicitarias que fueron colocadas por algunas de las carreteras españolas. Sin embargo, ha tenido mayor impacto y repercusión la instalación de un letrero luminoso en lo alto de lo que en su día fue el Hotel París en la Puerta del Sol de Madrid. Este cartel ha sido centro de disputas durante años y, especialmente, tras su última restauración y posterior traslado en el 2014 a la azotea del edificio número 11 de esta emblemática plaza madrileña.

Fig. 2: Diseño de la marca de fino Tío Pepe. Fuente: a) revistaplacet.es, b) Elaboración propia y c) Blog historiasdejmec.

También ha sido significativo el diseño que realizó Manolo Prieto en el año 1965 para promocionar el brandy, el vino y el vermut de la bodega jerezana de Osborne. Para ello diseñó una silueta de un toro bravo de color negro (Fig. 3), y que, además de estamparse en las botellas, se colocaron vallas publicitarias de este diseño por las carreteras españolas (Ríos Moyano, 2003). En esta ocasión el proyecto era más sencillo que el realizado por Tomás Sala para el Anís del Mono, pero consiguió calar en la población hasta tal punto que se ha convertido en una marca que permanece inalterable desde hace más de 60 años. Tanto es así que, a pesar de las polémicas que han surgido en torno a ella, y de la intención de retirarlas de las carreteras, fue declarado en 1994 Patrimonio cultural y artístico de los pueblos de España por el Congreso de los Diputados. Esta silueta forma parte de los paisajes rurales del país al permanecer en las lomas que se encuentran en las inmediaciones de las autovías y carreteras de prácticamente toda España.

Fig. 3: a) Etiqueta de vino de las Bodegas Osborne y b) Valla publicitaria en la Autovía Soria-Madrid. Fuente: a) Bodegas Osborne y b) Elaboración propia.

Este tipo de etiquetado alcanzó cuotas de popularidad importantes entre la población y el impacto comercial fue muy significativo, pues lo que se conseguía con estos diseños era crear una marca propia, dar a conocer el producto y el interés de las personas por consumirlo, por lo que las ventas se incrementaban. Además, en estos tres casos que se acaban de analizar, el diseño ha conseguido sobrevivir al paso del tiempo y ha adquirido tal relevancia que se ha convertido, no solo en el emblema de la empresa anunciadora, sino también del territorio. En el caso del Anís del Mono en estandarte de la ciudad de Badalona, el fino de Tío Pepe como icono de la ciudad de Jerez de la Frontera y de Madrid, y en el caso del Toro de Osborne para el conjunto de España.

1.2. El arte al servicio de la publicidad: la promoción del vino y sus paisajes a través de la cartelería

Debido al interés que despertó el etiquetado, más o menos al mismo tiempo, se desarrolló una industria cartelera enfocada al diseño de carteles publicitarios en el campo de la alimentación y, en este caso, de bebidas alcohólicas, especialmente de vinos. Para ello se pusieron en marcha una serie de concursos con el objetivo de diseñar carteles que contribuyeran, al igual que lo había hecho la etiqueta, a la promoción del producto y a la creación de la marca empresarial.

La empresa de los hermanos Bosch y Grau fue de nuevo una de las pioneras en este campo, pues tras el éxito de la etiqueta de su anisado, se puso en marcha un concurso para diseñar un cartel para la misma bebida. El éxito fue tal, que se presentaron un total de 162 proyectos a esta convocatoria, de los cuales resultó ganador uno de los diseños de Ramón Casas (Fig. 4), lo que supuso un importante éxito consolidándolo como uno de los mejores cartelistas del momento (García Cifuentes, 2012). El crítico de arte Rafael Santos Torroella, describió con claridad el cartel que diseñó Ramón Casas.

> Se llevó el primer premio con aquella figura tan conocida, de la muchacha morena ata-
> viada con floreado traje, mantón de Manila amarillo y blanco, y conduciendo a un mono
> de una mano mientras sostiene en la otra una copita de anís en ademán de brindis y
> delectación; todo ello sobre un fondo azul en el que destacan las letras del producto
> anunciado (Extraído de García Cifuentes, 2012)

Fig. 4: Cartel de Ramón Casas de 1898 para promocionar el anisado Anís del Mono.
Fuente: a) Ministerio de Educación, Cultura y Deporte, 2012.

La victoria de Ramón Casas le abrió las puertas de una industria que estaba experimentando un fuerte crecimiento en la creación de cartelería como era la vitivinícola, donde trabajó en algunas bodegas de La Rioja como Bodegas de Félix Murga (Fig. 5a) y Bodegas Riojanas (Montes Lafuente, 2014), así como en las Bodegas catalanas de Codorniú donde diseño diversos carteles, siendo el título Ambar y espuma uno de los más significativas en la obra de este autor modernista (Fig. 5b).

Fig. 5. Carteles de Ramón Casas. a) Bodega Félix Murga y b) Bodegas Codorniú. Fuente: a) Colección privada de Albert Oller Garriga, Barcelona (Montes Lafuente, 2014) y b) Bodegas Codorniú.

Estos carteles se colocaban en los muros de las ciudades, por lo que sus dimensiones solían ser grandes y su objetivo era que pudieran ser visibles desde lejos y de esta forma llamar la atención del ciudadano. En sus diseños se representaba todo aquello relacionado con el mundo del vino, pero había un especial interés en reflejar: el propio vino en el interior de la botella, los viñedos, las bodegas, la vendimia, racimos de uvas, cubas para almacenar vino, así como eventos sociales donde se consumía vino, etc. Este último tema fue bastante frecuente. Habitualmente, en los carteles se representaban mujeres de clase alta y distinguidas, y a las que se podía ver con una copa de vino en reuniones, en viajes, en el campo, etc. También solían representarse niños cuando lo que se promocionaba era el mosto.

Los carteles que más interesan son aquellos que reflejan elementos del paisaje vitivinícola y a sus personajes (Fig. 6). En estos carteles, se ha plasmado el paisaje propio de una serie de comarcas vitivinícolas, así como la vendimia tradicional que en ellos se hacía. Son por lo tanto una fuente histórica en los estudios de paisaje, como la fotografía y la pintura, pues muestran como era el paisaje de la vid y el vino en el momento en el que se diseñaron. Representaciones que contribuyen a analizar las trasformaciones acaecidos en esta actividad agroindustrial, ver cómo se distribuía la superficie de vides, si es zonas llanas o con pendiente, a lo largo de los ríos, etc.

Fig. 6: Carteles de vinos riojanos. a) Cartel de 1927–28 de Bodegas Martínez Lacuesta. Autoría de Julio García Gutiérrez. b) Cartel de 1929–1930 de Finos de Bodegas de Gómez Cruzado. Posible autoría de Jesús Gómez Cuadrado. c) Cartel de 1923–1924 de Tondonia de Bodegas López de Heredia. Autoría de Alfonso Romero Mesa. Fuente: Montes Lafuente, 2014.

Un papel relevante en este campo lo tienen las personas que diseñan lo que es la imagen que va a llevar la etiqueta, es decir, el viñedo, la bodega, determinados personajes, el escudo familiar o cualquier otro elemento. Este grupo está formado por dibujantes, cartelistas, pintores, ilustradores, diseñadoras gráficos y fotógrafos. A finales del siglo XIX los artistas no solían implicarse en este tipo de trabajos, pues era costoso y poco reconocido, al mismo tiempo que el diseño de su obra no solía coincidir con el que finalmente iba en las etiquetas, pues tenía que tipografiarse y su diseño solía distorsionarse un poco del original, quedando disconformes la mayor parte de las ocasiones.

Es a partir del primer cuarto del siglo XX, pero en especial a mediados de siglo, con el avance y la mejoras de las técnicas de impresión, cuando este arte empiece a tener más prestigio, y se interesen pintores de renombre en el diseño de las etiquetas, entre ellos Picasso, Dalí o Miró entre un largo elenco de artistas. Desde entonces, las etiquetas de las botellas constituyen un escaparate y una buena publicidad para los artistas, pues el vino viaja por todo el mundo, y lleva el arte a todos los rincones. También es relevante para artistas locales que reflejan los paisajes de la vid y el vino de su entorno, de su tierra, de su infancia, así como otro tipo de representaciones. Por lo tanto, el marketing juega un papel clave en el diseño de las etiquetas, el cual se ha ido acrecentando en las últimas décadas.

1.3. Vestir al vino: las primeras etiquetas de paisajes vitivinícolas

Como pioneros en este tipo de etiquetado se encuentra la bodega francesa Château Mouton Rothschild, al noroeste de la ciudad de Burdeos. Una bodega elaboradora de vino desde finales del siglo XIX. La iniciativa de vestir a sus vinos con arte surge en el año 1924 con el diseño de una etiqueta encargada a Jean Carlu, uno de los cartelistas más famosos del momento. Para ello realiza un diseño cubista donde aparece un carnero, el símbolo de la bodega y la silueta del edificio de elaboración. Sin embargo, esta iniciativa se tuvo que paralizar a causa de la inestabilidad en el continente europeo, para retomarse tras el final de la Segunda Guerra Mundial en 1945 para conmemorar la victoria de los aliados.

Desde entonces, cada año, las botellas se visten de artistas de renombre internacional donde destacan diseños de Salvador Dalí, Kandinsky, Balthus, Pablo Picasso, Andy Warhol, Antoni Tápies, Jeff Koons, Rufino Tamayo, Chagall o Francis Bacon, entre un largo listado de artistas que han plasmado su huella en la historia del vino. Los artistas tienen libertad para diseñar la etiqueta, y pueden emplear el estilo que quieran, siempre y cuando la temática esté relacionada con la vid, el placer de beber o el emblema de la bodega (el carnero). Estas etiquetas se convierten en fuente interesante para el estudio de los paisajes y de los territorios productores de la vid y el vino, pues proporcionan información sobre los viñedos, las bodegas o la vendimia (Fig. 7). En la parte superior se localiza el diseño de los artistas, y en la parte inferior de la etiqueta el escudo y otra información de la bodega.

Esta iniciativa se llevó a cabo durante setenta años hasta su última edición en el año 2015.

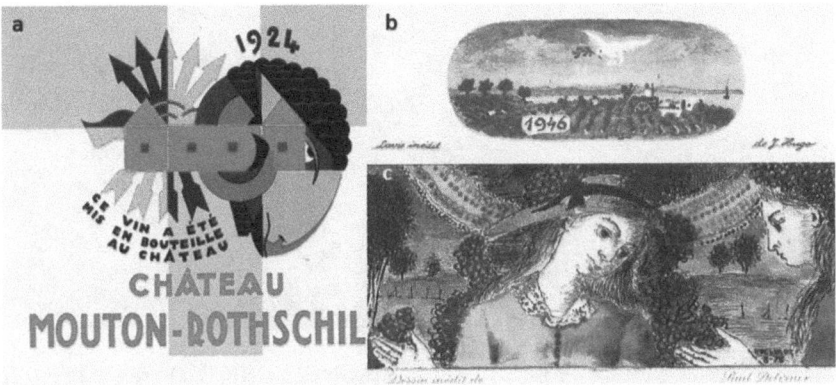

Fig. 7: Etiquetas artísticas de la Bodega Château Mouton Rothschild. a) Primer diseño a cargo de Jean Carlu en 1924. b) Diseño de Jean Hugo en 1946. c) Diseño de Paul Delvaux en 1985. Fuente: Chateau-Mouton-Rothschild

Junto a esta bodega francesa hay que mencionar un ejemplo significativo de una bodega española de la Ribera del Duero vallisoletana, Vega-Sicilia. Presenta unas características similares al Château Mouton Rothschild, es decir, una bodega histórica, fundada en 1864 y con prestigio nacional e internacional por elaborar vino de calidad. En el año 1960 comenzó a elaborar una gama de vinos llamados VEGA SICILIA-MAGNUM-UNICO y cuya etiqueta cambia año tras año. El diseño es obra de pintores españoles, y la misión es reflejar escenas de la vendimia, racimos de uva, los clásicos bodegones, paisajes agrarios, etc. (Fig. 8). Entre los artistas más reconocidos se encuentran Benjamín Palencia, Vela Zanetti, Rosalía Campo Menéndez, Castilviejo o Eduardo Chillida.

Fig. 8: Etiquetas artísticas de VEGA SICILIA-MAGNUM-UNICO. a) Primer diseño de Vega Osorio para la cosecha de 1960. b) Diseño de Vela Zanetti en 1972. c) Diseño de Castilviejo en el año 2000. Fuente: Bodegas Vega Sicilia.

Desde entonces, el diseño de las etiquetas no ha parado de evolucionar, y más desde que aparecieron los consejos reguladores en el primer tercio del siglo XX con el Estatuto del Vino de 1932 y, posteriormente, con el resto de legislación que ha ido surgiendo en torno a este producto. La etiqueta se hizo obligatoria y ha experimentado una intensa evolución a lo largo de todos estos años, dando lugar a una importante industria focalizada en su lenguaje y su diseño con personas formadas y cualificadas en este campo. La fuerte competencia en el sector, con miles de marcas en todo el mundo, ha hecho que elementos como el lenguaje y el diseño adquieran un papel destacado en el negocio vitivinícola. Por ello, se tiene que tener en cuenta el público al que va dirigido, por lo que entran en juego variables tan dispares como el país de destino del producto, la edad, el poder adquisitivo, el género, etc.

El vino ha dejado de ser un producto que vendían los propios viticultores en garrafones en sus bodegas tradicionales, a comercializarse embotellado en supermercados y vinotecas de todo el mundo, bajo la mano de grandes bodegas multinacionales y exportadores especializados. Por ello, es necesaria la participación de un mayor número de expertos, ya no solo enólogos que elaboran el vino o técnicos de campo, sino también diseñadores gráficos, traductores, publicistas, comerciales, etc.

2. El lenguaje y el diseño como herramientas clave para el marketing del vino

La etiqueta es un elemento básico, y dentro de la misma, el lenguaje y la imagen son esenciales. En este sentido, la etiqueta es mucho más que un papel o una pegatina, la cual contiene el nombre del vino y la bodega que lo elabora. Es un documento trascendental para este producto, pues proporciona valiosa información para los consumidores y adquiere un papel relevante (Lockshin & Rhodus, 1993; Thomas & Pickering, 2003). Se configura como un elemento publicitario, que con una buena política de marketing puede llegar a un público amplio. A través de la etiqueta se puede vender el propio vino, pero además un determinado lugar, un paisaje, una bodega. La etiqueta es su imagen exterior, es un escaparate, uno de los emblemas de la bodega, es lo primero que llama la atención a los compradores, y más, si son poco conocedores de este mundo.

Elegir un vino es complicado debido a la variedad de marcas existentes. Sin embargo lo ha hecho más accesible al llegar a un número más amplio de consumidores. Hay vinos de diferentes variedades de uva, diferentes bodegas, de diversas regiones vitivinícolas, pero, en especial, de precios muy variados aptos para todos los públicos (Schnepf, 2003). Es uno de los productos agroalimentarios con mayor variedad en el mercado, miles de marcas, por lo que, en ocasiones, es una situación que dificulta al cliente la elección de uno u otro (Lockslin & Hall, 2003).

Existen consumidores especializados que tienen muy claro lo que quieren comprar, otros consultan guías específicas de vino en donde se hace una descripción del producto, piden consejo a amigos y conocidos, o consultan foros, páginas web especializadas o redes sociales donde encuentran información que les resulta de ayuda a la hora de elegir uno u otro vino. Sin embargo, hay una gran mayoría que son bebedores poco frecuentes y otros que, aunque les guste el producto, no son grandes entendidos. Es aquí donde entra en juego la etiqueta, en especial las frontales, pues los elementos visuales se convierten en un elemento clave para su adquisición (Thomas y Pickering, 2003; Barber, Almanza y Donova, 2006).

El papel de las etiquetas es tan representativo que hay numerosos estudios que despiertan el interés entre los investigadores desde diversas áreas que se ocupan de estudiar e investigar este elemento. La identidad visual de la etiqueta con el color, la imagen, el tipo de letra, el tamaño, la forma o el material influyen en la marca del producto (Boudreaux & Palmer, 2007). Entre los más representativos destacan aquellos relacionados con el lenguaje y el diseño, y como estos dos elementos se convierten en esenciales para el marketing, para la venta del vino o para tener un mayor conocimiento del territorio de elaboración.

2.1. El lenguaje

Desde el punto de vista del lenguaje, los estudios se centran en el uso de metáforas, metonimias, prosopopeyas y otras figuras literarias. En este campo la producción científica es amplia, y destacan algunos estudios de caso en La Rioja que pretenden vincular el lenguaje con el origen, con la marca del vino, con la cultura y la viticultura (Moreno Lara, 2014), es decir, con los elementos más tradicionales e identitarios del vino en el territorio y, en otros casos, van a adquirir un papel relevante aquellos pertenecientes a la cultura clásica, en especial, a la griega y a la romana (Salinero Cascante y Tresaco Belio, 2010). En este último caso se relaciona la imagen mitológica que adquiere la vid y el vino en las etiquetas, de una bodega riojana, a través del uso de esculturas griegas donde se introducen elementos propios de los mitos y dioses griegos estableciendo una antología entre el vino y la mitología.

Centrado en el propio texto de las etiquetas es el trabajo de Tresaco Belio y Salinero Cascante (2010), un estudio en el que explican cómo el texto y la tipografía empleada para el mismo van a ser esenciales en la configuración de la imagen de un determinado vino, convirtiendo a las palabras y a las frases en una parte esencial del mismo. En este trabajo presentan la evolución que experimentan las etiquetas de una bodega riojana, desde la tradicional y clásica etiqueta bordelesa en la que aparece el escudo familiar, pasando por un diseño intermedio en el que se conserva una tipografía más clásica, hasta un diseño más moderno fruto de un concurso que decidió organizar la bodega. En este último caso participaron 282 concursantes de 15 países diferentes, en el que el *haiku*, tipo de poesía japonesa, es decir, el lenguaje, junto con el grafismo, adquirían un papel protagonista otorgando distinción al vino y a la propia bodega.

Respecto al mensaje que muestran van a adquirir relevancia las competencias lingüísticas, paralingüísticas y socio-culturales mínimas que el consumidor tiene que tener si quiere acceder y comprender los textos de las etiquetas. En numerosas ocasiones se encuentran cargados de conceptos muy técnicos sobre el mundo del vino, que dificultan la comprensión de lo que se lee sino se es un entendido en la materia. Lo que puede ser una característica normal del vino puede convertirse en un elemento clave para desechar la compra del producto. Así, por ejemplo, las características de astringencia, rugosidad, dureza o amargor, pueden dar lugar a una visión negativa sobre ese vino y descartar su compra, pues son adjetivos que poseen una dureza que genera rechazo (Sánchez, 2011). Para huir de estas sensaciones, y pensando que muchos de los consumidores carecen del conocimiento de estos vocablos, se emplea una terminología más cercana, podemos decir que incluso poética, con la idea ensalzar y alabar el vino, haciéndolo más atractivo y apetitoso, y de esta forma incitando a su compra

> De color rojo rubí con destellos escarlata, posee gran intensidad y complejidad aromática. Frutilla, pimienta y membrillo destacan junto a notas sutiles de tabaco, té negro y moca. En boca es ligero y de gran fluidez. Su caudal frutal da volumen e intensidad, sin embargo sus suaves taninos y una frescura natural otorgada por la altura, hacen que su textura sea aterciopelada y elegante. De largo final, deja un recuerdo a bayas del bosque y hojarasca. (DV Catena Clarete, Bodegas Cadena Zapata, Argentina)

Finalmente, es interesante el estudio que emplea las etiquetas del vino como una herramienta didáctica para enseñar determinados hechos históricos a través de los nombres del vino. Se emplean palabras cuya etimología procede del griego o del romano, y las cuales hacen referencias a la historia o a los elementos geográficos como son ríos, ciudades, provincias y que en ocasiones suelen ir acompañadas de una imagen, una herramienta que utiliza el lenguaje para explicar determinados elementos del paisaje y de la historia, y que va a permitir tener un mayor conocimiento sobre un espacio concreto (Husillos García, 2015).

El lenguaje adquiere un papel esencial en las etiquetas del vino. Si una botella no tiene un nombre no puede hacerse referencia a ella, por lo que las palabras o los textos son necesarios, pues ayudan a vestir al propio vino. Si no hay palabras en las etiquetas y en las contraetiquetas de las botellas, su identificación se dificulta, no se podría nombrar ese vino, y sería muy complicado hablar entre las personas de ese producto en concreto. Por ello, el uso del lenguaje y de la lengua es determinante, pues permite identificar la bodega y la propia marca de vino (Tresaco Belio, 2010).

2.2 El diseño

Junto con el lenguaje, el diseño es otro de los rasgos esenciales de una etiqueta. Va a proporcionarla una identidad visual, la va a dar sentido y la va a personalizar haciéndola única con la idea de trasmitir un mensaje al receptor, de contar una historia. El nombre y la imagen son signos gráficos que tienen como finalidad captar la atención del consumidor, pues es lo primero con lo que se va a encontrar. Es un espacio reducido donde se debe incorporar la información que establece la normativa correspondiente, más la que el bodeguero, el viticultor o el enólogo quieran añadir para poder llegar al consumidor final. Para ello utilizan diferentes códigos morfológicos, gráficos, lexográficos y cromáticos que permiten al diseñador de la etiqueta una amplia gama de posibilidades a la hora de realizar su trabajo (Domínguez Gómez, 2005). Para lograrlo, es necesario el empleo de formas, colores, imágenes, símbolos y signos.

A pesar de los avances en el diseño de las etiquetas de vino, la tradición y la innovación conviven en el mercado actual (Ríos Moyano, 2003). Por un lado se encuentran botellas en cuyas etiquetas se reflejan las bodegas, los viñedos, el escudo de armas de los propietarios o el nombre y apellidos de los bodegueros, es decir, las etiquetas más clásicas destinadas a un cliente fiel que identifica perfectamente el vino que quiere consumir. Por otro lado están proliferando diseños cuyo objetivo es captar a un público nuevo y, para ello, emplean colores atrayentes, imágenes extravagantes, irreales e incluso polémicas, utilizan diversos materiales (papel, madera, metal, tela, adhesivos…), tipografías más modernas y formatos poco corrientes para una etiqueta.

Esta idea de modernidad/tradición también está vinculada a la procedencia del vino, pues por ejemplo, en el caso de los vinos canadienses, esta dualidad de la que se habla se observa muy bien. La parte francófona del país, donde se encuentra la región vitivinícola de Quebec, tiene una mayor influencia de Francia y el estilo de sus etiquetas suele ser más tradicional, imitando en ocasiones las de los vinos del país galo, mientras que los vinos del Valle del Okanagan de la Columbia Británica, en la costa del Pacífico, presentan un diseño más moderno acorde a los nuevos consumidores, teniendo como uno de los referentes los vinos del Napa Valley (Elliot & Barth, 2014). A pesar de ello, se está viviendo en todas las comarcas vitivinícolas una renovación en lo que a las etiquetas del vino se refiere, apareciendo diseños más novedosos y muy diferentes a los tradicionales. Si bien, es cierto, que van a ser en las comarcas vitivinícolas de países con menor tradición histórica las que tengan un mayor peso en el desarrollo de etiquetas más novedosas como por ejemplo Sudáfrica, Nueva Zelanda, Australia o Estados Unidos, frente a los países con mayor trascendencia histórica en la elaboración de vino como Italia, Francia o España en las que las etiquetas más conservadores están más arraigadas.

Teniendo en cuenta los elementos del diseño, pero también del lenguaje y del marketing, se distinguen tres tipos de diseño en las etiquetas (Tab. 1): conservadoras, contemporáneas y novedosas (Scott & Tracy, 2011).

Tab. 1. Clasificación de las etiquetas según su diseño y principales características.

	Diseño	Nombre	Percepción del precio	Percepción de la calidad	Posibles consumidores
1	Conservadora	Familiares	Caro	Buena	Mayor edad
2	Contemporánea	Modernos, frecuencia de animales	Medio	Regular	Edad media
3	Novedosa	Novedosos, sorprendentes	Barato	Mala	Jóvenes

Fuente: Elaboración propia a través de (Scott & Tracy, 2011).

3. La representación del paisaje de la vid y el vino: viñedos, bodegas y la vendimia

En las etiquetas de las botellas de vino, gracias a su lenguaje y a su diseño, se pueden ver todo tipo de figuras y elementos, propios del vino, pero también ajenos a este mundo. Por ello, es normal comprar una botella de vino y que tenga una etiqueta de un animal, de un ser mitológico, un mapa antiguo, diseños abstractos, caricaturas, elementos vegetales, etc. Junto a todos ellos, los paisajes vitivinícolas son un marco recurrente a la hora de crear lo que va a ser la imagen de una bodega, y más en concreto, de una marca de vino. Estos últimos diseños son los que más información nos proporcionan sobre el paisaje de la vid.

Los más recurrentes son: a) los viñedos, donde se reflejan las vides en diferentes periodos del año, su localización y algunos de los elementos que los acompañan. b) Las bodegas, lugar de elaboración del vino. c) Las labores que se realizan en el campo, especialmente la vendimia.

En estos casos, tanto el lenguaje como el diseño, se encargan de mostrar un paisaje fiel a la realidad que invite al consumidor de esa botella a trasladarse al territorio de elaboración, con su mente, o incluso a visitarlo en persona.

3.1. Los viñedos

Estos diseños son muy comunes. La idea es reflejar el origen del vino, es decir, el campo, el *terroir*. Dependiendo de la comarca vitivinícola en cuestión, el paisaje que se refleja será de un tipo u otro, pues las diferencias geográficas entre estos espacios son muy grandes. Hay que tener en cuenta las distancias entre las comarcas vitivinícolas, la existencia de cursos de agua, o el relieve principalmente. Todo ello proporciona valiosa información sobre el territorio que puede ser empleada como una fuente complementaria para los estudios de paisaje (Fig. 9).

Fig. 9: Etiquetas de vino con paisaje vitivinícola. Fuente: a) Bodega Doña Paula. b) The Wilson Vineyard. c) Bodegas Okanagan. d) Bodega Carraovejas. e) Rèserve St Martin.

En los paisajes más frecuentes se observa el papel tan relevante que juega el relieve. Se pueden ver viñedos en espacios llanos con escasa pendiente frente a otros con pendientes más elevadas, en este último caso es necesario el aprovechamiento de bancales naturales o la construcción de los mismos para permitir su cultivo; a lo largo de los ríos o en el entorno de los lagos; en territorios continentales e insulares; en suelos aluviales y volcánicos. En definitiva, en lugares en los que la planta de la vid puede adaptarse con mayor facilidad, y donde el clima permite su cultivo, generalmente en el dominio bioclimático mediterráneo.

Como elemento secundario, pero no por ello menos importante, hay que remarcar que en algunos de los diseños se contemplan otros elementos del paisaje como pueden ser pueblos con sus características construcciones (la torre de la iglesia y las casas), infraestructuras como puentes y caminos, e incluso la estructura del parcelario.

3.2. Las bodegas

Es frecuente encontrar la silueta de una bodega en la etiqueta de la botella de vino. Suelen aparecer, por un lado, de forma aislada, solamente la bodega, y por otro lado, con los viñedos y el resto de componentes del paisaje como son montañas, árboles, ríos, etc. (Fig. 10).

Fig. 10: Etiquetas de vino con bodegas.
Fuente: a) Bodegas L'Huguenot. b) Bodegas Muga. c) Domaine Dionysos. d) Bodega Castello di Amorosa.

La tipología edificatoria de las bodegas es muy variada, desde simples naves de hormigón que se asimilan a las propias de los polígonos industriales, hasta diseños vanguardistas bajo la corriente de la enoarquitectura o la arquitectura del vino. Estas últimas, cada vez más frecuentes, son las que más se representan en las etiquetas, pues son las más atractivas. También hay que destacar las bodegas que se encuentran en edificios emblemáticos como pueden ser castillos, palacios o antiguas casonas. Todas ellas se convierten en un reclamo y en un recurso publicitario de primer orden, pues son capaces de atraer a turistas que están interesados en el vino, en su cultura, en el paisaje, en definitiva, en todo lo que rodea a este producto.

Aunque menos frecuente, también hay etiquetas con diseños de bodegas tradicionales o subterráneas, de su interior y de su exterior. En estos casos se reflejan las fachadas de piedra y sus elementos característicos como son las zarceras, los respiraderos o los cotarros, o el lagar con la viga y la prensa. Su objetivo es resaltar una parte de la historia y reflejar el papel de lo tradicional, de lo manual, de lo artesanal, en definitiva, la unicidad de sus vinos.

3.3 La Vendimia

Finalmente, otro de los componentes clave del paisaje vitivinícola es la vendimia y las personas que lo hacen posible (Fig. 11). Aunque en la actualidad, una parte importante se realiza con máquinas, en las etiquetas se quiere reflejar el trabajo manual como un elemento de calidad y diferenciador respecto a otras bodegas. Es más, suele mostrarse la vendimia más tradicional, donde aparecen los hombres y mujeres, e incluso niños, ataviados con la indumentaria que se empleaba a mediados del siglo XX para realizar esta tarea.

Además de la vendimia, se pueden ver diseños de etiquetas en los que se representan racimos de uva de variedades blancas y negras; los utensilios empleados para cortar los racimos como son las navajas, tranchetes o corchetes; los recipientes para depositar las uvas denominados cuévanos o conachos; así como elementos del lugar donde se localizan como pueden ser el conjunto de los viñedos, pueblos, ríos, etc.

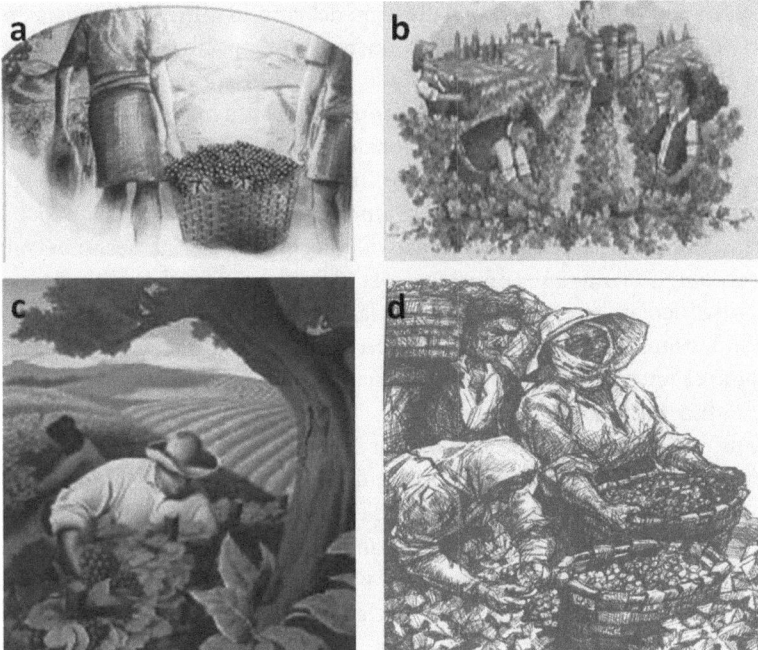

Fig. 11: Etiquetas de vino sobre la vendimia
Fuente: a) Bolsa de Comercio de Mendoza. b) Bodegas Vivaza. c) Bodegas Curtis. d) Bodegas Justo Aguado.

Conclusiones

Las etiquetas de las botellas de vino proporcionan valiosa información del producto. Además de nombrar el vino y saber la bodega donde se elabora, también se encuentran datos disponibles sobre el espacio geográfico de producción de las uvas, de las variedades empleadas para ello o algunas notas para realizar una cata correcta. El incluir toda esta información no es tarea fácil, pues el espacio disponible es limitado. Por ello, el lenguaje y el diseño, son dos elementos imprescindibles que se deben tener en cuenta cuando se planifica la etiqueta de cualquier producto y, en este caso, del vino. Sin embargo, no basta solo con un lenguaje y un diseño cualquiera, sino que hay que elaborar un mensaje que capte la atención del consumidor, pues estamos hablando de un sector en el que hay miles de marcas de vino en numerosas comarcas vitivinícolas extendidas por todo el mundo. Aquí entra en juego el marketing, pues se convierte en una técnica que tiene como fin mejorar la comercialización del vino, al mismo tiempo que persigue crear una marca territorial del producto de un espacio concreto. La amplia variedad de vinos ha dado lugar a diseños más vanguardistas y novedosos, los cuales pretenden mostrar una industria más moderna para llegar a nuevos mercados, frente a los tradicionales, que están destinados a consumidores más clásicos. Las etiquetas que reflejan los viñedos, las bodegas y las labores del campo, además de identificar un vino determinado, proporcionan valiosa información sobre el paisaje y esta actividad económica. Este hecho permite su uso como una fuente que contribuye a la identificación y al análisis de los paisajes vitivinícolas. Aquí entran en juego las etiquetas y la cartelería más antigua, pues muestran diseños de este paisaje en un momento histórico determinado, así como el actual, y que va a permitir compararlos, y por consiguiente, ver si se han producido cambios.

Al principio del trabajo se comenzaba diciendo que la etiqueta es mucho más que un papel pegado a una botella. Esta afirmación se ha podido comprobar a lo largo del texto, pues, además de cumplir la función que marca el correspondiente reglamento del etiquetado en la industria vitivinícola, así como el sanitario, se constituye como una expresión artística y literaria que contribuye a ensalzar un producto, el vino, así como su lugar de elaboración. El vino es importante, pero también cuenta el resto de componentes, entre ellos la etiqueta y el mensaje que transmite.

REFERENCIAS BIBLIOGRÁFICAS

BARBER, Nelson, Barbara A. ALMANZA y Janis R. DONOVA, (2006): «Motivational factors of gender, income and age on selecting a bottle of wine». *International Journal of Wine Marketing*, 18(3), 218–232.

BOUDREAUX, Claire A. y Stephen E. PALMER (2007): «A charming little Cabernet: Effects of wine label design on purchase intent and brand personality». *International Journal of Wine Business Research*, 19(3), 170–186.

DOMÍNGUEZ GÓMEZ, Eva María (2005): *Evolución gráfica de las etiquetas de vino en Extremadura desde 1970 hasta nuestros días.* Tesis Doctoral, Universidad de Extremadura.

ELLIOT, Statia y Joe BARTH (2014): «Crafting Brand Stories for New World Wine», in M. Harvey, L. White y W. Frost (eds.), *Wine and identity: branding, heritage, terroir.* London & New York, Routledge, 89–100.

GALLEGO Y GALLEGO, Antonio (1979): *Historia del grabado en España.* Madrid, Cuadernos Arte Cátedra.

GARCÍA CIFUENTES, Teresa (2012): «Cartel Anís del mono, 1898 Ramón Casas». *Museo del Traje*, Diciembre 2012, 1-16.

HUSILLOS GARCÍA, María Luz (2015): «Las etiquetas de vino como herramienta didáctica para la enseñanza de la Cultura Clásica en la LOMCE». *Thamyris, nova series: Revista de Didáctica de Cultura Clásica, Griego y Latín*, 6, 347-363.

LOCKSHIN, Lawrence y W. Timothy RHODUS (1993): «The effect of price and oak flavor on perceived wine quality». *International Journal of Wine Marketing*, Vol. 5 No. 2, 13-25.

LOCKSHIN, Lawrence y W. Timothy RHODUS (2003): «Consumer Purchasing Behaviour for Wine: What We Know and Where We are Going». *International Wine Marketing Colloquium*, Adelaide.

MARTÍNEZ UTRERA, Federico (2012): «El lenguaje visual de Anís del Mono como código pictórico en el arte del siglo XX». *Icono 14*, *10*(3), 326-345.

MONTES LAFUENTE, Jorge Javier (2014): *Carteles publicitarios de vinos y licores en La Rioja (1890-1950)*. Tesis Doctoral, Universidad de La Rioja.

MORENO LARA, María Ángeles (2014): «Representaciones multimodales de metáforas y metonimias en las etiquetas de vino de la D.O. CA. Rioja». *Revista española de lingüística aplicada*, *27*(2), 454-468.

QUINTAS FROUFE, Eva (2008): «Origen y proliferación de los concursos de carteles a principios del siglo XX: El concurso de la Perfumería FAL (1916)». *Área Abierta*, 21, 1-13.

RÍOS MOYANO, Sonia (2003): «Tradición vitivinícola, arte actual y diseño gráfico. Historia, arte e imagen de marca en etiquetas de vino». *Boletín de Arte*, 24, 363-392.

SALINERO CASCANTE, María Jesús y Sagrario María Pilar TRESACO BELIO, (2010): «La imagen mitológica del vino y de la vid como factor de innovación en las nuevas etiquetas de la Bodega Ontañón (DOC Rioja) », in M.T. Ramos Gómez, *El vino y su publicidad (Recurso electrónico): de la economía a la lingüistica*. Valladolid: Universidad de Valladolid, 1-18.

SÁNCHEZ, Sandra (2011): «In vino veritas: un análisis de las etiquetas de los vinos», *DeSignis: Publicación de la Federación Latinoamericana de Semiótica (FELS)*, 18, 45-55.

SCHNEPF, Randy (2003): *The International Wine Market: Description and Selected Issues (CRS Report for Congress RL32028)*. Washington, DC, Library of Congress.

SCHERMAN, S. y Tracy TUTEN (2011): Message on a bottle: the wine label's influence. *International Journal of Wine Business Research*, Vol. 23, Isuue:3, 221-234.

THOMAS, Art y Gary PICKERING (2003): «The importance of wine label information». *International Journal of Wine Marketing*, 15(2), 58–74.

TRESACO BELIO, María Pilar (2010): «La etiqueta de las botellas de vino. Bodegas del siglo XXI del Somontano», in M. Ibáñez Rodríguez (eds.), *Vino, lengua y traducción*. Valladolid, Universidad de Valladolid.

TRESACO BELIO, María Pilar y María Jesús SALINERO CASCANTE (2010): «Lengua e innovación en las etiquetas: Bodegas Florentino Martínez (DOCa RIOJA)», in M.T. Ramos Gómez, *El vino y su publicidad (Recurso electrónico): de la economía a la lingüística*, Valladolid: Universidad de Valladolid, 1–20.

Andrea Martínez Martínez

Figuras retóricas en las notas de cata de vinos

Resumen Dentro del mundo de la traducción especializada nos encontramos con el caso especial del lenguaje del vino y de la nota de cata. Este género textual tiene algunos rasgos particulares que el traductor debe conocer. Por esta razón, este estudio busca conocer, a partir de un corpus, el importante y esencial papel que desempeñan los recursos literarios en este género textual y cómo se comportan en inglés y en español, pues no se emplean las mismas figuras ni lo hacen con la misma frecuencia. Es decir, la nota de cata de vinos tiene sus propias peculiaridades en cada lengua.

Palabras clave: Figura retórica. Recurso literario. Nota de cata. Género textual. Vino.

Abstract Within the specialized translation, wine language and wine tasting notes can be found. This text genre has got specific features which the translator should know. For this reason, the present study is meant to let translators know the important and essential role of rhetorical figures within this text genre and how they behave in English and Spanish because the same literary figures do not necessarily appear and they do not occur with the same frequency. In other words, wine tasting notes have their own peculiarities in each language.

Key words: Rhetorical figure. Stylistic element. Tasting note. Text genre. Wine.

0. Introducción

La calidad de los vinos españoles cada vez es mayor y esto se manifiesta en el número creciente de exportaciones al mercado internacional en el que uno de sus mayores compradores es Estados Unidos. Para que el producto sea vendido en este país norteamericano, es imprescindible que se realice una labor de traducción correcta y adecuada. El traductor no solo tiene que conocer bien ambos idiomas, sino también ambas culturas, que, aunque comparten el amor por el zumo de la uva fermentado, tienen tras de sí importantes culturas que se ven reflejadas en todo tipo de textos y, en especial, en los textos del ámbito vitivinícola puesto que es un área de gran tradición costumbrista.

El gran entusiasmo que han despertado durante los últimos años los vinos españoles produce grandes movimientos económicos y turísticos que logran captar la atención del público internacional gracias a la labor que realizan los traductores para que estos productos traspasen las fronteras.

Uno de los géneros textuales que tiene impacto en el número de consumido-res que deciden comprar el producto es la nota de cata de vinos, pues es la carta de presentación del mismo y, probablemente, lo que va a hacer decantarse al con-sumidor por ese producto en lugar de otro. Por esta razón, el traductor debe dar la importancia que requiere a la labor de trasladar a la lengua meta y a la cultura extranjera tanto las características organolépticas del vino como la estrategia de *marketing* que quiere desarrollar la empresa.

1. Estado de la cuestión

En el presente estudio, se podrán observar las figuras retóricas que se emplean en el género textual de las notas de cata de vinos a través del análisis de varios ejemplos. Se parte de la definición de figura retórica para, a continuación, poder hacer el análisis deductivo dentro de este género textual. Para poder resolver posibles problemas de traducción, se analizan notas de cata en español y notas de cata en inglés. Por lo tanto, podremos descubrir las diferencias y las similitudes en el uso de recursos estilísticos dentro de estos textos.

El punto de partida es el Trabajo de Fin de Grado que realicé durante mis estudios de Grado en Traducción e Interpretación, en el que pude adentrarme en el ámbito de las notas de cata de vinos y donde se pudieron estudiar las figuras retóricas que aparecían en los textos.

El tema de las figuras retóricas en el mundo del vino ha sido abordado en dife-rentes ocasiones, pero nunca se ha tratado dentro del género textual de la nota de cata de vinos. Además, el recurso literario que más ha cautivado a los estudiosos es la metáfora que aparece como protagonista en numerosas investigaciones por su importancia dentro de la lengua del vino. Negro Alousque (2013) describe el uso de las metáforas y las metonimias en el mundo del vino y las relaciona con los campos semánticos de donde se toman. Suárez Toste (2009), igual que Fraile Vicente (2010), solo dan cabida a la metáfora, pues es la figura retórica más importante y más habitual en el género textual de las notas de cata de vinos. Sin embargo, como podemos observar, los estudiosos no se han ocupado del resto de figuras retóricas que aparecen en estos textos. Aunque el recurso más importante del mundo del vino sea la metáfora, también se emplean otros diferentes que no se han abordado en estudios y que es importante que el traductor sea consciente de su existencia y del papel que desempeñan dentro de este género textual.

Este trabajo pretende, junto con otros estudios próximos, conocer todas las características del género textual de la nota de cata de vinos. Aquí se trata uno de los rasgos más característicos del lenguaje del vino, que bien no se emplea de igual manera en todas las lenguas, pues no se usan las mismas figuras retóricas ni lo hacen con la misma frecuencia. Estas adaptaciones son las que diferenciarán una traducción sin más de una gran traducción o el hecho de conseguir un buen número de ventas. En resumen, se dedica espacio a la envergadura del papel que desarrollan las diferentes figuras retóricas.

2. Objetivos

El objetivo principal del presente estudio es averiguar qué figuras retóricas aparecen en el género textual de las notas de cata de vinos a partir de un corpus. Con el análisis de las notas de cata recogidas en el corpus, además del objetivo principal, también se busca dar solución a otras preguntas que conllevan unos objetivos secundarios. Por consiguiente, se pretende estudiar la frecuencia con la que aparecen cada una de ellas, además de las diferencias y las similitudes que hay entre las notas de cata españolas y estadounidenses.

Todos estos objetivos serán de utilidad para la figura del traductor, quien deberá tener en mente los resultados del presente estudio a la hora de hacer el trasvase de una lengua a otra para conseguir adecuar el texto a la cultura meta.

3. Metodología

En primer lugar, nos adentraremos en las definiciones que han aportado varios investigadores de las figuras retóricas y se estudiarán todas aquellas nociones que son necesarias para comprender el significado de las mismas.

Posteriormente, se creará un corpus. Este estará conformado por notas de cata en español de bodegas españolas y notas de cata en inglés de vinos estadounidenses que se han obtenido de las fichas técnicas de los productos. Estas fichas técnicas se pueden encontrar en las páginas web de las bodegas de dichos productos, por lo que están destinadas a la venta del producto.

Siendo este corpus la base de este estudio, se analizarán a través de un método descriptivo las notas de cata que se recogen en él para cumplir los objetivos que nos han llevado a realizar el presente trabajo. Se buscarán las figuras retóricas que aparecen en este género textual y la frecuencia con la que lo hacen.

4. Figuras retóricas en las notas de cata de vinos

Una de las características que más llama la atención de las notas de cata vinos es el uso de figuras retóricas. En un primer momento quizá no seamos conscientes de la cantidad de figuras literarias que conforman ese texto, pero que, al analizarlo, nos podemos sorprender con la diversidad y la frecuencia con la que aparecen.

A continuación, conoceremos qué se conoce como figura retórica y analizaremos una nota de cata en español y otra en inglés como ejemplos del trabajo de análisis realizado a partir del corpus compilado.

4.1. Definición de figura retórica

La figura retórica, también llamada «figura literaria» o «recurso estilístico», entre otros nombres, siempre ha estado ligada al lenguaje poético y a las obras literarias. Sin embargo, aparece en el lenguaje con más frecuencia de la que nos imaginamos, pues no solo se pueden encontrar en la literatura, sino que también son parte del lenguaje coloquial.

Para comprender la noción de figura retórica, es necesario conocer el concepto de lenguaje natural y lenguaje figurado. El lenguaje natural es la manera clara y simple de hablar, que conlleva la creación de textos planos y uniformes. En contraposición, encontramos el lenguaje figurado, es decir, la alteración artificial del lenguaje natural. Las figuras literarias son una manera y una técnica que hace posible la transformación del lenguaje natural en lenguaje figurado. Estos lenguajes tienen una serie de características que se contraponen las unas a las otras y que Todorov explica en *Literatura y significación* (Todorov, 1971: 214–221):

- Lógica / alógica: El lenguaje natural sigue una estructura lógica. Por lo tanto, el lenguaje figurado busca romper esta lógica en la estructuración del texto, por lo que su orden será alógico.
- Frecuente / poco frecuente: El lenguaje natural repite expresiones con gran frecuencia. Sin embargo, la frecuencia con la que aparecen las figuras retóricas es menor que el uso del lenguaje natural, aunque muchas de ellas han pasado a formar parte del lenguaje cotidiano.
- Indescriptible / descriptible: El discurso sin figuras que solo emplea el lenguaje natural es transparente y no aporta nada más de aquello que expresan las palabras, es decir, es un discurso que solo se hace entender pero que no aporta nada más de interés. El lenguaje figurado, por medio de los recursos literarios, vuelve opaco el discurso, tiene un carácter propio y distintivo y agrada en sí mismo.
- Neutro / valorizado defectuoso: Como se ha descrito anteriormente, a través del lenguaje natural se elaboran textos planos y neutros que su única finalidad es que se entiendan. El lenguaje figurado se aleja de esta función y se vuelve opaco, por lo que las figuras retóricas conllevan ventajas y añaden valor a los textos.

Ortega y Gasset, en su obra *El hombre y la gente* (1957: 242), define la figura como la desviación de la forma habitual de expresar ideas:

> El efectivo hablar y escribir es una casi constante contradicción de lo que enseña la gramática y define el diccionario, hasta el punto de que casi podría decirse que el habla consiste en faltar a la gramática y exorbitar el diccionario. Por lo menos y muy formalmente, lo que se llama ser un buen escritor, es decir, un escritor con estilo, es causar frecuentes erosiones a la gramática y léxico.

Lausberg (1960, 1961) estudia la lengua a través del ámbito de la retórica. Establece las partes en las que se divide un discurso y las particularidades de cada una de ellas. Las figuras retóricas se engloban dentro de la tercera parte llamada *Elocutio*, es decir, la formulación lingüística en la que se plasman todas las ideas obtenidas en las fases anteriores del discurso. Posteriormente, estas figuras retóricas se ordenan en la siguiente fase de creación del discurso llamada *Dispositio*.

Este autor también establece la diferenciación entre *ordo naturalis* y *ordo artificialis*. El primero tiene la función de transmitir claridad y que los oyentes crean el discurso que están escuchando, pero no puede cumplir la función del arte de la retórica, pues es un texto plano e inexpresivo sin ningún tipo de ornato o adorno. Por otra parte, el *ordo artificialis*, también conocido como *figura*, es la desviación de la manera habitual de hablar que se consigue a través de las reglas de arte y que expresa vida y afectos porque se aleja de la inexpresividad de la gramática.

Respecto a la clasificación de la gran cantidad de figuras retóricas que existen, podemos hallar diversos métodos de agrupación. En primer lugar, nos encontramos con la división realizada por McQuarrie y Mick (1993, 1996), quienes organizan los recursos literarios según tres niveles: la figuración en sí, los diferentes modos de figuración y las formas de organización retórica (citado en Calzada Pérez, 2008, p. 171).

Además, de esta clasificación, podemos encontrar muchas otras. Durante la investigación realizada para el presente estudio, las clasificaciones de García Barrientos y Mayoral nos han parecido las de mayor interés y utilidad. García Barrientos (2000) clasifica las figuras retóricas en cuatro grandes grupos según el plano del enunciado lingüístico al que afectan y Mayoral (1994) lo hace en seis categorías siguiendo el modelo teórico-analítico de Plett.

4.2. Análisis de las figuras retóricas empleadas en las notas de cata de vinos

Con el fin de conocer qué figuras retóricas se utilizan en el género textual de la nota de cata de vinos y la frecuencia con la que aparecen, se van a realizar los análisis de las notas de catas en español de bodegas españolas y en inglés de bodegas estadounidenses que conforman el corpus. Estas notas de cata se han obtenido de las fichas de cata que se pueden encontrar en las páginas web de las bodegas a las que pertenecen esos productos. A continuación, se van a mostrar dos ejemplos de análisis. En primer lugar, veremos el análisis de las figuras retóricas que aparecen en una nota de cata en español de un vino de España y, posteriormente, nos concentraremos en el análisis de los recursos literarios de una nota de cata en inglés de un vino estadounidense. Todos estos análisis se realizan para poder reunir el número de figuras retóricas que más aparecen y con qué frecuencia en ambas lenguas y en ambos países.

> Altanza Reserva Selección Especial
> NOTA DE CATA
> De color rojo rubí de capa media. En nariz ofrece un perfecto equilibrio entre los frutos negros maduros (regaliz, grosella) y sutiles especias de la madera (vainilla, cacao, suaves torrefactos). En boca es un vino fino y elegante, con suaves taninos y buena acidez, por lo que resulta meloso y extremadamente redondo.

La primera oración de esta nota de cata utiliza un lenguaje muy directo a través de la elipsis de parte de ella, pues solo está conformada por un sintagma preposicional. Es decir, faltaría el núcleo del sintagma nominal, el verbo y el sujeto. La elipsis es una figura retórica que se emplea en más ocasiones en este breve texto, pues se omite el sujeto. Este tipo de elipsis es muy habitual en la lengua española, sobre todo en el lenguaje coloquial. Por otra parte, en ambos paréntesis nos encontramos con el uso del asíndeton. Estos paréntesis contienen elementos de la misma categoría gramatical y del mismo nivel sintáctico, pero la única unión que se ve en el texto es una coma cuando el nexo lógico de unión sería la conjunción «y». El uso del asíndeton en estos casos nos lleva a pensar que también se trata de una ejemplificación puesto que no aparece el nexo que presenta al último elemento, por lo que sugiere que hay más elementos en esa misma categoría. Además, el segundo párrafo se caracteriza por el uso de la enumeración. Otra figura retórica que podemos encontrar en esta nota de cata es la anástrofe o alteración del orden lógico de las palabras sucesivas dentro de la misma oración. Aquí la podemos encontrar en *perfecto equilibrio, sutiles especias* o en *suaves taninos y buena acidez*. El orden lógico en español es un sustantivo seguido de un adjetivo que funciona como adyacente o complemento del primero.

Siguiendo con las figuras retóricas de alteración del orden, podemos encontrar en este texto el hipérbaton y el paralelismo (*En nariz…, En boca…*). Ambos recursos se emplean para que el lector no se pierda dentro de este breve texto y sea consciente de la fase de la cata en la que nos encontramos.

Sin embargo, los recursos literarios que más llaman la atención del lector son la metáfora y la personificación, ya que se repiten con asiduidad. Podemos indicar que aparecen las siguientes metáforas: *capa media, equilibrio, especias de la madera*. Como se puede observar, el autor recurre a diferentes campos semánticos para la descripción del vino como por ejemplo la arquitectura (*equilibrio*). La personificación se podría considerar una metáfora porque el autor conecta algunas cualidades del vino con las de las personas, pero nos parece más interesante especificar esta figura como personificación para ser más concretos en el análisis. Además, la personificación va a transmitir al lector que el vino no es un alimento más ni una bebida más, sino que es algo vivo y aporta vida al consumidor. Se describe a este vino como *fino y elegante* y es un producto que resulta *meloso*. En definitiva, tres adjetivos que se emplean para describir al ser humano, pero que en este caso se utilizan para donar personalidad a este vino. A través de estas metáforas, se pretende transmitir perfección, armonía, delicadeza, suavidad y ligereza.

Los términos *meloso* y *ofrece* son casos especiales. La palabra *meloso* proviene de miel, pero en este texto no tiene ninguna conexión con este alimento. De acuerdo con las definiciones que establece el DILE (Diccionario de la Lengua Española), meloso también significa dulce, amable, cariñoso, por lo que es una cualidad que no solo pertenece al ser humano, sino que también puede referirse a un ser vivo. Por esta razón, *meloso* puede considerarse una metagoge además de personificación. Por otro lado, el verbo ofrecer se define en el DILE como «Dicho de una cosa: Mostrar determinado aspecto» y como «Presentar y dar voluntariamente algo». A través de la personificación nos indica que el vino es algo vivo y con esta palabra nos está diciendo que el vino tiene muchas cualidades pero que voluntariamente está decidiendo aportarnos sus mejores cualidades. Esta idea también la podemos trasladar a la bodega. La bodega elabora varios vinos y con este en particular está entregando de forma voluntaria la perfección de este caldo a sus consumidores.

Según se ha visto en el ejemplo anterior, una palabra no solo puede estar relacionada con una figura retórica, sino que puede evocar a más de una idea y, por tanto, a más de un recurso estilístico. Esto ocurre también con la sinestesia. Es una figura muy frecuente entre los sentidos del gusto y del olfato, ya que distinguimos los sabores de los alimentos gracias al sentido del olfato. No obstante, también se pueden encontrar ejemplos entre otros sentidos. En este texto encontramos la sinestesia entre el sentido de la vista y del gusto por medio de *fino y elegante*, lo que nos indica que es un vino de alta gama, y la sinestesia entre el sentido del tacto y del gusto a través del adjetivo *suaves*.

Como bien se ha explicado, la metáfora y la personificación son las dos figuras literarias que más llaman la atención del lector por pertenecer a un lenguaje especializado, pero las dos figuras que tienen más importancia en este breve texto son la hipérbole y el énfasis. La razón de que adquieran tal importancia es la finalidad del texto. Este texto se escribe para vender el producto, por lo que se necesita ensalzarlo, y nos transmite la perfección de este vino a través de estos dos recursos literarios.

> 2013 Far Niente Estate Bottled Cabernet Sauvignon
> TASTING NOTES
> The 2013 Far Niente Cabernet Sauvignon presents dusty chocolate and black cherry aromas layered with subtle floral notes and oak. The entry is velvety and intense, revealing dark cherry and boysenberry notes married with toasted oak and light licorice. This is an elegantly structured wine with silkiness through the midpalate and a persistent, juicy finish. Deep, coating Oakville tannins ensure that this wine will age beautifully in the cellar.

Esta nota de cata tiene la particularidad de no tratar la fase visual de la cata, por lo que no da cabida al color del vino. Sin embargo, podemos encontrar *dusty chocolate*. Este sintagma se refiere a un aroma, pero se suele utilizar para denominar a una tonalidad de marrón. Por lo tanto, podría considerarse un doble sentido porque presenta uno de los aromas del vino pero que inconscientemente nos recuerda a una tonalidad.

Una de las figuras más importantes que encontramos en esta nota de cata es la metáfora: *layered, subtle, notes, entry, velvety, structured, silkiness, finish, deep* y *coating*. En muchas ocasiones, la personificación se trata dentro de la metáfora, pues es un tipo de metáfora en la que se establece una conexión entre un elemento y una persona. Como hemos dicho, la figura retórica más importante en esta nota de cata es la metáfora junto con la personificación, que podemos localizar en: *presents, revealing, married with, elegantly, ensure* y *age*. Podemos observar que la mayoría de los casos de personificación son formas verbales. Son verbos que denotan una voluntariedad por hacer algo, es decir, el vino tiene varias opciones pero elige realizar estas opciones. Entre los casos de personificación está el verbo *age*. Es una metáfora que puede remitir a una persona o a un ser vivo, por lo que además de personificación también se puede considerar una metagoge.

Otra figura literaria que encontramos es la sinestesia, en la que se confunden dos sentidos. *Velvety*, además de ser una metáfora, también es una metonimia, ya que es algo propio del sentido del tacto pero se trata en la fase de la boca o el gusto. Este mismo caso de confusión entre el sentido del gusto y del tacto lo hallamos en la palabra *silkiness*. Por otra parte, encontramos *elegantly*. Percibimos que algo es elegante a través de la vista, pero se trata de nuevo en la fase del gusto.

Además, también vemos la ausencia de algún nexo, lo que produce la creación de un asíndeton. Lo podemos encontrar en *persistent, juicy finish* y en *Deep, coating Oakville tannins.* En ambos ejemplos, la coma ocupa el lugar del nexo *and.* En esta nota de cata encontramos un caso especial de metonimia. Se trata de *Oakville tannins.* Oakville es una región vitivinícola de California (Estados Unidos). Aquí se trata a los taninos como si fuesen de esta región, pero en realidad son los taninos que se forman a partir de la crianza de las uvas que se recogen en Oakville o que se envejecen en Oakville.

Por último, esta nota de cata está destinada a la venta del producto, y esto se plasma en el texto a través de la figura retórica del énfasis, con la que se va a hacer hincapié en las buenas cualidades del producto: *intense* y *beautifully.*

5. Resultados

Con el fin de simplificar y facilitar la visibilidad de los resultados, se han realizado dos gráficos con las 15 figuras retóricas más frecuentes que se han encontrado en el corpus. Además, de esta forma resulta más fácil comparar las peculiaridades de este género textual en cada lengua respecto a este tema.

Gráfico 1. Figuras retóricas más empleadas en las notas de cata de vinos en español.

En el diagrama anterior podemos observar las 15 figuras retóricas que más aparecen en las notas de cata en español de vinos españoles. Sin embargo, no son todos los recursos literarios que se han encontrado, los cuales no son tan comunes y se ven con menos frecuencia.

Podemos afirmar que el lenguaje de las notas de cata es un lenguaje metafórico, pues está repleto de metáforas. La metáfora es la figura reina dentro de este género, seguida de la personificación, que, como bien hemos explicado antes, podría ser tratada como un tipo de metáfora. Podemos encontrar alguna metáfora en todos los textos en español del corpus y en más del 95% aparece alguna personificación. Vemos que se compara al vino con la persona para expresar que no es una bebida más ni un alimento más, sino que tiene vida y voluntad propia para aportarnos lo mejor de él.

Encontramos muchas enumeraciones y ejemplificaciones porque es un género descriptivo que nos explica aquello que vamos a sentir al probar el vino. Además, al ser un lenguaje subjetivo, encontramos la sinestesia, que está relacionada con los sentidos.

Otras figuras importantes dentro de este género textual y, sobre todo, dentro de esta tipología textual son aquellas que permiten ensalzar el producto, como la hipérbole o el énfasis, que nos dicen que ese es el mejor vino que vamos a encontrar y por esta razón lo debemos comprar. No olvidemos que la finalidad última de estos textos es la venta y un arma esencial para conseguirlo es el lenguaje.

Especial atención requieren las figuras literarias de la elipsis, el hipérbaton y la anáfora. Son muy frecuentes en las notas de cata en español gracias a la libertad de colocación de palabras dentro de una oración que existe en español y que, en otras lenguas, como por ejemplo el inglés, no existe.

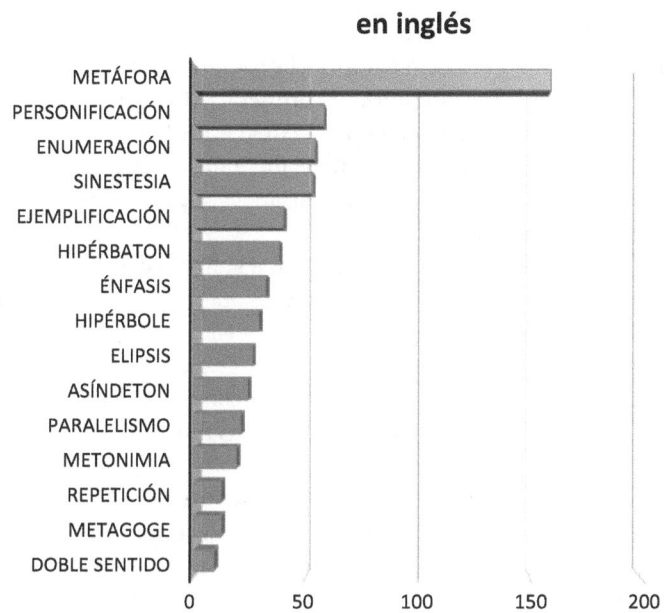

Resultados de las notas de cata en inglés

Gráfico 2. Figuras retóricas más empleadas en las notas de cata de vinos en inglés.

Si comparamos ambos gráficos vemos bastantes diferencias entre las figuras más empleadas en ambos idiomas y la frecuencia con la que lo hacen.

Las figuras que ocupan los dos primeros lugares son las mismas que en español: la metáfora y la personificación. Sin embargo, en la lengua inglesa se da más importancia a la enumeración y la ejemplificación.

Dos figuras retóricas que ganan espacio en inglés son la hipérbole y el énfasis respecto a las notas de cata en español. Estos resultados nos transmiten que para vender el producto en Estados Unidos hay que ensalzar más las cualidades del vino que en España.

Además, encontramos diferentes recursos literarios en inglés. Es muy importante, por ejemplo, el doble sentido, que con palabras como *brilliant* nos indican que un aspecto del color del vino pero que a su vez nos indican la buena calidad del mismo.

Conclusiones

Gracias a todos los análisis realizados a lo largo de este estudio, sabemos que nos encontramos ante un género textual especial y peculiar. Este mismo se encuentra repleto de figuras retóricas que quizás a primera vista no podemos encontrar. Antes de un análisis exhaustivo de estos textos, un traductor no es consciente de la cantidad de figuras retóricas que tiene una nota de cata de vinos, de la frecuencia con la que aparecen ni de la importancia que tienen para cumplir con excelencia el proceso comunicativo.

Con este estudio se ha pretendido trasladar a la figura del traductor la importancia que conlleva el hecho de analizar el texto antes de hacer el trasvase a otra lengua y la repercusión de la cultura que todas las palabras reflejan en él. Por eso, se ha visualizado la frecuencia, cantidad y relevancia de las figuras retóricas dentro de las notas de cata de vinos que ante muchos ojos pasan desapercibidas, pero que sin ellas, el texto no cumpliría las mismas funciones ni finalidades y no llegarían de la misma manera al lector.

La conclusión que más peso tiene no solo dentro del género textual de las notas de cata de vinos sino también dentro del lenguaje del vino es la lexicalización que han sufrido algunos recursos literarios como la metáfora o la personificación. Es decir, esas palabras que en un origen se han tomado de otros campos semánticos para expresar una idea propia del vino al final se han convertido en léxico del vino, cuyo significado no se entendería de otra manera. Un ejemplo claro lo tenemos en la palabra *redondo*. No significa que el vino tenga una forma circular, sino que gracias al equilibrio y armonía de todas sus propiedades (acidez, taninos, alcohol, etc.) nos parece que abarca toda nuestra boca, nos llena la boca de sabor, de donde evoca la forma circular.

Además, todos los elementos dentro de un texto tienen algo implícito, ya sea la finalidad, la intencionalidad o la función, lo que es muy importante que tenga en cuenta el traductor para conseguir lo mismo que se busca en el texto original. Todas las figuras retóricas plasman esto, pues no solo cumplen unas funciones dentro del texto y tienen unas características específicas, sino que enriquecen el texto para hacer que se cumpla la finalidad de este. Por otra parte, los diferentes tipos de figuras retóricas no aparecen con la misma frecuencia en inglés y en español, pues su uso está impulsado por un trasfondo cultural, por lo que el traductor tendrá que adecuar el uso de las figuras a los recursos estilísticos más convenientes de la cultura meta.

En resumen, las figuras retóricas son parte esencial dentro del lenguaje del vino y, en especial, de las notas de cata. Asimismo, el azar no existe dentro de un texto y aún menos dentro de un producto, pues juegan un papel primordial la finalidad con la que se escribe ese texto, la cultura y el márquetin. Es decir, nada es fruto del azar.

Referencias bibliográficas

Calzada Pérez, María (2008): «La recepción de las figuras retóricas de textos publicitarios: una experiencia orientada a la enseñanza / aprendizaje del alumnado de traducción» [consulta en línea: https://www.raco.cat/index.php/QuadernsTraduccio/article/viewFile/105034/131327; 11/02/2019]. *Quaderns: Revista de traducció, 15,* 169–186.

Carrasco, Iván y Claudia Rodríguez (1984): «Glosario mínimo de figuras retóricas» [consulta en línea: http://www.humanidades.uach.cl/documentos_linguisticos/docannexe.php?id=810; 04/02/2019]. *Documentos Lingüísticos y Literarios, 10,* 103–110.

Fraile Vicente, Esther (2010): «La traducción de las metáforas del vino». En Ibáñez Rodríguez, M. [et al.] (ed.) *Vino, lengua y traducción.* Universidad de Valladolid, Secretariado de Publicaciones e Intercambio Editorial, 141–173.

García Barrientos, José Luis (2000): *Las figuras retóricas. El lenguaje literario 2.* Madrid, Arco Libros S.L.

Lausberg, Heinrich (1966): *Manual de retórica literaria. Fundamentos de una ciencia de la literatura. Tomo I.* Madrid, Editorial Gredos.

Lausberg, Heinrich (1967): *Manual de retórica literaria. Fundamentos de una ciencia de la literatura. Tomo II.* Madrid, Editorial Gredos.

Mayoral, José Antonio (1994): *Figuras retóricas.* Editorial Síntesis.

Mortara Garavelli, Bice (1991): *Manual de retórica.* Madrid, Ediciones Cátedra.

Muñoz Rico, Ítalo Nelson (2007): «Las técnicas de traducción y las figuras literarias en la traducción al español de *Mémoires d'Hadrien*» [consulta en línea: http://bibliotecadigital.univalle.edu.co/bitstream/10893/2790/1/Rev.%20Lenguaje%2CNo.35%2CNo2%2Cp.167-196.pdf; 04/02/2019]. *Lenguaje,* 35(2), 167–196.

Negro Alousque, Isabel (2013): «El lenguaje del vino a través de las notas de cata y la publicidad» [consulta en línea: http://sel.edu.es/rsel/index.php/revista/article/view/112; 06/02/2019]. *Revista Española de Lingüística,* 43(2), 151–176.

Ortega y Gasset, José (1957): *El hombre y la gente.* Madrid: Alianza Editorial.

Suárez Toste, Ernesto (2009): «Lenguaje y comunicación en el vino: Aciertos y errores» [consulta en línea: https://www.academia.edu/16984688/

LENGUAJE_Y_COMUNICACIÓN_EN_EL_VINO_Aciertos_y_Errores; 03/02/2019]. *Vinaletras*, 2, 77–87.

TODOROV, Tzvetan (1971): *Literatura y significación* (1a edición). Barcelona: Editorial Planeta.

Corpus de notas de cata en español

3 ELEMENTOS: *3 ELEMENTOS 2014* [consulta en línea: https://3elementos.es/web/elaboracion/; 18/03/2019].

BODEGAS ALTANZA: *Altanza Selección Especial* [consulta en línea: http://bodegasaltanza.com/es/lealtanza/81-altanza-seleccion-especial.html; 19/03/2019].

BODEGAS ALTANZA: *Sorolla Reserva 2010* [consulta en línea: http://bodegasaltanza.com/es/coleccion-artistas/104-sorolla-reserva-2010-estuche-madera.html; 19/03/2019].

BODEGAS MUGA: *Flor de Muga Rosé 2017* [consulta en línea: https://www.bodegasmuga.com/flor-de-muga/; 19/03/2019].

BODEGAS MUGA: *Torre Muga 2015* [consulta en línea: https://www.bodegasmuga.com/esp/los_vinos/pdfs/muga-torremuga-2015-esp.pdf; 19/03/2019].

BODEGAS NAIA: *K-Naia 2018* [consulta en línea: http://www.avanteselecta.com/wp-content/uploads/2015/05/FT_K-Naia_18.pdf; 19/03/2019].

BODEGAS PEÑAFIEL: *Alma Serena Barrica* [consulta en línea: https://www.bodegaspenafiel.com/vinos/alma-serena/alma-serena-barrica/30/es; 19/03/2019].

BODEGAS RAMÓN BILBAO: *Crianza 2016* [consulta en línea: https://tienda.bodegasramonbilbao.es/media/fichas_cata/ficha-cata-ramon-bilbao-crianza-2016.pdf; 16/03/2019].

BODEGAS RIOJANAS: *Monte Real 125 aniversario Edición Limitada Reserva* [consulta en línea: http://bodegasriojanas.com/es/vinos/monte-real-125-aniversario-edicion-limitada.html; 16/03/2019].

BODEGAS SOLORCA: *Viña Solorca Barrica* [consulta en línea: http://www.bodegassolorca.com/fichas/solorca_barrica.pdf; 14/03/2019].

CUNE: *Cune Ribera del Duero 2016* [consulta en línea: https://www.cvne.com/wp-content/uploads/2006/06/CUNE-Roble-2016-esp.pdf; 14/03/2019].

CUNE: *Cune Rosado 2015* [consulta en línea: https://www.cvne.com/wp-content/uploads/2003/06/CUNE-ROSADO-2015-esp.pdf; 14/03/2019].

DOMINIO DE TARES: *Baltos 2016* [consulta en línea: https://www.dominiodetares.com/wp-content/uploads/2019/05/Baltos-2016-Ficha-técnica-ES.pdf; 14/03/2019].

EMILIO MORO BODEGAS: *Finca Resalso 2018* [consulta en línea: https://www. emiliomoro.com/wp-content/uploads/2018/01/FR18_NAC.pdf; 16/03/2019].

ENATE: *Rosado Cabernet Sauvignon 2018* [consulta en línea: https://www. enate.es/wp-content/uploads/2016/07/ENATE-Rosado-2018-etiqueta.pdf; 19/03/2019].

FINCA VALPIEDRA: *Cantos de Valpiedra 2015* [consulta en línea: http://www. fincavalpiedra.com/wp-content/uploads/2019/01/CantosValpiedra15_ESP. pdf; 19/03/2019].

GRUPO BODEGAS PALACIOS: *Caserío de Dueñas Verdejo Superior 2017* [consulta en línea: http://www.grupobodegaspalacio.es/media/114612/caserio-dedueñas-verdejo-superior-2017.pdf; 18/03/2019].

GRUPO BODEGAS PALACIOS: *Cosme Palacio Blanco Crianza 2016 Vendimia Seleccionada* [consulta en línea: http://www.grupobodegaspalacio.es/ media/143330/cosme-palacio-blanco-vendimia-seleccionada-2016.pdf; 18/03/2019].

GRUPO BODEGAS PALACIOS: *El Secreto 2015* [consulta en línea: http://www. grupobodegaspalacio.es/media/114610/el-secreto-2015.pdf; 18/03/2019].

LUIS CAÑAS: *Reserva Selección de la Familia* [consulta en línea: https:// www.luiscanas.com/blog/wp-content/uploads/2014/09/familia-lc-es.pdf; 16/03/2019].

MARQUÉS DE CÁCERES: *Crianza 2015* [consulta en línea: https://www. marquesdecaceres.com/wp-content/uploads/2017/08/FT-CRIANZA-2015-ES.pdf; 18/03/2019].

MARTÍNEZ LACUESTA: *Tinto Cosecha 2016* [consulta en línea: http://www. martinezlacuesta.com/wp-content/uploads/2018/06/cosecha-tinto-2016.pdf; 16/03/2019].

SANTALBA: *Santalba Viña Hermosa Rosado* [consulta en línea: https://www. santalba.com/files/Santalba-VH-Rosado.pdf; 16/03/2019].

TRITIUM: *Tempranillo* [consulta en línea: https://tritium.es/wp-content/ uploads/2019/05/tempranillo_es-1_compressed.pdf; 19/03/2019].

TRITIUM: *6 meses* [consulta en línea: https://tritium.es/wp-content/uploads/ 2019/05/Tritum_6meses_ok_es-1_compressed.pdf; 19/03/2019].

VIÑA MAYOR: *Gran Reserva 2009* [consulta en línea: http://www.vina-mayor.es/ media/1016/viña-mayor-gran-reserva-2009.pdf: 18/03/2019].

VIÑA POMAL: *Selección 500* [consulta en línea: http://vinapomal.com/common/ project/img/pdf/vp_seleccion_500_es.pdf; 19/03/2019].

Corpus de notas de cata en inglés

ANDREW WILL: *2012 Sorella* [consulta en línea: http://www.andrewwill.com/home/wines/2012-sorella; 15/03/2019].

BEAUX FRÈRES: *2013 Vintage Pinot Noirs* [consulta en línea: https://static1.squarespace.com/static/59baa675b1ffb6108f53f3bf/t/59cd2fcf29f1874e542 00a81/1506619363813/2013_Back_Flyer_black_%281%29.pdf; 15/03/2019].

BERAN WINES: *2013 Beran Sonoma County Zinfandel* [consulta en línea: https://beranwines.com/wines/#2013-sonoma-county-zinfandel; 18/03/2019].

BURGESS CELLARS: *2013 Merlot* [consulta en línea: https://shop.burgesscellars.com/assets/images/products/media/13_Merlot.pdf; 18/03/2019].

BURGESS CELLARS: *2016 Chardonnay* [consulta en línea: https://shop.burgesscellars.com/assets/images/products/media/Burgess_techsheets_2016Ch.pdf; 15/03/2019].

CARNE HUMANA WINES: *2015 Carne Humana White Wine* [consulta en línea: https://carnehumanawines.com/wp-content/uploads/sites/4/2015/06/Carne-Humana-White-2014-Tech-Sheet.pdf; 16/03/2019].

CHATEAU ST MICHELLE: *2015 Impetus* [consulta en línea: https://factsheets.wine/2015-csm-impetus-3345; 15/03/2019].

FAR NIENTE: *2013 Far Niente Estate Bottled Cabernet Sauvignon* [consulta en línea: https://farniente.com/wp-content/uploads/2015/10/FN_13Cab_Notes.pdf; 19/03/2019].

FAR NIENTE: *2014 Far Niente Estate Bottled Chardonnay* [consulta en línea: https://farniente.com/wp-content/uploads/2015/12/FN_14Chardonnay_Notes.pdf: 19/03/2019].

FLOWERS WINERY: *DZ Vineyard* [consulta en línea: https://www.flowerswinery.com/wp-content/uploads/2016-DZ-PN.pdf; 15/03/2019].

FRANCIS FORD COPPOLA WINERY: *2013 Archimedes* [consulta en línea: https://ffcp.s3.amazonaws.com/fcw/wine/archimedes/trade/2013/13_Archimedes_FS2.pdf; 14/03/2019].

KLINKER BRICK WINERY: *2015 Rosé Blend* [consulta en línea: https://www.klinkerbrickwinery.com/About-our-Wines; 14/03/2019].

MINER FAMILY WINERY: *2016 Pinot Noir Rosella's Vineyard* [consulta en línea: https://minerwines.com/wp-content/uploads/2018/04/16Rosellas.pdf?x20247; 16/03/2019].

MINER FAMILY WINERY: *2017 Rosato Mendocino* [consulta en línea: https://minerwines.com/wp-content/uploads/2019/03/18Rosato.pdf?x20247; 16/03/2019].

NEWTON VINEYARD: *2015 Knights Valley Chardonnay* [consulta en línea: http://www.newtonvineyard.com/wp-content/uploads/Nwt-15-KV-Chard.pdf; 18/03/2019].

NEWTON VINEYARD: *2015 Yountville Cabernet Sauvignon* [consulta en línea: http://www.newtonvineyard.com/wp-content/uploads/Nwt-15-Yountville-CabSauv. pdf; 18/03/2019].

PFENDLER VINEYARDS: *2014 Rosé of Pinot Noir* [consulta en línea: http://pfendlervineyards.com/wines/; 15/03/2019].

RAVENSWOOD WINERY: *2016 Old Vine Zinfandel* [consulta en línea: https://products.bottlecollective.com/assets/images/products/media/Ravenswood-2016-Lodi-Old-Vine-Zinfandel-Tasting-Notes.pdf; 19/03/2019].

RAVENSWOOD WINERY: *Besieged 2014 Sonoma County* [consulta en línea: https://products.bottlecollective.com/assets/images/products/media/Ravenswood-2014-Besieged-Tasting-Notes.pdf; 19/03/2019].

RAYMOND VINEYARDS: *2013 Generations Napa Valley Chardonnay* [consulta en línea: https://s3.amazonaws.com/boissetfamilyestates-assets/pdfs/tech-sheets/Raymond_Generations_2013_Chardonnay.pdf; 18/03/2019].

RUTHERFORD RANCH: *2016 Predator Cabernet Sauvignon* [consulta en línea: https://s3-us-west-1.amazonaws.com/kraftwerk-rutherford/trade/tech-sheets/Predator/Predator-2016-Cab.pdf; 14/03/2019].

WENTE WINEMAKERS: *Artisan White* [consulta en línea: https://wentevineyards. com/uploads/documents/general/WMS-Artisan-White-2017-Winemaker-Notes.pdf; 16/03/2019].

WENTE WINEMAKERS: *n^{th} Degree 2016 Merlot* [consulta en línea: https://wentevineyards.com/uploads/documents/general/ND-Merlot-2016-Winemaker-Notes-1.pdf; 16/03/2019].

WILLIAM HILL ESTATE WINERY: *2015 Central Coast Pinot Noir* [consulta en línea: https://s3.amazonaws.com/content.williamhillestate.com/production/s3fs-public/2018-08/2015_Central_Coast_Pinot_Noir_Tasting_Notes.pdf; 18/03/2019].

Laura Barahona Mijancos

Las características intrínsecas del anuncio impreso de vinos

Resumen El presente artículo pretende estudiar el anuncio genérico-marquista de vinos impreso, publicado en revistas semiespecializadas. Tras comentar cómo se crea este tipo textual, se presentan sus elementos intrínsecos, es decir, aquellos que lo convierten en el texto que es. Por un lado, el plano lingüístico; y, por otro, el plano extralingüístico, ya que entre ellos se crea una sinergia tan especial que se logra el objetivo de todo texto publicitario: apelar la atención del consumidor. No obstante, la incógnita que se pretende resolver es la siguiente: ¿qué elemento utiliza el campo de la vitivinicultura para conquistar al posible comprador?

Palabras clave: Texto. Publicidad. Anuncio. Vino.

Abstract The present article aims at studying those advertisements that publicize specific wines of a brand in semi-specialized magazines. After explaining how these texts are created, the intrinsic elements are presented. On the one hand, they are studied at the linguistic level; and, on the other, at the extralinguistic one. The combination of both levels is able to produce such special synergy to achieve the main goal of all advertising texts: to appeal the target group. However, the question that pretends to be answered is: which is the main element used in the field of viniculture to attract the possible consumer?

Key words: Text. Publicity. Advertisement. Wine.

0. Introduccción

El vino en nuestro país juega un papel importante. España es el tercer productor mundial, después de Italia y Francia. Se caracteriza por sus 12 regiones de producción, en las que cuenta con 69 DO, siendo dos de ellas DOCa (Rioja y Priorato). En total, son unas 4600 bodegas productoras en todo el país, que cultivan alrededor de 600 variedades de uva.

El estudio Nielsen 2011 concluyó con un nivel de consumo en mínimos históricos y la pérdida de valor debido a la bajada de precios. No obstante, la tendencia ha ido al alza y, en 2018, según un estudio OEMV-Nielsen el 60% de la población española se declaró consumidor de vino (22.454.740 personas) gracias a campañas publicitarias más eficaces, con anuncios impactantes y de calidad.

De hecho, Rouzet y Seguin (2005: 30) en su obra *El marketing del vino. Saber vender el vino.*, publicada en 2005, afirmaban lo siguiente:

La gestión del marketing es imprescindible en las entidades vitivinícolas. No va a contar con presupuestos significativos...pero será cada día más importante en la búsqueda de una eficiencia en el mercado.

Así, es esencial conocer uno de los medios publicitarios de gran impacto comercial: los anuncios en revistas semiespecializadas.

1. Marco teórico:

Como muy bien dice Isabel García Izquierdo (2000: 23): «Cualquier manifestación del lenguaje, del tipo que sea, solo puede ser abordada y analizada desde la lingüística»

Nosotros hemos analizado una serie de textos pertenecientes al campo de la publicidad impresa del vino. Y tras analizar todas las características de nuestros anuncios, consideramos que se parte de un todo (el texto) para poder estudiar las partes (en este caso, cada elemento). Así, debemos encuadrar nuestro trabajo en la lingüística textual, que sería la ciencia que se encarga directamente del análisis del discurso.

Es difícil encontrar una definición unívoca para el concepto de texto o discurso. Una vez analizadas diversas definiciones de texto (Halliday y Hasan (1976), Beaugrande y Dressler (1981), Bernárdez (1982), Van Dijk (1989), Nord (1991)), hacemos nuestra la definición aportada por López Alonso & Seré:

> El texto es un objeto lingüístico empírico y un producto social; en tanto que objeto lingüístico, es una unidad verbal autónoma con forma propia, contenido específico y una organización y un funcionamiento interno determinados; como producto social, es una unidad de comunicación mediatizada por la interacción de sus dimensiones psicológica, social e histórica. (López Alonso & Seré, 2001: 16)

Como objeto lingüístico, el texto se rige por una serie de principios conocidos como los 7 Estándares de Textualidad proporcionados por Beaugrande y Dressler. Estos principios son los siguientes: informatividad, aceptabilidad, situacionalidad, intencionalidad, intertextualidad, coherencia y cohesión. Y todo texto debe respetarlos para ser considerado como tal. Es la intertextualidad la cualidad que nos permite clasificar los textos en diferentes categorías.

2. El proceso de creación del anuncio impreso en revistas

El anuncio genérico-marquista de vinos pertenece a la tipología de la publicidad. Pero, ¿qué es la publicidad?

Una vez consultadas las definiciones aportadas por expertos en la materia: Ogilvy (1983), Bassat (1994), Marcos González (1998), Hervás Fernández

(1998), Bueno García (2006), Robin Landa (2004, 2011), Ferraz Martínez (2011), nosotros entendemos la publicidad como un producto creativo del estudio de mercado que pretende convencer y persuadir al receptor para que compre un producto (por medio de los anuncios) o cambie de opinión (por medio de la propaganda) y que se emite en los diferentes medios de comunicación, desde la prensa, la radio o la televisión hasta Internet, las vallas publicitarias y otros medios alternativos. Para nuestro caso, un producto creativo, fruto del estudio del mercado vitivinícola, que pretende convencer al consumidor de que compre un vino en particular.

Puede parecer que el proceso publicitario no es de gran interés dentro de la presente investigación, pero el desarrollo de un anuncio está vinculado a una serie de pasos que le hacen ser tal cuál es. Por lo tanto, la siguiente pregunta es de vital importancia: ¿cómo se crean los anuncios de vinos?

El primer paso sería el briefing o estudio de mercado. Esta fase es de suma importancia puesto que analiza al futuro receptor o target group.

Una vez analizado el público objetivo para el cual se dirige la campaña, se establece una estrategia. Las técnicas utilizadas en esta etapa se pueden resumir en tres tipos: publicidad por simpatía, publicidad por repetición y publicidad por argumentación. Dichas estrategias se verán desarrolladas en la siguiente fase: la creatividad. El grupo creativo elabora un boceto (o lay-out en el caso de la publicidad impresa). En la fase de diseño, se decide el orden de los elementos gráficos: la tipografía, el logotipo, la marca…

En la siguiente fase, se materializan de forma visual las etapas anteriores y se da paso a la etapa final: la producción.

Beltrán Onofre (2002: 58), en su trabajo de investigación para la obtención del DEA, distingue en la producción tres tipos de anuncios:

- Anuncios genéricos.
- Anuncios de marca o marquista.
- Y, anuncios genérico-marquistas, es decir, aquellos que promocionan un producto de una marca específica, pero que va acompañado de un logotipo que indica que pertenece a un determinado grupo u origen. Este último tipo es el objeto de análisis de nuestro trabajo.

Esta producción puede ser gráfica o audiovisual, dependiendo del medio y el soporte en el que se desarrolle. En concreto, y basándonos en la clasificación realizada por Cruz García para su tesis doctoral, el anuncio genérico-marquista de vinos se produciría en el medio denominado prensa, en el soporte revistas y tomaría forma de anuncio de marca.

Finalmente, y antes de pasar al siguiente punto, es esencial no olvidar una tarea muy importante durante todo el proceso publicitario. Se trata de la labor de investigación y documentación, que es permanente e imprescindible a lo largo de toda la campaña y que marcará el impacto del anuncio de manera positiva o negativa. Y mucho más en tiempos de crisis, debemos recurrir a lo que Luis Bassat (2011) llama *Inteligencia comercial*, es decir, «la suma de muchas inteligencias con un único objetivo: vender algo a alguien». Compartimos con Bassat la afirmación de que lo importante para una marca es ser incluida en la «short-list» o lista preferida por los clientes. Él mismo compara la relación entre producto-cliente de manera familiar con las relaciones humanas, cuando dice «conservar un cliente contento es como conseguir una esposa feliz. Has de decirle que la quieres todos los días».

Y es aquí donde entra el anuncio impreso en revistas. Valores como el saber hacer, la calidad, la artesanía, etc. deben ser canalizados en el texto para atrapar al lector y seducirle para que adquiera el vino publicitado.

Y para conseguir esto, hay que conocer bien cuáles son las características del anuncio impreso.

3. Caracterización del anuncio genérico-marquista de vinos

Como hemos dicho antes, la principal distinción de este anuncio es el formato, pero también es importante indicar que se ve limitado por su dimensión (desde una pequeña fotografía en la página hasta una o dos páginas de la revista) a la hora de distribuir sus elementos.

Cruz García (2001: 59–60) analiza las características del anuncio impreso en revistas, diciendo que:

> Las principales características de los anuncios impresos en revistas y diarios son, por una parte, que deben lidiar con el espacio y, por otra, que poseen una estructura general que consta de una serie de elementos que son, básicamente, el título, el cuerpo del texto, la ilustración y el logotipo. …y que presentan al lector **la posibilidad de volver al anuncio en cualquier momento de forma voluntaria**[1].

Pero, ¿qué rasgos caracterizan al anuncio genérico-marquista de vinos? Dentro del grupo de investigación reconocido Gentt, García Izquierdo, Monzó y el resto de componentes establecen los siguientes conceptos a la hora de hablar de un género específico: género, sistema de géneros, colonia de géneros,

---

1 En la obra original, no hay negrita.

macroestructura, contexto de producción, coherencia, registro, ideología e intencionalidad pragmática.

Al género en cuestión lo hemos denominado anuncio genérico-marquista de vinos en formato impreso. Este género pertenece al sistema de géneros conocido como publicidad y que se relaciona con una colonia de géneros determinada: los géneros de propósitos apelativos. Consta de una macroestructura que se compone de titular o encabezado, imagen, cuerpo de texto, foto o instantánea del producto y firma. Su contexto de producción es la revista especializada de vinos.

El anuncio genérico-marquista de vinos es coherente consigo mismo y con su entorno, pudiéndose distinguir entre su coherencia local (es decir, la vinculación de elementos verbales con los elementos no verbales y viceversa) y su coherencia global (ya que todos giran en torno al vino).

Finalmente, se desarrolla en un registro formal o semiformal y se caracteriza por una ideología principalmente consumista (fruto de la sociedad capitalista en la que vivimos en Occidente). Así, tiene una intencionalidad pragmática muy clara: persuadir y convencer al receptor para que compre el vino en cuestión.

4. Elementos del anuncio impreso en revistas:

Son muchos los autores que hablan de los elementos del anuncio impreso. Por ejemplo, teniendo en cuenta el espacio, Reinn especifica la función de cada elemento proporcionando porcentajes de su extensión.

– Título
– Cuerpo de texto
– Imagen
– Logotipo
– Subtítulos y pies de foto

Robin Landa (2011: 234) también describe los elementos del anuncio impreso, aunque lo hace de una manera más sencilla y no determina la extensión de estos.

– Titular o encabezado
– Cuerpo de texto
– Imagen
– Instantánea del producto
– Eslogan
– Firma

Ambos autores hacen hincapié en que no siempre todos los elementos aparecen, aunque la tendencia tiende al menos a combinar mensaje lingüístico con mensaje iconográfico. Y la pregunta es, ¿qué va primero el texto o la imagen? El orden no es lo importante, lo que realmente importa es la sinergia que se produce entre los elementos verbales y los elementos no verbales. Nosotros estudiaremos este punto en la última parte de nuestro análisis, dedicado al plano textual.

En el plano lingüístico y siguiendo la clasificación de Gloria Hervás Fernández, son tres los elementos predominantes del anuncio impreso en revistas: titular o eslogan, cuerpo de texto y pie o cierre. Sin embargo, hay que añadir un elemento muy importante dentro de los anuncios de vinos: la firma.

Dentro del plano extralingüístico, analizaremos qué elementos conforman la imagen siguiendo a Juan Rey (1992: 101–119) que considera tres planos:

- Escenario en el que se inserta la mercancía, dentro del cual nosotros estudiaremos el color de fondo y los lugares que aparecen acompañando al texto.
- Objetos que circundan la mercancía.
- Sujetos que se relacionan con la mercancía.

Y, finalmente, para analizar el plano textual analizaremos tres puntos: en el primero, hablaremos de los elementos intratextuales, destacando las partes esenciales que componen el tipo textual que nos abarca; en el segundo, hablaremos de los elementos extratextuales, específicamente del emisor y el receptor para los cuales se crea el texto objeto de estudio; y, en último lugar, analizaremos la función que se consigue al combinar la imagen y el texto. Para ello, seguiremos la clasificación de Ferraz Martínez (2011: 22–25), que subordina el texto a la imagen y distingue cinco funciones:

1. Función de intriga
2. Función identificadora
3. Función localizadora o de "anclaje"
4. Función complementaria
5. Función de trasgresión del código esperado

La relación que establece la imagen con el texto es fundamental para que el texto sirva a la intención para la que es creado: suscitar interés por el vino anunciado y venderlo.

5. Análisis de los elementos verbales

5.1. Titular

Dentro del plano fonético, no hay gran presencia de recursos, aunque el recurso más utilizado es la aliteración, especialmente en inglés.

En el plano morfosintáctico, la construcción más utilizada es la nominal (incluyendo aquí también las ampliaciones de los sintagmas nominales). Algunos ejemplos son *Oro verde, Our gift from the land, Ibéricos, Santa Cristina-family portrait*. No destaca ningún tipo de oración en concreto. Sin embargo, ambas hacen buen uso de adjetivos, tanto sustantivados como posesivos y de artículos tanto definidos como indefinidos.

Dentro del plano léxico-semántico, la característica más acusada es el extranjerismo. Vean algunos ejemplos en la pantalla. Tampoco falta en ambos idiomas el uso de frases consagradas tales como *¿La oveja negra?, Continuará, Nature is wise o More than just good looks.*

Finalmente, dentro del plano retórico, encontramos variedad de recursos, entre los que merece la pena destacar: la anadiplosis, la paradoja, los símiles, la metáfora, la metonimia y, especialmente, la personificación.

5.2. Cuerpo

Dentro del cuerpo de texto del anuncio genérico-marquista de vinos en su versión impresa, encontramos algunos rasgos distintivos.

Dentro del plano fonético, la repetición es un recurso muy acusado. Por ejemplo, «…**Tiempo para** madurar, **tiempo para** reposar y tentar a la longevidad con un albariño que nace para hacerse grande».

En el plano morfosintáctico, encontramos diferentes construcciones que se repiten, pero la más pronunciada es la oración enunciativa. La aseveración sirve para reafirmar sus características. Proporciona firmeza y seguridad: «Te presento a un gran amigo».

Respecto al uso de los adjetivos, podemos observar adjetivos en grado comparativo o superlativo, tanto en valor relativo como absoluto: «Could there be a better visión than that?». Se repiten estructuras como «the most sought», «the finest tempranillo», etc. Y la presencia de adjetivos posesivos también es relevante.

Por otro lado, es notable la presencia de adverbios de modo (especialmente en anuncios en lengua inglesa). Esto nos indica la intención de explicar el proceso de elaboración y/o consumo del producto publicitado. Tenemos wildly, incredibly, exceptionally, ultimately, uniquely…

Dentro del plano léxico-semántico, el extranjerismo sigue siendo el único recurso digno de mención. Por ejemplo, el galicismo "terroir" se reitera.

Finalmente, dentro del plano retórico, sí encontramos una amplia variedad de recursos, aunque tampoco son especialmente recurrentes. Alrededor del 50% de los anuncios se vale de uno u otro para embellecer el plano lingüístico del cuerpo de texto. Cabe destacar la repetición de algunos de ellos:

- La comparación o símil en los anuncios en español. "Como no hay otro"
- La metáfora, incluida con la misma frecuencia en ambas lenguas. "vino del mar"
- Los metonimia, más presente en inglés (16%) que en español (6%). "every glass" o "auténticos riojas"
- La enumeración, cuya presencia es más acusada en español (16%) que en inglés (6%): "Su aroma floral y afrutado, su sabor armonioso y ligero..." o "Elegant, delicious, a long taste to remember!"
- La hipérbaton, más recurrente en inglés.
- La hipérbole o exageración, presente en ambos corpus, pero más utilizada en español.
- Y, finalmente, la personificación, más utilizada en español (14%) que en inglés (8%). Podemos leer "un albariño que nace para hacerse grande", "un tempranillo amable y armonioso", etc.

5.3. El cierre:

El cierre es un elemento más breve dentro del plano lingüístico del anuncio genérico-marquista de vinos. Por lo tanto, su análisis cualitativo también es menos fructífero.

Dentro del plano fonético, los recursos son irrelevantes, aunque hay un anuncio en inglés que nos llama especial atención, ya que incluye una paranomasia "Life is too short to drink bad wine".

En el plano morfosintáctico, podemos destacar especialmente dos datos: por un lado, la construcción más utilizada es la nominal (incluyendo aquí también las ampliaciones de los sintagmas nominales). Algunos ejemplos son "Sensaciones vivas", "Coming 2011", "Viña Pomal –la expresión de la Rioja Alta desde 1908", "Ferrari Carano-Vineyards and Winery"...

Por otro lado, la elipsis u omisión de sujeto o verbo también es notable, especialmente en el caso del inglés (20%). Siendo frases más breves, el resto de características morfosintácticas pasan desapercibidas. Es cierto que encontramos algún adjetivo en grado comparativo o superlativo y artículos (especialmente determinados), pero no se trata de un rasgo recurrente en ninguna de las dos lenguas.

Dentro del plano léxico-semántico, el español se caracteriza por su sencillez. No encontramos ninguna característica relevante (aparte del campo semántico del vino obviamente). En inglés, el uso de extranjerismos (6%), "L'art de vivre" o "The Rosé for all seasons" y frases consagradas o expresiones hechas (4%) sí tiene presencia, pero no es notable.

Finalmente, dentro del plano retórico, tampoco hay un recurso utilizado por antonomasia. Los anuncios en español prefieren la enumeración "EminaSIN Tempranillo, EminaSIN Verdejo y EminaSIN Tempranillo + Verdejo" y la personificación para ensalzar las cualidades del producto anunciado "Marqués de Vargas –vinos nobles de Rioja." y en el caso del inglés, es la hipérbole la figura más presente: "Premium single vineyard...", "Celebrating 75 years of excellence"...

6. Análisis de los elementos no verbales

Una vez analizados los elementos lingüísticos del anuncio de vinos en revistas, es momento de exponer los datos referentes a los elementos no verbales. Pero, ¿cuáles son estos elementos? Siguiendo a Juan Rey, distinguimos tres elementos primordiales: el escenario en el que se inserta la mercancía, los sujetos que se relacionan con la mercancía y los objetos que circundan la mercancía.

Dentro del primer elemento, el escenario, vamos a analizar dos partes: el fondo de todos los anuncios y los lugares que aparecen insertos en los anuncios, ya que ambos conforman el escenario.

Comencemos por el análisis cuantitativo. ¿En qué medida encontramos estos elementos en el anuncio genérico-marquista de vinos?

6.1. Análisis cuantitativo

6.1.1. Escenario en el que se inserta la mercancía

Como acabamos de mencionar, el escenario se compone del fondo y de los lugares en los que aparece inserto el vino a publicitar.

Respecto al fondo, a pesar de la gran paleta de colores de la que disponemos, el género en cuestión se decanta especialmente por el blanco, el negro y el rojo (y sus diferentes tonalidades), aunque no son los únicos colores que encontramos.

El 42% de los anuncios en español y el 32% de anuncios en inglés eligen el color blanco. Sin embargo, el segundo puesto no está tan claro. En los anuncios en español el negro y el rojo empatan por detrás del blanco y, por su parte, en inglés es la gama del rojo (rosa, granate, bermellón...) la gran triunfadora. El negro aparece en el 34% de los anuncios en español y en el 24% de los anuncios en inglés. Encontramos predominación del rojo en el 34% de los anuncios en español y en el 30% de los anuncios en inglés.

Como pueden observar en el gráfico, también encontramos otros colores, pero su presencia no es tan significativa.

En el análisis cualitativo, veremos el valor que tiene el uso de estos colores y no otros dentro del género.

Respecto a los espacios en los que aparece la mercancía, siempre giran en torno a dos planos: la tierra donde se produce el vino y el lugar donde se consume este.

Así, observamos que hay tres lugares destacados dentro del anuncio genérico-marquista de vinos: el viñedo, la bodega y el restaurante.

El 42% de los anuncios en español exponen lugares. Un 18% hacen alusión a la bodega productora, en un 10% aparecen viñedos y en un 4 % podemos ver un restaurante o parte de él. Cabe destacar también la presencia del mar. Indudablemente se hace referencia a la frescura de los vinos blancos y a su buen maridaje con pescados y mariscos.

En inglés, el 56% de los anuncios presentan lugares. Un 20% presenta viñedos, un 18% enseña parte o la totalidad de la bodega productora y un 8% muestra imágenes de restaurantes.

El resto de lugares evocados son montañas, valles, lagos, cielos diurnos y nocturnos…., pero la presencia de estos elementos no es tan notable. Por lo tanto, no define al género como tal.

6.1.2. Sujetos que se relacionan con la mercancía:

Aunque para Juan Rey es muy importante la relación que establecen los sujetos con el producto publicitado, en este caso, difiere sobre manera respecto al resto de textos de la tipología.

En el 76% de los anuncios (tanto en español como en inglés) no encontramos ningún sujeto. Veremos en el análisis cualitativo el perfil del 24% restante.

6.1.3. Objetos que circundan la mercancía:

Finalmente, qué mejor reclamo para el consumidor que la mercancía expuesta en el anuncio. Aquí no hay duda del elemento ganador y usado de manera quasi unánime en todos los anuncios: la instantánea del producto anunciado. La botella de vino publicitada aparece en el 100% de los anuncios en español y en el 98% de los anuncios en inglés.

El siguiente elemento en frecuencia de uso es la copa (bien llena, bien vacía) que forma parte de un gran número de textos. De hecho, aparece en el 22% de los anuncios en español y en el 28% de los anuncios en inglés.

A parte de estos dos objetos, cabe mencionar la presencia de otros dos bastante comunes (las barricas y las hojas de parra), aunque su aparición no es tan significativa.

Otros elementos que aparecen de manera aislada son descorchadores, corchos, partituras, manteles, jamones, redes, cubiteras…

6.2. Análisis cualitativo:

Los elementos extralingüísticos contienen una serie de connotaciones que van persiguiendo al producto publicitado de por vida. Por lo tanto, en el análisis cualitativo, intentaremos descifrar dichas significados ocultos para descubrir cuáles son esas características que diferencian a los anuncios genérico-marquistas de vinos.

6.2.1. Escenario en el que se presenta la mercancía:

Para analizar el fondo, hemos hecho uso de la disciplina de la psicología del color, concretamente de la teoría de Eva Heller, que se basa en las concepciones de la *Teoría del Color* de Goethe. Los colores lanzan mensajes al subconsciente del receptor y los anuncios se aprovechan de esta cualidad y la utilizan como una herramienta más para conseguir su objetivo: vender el producto en cuestión.

Como ya hemos dicho en el apartado anterior, los colores utilizados por antonomasia en este género textual son el blanco, el negro y el rojo, pero ¿por qué?

El anuncio genérico-marquista de vinos quiere expresar las cualidades que definen su producto y exaltar algunos valores. En primer lugar, el blanco nos presenta el producto de una manera humilde, con sencillez. Da protagonismo a la mercancía con gran sutileza. En segundo lugar, el negro busca proporcionar elegancia al vino. Le proporciona una etiqueta de estilo y glamour. Y, finalmente, el rojo seduce al público, estimula su deseo y lo conquista hasta conseguir una relación con él.

Sin embargo, estos no son los únicos colores que representan al género. El marrón, el verde, el azul y el amarillo también predominan en este tipo de textos. El marrón es el color de la tierra y evoca la fertilidad. El verde es el color de la naturaleza y representa vida, frescura… El azul es el color del cielo y el amarillo es el color del sol, del calor… En realidad, estos tonos tienen una característica común. Todos ellos representan elementos naturales.

Respecto a los lugares en los que se inserta la mercancía y coincidiendo con Jean Baudrillard (1975: 196) cuando escribe que «a través de la publicidad…la sociedad exhibe y consume su propia imagen»., cuando un posible consumidor se topa con un anuncio, instantáneamente graba la imagen en su cerebro y, si es capaz de retenerla a largo plazo, posiblemente compre el producto en cuestión.

Los sitios que más aparecen en los anuncios genérico-marquistas de vinos son la bodega productora o exportadora del caldo en cuestión o el viñedo, donde nacen y crecen las magníficas uvas que en un futuro se convertirán en el vino anunciado.

Otro de los espacios predominantes es el restaurante. Cuando vamos a un restaurante, nos gusta acompañar nuestra deliciosa comida con un buen vino. Así, la imagen de la mesa de un restaurante hace que el receptor se imagine en un buen momento, disfrutando de una rica cena, con buena compañía...y esos buenos pensamientos despertarán su deseo por el vino en cuestión.

6.2.2. *Los sujetos que se relacionan con la mercancía:*

En cuanto a los sujetos que se relacionan con la mercancía, en español, es la mujer la que aparece con mayor frecuencia. De hecho, en el 14% de los anuncios analizados aparece una mujer sola y en el 6% aparecen hombres. En el 4% restante, aparecen ambos sexos (en pareja).

En inglés, el caso es al revés. Aparece más el hombre (en un 12%), pero la mujer le sigue muy de cerca (apareciendo en un 10%). El 2% restante se debe a un anuncio en el que aparece un grupo de personas (tanto hombres como mujeres, y de diferentes edades).

Por lo tanto, llegamos a la conclusión que quizá la presencia o no de sujetos en el anuncio impreso de vinos es ESPECIALMENTE un factor cultural.

6.2.3. *Los objetos que circundan la mercancía:*

Como hemos comentado en el análisis cuantitativo, el anuncio genérico-marquista de vinos en formato impreso dista mucho en originalidad respecto a otros géneros de la tipología publicidad.

La botella no puede faltar en este género y, normalmente, va acompañada de una o varias copas, bien llenas, bien vacías. No es de extrañar que aparezca este objeto, ya que es la manera de presentación más habitual tanto en bodegas, tiendas o restaurantes. Se pretende que el posible consumidor identifique el producto allá donde lo vea.

La copa, por su parte, juega un papel importante. No hay nada más apetecible que una copita de vino para brindar por los buenos momentos. Este mensaje es el que recibe el público. Normalmente la copa está medio llena, invitando al consumidor a probar el vino publicitado.

Y, aunque las barricas y las hojas de vid son elementos menos habituales, no podemos ignorarlas. Las ramas y hojas de parra conectan al público con la naturaleza, le trasmiten raíces, naturaleza..., salvando un poco el carácter artificial del consumo en general. Las barricas además trasmiten al consumidor el valor del saber hacer, de la artesanía..., en definitiva, de la crianza del vino.

Finalmente, encontramos otros elementos tales como lámparas, manteles, relojes, mapas, jamones,..., incluso una partitura, aunque no se puede considerar que sean determinantes a la hora de considerar el género como tal.

7. Análisis del plano textual:

Finalmente, analizamos el plano textual, que, obviamente, no puede ser estudiado de manera cuantitativa, pero sí de manera cualitativa.

Dentro del plano textual, hay tres parámetros que definen a cualquier género y, por supuesto, también al anuncio genérico-marquista de vinos en formato impreso. Estos parámetros son los elementos intratextuales, los elementos extratextuales y la función del texto en cuestión.

7.1. Elementos intratextuales

El anuncio genérico-marquista de vinos consta principalmente de al menos una o dos de tres partes: el titular o eslogan, el cuerpo y el pie o cierre. Normalmente, todos tienen eslogan. Muchos carecen de cuerpo o, incluso, algunos no tienen cierre. Sin embargo, cuentan con otros tres elementos que los caracterizan: la etiqueta del vino que se publicita, el enlace a la bodega productora y/o los premios recibidos por el vino en cuestión.

Encontramos dos tipos de titulares: unos que nombran la bodega que ofrece el producto como por ejemplo "Alcorta. Pasión por Rioja." y otros que lanzan una frase apelativa, o frase original, para captar la atención del posible comprador. El cuerpo suele ser informativo, nos habla de la elaboración del producto o de la calidad de este. Podemos encontrar corpus muy extensos y corpus muy escuetos. Y, finalmente, el cierre es el elemento que suele relacionar los otros dos elementos, haciendo un resumen de ambos o recogiendo lo principal de estos. Son frases breves, concisas, pero de gran eficacia comunicativa.

Esta progresión temática aporta la cohesión en el texto, apoyada por la relación texto-imagen. La imagen no solo acompaña al texto, sino que en ocasiones lo redefine y lo carga de connotaciones.

La textura de las tres partes citadas se dispone en el orden expuesto en la mayoría de los casos. Normalmente, el titular aparece en la parte superior, el cuerpo más centrado y, en la parte inferior, el cierre.

7.2. Elementos extratextuales

El contexto de la situación comunicativa ejerce un papel muy importante en nuestro objeto de estudio. No es lo mismo intentar vender algo a un niño que a un adulto o vendérselo a musulmanes que a cristianos, cada *target group* tiene unos valores determinados que el emisor debe satisfacer si quiere que el mensaje llegue con éxito.

En la situación comunicativa por excelencia de los textos estudiados, el emisor suele ser una bodega que utiliza la revista especializa impresa como canal para enviar el mensaje "Compre este vino" ("Buy this wine!"), al receptor, que es un público relativamente amplio. Por supuesto, se trata siempre de personas adultas, ya que estamos ofreciendo una bebida alcohólica, pero el perfil es variado: hombres, mujeres, parejas, familias, grupos… Decimos público relativamente amplio porque al ser un canal de carácter especializado, el número de receptores se restringe. No todo el mundo compra este tipo de revistas. Además, los vinos que se publicitan no son generalmente vinos de consumo diario, sino sobre todo de ocasiones especiales. Son vino de calidad y, por tanto, no tan económicos.

Si nos centramos en las similitudes y diferencias entre los dos idiomas, debemos focalizar nuestra atención en el público objetivo, ya que el emisor es el mismo en todos los textos. Aunque el receptor es similar, la manera de conquistarle es diferente. En español, se utilizan imágenes de mujeres u hombres atractivos para seducir al posible cliente. Les acompañan frases como "Continuará", "Un placer", "Déjate seducir…" En inglés, se decantan más por presentar al bodeguero o dueños de las bodegas productora como marca personal de estas. Quizá para aportar seguridad y trasmitir confianza al consumidor. Aquí es donde observamos la diferencia cultural entre dos comunidades lingüísticas diferentes.

La función primordial de estos textos es convencer al cliente, por tanto, los textos son principalmente expositivos y exhortativos. Informan al receptor con la intención de persuadirlo.

El anuncio genérico-marquista de vinos presenta un producto (un vino de una marca específica), lo caracteriza o describe perfectamente gracias a la comunicación verbal y apela a los sentidos del receptor mediante la comunicación no verbal, basándonos en la clasificación de Ferraz Martínez (2011: 22–25, estaríamos ante la función focalizadora o de "anclaje".

Las palabras lanzan una información que puede ser interpretada por el lector de una u otra manera y la imagen le ayuda para que no malinterprete el mensaje. Es decir, acota las posibilidades de interpretación y lo conduce hacia el objetivo del género: sentirse atraído y comprar el vino en cuestión. Finalmente, el color y su simbología cierran este círculo.

Conclusiones

Por lo tanto, una vez analizados el plano lingüístico, extralingüístico y textual de los elementos del anuncio de vinos en revistas, podemos concluir que:

- El anuncio genérico-marquista de vinos en su versión impresa es un elemento comunicativo dentro del campo de la publicidad
- Pertenece al tipo textual del *anuncio publicitario* y se encuadra en el grupo de los *anuncios genérico-marquistas de vinos en formato impreso* por tres motivos: 1) el tipo de producto anunciado es el vino; 2) publicita la marca de un vino en concreto; y, 3) el medio en el que aparece publicado es la revista semiespecializada, así que se desarrolla en formato impreso.
- Consta principalmente de cuatro elementos lingüísticos (titular o eslogan, cuerpo de texto, cierre o pie y firma) y de una serie de elementos extralingüísticos (el escenario que se compone del fondo y los lugares ilustrados, los sujetos que se relacionan con el vino publicitado y los objetos que están a su alrededor) que tienen unas características propias y una función determinada: vender el vino anunciado.

Y dicho esto, tenemos que volver a la pregunta inicial: ¿qué elemento utiliza de manera especial el campo de la vitivinicultura para conquistar al posible comprador? La seducción.

REFERENCIAS BIBLIOGRÁFICAS

BARAHONA MIJANCOS, Laura, BARAHONA MIJANCOS, L., 2016: *El anuncio genérico-marquista de vinos en formato impreso: análisis contrastivo (español-inglés)*. Tesis doctoral. Inédito.

BASSAT, Luis, 1993: *El libro rojo de la publicidad (ideas que mueven montañas)*, Madrid, Espasa-Calpe.

BASSAT, Luis, 2011: *Inteligencia comercial*. Barcelona, Plataforma Editorial.

BEAUGRANDE, Robert & DRESSLER, Wolfgang, 1981: *Introduction to Text Linguistics*, Londres: Longman.

BELTRÁN ONOFRE, Rocío, 2002: «Vino, publicidad y traducción», en Presentación Padilla, Dorothy A. Nelly y Anne Martín (eds.): *Puentes n° 1*; pp. 57–67.

CRUZ GARCÍA, Laura, 2001: *La traducción de textos publicitarios. Los anuncios de productos informáticos*. Las Palmas de Gran Canaria, tesis doctoral.

EL PUBLICISTA. DIARIO DIGITAL. "El estado actual de la publicidad española y cómo debe ser en la actualidad para triunfar" (en línea). Publicado el 10 de enero de 2012. Disponible en web: http://www.elpublicista.es/frontend/elpublicista/noticia.php?id_noticia=12715 Consultado el 30/03/2019.

Ferraz martínez, Antonio, 1993 (2011, 9ª Ed.): *El lenguaje de la publicidad*, Madrid, Editorial Arco-Libros, Cuadernos de Lengua Española.

García izquierdo, Isabel, 2012: *Competencia textual para la traducción*. Madrid, Tirant Humanidades.

García izquierdo, Isabel-, 2005: *El género textual y la traducción. Reflexiones teóricas y aplicaciones pedagógicas*. Bern, Peter Lang AG, European Academic Publishers.

García izquierdo, Isabel-, 2000: *Análisis textual aplicado a la traducción*. Valencia. Tirant lo Blanch.

García landa, Mariano, 2001: *Teoría de la traducción*. Soria: Vertere. Monográficos de la revista Hermeneus, nº 3.

Hervás fernández, Gloria, 1998: *Cómo dominar la comunicación verbal y no verbal*, Madrid, Playor, Teoría y actividades.

Info agro systems. *Listado de denominaciones de origen e indicaciones geográficas protegidas*. Consultado el 13 de marzo de 2017. En línea: http://www.infoagro.com/denominaciones/denominaciones_vino.asp?id=33

Infoadex. Base de datos española sobre publicidad (en línea). Disponible en web: http://www.infoadex.es/index.html Consultado el 30/03/2017.

Icex. Vinos de España (en línea). Disponible en web: http://www.winesfromspain.com/icex/cda/controller/pageGen/0,3815,1559872_6759258_6759254_0,00.html Consultado el 30/03/2017.

Landa, Robin, 2011: *Publicidad y diseño. Las claves del éxito*. Madrid, Ediciones Anaya Multimedia.

Landa, Robin-, 2004: *El diseño en la publicidad. Crear mensajes gráficos con gran*

Larrumbe, Enrique, 2006: *Todo lo que necesita saber sobre la publicidad del vino y nunca supo dónde consultar*. Lid Editorial Empresarial S.L.

López eire, Antonio, 1998: *La retórica en la publicidad*. Madrid: Arco Libros, S.L., Cuadernos de lengua española. Universidad de Valladolid. Facultad de Traducción e Interpretación de Soria.

Marcos gonzález, Teófilo, 1994: *La publicidad hablando con Teófilo marcos*. Acento Editorial: Madrid.

Ogilvy, D., 1990 (2ªed): *Confesiones de un publicitario*, Barcelona, Toikos-Tau SA.

Ogilvy, D.-, 1999: *Ogilvy y la publicidad*, Barcelona, Folio.

Pozo, Antonio del, 2006: "Publicidad y comunicación para incrementar el consumo", *en IV Foro Mundial del Vino. Rioja Tercer Milenio. 12–14 de mayo de 2004.* Logroño: Gobierno de La Rioja.

REY FUENTES, Juan, 1992: *La significación publicitaria: un caso práctico, los anuncios de vino*. Sevilla: Alfar.

REY FUENTES, Juan-, 1995: "La publicidad del vino y su código formal." En XVI Jornadas de viticultura y enología de Tierra de Barros: [celebradas en] Almendralejo, 9–13 de mayo de 1994, págs. 653–666

ROUZET, Emmanuelle y GérardSEGUIN, 2005: *El marketing del vino. Saber vender el vino*. Traducción de César Vacchiano, Madrid: Mundi-Prensa.

THE NIELSEN COMPANY. *El año 2011 cerró con un incremento del 7,3% de inversión publicitaria frente al año 2010*. (en línea) Fecha de publicación: 24 de abril de 2012. Disponible en web: http://es.nielsen.com/news/20120424.sthm

VALDÉS RODRÍGUEZ, Mª Cristina, 1998: "Parámetros descriptivos en la traducción de textos publicitarios", *Livius*, 12, págs. 193–202.

VALDÉS RODRÍGUEZ, Mª Cristina-, 2001: "Las estrategias traductoras de los elementos culturales en los anuncios publicitarios", "en *Últimas corrientes teóricas en los estudios de traducción y sus aplicaciones*, coordinado por Anne Barr, Jesús Torres del Rey, María del Rosario Martín Ruano, Universidad de Salamanca: Ediciones Universidad de Salamanca. Págs. 811–818.

VALDÉS RODRÍGUEZ, Mª Cristina-, 2004: *La traducción publicitaria: Comunicación y cultura*, Castelló, Biblioteca de la Universitat Jaume I.

VALDÉS RODRÍGUEZ, Mª Cristina-, 2008: "Creativity in advertising translation", en Quaderns de Filologia. Estudis literaris. Vol. XIII. Págs. 37–56.

VAN DIJK, Teun, 1972a: *Some aspects of Text Grammars. A Study in Theoretical Linguistics and Poetics*, La Haya-París: Mouton.

VAN DIJK, Teun-, 1972b: *Text and context*. Londres: Longman.

-, 1980: *Texto y contexto. Semántica y pragmatic del discurso*. Madrid: Cátedra.

-, 1989: "Social cognition and discourse". En GILES, H. Y ROBINSON, RP (eds.): *Handbook of social psychology and language*. Chichester, Wiley, págs. 163–183.

Vinetur. Revista Digital Líder del Vino. 2007–2012. (en línea) Disponible en web: http://vinetur.com Artículo titulado La radiografía del consumidor español de vino consultado el día 28 de mayo de 2019: https://www.vinetur.com/2018032346650/radiografia-del-consumidor-espanol-de-vino.html

Teresa París Pombo

Indicaciones geográficas en el mundo de Baco y su traducción

«*Avant donc que* **d'écrire, apprenez à penser.**
Ce que l'on conçoit bien s'énonce clairement,
Et les mots pour le dire arrivent aisément. »
Nicolas Boileau.
«*Avant donc que* **de traduire, apprenez le sujet.**
Ce que l'on conçoit bien s'énonce clairement,
et les mots pour le dire arrivent aisément. »
Lema para la traducción especializada.

Resumen En una sociedad en creciente mundialización, en la que el consumo de alimentos y bebidas traspasa cada vez más fronteras, la protección de los productos vitivinícolas procedentes de zonas geográficas de gran renombre se ha consolidado a través del concepto jurídico internacional de indicaciones geográficas (II.GG), cuyo protagonismo e importancia aumentan día a día. En el ámbito de la protección de productos por medio de indicaciones geográficas, la traducción desempeña una función esencial, amén de representar una considerable fuente de trabajo para los traductores especializados en traducción vitivinícola, ya que atañe a múltiples facetas de nuestra labor (solicitudes de registro, contratos, etiquetas, fichas de producto, formularios de importación o exportación, publicidad, así como trámites oficiales, entre otras).

Palabras clave: Indicaciones geográficas. Denominaciones de origen. Traducción de indicaciones geográficas. Protección jurídica internacional de productos enológicos. Nuevos mercados de traducción.

Abstract In an ever-more globalised society in which the consumption of foodstuffs and beverages increasingly entails crossing borders, the protection of wine and spirit products originating in renowned geographical areas has solidified through the international legal concept of geographical indications (GI), whose role and importance grows with each passing day. Translation plays a vital role in the protection of products through geographical indications, which is an important source of work for translators who specialize in wine and spirit translation, given that multiple aspects of our work are associated with GIs, including registration applications, contracts, labels, product information sheets, import and export forms, marketing materials and formal procedure documentation.

Key words: Geographical indications. Appellations of origin. Translation of geographical indications. International legal protection of wine and spirit products. New translation markets.

0. Introducción

En un mundo en el que, cuando hablamos de consumo de alimentos y bebidas, las fronteras nacionales se desdibujan a la par que aumenta la transcendencia de los nombres, las marcas y los orígenes, la protección de los productos vitivinícolas procedentes de zonas geográficas de gran prestigio se ha consolidado a través del concepto jurídico internacional de indicaciones geográficas (II.GG), cuya pertinencia, importancia y presencia aumentan día a día.

Antes de proseguir, conviene definir el concepto de indicación geográfica (IG). Conforme con la definición de la Organización Mundial de la Propiedad Intelectual (OMPI) «una indicación geográfica es un signo utilizado para productos que tienen un origen geográfico concreto y cuyas cualidades, reputación y características se deben esencialmente a su lugar de origen». Por lo general, la indicación geográfica consiste en el nombre del lugar de origen de los productos. Un ejemplo típico son los vinos que poseen cualidades derivadas de su lugar de producción y están sometidos a factores geográficos específicos, como el clima y el terreno.

En el mundo de Baco, el ámbito de la protección de productos por medio de las indicaciones geográficas y denominaciones de origen (un subgénero de las II.GG. del que se hablará más adelante), no solo desempeña una función esencial, sino que representa una considerable fuente de trabajo para los traductores especializados en traducción vitivinícola, ya que atañe a múltiples ámbitos de nuestra profesión, entre los que se pueden mencionar las solicitudes de registro, los contratos, las etiquetas, las fichas de producto, los formularios de importación o exportación, la publicidad y las campañas promocionales, por solo citar algunas de ellas. Asimismo, por lo general, los trámites relativos al registro de una IG, que se desee proteger en territorio extranjero, se han de llevar a cabo en alguno de los idiomas oficiales del país en el que se quiera registrar, comercializar o promocionar el producto, lo que abre otro interesante mercado para los traductores especializados.

En último término, cabe destacar uno de los aspectos más interesantes en lo que a la especialización de la traducción vitivinícola se refiere: es más fácil para un traductor vitivinícola aprender cómo funciona el sistema de las indicaciones geográficas, que para un traductor de patentes adquirir todo el acervo cultural, léxico y técnico subyacente a los aspectos vitivinícolas. Por consiguiente, el presente artículo tiene por objeto la exposición de algunas nociones básicas respecto de las solicitudes y registros de indicaciones geográficas para la protección de los productos enológicos, con miras a facilitar a los traductores vitivinícolas tanto la búsqueda de recursos como una comprensión global de los diversos sistemas vigentes.

1. Instrumentos para la protección de las II.GG.

El caso es que, si bien en materia de protección de las II.GG. existen numerosos acuerdos tanto internacionales (Acuerdo sobre los ADPIC, Arreglo de Lisboa, Convenio de París, etc.) como regionales (reglamentos de la Unión Europea, o los compromisos suscritos por el Mercado Común del Sur -MERCOSUR-, o los países miembros de la Asociación Latinoamericana de Integración -ALADI-), en su gran mayoría traducidos a los principales idiomas de trabajo de las Naciones Unidas, su aplicación no es idéntica en todos los países, por lo que la traducción de un texto que implique cualquier tipo de afirmación jurídica respecto de la protección de la que goza un producto enológico en el país de consumo, comercialización o promoción, requiere, si no conocer a fondo las normativas pertinentes, al menos tener una idea clara de dónde buscar la información adecuada para no cometer algún error de traducción que pueda acarrear graves consecuencias para el cliente.

Se considera que las indicaciones geográficas constituyen materia de propiedad intelectual, por lo que su gestión y administración corresponde a la OMPI, el organismo de las Naciones Unidas especializado en propiedad intelectual.

Además de su publicación *Indicaciones Geográficas: Introducción*, un claro y detallado estudio sobre la aplicación de la protección mediante indicaciones geográficas, publicado en los seis idiomas de trabajo de las Naciones Unidas (árabe, chino, español, francés, inglés y ruso), la Organización distribuyó en junio de 2018 el *Cuestionario sobre los sistemas nacionales y regionales que pueden conferir algún grado de protección a las indicaciones geográficas*, cuyas respuestas se recogen el documento SCT/40/5. Este documento, también traducido a los seis idiomas de trabajo anteriormente mencionados, puede guiar la adaptación de las traducciones a las legislaciones vigentes en cada país y se centra en su gran mayoría sobre la protección como II.GG de los vinos y licores en el territorio nacional de los diversos Miembros.

Estas publicaciones abordan, entre otros aspectos, los diferentes instrumentos jurídicos disponibles y las medidas de observancia vigentes en cada Estado.

Existen tres formas principales de proteger una indicación geográfica:

- los denominados sistemas sui géneris (regímenes especiales de protección);
- las marcas colectivas (pero no las de certificación pese a que las describiremos brevemente, ya que conviene conocerlas); y
- las modalidades centradas en las prácticas comerciales, incluidos los regímenes administrativos de aprobación de productos.

Estos enfoques entrañan diferencias en cuestiones importantes, como las condiciones de la protección o su alcance.

Por lo general, las indicaciones geográficas reciben protección en diferentes países y regiones mediante gran variedad de sistemas, con frecuencia mediante una combinación de dos o más de los indicados anteriormente.

1.1. Sistemas sui géneris

Un sistema sui géneris es un sistema concebido específicamente para dar respuesta a las necesidades y preocupaciones suscitadas por casos particulares. Dicho de otro modo, la peculiaridad de los sistemas sui géneris es que contienen elementos jurídicos modificados al objeto de atender de manera específica a determinadas características y necesidades jurídicas, políticas, comerciales o de otra índole.

Estos últimos años, se ha exacerbado la necesidad de sistemas que otorguen protección jurídica a determinados productos agroalimentarios pues, si bien algunos podrían alegar que no se trata de productos susceptibles de clasificarse como propiedad intelectual (PI), en el sentido exacto del término, se trata, no obstante, de activos susceptibles de falsificación o piratería.

En el mundo de Baco, numerosos países han recurrido a regímenes sui géneris para proteger sus productos vinícolas, como Australia y su *Wine Australia Act* (Ley de Creación de *Wine Australia*), la Federación de Rusia, Singapur, Lituania, Islandia, Jamaica, Japón, por solo nombrar algunos.

El cuadro a continuación, extraído del cuestionario distribuido por la OMPI en 2018 (https://www.wipo.int/meetings/en/doc_details.jsp?doc_id=418316) facilita una perspectiva más clara de las prácticas vigentes en materia de sistemas sui géneris en diferentes países.

Si su jurisdicción protege las indicaciones geográficas mediante un sistema sui géneris, esa protección cubre:

Respuesta de	todos los tipos de productos	los servicios	productos agroalimentarios	vinos y licores	productos artesanales	otros
Armenia			Sí	Sí		
Australia	No	No				Sí*
Brasil	Sí	Sí				
Camboya	Sí	No				
Chile	Sí					
Colombia	Sí					
Croacia		Sí			Sí	Sí*
Chipre						
República Checa					Sí	Sí*
Ecuador	Sí	Sí				
Estonia	No	Sí	No	No	Sí	Sí
Francia					Sí	
Georgia	Sí					
Grecia			Sí			
Guatemala	Sí	No				
Hungría					Sí	
Islandia	No	No	Sí	Sí	Sí	
Islandia	Sí					
Irán (República Islámica del)	Sí					
Israel	Sí	No				
Jamaica	No	No	Sí	Sí	Sí	Sí*
Japón	No	No	Sí	Sí		Sí*
Kazajstán						
Kuwait	No	No	Sí	No	Sí	No

Respuesta de	todos los tipos de productos	los servicios	productos agroalimentarios	vinos y licores	productos artesanales	otros
Letonia	Sí	Sí				
Lituania						
Madagascar						
México	Sí					
Nueva Zelandia	No	No	No	Sí	No	No
Perú	Sí					
Polonia	No	No	No	No	No	No
Portugal					Sí	
República de Corea	No	No				
República de Moldova	Sí					
Rumania	No	No		No	Sí	
Federación de Rusia	Sí					
Serbia	No	Sí	Sí	No	Sí	Sí*
Singapur	No		Sí	Sí	Sí	
Eslovaquia	Sí					
Sudáfrica	N/A	N/A	N/A	N/A	N/A	N/A
Suiza*	Sí	Sí				
Reino Unido						
Estados Unidos de América						
Uruguay	Sí	Sí				
Viet Nam	Sí					
Unión Europea			Sí	Sí		

Ejemplo de sistema sui géneris: Cricova

Uno de los ejemplos más llamativos de sistema sui géneris centrado en la protección de un activo vitivinícola concreto, es el caso de Cricova (República de Moldova).

Con la adopción de la Ley Nº 322-XV, del 18 de julio de2003 sobre la Declaración del Complejo "Combinatul de Vinuri "Cricova" SA", objeto del Patrimonio Cultural Nacional de la República de Moldova, el Parlamento creó un régimen especial para el uso de la indicación geográfica "Cricova" en los productos enológicos, en virtud del cual se reconoce "Cricova" como parte del patrimonio cultural del país.

"Cricova" es famosa por sus laberintos subterráneos únicos. La mayor parte de las instalaciones de producción de vino "Cricova" están situadas bajo tierra, a una profundidad de 60 a 80 metros, creando una enorme ciudad vinícola subterránea con avenidas y calles.

Estos laberintos ofrecen un microclima verdaderamente único y favorable, que da tipicidad a los vinos. Durante todo el año, la temperatura naturalmente constante se sitúa entre +12° y +14° C, con una humedad de aproximadamente el 97–98%, es decir, las condiciones más propicias para elaborar y envejecer vinos exquisitos y finos. Este ambiente húmedo y fresco contribuye a la formación del carácter auténtico de los productos vitivinícolas de "Cricova" y la ley especial protege tanto el nombre como la producción de productos enológicos y todo el conjunto de las instalaciones.

1.2. Marcas colectivas y marcas de certificación

1.2.1. Marcas colectivas

El Reglamento sobre la marca de la UE define las marcas colectivas como aquellas marcas «adecuadas para distinguir los productos o servicios de los miembros de la asociación que sea su titular, frente a los productos o servicios de otras empresas» (artículo 74 del RMUE).

La marca colectiva es aquella que sirve para distinguir en el mercado los productos o servicios de los miembros de una asociación de fabricantes, comerciantes o prestadores de servicios.

Son signos que permiten distinguir el origen geográfico, el material, el modo de fabricación u otras características comunes de los bienes y servicios de las distintas empresas que utilizan la marca colectiva. Es posible registrar una marca colectiva que designe el origen geográfico de los productos y los servicios que abarca.

Su propietario puede ser una asociación de la que son miembros empresas o cualquier otra entidad, ya sean instituciones públicas, privadas o cooperativas.

En resumen, las marcas colectivas son marcas utilizadas para productos homogéneos, pero pertenecientes a distintas empresas.

Entre los ejemplos de marcas colectivas se pueden citar los productos avalados por los consejos reguladores de diversas provincias (Rioja, denominación de origen calificada; el mazapán de Toledo; el cochinillo de Segovia; etc.).

1.2.2. Marcas de certificación

En el Reglamento sobre la marca de la UE se define la marca de certificación como una marca que «permita distinguir los productos o servicios que el titular de la marca certifica por lo que respecta a los materiales, el modo de fabricación de los productos o de prestación de los servicios, la calidad, la precisión u otras características, con excepción de la procedencia geográfica, de los productos y servicios que no posean esa certificación» (artículo 83, apartado 1, del RMUE).

Las marcas de certificación se dan a productos que cumplen con requisitos definidos, sin ser necesaria la pertenencia a ninguna agrupación o entidad. Pueden ser utilizadas por todo el que certifique que los productos en cuestión cumplen ciertas normas.

Quienes sean titulares de una marca de certificación, pueden certificar los productos y servicios que terceros utilizarán en los negocios que gestionan, pero no pueden certificar sus propios productos y servicios ni utilizar ellos mismos su certificación. El titular de la marca de certificación tiene una obligación de neutralidad en relación con los intereses de los fabricantes de los productos o los proveedores de los servicios que certifica; y, sobre todo, una marca de certificación no se puede utilizar para certificar el origen geográfico de los productos y servicios.

Entre los ejemplos de marca de certificación cabe mencionar los diversos sellos que garantizan el carácter ecológico, vegano, libre de sulfitos, o artesanal de un producto, la marca de producto agrícola de la UE, Peru Fair Trade; Calidad Suprema México; o los diversos premios o medallas recibidos.

1.3. Leyes centradas en las prácticas comerciales

Las indicaciones geográficas pueden protegerse mediante ciertas leyes que se centran en las prácticas comerciales, como las leyes relativas a la **represión de la competencia desleal**, las **leyes de protección al consumidor** o las **leyes sobre el etiquetado de productos**, entre otras.

Estas leyes no engendran un derecho de propiedad industrial individual sobre la indicación geográfica. Sin embargo, indirectamente protegen las indicaciones geográficas en la medida en que prohíben determinados actos que puedan suponer el uso no autorizado.

1.4. Instrumentos internacionales

Las indicaciones geográficas están protegidas por varios tratados internacionales, que brindan asimismo valiosos recursos multilingües al traductor ya que se han traducido a varios idiomas disponibles en el sitio web de la OMPI y, en muchos casos, en el sitio web de las autoridades competentes. Entre los principales cabe citar:

- el Convenio de París para la Protección de la Propiedad Industrial de 1883, en el marco de la OMPI;
- el Arreglo de Lisboa sobre Protección de las Denominaciones de Origen y su Registro Internacional, y el Acta de Ginebra del Arreglo de Lisboa en el marco de la OMPI;
- los artículos 22 a 24 del Acuerdo sobre los Aspectos de los Derechos de Propiedad Intelectual relacionados con el Comercio (Acuerdo sobre los ADPIC), en el marco de la Organización Mundial del Comercio (OMC).

1.4.1. *Convenio de París para la Protección de la Propiedad Industrial de 1883, en el marco de la OMPI (https://www.wipo.int/treaties/es/ text.jsp?file_id=288515)*

El Convenio de París se aplica a la propiedad industrial en su acepción más amplia, con inclusión de las patentes, las marcas de productos y servicios, los dibujos y modelos industriales, los modelos de utilidad (una especie de "pequeña patente" establecida en la legislación de algunos países), las marcas de servicio, los nombres comerciales (la denominación que se emplea para la actividad industrial o comercial), las indicaciones geográficas (indicaciones de procedencia y denominaciones de origen) y la represión de la competencia desleal.

Las disposiciones fundamentales del Convenio pueden dividirse en tres categorías principales. (Reseña del Convenio de París para la Protección de la Propiedad Industrial (1883): https://www.wipo.int/treaties/es/ip/paris/summary_paris.html).

El trato nacional, que se refiere a la protección de la propiedad industrial y en virtud del cual "los Estados Contratantes deberán conceder a los nacionales de los demás Estados Contratantes la misma protección que concede a sus propios nacionales. Por consiguiente, los nacionales de otros países con idiomas diferentes deberán contratar a traductores competentes para presentar sus solicitudes o sus constancias de registros".

El derecho de prioridad en virtud del cual se establece el derecho de prioridad en relación con las patentes (y modelos de utilidad, donde existan), las marcas y los dibujos y modelos industriales. Significa ese derecho que, "con arreglo a una primera solicitud de patente de invención o de registro de la marca que sea presentada en uno de los Estados Contratantes, el solicitante podrá, durante determinado período de tiempo (12 meses para las patentes y los modelos de utilidad y seis meses para los dibujos y modelos industriales y las marcas), solicitar la protección en cualquiera de los mismo demás Estados Contratantes; esas solicitudes posteriores se considerarán presentadas el día de la primera solicitud". Una de las grandes ventajas prácticas de esta disposición radica en que el solicitante que desea protección en varios países no está obligado a presentar todas las solicitudes al mismo tiempo, sino que dispone de 6 o 12 meses para decidir en qué países desea la protección y para disponer con todo el cuidado debido las diligencias necesarias para asegurarse la protección.

Las normas comunes a las que deben atenerse todos los Estados Contratantes. A continuación, facilito una breve reseña sobre las más importantes.

a) **En relación con las patentes:** Las patentes concedidas en los diferentes Estados Contratantes para la misma invención son independientes entre sí: la concesión de la patente en un Estado Contratante no obliga a los demás a conceder otra patente; "la patente no podrá ser denegada, anulada, ni considerada caducada en un Estado Contratante por el hecho de haber sido denegada o anulada o haber caducado en otro". Asimismo, el inventor tiene derecho a ser mencionado como tal en la patente.

b) **En relación con las marcas:** el Convenio de París no fija las condiciones de presentación y registro de las marcas, que se rigen por el derecho interno de los Estados Contratantes. En consecuencia, "no se podrá rechazar la solicitud de registro de una marca presentada por un ciudadano de un Estado Contratante, ni se podrá invalidar el registro, por el hecho de que no hubiera sido presentada, registrada o renovada en el país de origen".
No obstante, "los Estados Contratantes están obligados a denegar el registro y a prohibir el uso de una marca que constituya la reproducción, imitación o traducción, susceptibles de crear confusión, de otra marca utilizada para productos idénticos o similares y que, a juicio del órgano competente del respectivo Estado, resultara que es notoriamente conocida en ese Estado como

marca que ya es propiedad de una persona que pueda beneficiarse del Convenio". **Las marcas colectivas deben estar protegidas.**

c) **En relación con los dibujos y modelos industriales:** estarán protegidos en todos los Estados Contratantes, y no se podrá denegar la protección por el hecho de que los productos a los que se aplique el dibujo o modelo no sean fabricados en ese Estado.

d) **En relación con los nombres comerciales:** estarán protegidos en todos los Estados Contratantes sin obligación de su depósito o de registro. (Importantísimo en el caso de los productos enológicos).

e) **En relación con las indicaciones de procedencia** (referencia directa a las II.GG. y, en el caso de España, a las DO): los Estados Contratantes deben adoptar medidas contra la utilización directa o indirecta de indicaciones falsas concernientes a la procedencia del producto o a la identidad del productor, fabricante o comerciante.

f) **En relación con la competencia desleal:** los Estados Contratantes estarán obligados a asegurar una protección eficaz contra la competencia desleal. Aquí es donde se refleja uno de los aspectos de la protección mediante leyes centradas en prácticas comerciales.

Conviene siempre que el traductor verifique si el país de su cliente figura en la lista de los Estados Contratantes en:
(https://www.wipo.int/treaties/es/ShowResults.jsp?lang=es&treaty_id=2), en cuyo caso podrá utilizar la terminología propia del convenio.

1.4.2. *Arreglo de Lisboa sobre Protección de las Denominaciones de Origen y su Registro Internacional, y el Acta de Ginebra del Arreglo de Lisboa en el marco de la OMPI (https://www.wipo.int/treaties/ es/registration/lisbon/).*

El Arreglo de Lisboa contempla la protección de las denominaciones de origen, o sea, la "denominación geográfica de un país, de una región, o de una localidad que sirva para designar un producto originario del mismo y cuya calidad o características se deben exclusiva o esencialmente al medio geográfico, comprendidos los factores naturales y los factores humanos". En el Boletín oficial del Sistema de Lisboa, *Las Denominaciones de Origen*, editado en español, francés e inglés, por la OMPI, se publican los nuevos registros y otras inscripciones en el Registro Internacional, así como informaciones relativas a modificaciones del marco jurídico del Sistema de Lisboa. Además, el Boletín contiene informaciones estadísticas relativas a las denominaciones de origen inscritas. Es la publicación oficial del Sistema de Lisboa. (https://www.wipo.int/lisbon/es/bulletin/).

Conviene siempre que el traductor verifique si el país de su cliente figura en la lista de los Partes Contratantes en: (https://www.wipo.int/treaties/es/ShowResults.jsp?lang=es&treaty_id=10), en cuyo caso podrá utilizar la terminología propia del Arreglo.

1.4.3. Artículos 22 a 24 del Acuerdo sobre los Aspectos de los Derechos de Propiedad Intelectual relacionados con el Comercio (Acuerdo sobre los ADPIC), en el marco de la Organización Mundial del Comercio (OMC) (https://www.wipo.int/treaties/es/text.jsp?file_id=305906)

A los efectos del Acuerdo sobre los ADPIC, "las indicaciones geográficas son indicaciones mediante las cuales se identifican productos concretos procedentes de un país, región o localidad, a los que se puede atribuir una calidad determinada, reputación u otra característica en virtud de su origen geográfico".

En el artículo 22 del Acuerdo sobre los ADPIC se dispone, entre otras cosas, que, con respecto a las indicaciones geográficas, los miembros de la OMC impedirán la utilización de cualquier medio que indique o sugiera que un producto proviene de una región geográfica distinta del verdadero lugar de origen. Este tipo de proceder inadecuado constituye un "acto de competencia desleal". En consecuencia, todo miembro "[...] denegará o invalidará el registro de una marca de fábrica o de comercio que contenga o consista en una indicación geográfica respecto de productos no originarios del territorio indicado", en especial si el uso de tal indicación induce a error al consumidor. **Además, en el Acuerdo sobre los ADPIC se establece específicamente una protección adicional de las indicaciones geográficas relativas a los vinos y las bebidas espirituosas (artículo 23).**

1.5. Instrumentos regionales

1.5.1. Los reglamentos de la Unión Europea

Los reglamentos de la UE tienen la inmensa ventaja de ser publicados (por lo general) en todos los idiomas de la Unión, así que representan una caudalosa fuente de terminología. Todos los Estados miembros disponen de un sistema para garantizar que las II.GG. sean sometidas a controles oficiales. En cuanto al tema que nos interesa entre los reglamentos más pertinentes cabe mencionar:

El Reglamento (CE) 510/2006, de 20 de marzo de 2006, sobre protección de las indicaciones geográficas y de las denominaciones de origen de los productos agrícolas y alimenticios (https://wipolex.wipo.int/es/legislation/details/1458).

El Reglamento (CE) nº 110/2008 del Parlamento Europeo y del Consejo, de 15 de enero de 2008, relativo a la definición, designación, presentación, etiquetado y protección de la indicación geográfica de bebidas espirituosas (https://wipolex. wipo.int/es/text/178117).

1.5.2. *Mapa de los diferentes sistemas de protección de las II.GG. que se aplican en todo el mundo.*

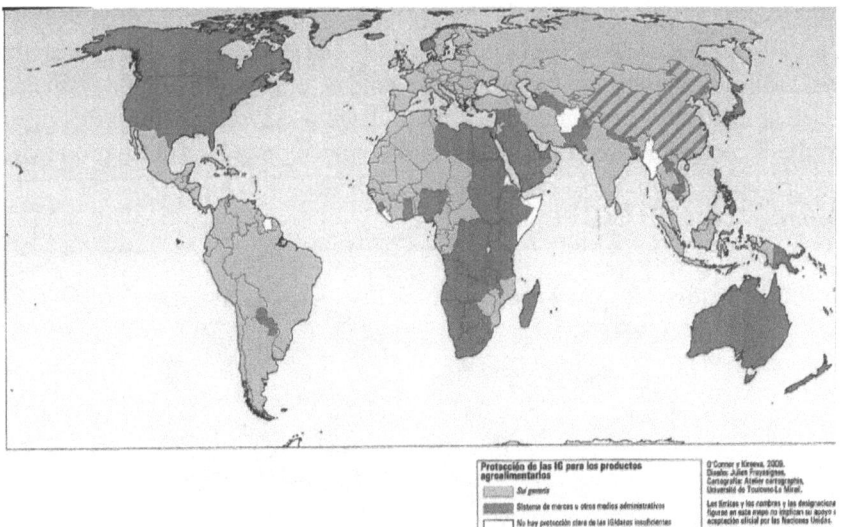

Fuente: O'Connor y Kireeva en la *Guía de indicaciones geográficas: Vinculación de los productos con su origen* del ITC

1.6.1. *Otros tipos de protección jurídica para los productos vitivinícolas en España.*

En lo que a España se refiere, los principales reglamentos aplicables nacionales, regionales e internacionales, vienen enumerados en un documento del Ministerio de Agricultura y Pesca, Alimentación y Medio Ambiente, que es el organismo competente en el país y facilita información sobre los reglamentos aplicables en sus publicaciones *Principales disposiciones aplicables en el sector vitivinícola* (https://www.mapa.gob.es/es/alimentacion/legislacion/recopilaciones-legislativas-monograficas/pdaenelsectorvitivinicolasumariocompleto12122017_tcm30-

79175_tcm30-79175_tcm30-501730.pdf) y *Principales disposiciones aplicables a las bebidas espirituosas, la cerveza y la sidra* (https://www.mapa.gob.es/es/alimentacion/legislacion/recopilaciones-legislativas-monograficas/pdabebidasespirituosassumariocompleto04032017_tcm30-79189.pdf).

Además de las II.GG. existen en España otras dos clases de protección mediante registro y etiquetado para los productos enológicos: las denominaciones de origen (DO) y las especialidades tradicionales garantizadas (ETG).

1.6.1.1. Las denominaciones de origen

Las denominaciones de origen son un tipo especial de indicación geográfica. Las indicaciones geográficas y las denominaciones de origen requieren la existencia de un vínculo cualitativo entre el producto al que se refieren y su lugar de origen. Ambas informan a los consumidores sobre el origen geográfico de un producto y una cualidad o característica del producto vinculada a su lugar de origen. **Diferencia entre II.GG. y DO**

La diferencia fundamental entre los dos conceptos es que el vínculo con el lugar de origen debe ser más estrecho en el caso de una denominación de origen. La calidad o las características de un producto protegido por una denominación de origen deben ser exclusiva o esencialmente consecuencia de su origen geográfico. Por lo general, ello significa que las materias primas deben proceder del lugar de origen y que la elaboración del producto también debería realizarse allí. En el caso de las indicaciones geográficas, un único criterio atribuible a su origen geográfico es suficiente –ya sea una cualidad u otra característica del producto, o incluso solo su reputación.

1.6.1.2 Las especialidades tradicionales garantizadas

La mención Especialidad Tradicional Garantizada (ETG) no entra realmente dentro de nuestro tema ya que no hace referencia al origen, sino que tiene por objeto proteger una composición tradicional del producto o un modo de producción tradicional.

En el Reglamento (CE) 509/2006, de 20 de marzo de 2006, sobre las especialidades tradicionales garantizadas de los productos agrícolas y alimenticios, se define como: «producto agrícola o alimenticio tradicional que se beneficia del reconocimiento por la Comunidad de sus características específicas mediante su registro de acuerdo con dicho Reglamento».

Los productos con certificación ETG son claramente distintos a otros de la misma categoría por su composición, su producción o su procesamiento. La condición esencial para ser inscritos en el Registro los productos agrícolas o alimenticios es que sean producidos a partir de materias primas tradicionales, o bien que presenten una composición tradicional o un modo de producción y/o de transformación que pertenezca al tipo de producción y/o transformación artesanal.

Un ejemplo es el Jamón Serrano, que tiene la mención de Especialidad Tradicional Garantizada porque hace referencia a un método tradicional y específico de preparar esta pieza del cerdo (independientemente del lugar en el que se haga). Una vez dentro de esta especialidad, podríamos encontrar aspectos más concretos, como es el caso de una Indicación Geográfica Protegida (Jamón de Trevélez, que es diferente al resto de jamones), e incluso algunas de las Denominaciones de Origen Protegidas que tenemos en España son aún más exigentes como en el caso de Huelva, los Pedroches o Guijuelo (son jamones especiales porque todas las etapas del proceso se realizan en la zona determinada).

2. Características de las II.GG.

2.1. Derechos que confieren las II.GG.

- Derecho sobre el signo que constituye la indicación. Un derecho de indicación geográfica permite a quienes están facultados para utilizar la indicación impedir su uso a un tercero cuyo producto no se ajuste a las normas aplicables.
- Proteger una indicación geográfica también es una forma de impedir a terceros el registro de una indicación como marca y limitar el riesgo de que la indicación pase a constituir un término genérico.

Ahora bien una indicación geográfica protegida no faculta a su titular a impedir que alguien elabore un producto utilizando las mismas técnicas que las que se establecen en las normas de la indicación geográfica, aunque si el producto no se elabora en la región delimitada por la indicación geográfica, no podrá llevar signo alguno que dé a entender que se trata de una determinada IG.

2.2. Autoridades competentes

La concesión de la protección de una indicación geográfica incumbe a una autoridad nacional (regional) competente, previa solicitud. En algunos países, esa función corresponde a un órgano especial encargado de esa tarea; en otros, a la oficina de propiedad intelectual, ya que, tradicionalmente, se ha considerado que las indicaciones geográficas constituyen materia de propiedad intelectual, por lo que su gestión y administración corresponde a la Organización Mundial de la Propiedad Intelectual (OMPI), el organismo de las Naciones Unidas especializado en propiedad intelectual.

En el sitio web de la OMPI puede consultarse una lista de oficinas de propiedad intelectual (https://www.wipo.int/directory/es/urls.jsp). Este directorio reviste sumo interés ya que esas oficinas son las que os podrán facilitar toda la documentación (formularios, requisitos, idiomas aceptados, trámites necesarios, etc.) relativa al registro de una II.GG. en el país meta y en el idioma requerido.

Asimismo, en las respuestas al cuestionario sobre los sistemas nacionales y regionales que pueden conferir algún grado de protección a las indicaciones geográficas y respuestas, recopiladas por la OMPI en octubre de 2018, (https://www.wipo.int/meetings/es/doc_details.jsp?doc_id=418316) podrán encontrar en español, francés e inglés la lista de esas entidades y de algunos de los requisitos fundamentales, así como de los tipos de protección existentes en cada país.

3. Recursos para la traducción de las II.GG.

El carácter internacional y transfronterizo de las II.GG. supone para el traductor especializado un interesante mercado potencial en el extranjero (que veremos más adelante) y numerosas fuentes de terminología bilingüe o multilingüe, según el caso.

3.1. Recursos multilingües

La mayor parte de los documentos preparados por los organismos internacionales o regionales competentes, suelen venir traducidos en los diversos idiomas de trabajo de las distintas instituciones y en formato PDF, por lo que el traductor los podrá utilizar para la elaboración de las bases terminológicas pertinentes. Entre esa ingente documentación, resultarán de particular utilidad los documentos enumerados a continuación.

- OMPI, Indicaciones Geográficas: Introducción, 2017, en español (https://www.wipo.int/edocs/pubdocs/es/geographical/952/wipo_pub_952.pdf), francés (https://www.wipo.int/edocs/pubdocs/fr/geographical/952/wipo_pub_952.pdf) e inglés (https://www.wipo.int/edocs/pubdocs/en/geographical/952/wipo_pub_952.pdf).
- OMPI, Página web de la OMPI sobre indicaciones geográficas en español (https://www.wipo.int/geo_indications/es/), en francés (https://www.wipo.int/geo_indications/fr/index.html) y en inglés (https://www.wipo.int/geo_indications/en/index.html).
- OMC, Página web de la Organización Mundial del Comercio sobre indicaciones geográficas en español (https://www.wto.org/spanish/tratop_s/trips_s/gi_s.htm), en francés (https://www.wto.org/french/tratop_f/trips_f/gi_f.htm) y en inglés (https://www.wto.org/english/tratop_e/trips_e/gi_e.htm).
- OMPI, Cuestionario sobre los sistemas nacionales y regionales que pueden conferir algún grado de protección a las indicaciones geográficas y respuestas, octubre de 2018, (https://www.wipo.int/meetings/es/doc_details.jsp?doc_id=418316).
- WIPO Lex (https://wipolex.wipo.int/en/main/legislation): La base de datos WIPO Lex es una exhaustiva herramienta que permite realizar búsquedas entre las normas nacionales y los tratados internacionales sobre propiedad intelectual.
- "Legislación europea en relación al sector vitivinícola", compendio publicado por D.O. Rueda, (https://www.dorueda.com/es/crdo/legislacion/europea/).

• Euro Lex: La base de datos que da acceso al Derecho de la Unión Europea, (https://eur-lex.europa.eu/search.html?lang=en&text=geographic+indications&qid=1554311474052&type=quick&scope=EURLEX&locale=es).

3.2. Recursos regionales

Quizá uno de los recursos regionales más útiles desde el punto de vista de terminología multilingüe sea el *Compendio de la jurisprudencia en Europa en materia de II.GG. de bebidas alcohólicas* que contiene una exhaustiva recopilación de los textos legislativos europeos relativos a las II.GG. en todos los idiomas de la UE (https://eur-lex.europa.eu/search.html?qid=1552487793806&DTS_DOM=A-LL&DC_CODED=5018&type=advanced&lang=en&SUBDOM_INIT=ALL_ALL&DTS_SUBDOM=ALL_ALL).

3.3. Recursos nacionales

En realidad, los recursos nacionales dependen del organismo competente en materia de II.GG. Los datos pertinentes suelen estar a disposición en las oficinas nacionales de PI cuya lista está disponible en: https://www.wipo.int/directory/es/urls.jsp.

En el caso de España, por ejemplo, el organismo competente es el Ministerio de Agricultura y Pesca, Alimentación y Medio Ambiente, que facilita información sobre los reglamentos aplicables en sus publicaciones *Principales disposiciones aplicables en el sector vitivinícola* (https://www.mapa.gob.es/es/alimentacion/legislacion/recopilaciones-legislativas-monograficas/pdaenelsectorvitivinicolasumariocompleto12122017_tcm30-79175_tcm30-79175_tcm30-501730.pdf) y *Principales disposiciones aplicables a las bebidas espirituosas, la cerveza y la sidra* (https://www.mapa.gob.es/es/alimentacion/legislacion/recopilaciones-legislativas-monograficas/pdabebidasespirituosassumariocompleto04032017_tcm30-79189.pdf).

En Francia, la supervisión suele correr a cargo de la Direction générale de la concurrence, de la consommation et de la répression des fraudes (DGCCRF) (https://www.economie.gouv.fr/dgccrf/controle-des-pratiques-oenologiques-liees-aux-vinifications) mientras que el registro de las II.GG. es competencia del INPI

Aunque, de hecho, encontraréis los organismos competentes en cada uno de los Estados Miembros de la OMPI, en las respuestas a la pregunta 15.- ¿Qué autoridad es competente? En el Cuestionario sobre los sistemas nacionales y regionales que pueden conferir algún grado de protección a las indicaciones geográficas y respuestas, distribuido por la Organización en octubre de 2018 (https://www.wipo.int/edocs/mdocs/sct/es/sct_40/sct_40_5_prov_2.pdf).

4. Mercado objetivo

Habida cuenta de que la definición de "objetivo" en el DRAE es "Punto o zona que se pretende alcanzar u ocupar", hablar de mercado objetivo para la aplicación de conocimientos en materia de II.GG. con miras a la traducción es casi una contradicción, pues es tal la cantidad de ámbitos de la traducción vitivinícola que requieren conocimientos respecto de las características de este tipo de protección, además del que atañe directamente a la traducción de textos sobre DOP, IGP y EGT, que realmente sus límites se difuminan y son difíciles de perfilar con claridad como si de una diana se tratara (que es lo que yo entiendo por mercado objetivo). Entre estos podemos mencionar el etiquetado, los textos publicitarios, los folletos turísticos, las revistas especializadas, los textos contractuales y muchos otros aspectos relacionados con la agricultura, la alimentación y las industrias conexas.

Por otro lado, el extenso alcance de este tipo de traducción no solo se percibe en cuanto a ámbitos de trabajo, ya que tampoco conoce fronteras. En efecto, podemos perfectamente ofrecer nuestros servicios a productores o exportadores en el extranjero, obligados a cumplir con los trámites adecuados en el idioma oficial de nuestro país.

En términos generales, las indicaciones geográficas, respaldadas por una sólida gestión comercial, sirven para:

- dar una ventaja competitiva;
- añadir valor a un producto;
- fortalecer una marca;
- aumentar las oportunidades de exportación (este punto es el que mayor interés reviste para el traductor vitivinícola).

Y así lo tenemos que recalcar cuando ofrezcamos al cliente eventual nuestros servicios, y presentemos todo el valor añadido inherente a una buena gestión de las II.GG.

Por último, el traductor vitivinícola con sólidos conocimientos sobre la cuestión puede también garantizar a sus clientes que la traducción del texto que se publicará no tendrá contenidos que contravengan las normativas locales (por ejemplo afirmar en una publicidad que se trata de una DO cuando el producto no goza de esa protección en el país donde se comercializa; el peligro o la posibilidad de utilizar expresiones como "tipo", "estilo", etc.),evitando así para el cliente graves problemas jurídicos, arduos y costosos a la par que inútiles.

Conclusiones

Los conocimientos relativos a la traducción de indicaciones geográficas abren la puerta a un amplio, interesante y casi infinito mercado de trabajo para el traductor especializado en vitivinicultura que esté dispuesto a buscar clientes más allá de las fronteras y de los ámbitos tradicionales de nuestra especialización.

Se puede considerar que la traducción de asuntos relacionados con las DOP, IGP y EGT es una especialización híbrida que aúna las capacidades del traductor vitivinícola y las del traductor de patentes o el traductor jurídico. Sin embargo, estos últimos pueden tener problemas para entender los aspectos específicamente relacionados con la composición o procesamiento del vino, conocimientos indispensables para presentar solicitudes de protección mediante esas calificaciones, o bien traducir etiquetados u otros textos de misma índole. Los conocimientos particulares en materia de alimentos y bebidas no se adquieren en un día y suelen ser fruto de una dilatada experiencia, un gran entusiasmo, un divertido estudio cotidiano, una práctica dedicada. Es una especialidad que se elabora y saborea día a día y que, como el buen vino, mejora con el tiempo, por lo que resultará difícil que un extraño a ese mundo adquiera rápidamente los conocimientos necesarios.

REFERENCIAS BIBLIOGRÁFICAS

Tratados pertinentes administrados por la OMPI

Convenio de Paris: https://www.wipo.int/treaties/es/text.jsp?file_id=288515 Consultado el 27/02/2019.

Arreglo de Madrid relativo a la represión de las indicaciones de procedencia falsas o engañosas en los productos: https://www.wipo.int/treaties/es/ip/madrid/index.html Consultado el 27/02/2019.

Arreglo de Lisboa: https://www.wipo.int/treaties/es/registration/lisbon/ Consultado el 27/02/2019.

Arreglo de Madrid: https://www.wipo.int/treaties/es/registration/madrid/ Consultado el 27/02/2019.

Protocolo concerniente al Arreglo de Madrid: https://www.wipo.int/treaties/es/registration/madrid_protocol/ Consultado el 27/02/2019.

Información acerca del Tratado sobre los ADPIC en el sitio web de la OMC: https://www.wto.org/spanish/tratop_s/trips_s/intel2_s.htm Consultado el 27/02/2019.

Normas y tratados sobre P.I. (WIPO Lex): https://wipolex.wipo.int/es/main/legislation Consultado el 27/02/2019.

Páginas web con información conexa

OMPI, Cuestionario sobre los sistemas nacionales y regionales que pueden conferir algún grado de protección a las indicaciones geográficas y respuestas, octubre de 2018, https://www.wipo.int/meetings/en/doc_details.jsp?doc_id=418316

OMPI, *Indicaciones Geográficas: Introducción*, 2017, https://www.wipo.int/edocs/pubdocs/es/geographical/952/wipo_pub_952.pdf

OMPI, Página web de la OMPI sobre indicaciones geográficas en español, en francés y en inglés.

OMC, Página web de la Organización Mundial del Comercio sobre indicaciones geográficas en español (https://www.wto.org/spanish/tratop_s/trips_s/gi_s.htm), en francés (https://www.wto.org/french/tratop_f/trips_f/gi_f.htm) y en inglés (https://www.wto.org/english/tratop_e/trips_e/gi_e.htm).

Mercosur: https://www.mercosur.int/

Aladi: http://www.aladi.org/sitioAladi/index.html

United States Patent and Trademark Office, *Geographical Indication Protection in the United States*: https://www.uspto.gov/sites/default/files/web/offices/dcom/olia/globalip/pdf/gi_system.pdf

Reglamentos de la Unión Europea

Compendio de la jurisprudencia en Europa en materia de II.GG. de bebidas alcohólicas: https://eur-lex.europa.eu/search.html?qid=1552487793806&DTS_DOM=ALL&DC_CODED=5018&type=advanced&lang=en&SUBDOM_INIT=ALL_ALL&DTS_SUBDOM=ALL_ALL

European Commission, Geographical Indications http://ec.europa.eu/trade/policy/accessing-markets/intellectual-property/geographical-indications/

EU quality logos, EC: https://ec.europa.eu/agriculture/quality/schemes_en

Labels de qualité de l'UE, Commission Européenne : https://ec.europa.eu/agriculture/quality/schemes_fr

Reglamento (CE) n° 110/2008 del Parlamento Europeo y del Consejo, de 15 de enero de 2008, relativo a la definición, designación, presentación, etiquetado y protección de la indicación geográfica de bebidas espirituosas y por el que se deroga el Reglamento (CEE) n° 1576/89 del Consejo https://eur-lex.europa. eu/legal-content/ES/ALL/?uri=CELEX%3A32008R0110

Oficina de Propiedad Intelectual de la Unión Europea (EUIPO), https://euipo. europa.eu/ohimportal/es/about-euipo,

Publicaciones

Centro de Comercio Internacional (ITC), *Guía de indicaciones geográficas: Vinculación de los productos con su origen*, Ginebra, 2009, http://www.intracen. org/uploadedFiles/intracenorg/Content/Publications/Geographical_ Indications_Spanish.pdf

Oficina de Propiedad Intelectual de la Unión Europea (EUIPO), *Protección y control de las indicaciones geográficas de los productos agrícolas en los Estados miembros de la UE*, diciembre de 2017, https://euipo.europa.eu/tunnel-web/ secure/webdav/guest/document_library/observatory/documents/reports/ Enforcement_of_GIs/Enforcement_of_GIs_EXECUTIVE_SUMMARY_ es.pdf

Lista de Figuras

Andrea Martínez Martínez
Figuras retóricas en las notas de cata de vinos

Lista de Tablas

Studien zur romanischen Sprachwissenschaft und interkulturellen Kommunikation

Herausgegeben von Gerd Wotjak, José Juan Batista Rodríguez und Dolores García-Padrón

Die vollständige Liste der in der Reihe erschienenen Bände finden Sie auf unserer Website
https://www.peterlang.com/view/serial/SRSIK

Band 100 Cécile Bruley / Javier Suso López (eds.) : La terminología gramatical del español y del francés. La terminologie grammaticale de l'espagnol et du français. Emergencias y transposiciones, traducciones y contextualizaciones. Émergences et transpositions, traductions et contextualisations. 2015.

Band 101 Pedro Mogorrón Huerta / Fernando Navarro Domínguez (eds.) : Fraseología, Didáctica y Traducción. 2015.

Band 102 Xoán Montero Domínguez: La traducción de proyectos cinematográficos. Modelo de análisis para los largometrajes de ficción gallegos. 2015.

Band 103 María Ángeles Recio Ariza / Belén Santana López / Manuel De la Cruz Recio / Petra Zimmermann González (Hrsg./eds.): Interacciones / Wechselwirkungen. Reflexiones en torno a la Traducción e Interpretación del / al alemán. Überlegungen zur Translationswissenschaft im Sprachenpaar Spanisch-Deutsch. 2015.

Band 104 Héctor Hernández Arocha: Wortfamilien im Vergleich. Theoretische und historiographische Aspekte am Beispiel von Lokutionsverben. 2016.

Band 105 Giovanni Caprara / Emilio Ortega Arjonilla / Juan Andrés Villena Ponsoda: Variación lingüística, traducción y cultura. De la conceptualización a la práctica profesional. 2016.

Band 106 Gloria Corpas Pastor / Miriam Seghiri (eds.): Corpus-based Approaches to Translation and Interpreting. From Theory to Applications. 2016.

Band 107 Teresa Molés-Cases: La traducción de los eventos de movimiento en un corpus paralelo alemán-español de literatura infantil y juvenil. 2016.

Band 108 María Egido Vicente: El tratamiento teórico-conceptual de las construcciones con verbos funcionales en la tradición lingüística alemana y española. 2016.

Band 109 Pedro Mogorrón Huerta / Analía Cuadrado Rey / María Lucía Navarro Brotons / Iván Martínez Blasco (eds): Fraseología, variación y traducción. 2016.

Band 110 Joaquín García Palacios / Goedele De Sterck / Daniel Linder / Nava Maroto / Miguel Sánchez Ibáñez / Jesús Torres del Rey (eds): La neología en las lenguas románicas. Recursos, estrategias y nuevas orientaciones. 2016.

Band 111 André Horak: Le langage fleuri. Histoire et analyse linguistique de l'euphémisme. 2017.

Band 112 María José Domínguez Vázquez / Ulrich Engel / Gemma Paredes Suárez: Neue Wege zur Verbvalenz I. Theoretische und methodologische Grundlagen. 2017.

Band 113 María José Domínguez Vázquez / Ulrich Engel / Gemma Paredes Suárez: Neue Wege zur Verbvalenz II. Deutsch-spanisches Valenzlexikon. 2017.

Band 114 Ana Díaz Galán / Marcial Morera (eds.): Estudios en Memoria de Franz Bopp y Ferdinand de Saussure. 2017.

Band 115 Mª José Domínguez Vázquez / Mª Teresa Sanmarco Bande (ed.): Lexicografía y didáctica. Diccionarios y otros recursos lexicográficos en el aula. 2017.

Band 116 Joan Torruella Casañas: Lingüística de corpus: génesis y bases metodológicas de los corpus (históricos) para la investigación en lingüística. 2017.

Band 117 Pedro Pablo Devís Márquez: Comparativas de desigualdad con la preposición de en español. Comparación y pseudocomparación. 2017.

www.peterlang.com

MIX

Papier | Fördert
gute Waldnutzung

FSC® C083411

Zeitfracht Medien GmbH
Ferdinand-Jühlke-Straße 7
99095 Erfurt, Deutschland
produktsicherheit@kolibri360.de

Druck:
CPI Druckdienstleistungen GmbH
im Auftrag der
Zeitfracht Medien GmbH
Ein Unternehmen der Zeitfracht - Gruppe
Ferdinand-Jühlke-Str. 7
99095 Erfurt